文部科学省後援

日本化粧品検定1級対策テキスト

大きくなって読みやすい!!

コスメの教科書

第3版

成分や中身を理解し、
化粧品を見分ける知識を学ぶ

はじめに

「美容」とは、顔やからだつき、肌などを美しく整えるという意味のことばです。「美」を整えるものとして、化粧品はなくてはならない存在です。肌や化粧品について科学的な根拠のある正しい知識があれば、世の中に星の数ほどある化粧品や美容に関連するアイテムを最大限に効果的に使うことができます。マッサージや生活習慣の改善などでも美しい肌へ、無駄なく、より近道で整えることができるはずです。そのお手伝いが本書と「日本化粧品検定」でできることを願っています。

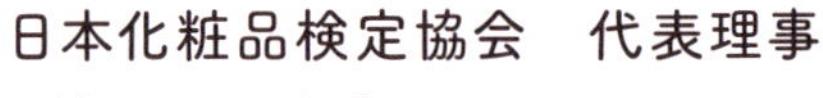

日本化粧品検定協会　代表理事

化粧品を心から愛している

小西さやかより

SNSなどでは、不確かな情報を目にすることがよくあります。科学技術の進歩に伴い、情報は日々アップデートされています。本書では、科学的根拠をできるだけ考慮し、肌や美容、化粧品成分、法規制など、幅広い知識を級ごとに分かりやすく解説しています。すべての方が化粧品を楽しんで使い、将来の生活の質の向上につながることを願っています。

日本化粧品検定協会　理事

藤岡賢大より

本書の使い方

本書は「日本化粧品検定」の公式テキストです。合格を目指す方の受験対策として、必ず理解してほしい重要なポイントを見逃さないように、マークや赤字でわかりやすく表示しています。試験直前の理解度チェックにも役立ちます。また、化粧品や美容を学ぶ教科書としてもご活用いただけます。

検定POINT

重要な部分には「検定POINT」マークがついています。重点的にチェックしましょう!

試験勉強に便利な「赤シート」

暗記すべき内容は、赤字で記載されています。付属の赤シートを重ねて赤字の語句を隠しながら、理解できているかをチェックすることができます。

公式キャラクターのここちゃん

美容・化粧品が大好き! コスメコンシェルジュとして、たくさんの人に正しい化粧品の知識を広めるために日々奮闘中。

法律改定などによりテキスト内容に変更や誤りが生じた際には、協会公式サイトに正誤表を掲載いたします。お手数ですが随時ご確認ください。

日本化粧品検定とは？

**文部科学省後援*
化粧品・美容に関する知識の普及と向上を目指した検定です**

＊1・2級

日本化粧品検定は、美容関係者はもちろん、生涯学習を目的とする方や学生など、年齢や性別を問わず、さまざまな方に挑戦していただいている検定です。

化粧品の良し悪しを評価するのではなく、化粧品の成分や働きを正しく理解することで、必要なものを選択する力が身につきます。

キレイになるために

就職・転職に

キャリアアップに

検定保有者を優遇をしている企業がたくさんあります

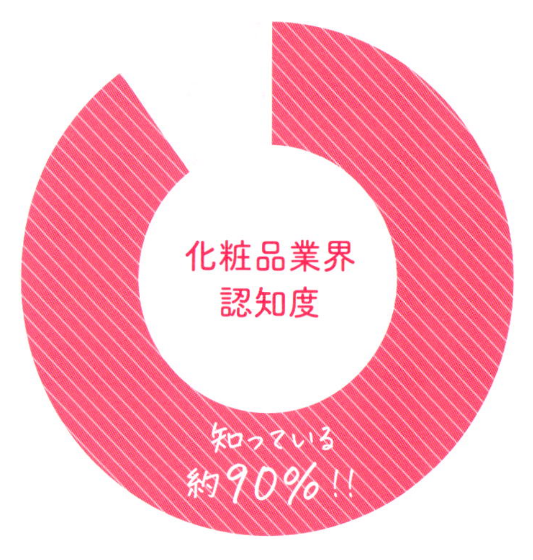

※ 2023 年 1 月化粧品開発展セミナー参加者アンケート（n=697）

社員研修や社内資格制度などスペシャリストの育成にも活用されている日本化粧品検定。採用試験での優遇や資格手当の支給など、検定保有者に優遇対応をしている企業がたくさんあります。

協賛サポート企業が570社以上もあるんだ!

※ 2024 年 6 月末時点

実施要項

	1級	2級	準2級	3級
受験資格	年齢・性別を問わず、どなたでも、何級からでも受験できます。			
受験料	13,200円	8,800円	4,950円	無料
	併願受験19,800円 （同日に1級と2級を受験）			
試験方法	マークシート方式 （試験時間60分）	マークシート方式 （試験時間50分）	Web受験 （試験時間40分）	Web受験 （試験時間15分）
出題数	60問		50問	20問
合格ライン	正答率70%前後		正答率80%前後	正答率80%
試験範囲	1級・2級・ 準2級・3級	2級・準2級・3級	準2級・3級	3級
実施時期	5月、11月の年2回		随時 ※2025年春 開始予定	随時
試験開催地	札幌・仙台・東京・横浜・さいたま・静岡・ 千葉・名古屋・京都・大阪・福岡をはじめ、 全国の各都市にて開催		オンライン	オンライン

※特級 コスメコンシェルジュについては
巻末ページを参照ください

お申し込みは
公式ホームページ
から

各級の内容と試験範囲

日本化粧品検定には、特級、1級、2級、準2級、3級と5種類の検定試験があります。日本化粧品検定最上位の「特級 コスメコンシェルジュ」は、1級合格者だけが目指せる資格です。

日本化粧品検定 特級 コスメコンシェルジュ
日本化粧品検定1級
日本化粧品検定2級
日本化粧品検定準2級
日本化粧品検定3級

3級

受験料無料　スマホでOK　最短5分

間違いがちな化粧品の知識について正解を学ぶ

間違いがちな化粧品の知識を正し、今よりワンランク上のキレイを目指します。Webで無料で受験できます。

3級 受験はこちら

15分間で、全20問にチャレンジ！
合格ラインは正答率80%（16問正解）。

合格者には、合格証書（PDF）をメールでお届け！

※証書原本は有料発行
価格：3,300円（税込）

準2級

Web受験可　スマホでOK

キレイを引き出すための化粧品の基本的な使い方を学ぶ

スキンケア、メイクアップ、ボディケア、ネイルケアなどの化粧品の基本的な使い方とお手入れ方法を学びます。

準2級 受験はこちら

（2025年春開始予定）

3級・準2級は、
オンライン受験できます！

2級 文部科学省後援 ニキビ・毛穴・シミ・シワなど、肌悩みの対策を学ぶ

美容皮膚科学に基づいて、肌悩みに合わせたスキンケア、メイクアップ、生活習慣美容、マッサージなど、トータルビューティーを学びます。

皮膚の構造としくみ

肌悩みの原因とお手入れ

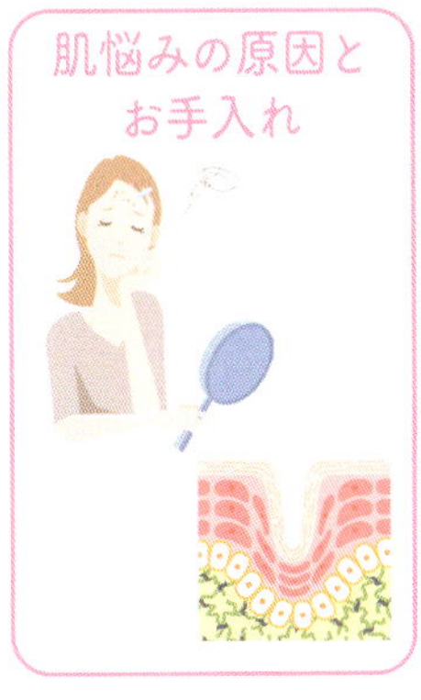

メイクテクニック

生活習慣美容

筋肉・ツボ・リンパ

1級 文部科学省後援 成分や中身を理解し、化粧品を見分ける知識を学ぶ

化粧品の中身や成分に加え、ボディケア、ヘアケア、ネイルケア、フレグランス、オーラル、化粧品にまつわるルールなど幅広い知識を学びます。

化粧品原料

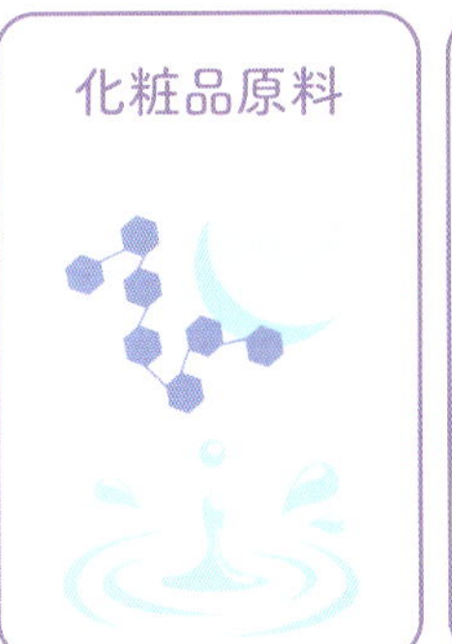

スキンケア

乳液の主な構成成分
- (訴求成分)
- 界面活性剤
- 油性成分
- 水・水溶性成分(保湿剤・エタノール・増粘剤など)

メイクアップ

ヘアケア

フレグランス

ボディケア　ネイルケア　オーラル

サプリメント　法律　官能評価

特級 コスメコンシェルジュ

化粧品を理解し、肌悩みに合わせた提案ができる「化粧品の専門家」

詳細は巻末ページでチェック!

合格を目指そう! おすすめの勉強法

開始

学習計画を"具体的に"立てる

毎日○時～○時は勉強する、などスケジュールを決めて取り組みましょう。

STEP 1

『公式テキスト』を読み、内容を理解する

『公式テキスト』は項目ごとに収載されています。興味のあるページから読んでいくと楽しみながら勉強することができます。

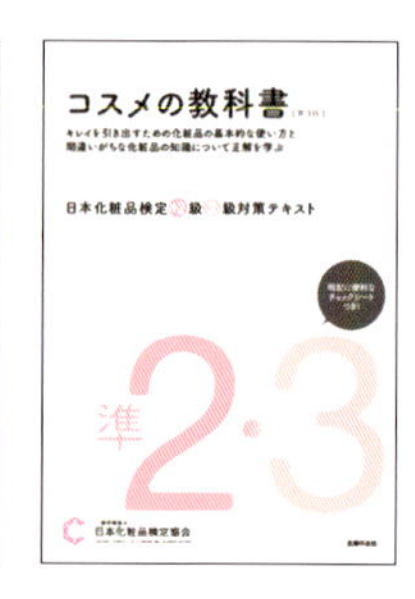

STEP 2

『公式問題集』で問題に慣れる

知識があっても問題が解けるとは限りません。合格に向けて知識を定着させるなら、『公式問題集』を活用するのがベスト。

『公式問題集』の購入はこちらから ▶

公式問題集購入者は、合格率が高い!

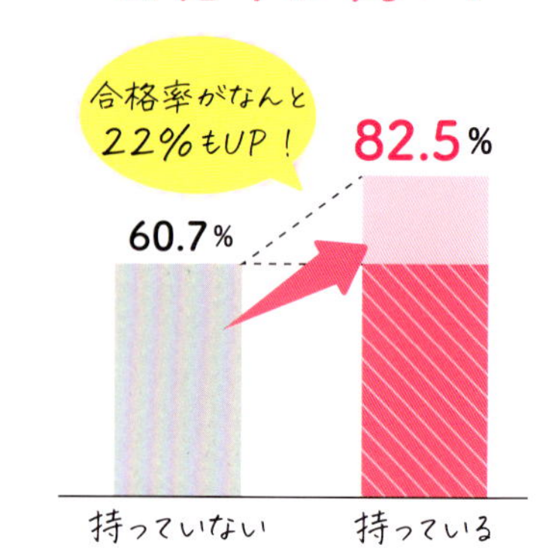

※第19回日本化粧品検定2級における合格率比較（問題集購入者と非購入者との比較）

なぜ合格率に差があるの？

- 『公式問題集』からも一部出題される
- 付録の模擬試験(60問)が試せる
- 圧倒的な問題数と詳しい解説がある

直前

『公式テキスト』の検定ポイント、『公式問題集』の「要点チェックノート」や間違えた問題を最終確認

検定POINT

試験の頻出箇所である『公式テキスト』の検定ポイントを総ざらい。あわせて『公式問題集』の「要点チェックノート」で暗記箇所を復習し、間違えた問題を解き直しましょう。試験で正解できるよう最終チェックをしましょう。

さらに合格率が高まる参考書

検定試験に出る成分には検マークがついています!

マンガで楽しく解説!
『美容成分キャラ図鑑』

美容成分がマンガのキャラに!
260成分を収載しています。

『美容成分キャラ図鑑』の購入はこちらから ▶

検定開催月以外でも受験できる認定スクール

5月・11月以外も受験可!
全国にある認定スクールの
講座＋試験を利用

試験つき対策講座を申し込むと、検定開催月以外でもスクール内で受験できます。

認定スクールで合格率UP!

Web通信講座もご用意!

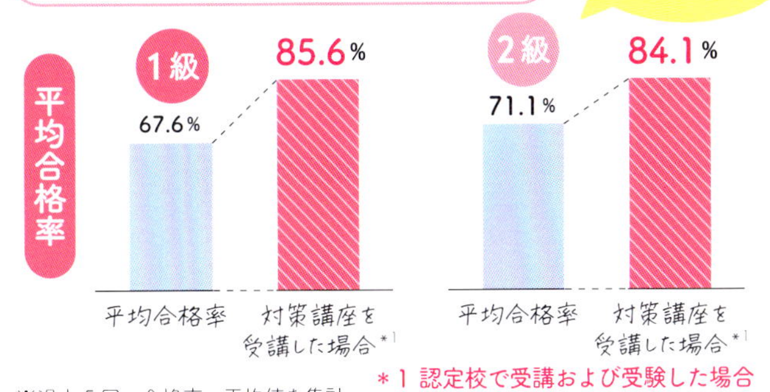

*1 認定校で受講および受験した場合

※過去5回の合格率の平均値を集計
※認定校での受験には、同一校での講座受講が必須です

全国の認定スクールはこちらで検索! ▶

化粧品の豆知識や勉強法など、検定に役立つ情報満載!

cosmeken

cosme_kentei

cosmekentei

化粧品工場の裏側や
化粧品の成分情報など、
レアな情報がいっぱい!

美容・化粧品の各分野のスペシャリストが50人以上！

最強の監修者のみなさん

※2級から監修範囲の掲載順に紹介しています

2級監修

佐藤伸一
（皮膚科学）

東京大学大学院医学系研究科皮膚科学 教授、医学博士、日本皮膚科学会 理事

1989年東京大学医学部医学科卒業。医学博士号を取得後、米国デューク大学免疫学教室への留学を経て、金沢大学医学部附属病院皮膚科に在籍する。その後、金沢大学大学院医学系研究科皮膚科学助教授を経て、2004年より長崎大学大学院歯科薬学総合研究科皮膚病態学教授へ。2009年から現職。膠原病、特に強皮症を専門とし、日本各地から患者が集まっている。強皮症に対する新規治療法の開発にも力を入れている。

吉崎歩
（皮膚科学）

東京大学大学院医学系研究科臨床カンナビノイド学 特任准教授・講座長

2006年長崎大学医学部卒業。米国デューク大学免疫学教室留学を経て、2014年東京大学医学部附属病院皮膚科助教、2015年東京大学大学院医学系研究科・医学部皮膚科学講師へ。2018年より東京大学医学部附属病院乾癬センター長兼任。2022年より現職。強皮症や血管炎をはじめとする自己免疫疾患を専門とし、患者診療に当たると同時に、臨床免疫学の分野においても活躍する。

田上八朗
（皮膚科学）

東北大学医学部 名誉教授、医学博士

1964年京都大学医学部卒業。同附属病院皮膚科を経て、1966年～1968年にペンシルバニア大学医学部皮膚科研究員。1969年国立京都病院、京都大学医学部附属病院、浜松医科大学皮膚科助教授を経て、1983年東北大学医学部皮膚科教授、2003年同大学名誉教授、現在に至る。専門は皮膚科学、皮膚の炎症と免疫皮膚の生体計測工学。著書・国際学術論文多数。

相場節也
（皮膚科学
肌荒れ・安全性）

東北大学医学部 名誉教授、医学博士

1980年東北大学皮膚科入局、1988年アメリカの国立癌研究所留学を経て、1991年東北大学医学部皮膚科講師、助教授、2003年より東北大学大学院皮膚科学分野教授を務める。のちに、松田病院皮膚科部長、東北大学名誉教授。日本皮膚科学会専門医、日本アレルギー学会専門医。

芋川玄爾
（皮膚科学
スキンケア・
紫外線など）

宇都宮大学バイオサイエンス教育研究センター 特任教授、医学博士

つっぱらない洗浄剤・ビオレの開発者。肌表面角層内に存在する細胞間脂質の主成分である「セラミド」の、重要な機能としての水分保持機能（保湿機能）の発見者。アトピー性皮膚炎の発症が、角層のセラミド減少による乾燥バリアー障害に起因する乾燥バリアー病であることを見出し、老人性乾皮症やアトピー性皮膚炎のスキンケアへの応用を切り開いた。乾燥（老人性乾皮症/アトピー性皮膚炎）・シミ（紫外線色素沈着/老人性色素斑）・シワ/たるみの発生メカニズムを完全に解明し、スキンケア剤に関連するスキンケア研究の第一人者として、現在も研究を続けている肌のスペシャリスト。

櫻井直樹
（皮膚科学・
肌悩みと化粧品）

シャルムクリニック 院長

2002年東京大学医学部卒業。日本皮膚科学会、日本美容外科学会（JSAS）、日本レーザー医学会、日本抗加齢医学会専門医。国際中医師、日本臨床栄養協会サプリメントアドバイザー。都内有名美容外科の顧問も歴任。

山村達郎
（皮膚科学）

工学博士

大手化粧品メーカーで処方開発や新素材開発、皮膚計測による肌状態の評価などを担当したのち、製薬会社でスキンケア製品の有用性評価などを担当。医学部皮膚科学教室での皮膚保湿メカニズム研究など、皮膚測定、評価法の研究に長年携わり、日本香粧品学会評議員ならびに日本化粧品技術者会セミナー委員なども歴任。

佐藤隆
（皮脂膜、ニキビ（ざ瘡）、毛穴）

東京薬科大学薬学部 教授

東京薬科大学大学院薬学研究科にて博士（薬学）を取得。カンザス大学医学部にて博士研究員、その後東京薬科大学にて生化学、皮膚科学、生物系薬学分野などの数々の研究論文を発表し、2014年に教授に就任。日本香粧品学会理事、日本痤瘡研究会理事、日本結合組織学会理事のほか、日本薬学会、日本皮膚科学会、日本研究皮膚科学会などに所属。

相澤浩
（ニキビ）

相澤皮フ科クリニック 院長

1980年旭川医科大学医学部卒業、東京医科歯科大学産婦人科教室入局。産婦人科での内分泌の専門から皮膚科へ転科。1987年東京慈恵会医科大学皮膚科学教室入局、東京慈恵医科大学第三病院皮膚科診療科長（講師）を歴任。1992年ニキビとホルモンの研究で医学博士となる。日本皮膚科学会皮膚科専門医。1999年相澤皮フ科クリニック開院。大人ニキビとホルモンバランスを学問で紐付けた第一人者。

竹内啓貴
（くま、シワ・たるみ）

シワ・たるみなどの基礎研究者

2003年信州大学繊維学部応用生物化学科卒業後、ポーラ化成工業へ入社。18年間シワ、たるみ、シミの基礎研究や新規有効成分開発に従事。2011年から2年間、米国Boston Universityにて光老化とシワの基礎研究を実施。皮膚科で最も権威ある論文への掲載など新規肌老化理論を提唱。帰国後はB.Aリサーチセンター長を務める。2021年にプレミアウェルネスサイエンスへ転職後、現在、株式会社I-neにてより市場に近い環境で新価値創出に携わっている。

竹岡篤史
（肌悩みと化粧品成分）

美容成分開発・機能性研究者 スキンケア成分専門家

ペプチドを用いた経皮ワクチンの開発を経て、企業においてスキンケア成分専科部門の立ち上げ、2002年より成分開発に従事。国内外においてスキンケア成分の探索と開発を中心に皮膚への効能研究を専門とする。2016年には「InCosmetics」にてオートファジー誘導成分にて、イノベーションアワード金賞を世界で初めてアジアから受賞。2020年・2023年にもバイオサイエンスメーカー、清酒メーカーと共同研究の末、開発した成分が海外アワードにて受賞。現在においても化粧品会社や製薬企業と共に共同研究・開発を続けている。

小林照子
（メイクアップテクニック）

美・ファイン研究所 創業者、
［フロムハンド］メイクアップアカデミー青山ビューティー学院高等部 学園長

大手化粧品会社にて美容研究、商品開発、教育などを担当。取締役総合美容研究所所長として活躍後、独立（1991年）。美とファインの研究を通して、人に、企業に、社会に向け、教育、商品開発、企画など、あらゆるビューティーコンサルタントビジネスを20年以上にわたり展開している。

小木曽珠希
（メイクアップカラー）

一般社団法人日本流行色協会
レディスウェア／メイクアップカラーディレクター

レディスウェアを中心に、メイクアップ、プロダクト・インテリアのカラートレンド予測・分析、企業向け商品カラー戦略策定のほか、色彩教育にも携わっており、色の基礎知識からトレンドカラーの使い方まで、幅広く教えている。
https://jafca.org/

渡辺樹里
（パーソナルカラー）

メイクカラーコンシェルジュ養成講座 講師

カラーサロン「jewelblooming」代表。パーソナルカラー診断人数は4,000人以上、著名人やインフルエンサーの診断実績も多数あり。商品やコンテンツの監修・カラーアドバイス、記事執筆やYouTube・インスタライブ出演など、イメージコンサルティングに関連する業務に幅広く携わっている。

井上紳太郎
（生活習慣美容）

岐阜薬科大学香粧品健康学講座 特任教授、薬学博士

1977年大阪大学、同大学院修了。鐘紡株式会社薬品研究所、1988年同生化学研究所研究室を経て、2004年カネボウ化粧品基盤技術研究所長に。2009年同執行役員（兼）価値創成研究所長、2011年同（兼）花王株式会社、総合美容技術研究所長を務め、2016年より現職。日本結合組織学会評議員・日本病態プロテアーゼ学会理事・日本白斑学会理事。

米井嘉一
（生活習慣美容・糖化）

同志社大学生命医科学部 教授、
日本抗加齢医学会理事・糖化ストレス研究会 理事長、
公益財団法人医食同源生薬研究財団 代表理事

1982年慶應義塾大学医学部卒業。抗加齢（アンチエイジング）医学を日本に紹介した第一人者として、2005年に日本初の抗加齢医学の研究講座である、同志社大学アンチエイジングリサーチセンター教授に就任。2008年から同志社大学生命医科学部教授。最近の研究テーマは老化の危険因子と糖化ストレス。

篠原一之
（睡眠・ホルモン）

長崎大学 名誉教授、
キッズハートクリニック外苑前 院長

1984年長崎大学医学部卒業。東海大学大学院博士課程修了後、横浜市立大学、バージニア大学などを経て長崎大学大学院医歯薬学総合研究科神経機能学教授に就任。日本生理学会、日本神経科学学会、日本味と匂学会など、そのほか所属学会多数。小児精神科・心療内科医師でもある。

宮下和夫
（サプリ・食事）

北海道文教大学健康栄養科学研究科 教授（研究科長）

東北大学農学部食糧化学科卒業後、北海道大学水産学部で34年間教鞭をとり教授を務める。のちに帯広畜産大学で3年間の特任教授を経て、現在は北海道文教大学健康栄養科学研究科の特任教授。北海道大学在職中は水産生物由来の機能性成分を中心に研究を行い、国際機能性食品学会会長などを歴任。

金子翔拓
（運動）

北海道文教大学医療保健科学部 教授、作業療法学科長、
リハビリテーション学科作業療法学 専攻長

2006年作業療法士免許取得。札幌東徳洲会病院、篠路整形外科勤務（事務長、リハビリ室長）、2012年より北海道文教大学作業療法学科講師を務め、2014年札幌医科大学大学院博士課程後期修了（作業療法学博士）。2022年より、同教授、学科長に就任。

早坂信哉
（入浴）

東京都市大学人間科学部 教授、医学博士、
温泉専門療法医、日本入浴協会 理事

自治医科大学大学院医学研究科修了。浜松医科大学准教授、大東文化大学教授などを経て、現在、東京都市大学人間科学部教授。日本入浴協会理事、一般社団法人日本健康開発財団温泉医科学研究所所長として、生活習慣としての入浴を医学的に研究する第一人者。テレビ、講演などで幅広く活躍中。

石川泰弘
（睡眠・入浴）

日本薬科大学医療ビジネス薬科学科スポーツ薬学コース 特任教授、順天堂大学スポーツ健康科学研究科 協力研究員

株式会社ツムラ、ツムラ化粧品株式会社、株式会社バスクリン、大塚製薬株式会社を経て、現職。トップアスリートをはじめ多くの人に入浴や睡眠、温泉を活用した疲労回復や美容に関する講演を実施。書籍の執筆も行う。「お風呂教授」としてテレビや雑誌、ラジオへの出演も多数。

佐藤佳代子
（表情筋・リンパ）

さとうリンパ浮腫研究所 代表

20代前半にドイツ留学。リンパ静脈疾患専門病院Földiklinikにおいてリンパ浮腫治療および専門教育について学び、日本人初のフェルディ式「複合的理学療法」認定教師資格を取得。日々、リンパ浮腫治療を中心に、医療機器の研究開発、治療法の普及、医療職セラピストおよび指導者の育成、医療機関や看護協会等の教育機関において技術指導、技術支援などに取り組む。

折橋梢恵
（表情筋・ツボ）

一般社団法人美容鍼灸技能教育研究協会 代表理事、美容鍼灸の会美真会 会長

はり師・きゅう師、鍼灸教員資格、日本エステティック協会認定エステティシャン、コスメコンシェルジュ®インストラクター。鍼灸とエステティックを融合した総合美容鍼灸の第一人者。白金鍼灸サロンフューム 代表、日本医学柔整鍼灸専門学校および神奈川衛生学園専門学校非常勤講師。執筆、講演など多数。

村田孝子
（歴史）

江戸・東京博物館 外部評価委員、前ポーラ文化研究所化粧文化チーム シニア研究員

青山学院大学文学部教育学科卒業。ポーラ文化研究所入所。主に日本と西洋の化粧史・結髪史を調査し、セミナー講演、展覧会、著作などで発表。鎌倉早見芸術学院、戸板女子短期大学ともに非常勤講師として美容文化を教える。ビューティサイエンス学会理事長。2005年～2006年、国立歴史民俗博物館・近世リニューアル委員や2014年～江戸・東京博物館外部評価委員も務める。

内藤昇
（化粧品原料）

公益財団法人コーセーコスメトロジー研究財団 評議委員

1977年株式会社コーセー入社、研究所配属。2007年執行役員研究所長、2009年取締役研究所長、2014年常務取締役研究所長、2018年役員退任、2020年退職、現在化粧品関連会社の技術顧問を務める。化粧品製剤開発、コロイド界面化学、リポソームが専門分野。“リポソーム化粧品の生みの親”。日本化学会、日本化粧品工業連合会、日本化粧品技術者会などの役職を歴任。一般社団法人化粧品成分検定協会理事を務める。

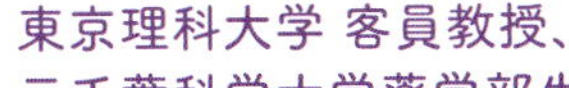

坂本一民
（界面活性剤）

東京理科大学 客員教授、元千葉科学大学薬学部生命薬科学科 教授

理学博士（東北大学）。味の素株式会社・株式会社資生堂・株式会社成和化成を経て、千葉科学大学薬学部教授として製剤/化粧品科学研究室創設。界面科学・皮膚科学に関する研究論文・講演多数。第39回日本油化学会学会賞受賞、日本化学会フェロー、横浜国立大学・信州大学・東京理科大学客員教授、東北薬科大学・首都大学東京非常勤講師などを歴任。ISO/TC91(Surface active agents)議長、IFSCC Magazine Co-Editor。

浅賀良雄
（微生物分野）

元日本化粧品工業連合会 微生物専門委員長

株式会社資生堂にて微生物試験、防腐剤の効果試験などに従事。安全性・分析センター微生物研究室長などを歴任。第9回IFSCC（国際化粧品技術者会）にて防腐剤研究で名誉賞受賞。1997年～2006年日本化粧品工業連合会微生物専門委員長、2000年～2006年ISO/TC217（化粧品）の日本代表委員を務めた。株式会社資生堂退職後も微生物技術アドバイザーとして、多くの企業、技術者に指導を行っている。

宮下忠芳
（スペシャルケア・男性化粧品）

東京農業大学農生命科学研究所 客員教授、生物産業学 博士、一般社団法人食香粧研究会 副会長

信州大学繊維学部を卒業。株式会社コーセー化粧品研究所、株式会社シムライズ（旧ドラゴコ）香港の日本支社各員を経て、株式会社クリエーションアルコス代表取締役、株式会社ディーエイチシー主席顧問などを歴任する。現在は株式会社シンビケン代表取締役CEO、株式会社ビープロテック代表取締役CEOや東京農業大学食香粧研究会副理事長も務める。文科省後援健康管理能力検定1級を取得するなど健康管理士一級指導員でもある。

高柳勇生
（石けん）

株式会社ペリカン石鹸品質保証部 部長

東京都立大学理学部化学科卒業。株式会社資生堂に入社。主に化粧石鹸やトイレタリー製品の技術開発に従事。1994年から3年間、石鹸用原料開発のためインドネシア（スマトラ州）の脂肪酸会社に駐在。帰国後、資生堂久喜工場長、資生堂鎌倉工場長を経て定年後に、現職。石鹸技術に40年以上関わっている。

友松公樹
（ボディケア化粧品）

ライオン株式会社研究開発本部(中国) グループマネージャー

制汗デオドラント剤の基礎研究から国内外向けの処方開発、スケールアップ検討だけでなく、生活者研究、特許出願や執筆など幅広い業務に従事。近年は中国に駐在、上海の研究新会社の立ち上げに参画し、オーラルケア分野を中心に中国市場向けの製品および価値開発マネジメントを行っている。

辻野義雄
（毛髪科学・ヘアケア化粧品）

神戸大学大学院科学技術イノベーション研究科 特命教授、理学博士

神戸大学大学院自然科学研究科にて博士号（理学）を取得。老舗の頭髪化粧品メーカーや外資系化粧品メーカーなど多くの研究所の責任者として、頭髪化粧品を中心に広く化粧品分野の基礎研究や商品開発に従事。その後、大学に移り、薬学や農学（食品科学系）、経営学で教授を務めながら、産総研や東京都の研究所のアドバイザー、国内外の化粧品関連企業の取締役やコンサルタントを務める。現在は神戸大学大学院科学技術イノベーション研究科にてイノベーティブ・コスメトロジー共同研究講座を開設し、化粧品開発の基礎から社会実装までの研究と、幅広く対応できる人材の育成に取り組んでいる。

高林久美子
（毛髪科学・ヘアケア化粧品）

東京医薬看護専門学校化粧品総合学科 講師

化粧品処方アドバイザー。ルピナスラボ株式会社 代表取締役。トイレタリー会社、化粧品会社にて基礎研究、商品開発に従事。その後、専門学校にて化粧品関連科目（主に実習科目）を担当。ルピナスラボ株式会社を設立。ほかに白鷗大学、放送大学、東京バイオテクノロジー専門学校非常勤講師。

荻原毅
（メイクアップ化粧品）

メイクアップ化粧品 処方開発者

青山学院大学理工学部卒業。大手化粧品会社で製品開発、基礎研究、品質保証に従事。2011年早期退職し化粧品開発コンサルタントとして独立。2012年ルトーレプロジェクトを設立し、CEOとして経営・開発コンサルティング、エキストラバージンオリーブオイルの輸入販売およびその健康増進効果の研究を行っている。

鈴木高広
（ベースメイクアップ化粧品）

近畿大学生物理工学部 教授

名古屋大学農学博士（食品工業化学専攻）、マサチューセッツ工科大学、通産省工業技術院、英国王立医科大学院、東京理科大学を経て、2000年から合成マイカの開発に従事。2004年に世界最大手の化粧品会社に移り、ファンデーション技術開発リーダーとしてブランド力と中国・東南アジア市場を拡大。2010年より現職。多様な経験と知識と視点をもち、肌を美しく彩る製品開発に技術力で挑戦する。

日比博久
（メイクアップ化粧品）

メイクアップ化粧品 処方開発者

株式会社日本色材工業研究所研究開発部で30年間、主にメイクアップ化粧品の研究開発と生産技術開発に従事。開発した製品は1,000品以上、国内、海外大手をはじめとする化粧品メーカーから数多くのヒット商品を生み出す。すべての人が美しくなるためにできることを「モノづくり」だけでなく、常に追求している。

木下美穂里
（ネイル化粧品）

NPO法人日本ネイリスト協会 理事

メイクアップ＆ネイルアーティストとして広告・美容・ネイル業界で活躍。数々のブランドのクリエイターとしても活動。現在、ビューティーの名門校「木下ユミ・メークアップ＆ネイル アトリエ」校長。同校の卒業生は13,000人を超える。老舗ネイルサロン「ラ・クローヌ」代表。令和3年度東京都優秀技能者（東京マイスター）知事賞受賞。著書多数。

藤森嶺
（香料）

東京農業大学 客員教授、一般社団法人フレーバー・フレグランス協会 代表理事

早稲田大学卒業、東京教育大学（現・筑波大学）大学院理学研究科修士課程修了、農学博士（北海道大学）。元東京農業大学生物産業学部食香粧化学科教授、東京農業大学オープンカレッジ講師。一般社団法人フレーバー・フレグランス協会代表理事。農芸化学奨励賞（日本農芸化学会、1979年）、業績賞（日本雑草学会、1999年）受賞。

櫻井和俊
（香料）

一般社団法人フレーバー・フレグランス協会業務執行理事、静岡県立静岡がんセンター研究所 非常勤研究員、農学博士

1975年千葉大学工学部卒業。1975年～2017年、高砂香料工業（株）で不斉合成法を用いた新規香料、香粧品用素材および医薬中間体の研究開発に関わった。1989年農学博士（東京大学）。2014年より静岡県立静岡がんセンター研究所非常勤研究員、現在に至る。東京工科大学、東海大学医療技術短期大学、徳島文理大学などで非常勤講師。2020年日本農芸化学会企業研究活動表彰。

MAHO
（フレグランス）

日本調香技術者普及協会 理事、フレグランスアドバイザー

香水の魅力や心に届く香りの感性を伝えるため、メディアやイベント・セミナー、製品ディレクションなど多岐に活動し、日本でのフレグランス文化啓発や市場拡大にも貢献。米国フレグランス財団提携の日本フレグランス協会常任講師。

三谷章雄
（オーラル）

愛知学院大学歯学部附属病院 病院長、
日本歯周病学会 常任理事・専門医・指導医、
日本再生医療学会 再生医療認定医、AAP会員

2000年愛知学院大学大学院歯学研究科修了博士（歯学）を取得。2007年グラスゴー大学グラスゴーバイオメディカルリサーチセンターを経て、2014年愛知学院大学歯学部歯周病学講座 教授を務め、2023年からは愛知学院大学歯学部附属病院病院長。

小山悠子
（オーラル）

医療法人明悠会サンデンタルクリニック 理事長

日本大学歯学部卒業。医療法人社団明徳会福岡歯科勤務、福岡歯科サンデンタルクリニック院長を経て、2010年独立開業し現職。自然治癒力を生かす歯科統合医療を実践。日本歯科東洋医学会専門医、日本催眠学会副理事長。バイディジタルO-リングテスト学会認定医、国際生命情報科学会評議員、日本統合医療学会認定歯科医師、東京商工会議所新宿支部評議員など。

佐藤久美子
（オーガニック）

仏コスミーティングオーガニックコスメ部門 評議員

株式会社SLJ代表取締役。世界の正しいオーガニック由来の化粧品を日本総代理店として輸入販売を行う傍ら、オーガニック製品のセレクトショップ「オーガニックマーケット」を主宰。また2006年より仏コスミーティングの評議員を日本人で唯一務め、オーガニックコスメ市場において海外と日本の橋渡しを担っている。

松永佳世子
（安全性・
皮膚トラブル）

藤田医科大学 名誉教授、医学博士、一般社団法人SSCI-Net 理事長、
医療法人大朋会刈谷整形外科病院 副院長、
日本皮膚科学会 専門医、日本アレルギー学会 専門医・指導医

1976年名古屋大学医学部卒業。1991年藤田保健衛生大学医学部皮膚科学講師を務め、2000年より同講座教授に就任。2016年同大学アレルギー疾患対策医療学教授、同年より藤田医科大学名誉教授に就任。2024年から現職。専門分野は接触皮膚炎、皮膚アレルギー、化粧品の安全性研究。

逸見敬弘
（安全性試験）

株式会社マツモト交商安全性試験部 部長、
日本化粧品工業会安全性部会 委員、管理栄養士

化粧品原料および化粧品製剤の安全性・有用性評価試験などの受託サービスに従事。日本を含む海外のGLP適合試験機関および臨床試験受託機関に委託し、化粧品ほか、医薬部外品、食品、機能性素材など、幅広い分野における安全性の確認から有用性の評価（*in vitro*試験・ヒト臨床試験）まで、多様なエビデンスを提供している。

岡部美代治
（官能評価）

ビューティサイエンティスト

大手化粧品会社にて商品開発、マーケティングなどを担当し2008年に独立。美容コンサルタントとして活動し、商品開発アドバイス、美容教育などを行うほか、講演や女性誌からの取材依頼も多数。化粧品の基礎から製品化までを研究してきた多くの経験をもとに、スキンケアを中心とした美容全般をわかりやすく解説し、正しい美容情報を発信している。

長谷川節子
（官能評価）

日本官能評価学会 委員（専門官能評価士）

スキンケアからメイクアップ、ヘアケア、ボディケアまで化粧品全般の使用感や香りを担当。強いブランドづくりには、お客さまに五感で感じていただける満足価値が必須であると考える官能評価専門士。これまでに評価した化粧品は数万を超える。

柳澤里衣（法律）

弁護士（東京弁護士会）

早稲田大学大学院法務研究科修了。その後、弁護士法人丸の内ソレイユ法律事務所に入所し、現在に至る。同事務所の販促・プロモーション・広告法務部門に所属し、化粧品・美容業界などの顧問先企業に対し様々なリーガルサービスを提供する傍ら、離婚や相続等の家族法案件にも取り組んでいる。

稲留万希子（広告表現・ルール）

DCアーキテクト株式会社 取締役、薬事法広告研究所 代表

東京理科大学卒業後、大手医薬品卸会社を経て薬事法広告研究所の設立に参画、副代表を経て代表に就任。数々のサイトや広告物を見てきた経験をもとに、“ルールを正しく理解し、味方につけることで売上につなげるアドバイス”をモットーとし、行政の動向および市場の変化に対応しつつ、薬機法・景表法・健康増進法などに特化した広告コンサルタントとして活動中。メディアへの出演、大型セミナーから企業内の勉強会まで、講演も多数。

矢作彰一（成分表）

株式会社コスモステクニカルセンター 代表取締役社長、生物工学博士

筑波大学大学院修士課程バイオシステム研究科、同生命環境科学研究科博士後期課程修了。2001年株式会社コスモステクニカルセンター機能評価部入社。2002年慶應義塾大学医学部共同研究員に。2015年株式会社コスモステクニカルセンター研究戦略室に在籍し、現在、ニッコールグループ株式会社コスモステクニカルセンター代表取締役社長。

全ジャンルのスペシャリスト　総合監修

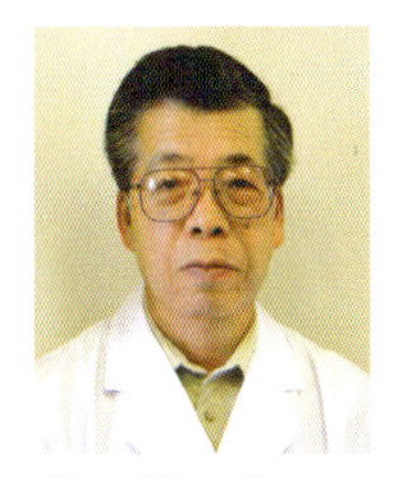

伊藤建三

東京理科大学理学部卒業。株式会社資生堂研究所に入社、基礎化粧品、UVケア、ボディケア化粧品、乳化ファンデーション等多岐に渡る製品開発研究に従事。スキンケア研究部長、工場の技術部長、新素材開発の研究所長を歴任。株式会社資生堂を退職後、皮膚臨床薬理研究所において基礎化粧品、ヘアケア商品、香料高配合商品、防腐剤フリー商品、ナノ乳化商品等多岐に渡る製品開発にあたる。安全性ではパッチテスト、有用性ではシワテストを主管しており、業界でも信頼度が高い。また、研究開発のコンサルティング、研究技術指導もおこない幅広く活躍している。

藤岡賢大（全範囲）

日本化粧品検定協会 理事、薬剤師

f・コスメワークス 代表。大手・中堅化粧品企業にて処方開発・品質保証など担当後、外資系企業にて紫外線吸収剤・高分子など化粧品原料の市場開拓・技術営業を担当。40年以上の幅広い業界経験×最新技術情報×グローバル視点で、「人の役に立つこと」をモットーに、化粧品企業の開発・品質・薬事などをマルチサポート。

白野実（全範囲）

化粧品開発コンサルティング、スキンケア化粧品 処方開発者

化粧品の処方開発に23年間、品質保証・薬事業務に3年間従事してきた経験をもとに、こだわりの化粧品をつくりたい人や企業、化粧品開発者の助けとなるべく化粧品開発・技術コンサルティング会社の株式会社ブランノワール、加えて一般社団法人美容科学ラボとの協業体であるコスメル（COSMEL）を設立し活躍中。

中田和人（全範囲）

化粧品開発コンサルティング、技術アドバイザー

大手メーカーにて、安全性や処方開発、企画に23年従事し、商品開発における業務全般に携わる。合同会社コスメティコスを主宰し、化粧品開発コンサルティングを行いながら、日本化粧品検定協会顧問として協会主催の検定対策セミナーも数多く行い、わかりやすい講義に定評がある。正しい知識の普及や若手育成にも取り組んでいる。

CONTENTS

PART

01

化粧の歴史

そもそも化粧はどこで生まれ、
どんな進化をしてきたのでしょうか。
それらを知れば、化粧をすること、化粧品のことが
もっと楽しくなりそうです。
日本と世界の化粧の歴史をひもといていきます。

世界と日本の歴史を比較しながら学びましょう

化粧の歴史

世界の化粧の始まり

世界の化粧の歴史は、約20万年前のヨーロッパを中心に住んでいたネアンデルタール人が、狩猟の儀式の際に、身体にペインティングを施したのが始まりとされています。紀元前3000年頃には、古代エジプトで**日差しや乾燥などの自然環境から肌を保護する**ことに加え、**呪術的な意味合い**をもつ化粧が始まります。

日本の化粧の始まりと広がり

日本の化粧の始まりは**太古上古時代の「原始化粧」**です。原始化粧は、**自然環境からの肌の保護**や、**魔除けや死者の弔いのための儀式**など信仰的な意味合いをもっていました。中国大陸や朝鮮半島の文化が伝わった**飛鳥・奈良**時代頃には、貴重な舶来品を使うことができた**支配階級の女性の高い地位をあらわすもの**へと移り変わります。**明治**時代には、**欧米の化粧観へと変化**していきました。

太古上古時代

原始化粧
男性の入れ墨・赤色化粧

＝ 呪術的・信仰的化粧、部族などをあらわす化粧

伝統化粧
白粉、紅化粧、眉化粧・お歯黒の白、赤、黒の化粧

＝ 階級・身分などをあらわす化粧、美の演出の化粧

近・現代化粧
化粧の欧米化、多様化

＝ 身だしなみの化粧、表情や個性をあらわす化粧

01 化粧の歴史

日本の歴史

太古上古時代

太古上古時代は**外国からの影響はほとんど受けずに**、**原始的**な**赤土粉飾**が行われていました。

埴輪に施された古代の化粧
（6世紀頃）

赤土を魔除けとして身体に塗ることで、健康や安全を祈願しました。古墳から発見された人物埴輪は男女ともに、額や頬、首などが赤色で彩られています。

飛鳥時代

飛鳥時代になると、大陸文化とともに**シルクロードを通って**西洋文化である**鏡**や**香料**、**紅花**なども日本へ。宮廷女性のお手本も唐の国から伝わった大陸風のものでした。

天皇に献上された鉛白粉
（7世紀頃）

692年、大陸から渡って来た僧の観成によって日本で初めて**鉛白粉**がつくられます。女性天皇である持統天皇に献上し、大変喜ばれたとされています。

太古上古（旧石器・縄文・弥生・古墳）（～6世紀頃）　**飛鳥**（593年～）

世界の歴史

古代エジプト

紀元前3000年頃の古代エジプトの遺跡からは化粧瓶や手鏡などの化粧道具が数多く発掘され、壁画に化粧をする様子などが描かれています。紀元前2920年頃には、タールや**水銀**でつくられた化粧品が発達し、紀元前1930年頃には**香料**の通商も盛んでした。

ツタンカーメンの香粧品
（紀元前14世紀頃）

玉座には、スキンケアやフレグランスとして使用された香油をツタンカーメンに塗る王妃の姿が描かれています。また、**ツタンカーメンの墓からも、軟こうが入った容器（香油瓶）が見つかっています。**

クレオパトラのアイメイク
（紀元前1世紀頃）

古代エジプト人のメイクといえば、**魔除け**のためといわれる**太く黒いアイライン**。マラカイト（緑色の鉱物）の**アイシャドウは目を日差しや虫、感染症から守るため**に生まれたともいわれています。

奈良時代

奈良時代には**絢爛豪華な大唐朝文化の渡来がますます盛んに**なりました。化粧品としては**紅、白粉、朱、香料**などが大陸から日本へ入ってきました。

魅せる化粧の始まり
（8世紀中頃）

鳥毛立女屏風という正倉院所蔵の宝物に描かれた女性は、**眉は太く、紅をさしています。**

平安時代～

平安時代には、**日本独自の文化が発達**しました。貴族の住居（寝殿造）は大きくなり、室内に光があまり入らなかったため、薄暗闇の中でも顔が美しく映えるように顔に**白粉**を塗り、白さを強調しました。

白粉と紅
（9世紀頃）

貴族は水銀や鉛を原料とした白粉を使い、**紅は紅花からつくられたものが中心**でした。一方、庶民は鉛を原料とした京白粉、米や粟のでんぷん白粉を使用していました。

貴族を中心に行われたお歯黒と眉そり
（12世紀頃）

お歯黒は、女性は成人した印、男性は忠義の印で、**眉そりは汗をかかない高い身分の印**でした。武家が実権を握るようになると、上流武士たちにもお歯黒や眉そりが浸透していきました。

奈良（710年～）　**平安**（794年～）　**鎌倉**（1185年～）

古代ローマ

古代ローマでは色白が美しさの基準で、**入浴**が盛んでした。

古代ローマ人の風呂文化
（紀元前1世紀頃）

古代ローマには公衆浴場が点在し、風呂文化が発達。身体の汚れを落とすためにオイルを塗り、動物の骨または金属などでつくられた肌かき器を使用。サウナや風呂を楽しみました。

中国

中国は唐の時代に文化的な黄金期を迎え、宮廷女官が美しく見えるよう化粧技術が発達しました。

楊貴妃のネイル
（8世紀頃）

世界三大美女の**楊貴妃**は、この頃すでに**爪を装飾**し、その赤く長い爪は**ヘナ（指甲花）**で染めていたといわれています。白い肌と細眉も流行していたそうです。

日本の歴史

江戸時代

江戸時代になると、町人文化が繁栄し一般庶民まで広く化粧をするようになりました。**色白が美人の第一条件**だったため、**鉛白粉**が多く使われました。**紅は、紅花からつくられたものが主**で、色は赤一色でした。

1813年に出版された当時の美容書『都風俗化粧伝』には、化粧法が挿絵つきでわかりやすく解説されており、多くの女性たちが愛読していたといわれています。

日本古来のスキンケアの知恵（1606年頃）

ウグイスのフン　小豆

文献に**石けん**が登場。当時は現在の**石けん**と異なり**麦の粉を灰汁で固めたもの**でした。**小豆などの粉を入れた洗粉で身体**を、**ウグイスのフンなどで顔を洗う**ようになりました。

紅花をコスメに活用（1691年頃）

紅花からつくられた「口紅」が広く使われるようになりました。**赤いホウセンカとカタバミを混ぜ、爪に塗る「爪紅」**も登場。日本の**ネイル**の始まりです。

一般女性にも広がったお歯黒と眉そり（1804年頃）

お歯黒や**眉そり**が、**女性の化粧として一般庶民にも広がりました。**黒という色は不変で**貞女の印**とされたことから、**お歯黒は既婚女性の象徴**へと変化しました。また**眉そりは、子供が生まれた印**になり、**男性では天皇や公家だけ**に。

室町・戦国（1338年～）　**安土桃山**（1573年～）　**江戸**（1603年～）

世界の歴史

香水やつけぼくろが流行（1533年頃）

現在の**香水**やオードトワレのようなものが初めてつくられたのがこの頃。初めはイタリア・スペインを中心に流行し、後に欧州に広がりました。中世ヨーロッパでは**色白の肌が美女の条件**とされ、それを引き立たせるために**つけぼくろ**が流行し始めました。

マルセイユ石けんのブランド確立（1688年頃）

フランス国王ルイ14世が**マルセイユ石けんの製造に厳しい基準**を設けました。**オリーブ油以外の使用を禁止。**その高い品質から「**王家**の石けん」とよばれ、上流階級の間で流行しました。

明治時代

明治維新以降、西洋の文化が積極的に取り入れられました。**お歯黒と眉そり**が外国人の目に奇異に映ったこともあり、1870年の**太政官布告**で禁止令が出され、華族をはじめ、一般の人たちもやめるようになりました。

肌なじみのよい色つき白粉も輸入され、それまでの白のみの白粉、お歯黒や眉そりなどの**伝統的な美意識から、本来持っている美しさや健康的な美**といった現代につながる美意識へと大きく変化しました。

お歯黒・眉そりが禁止!
（1870年頃）

お歯黒と眉そりが禁止に。1873年頃に当時の皇太后がお歯黒をおやめになったことで、急激に衰退していきました。

安全な白粉の開発
（1904年頃）

身体にとって**有害な鉛を使わない良質な白粉**が伊東胡蝶園（後のパピリオ）から発売され、安全な化粧品として注目を集めました。

明治（1868年～）

労働者たちが見つけた軟こう（ワセリン）
（1859年頃）

石油採掘機に付着するワックス（ロッドワックス）**を石油採掘者の切り傷や擦り傷などに塗ると傷の治癒が早かった**ため、治療に使用。アメリカの化学者がそれを精製し、1870年に**ヴァセリン**（**ワセリン**中心の軟こう）が誕生しました。

リップスティックの始まり
（1870年頃）

フランスの**ゲラン**が**ミツロウなどを固め、現在のリップスティックの原型**をつくりました。

パーマの始まり
（1905年頃）

ドイツのチャールズ・ネッスラーが**ホウ砂と高熱によって髪にウェーブをつける「ネッスルウェーブ」**を発明。1920年代にはアメリカで流行しました。

日本の歴史

大正時代

大正時代には**女性の社会進出**が始まり、女性の日常着が**和服から洋服へ**と変わりました。ヘアスタイルは日本髪ではなく「耳かくし」といわれる洋髪が流行し、化粧もバニシングクリームや**多色になった白粉**などが使われるようになりました。

今でも愛される**ヘチマコロン**の誕生
（1915年頃）

「ヘチマコロン」が発売。天然植物系スキンケア商品の元祖であり、化粧水の代名詞となりました。画家・竹久夢二の美人画のパッケージも有名です。

七色粉白粉（なないろこなおしろい）発売
（1917年頃）

「白」「黄」「肉黄（にくき）」「ばら」「ぼたん」「緑」「紫」全7色の白粉を肌の色に合わせて組み合わせる資生堂の商品です。

大正（1912年～）

世界の歴史

ファンデーションもバラエティ豊かに
（1914年頃）

マックスファクターから**チューブ入りの化粧下地グリースペイントやケーキタイプのファンデーション**が発売。女優たちにも人気の商品で、その後自然な肌の色に合ったファンデーションが開発されていきます。

コンパクトが女性たちの手に
（1920年頃）

パウダーチークやフェイスパウダーを**持ち運ぶためのコンパクトが、ヨーロッパの上流階級を中心に普及**し始めました。その後一般にも広がり、日本でも大正末期から登場しました。

昭和時代

昭和に入ると、**メイクアップの大衆化が盛んに**なります。1940年に軍国主義が強化され化粧品が贅沢品だと規制されるまでは、**新しい乳化技術を使った資生堂「ホルモリン」**をはじめ、現在まで続くヒット商品も生まれました。

スキンケア商品 乳化技術の進化
（1934年頃）

資生堂から**W/O型乳化クリーム「ホルモリン」**が発売。女性ホルモンを配合し、肌の若返り効果が期待され多くの女性が注目しました。

日本初のマスカラ誕生
（1937年頃）

ハリウッド美容室から**日本初のマスカラ**が発売。美容家のメイ牛山さんが、ワセリンと石炭粉からできたアメリカのマスカラを日本人向けに改良しました。

ベースメイクに革命
（1947年頃）

戦後間もなく、**日本初のクリームファンデーション**がピカソ化粧品から発売されました。従来の白粉にはない伸びのよさなどから、ベースメイクの定番となっていきます。

昭和（1926年～）

リップグロスの登場
（1932年頃）

マックスファクターから映画女優向けに**リップポマード**が登場。白黒映画の中で唇の立体感や光沢感を表現するために使用されていました。

日本の歴史

昭和時代

1960年代にはテレビのカラー放送が始まったことにより、**アイシャドウやマスカラといったアイメイクが流行**。一方で、化粧品による皮膚トラブルを背景に、化粧品の安全性に関する研究が進みました。

現在のシャンプーの原点
（1955年頃）

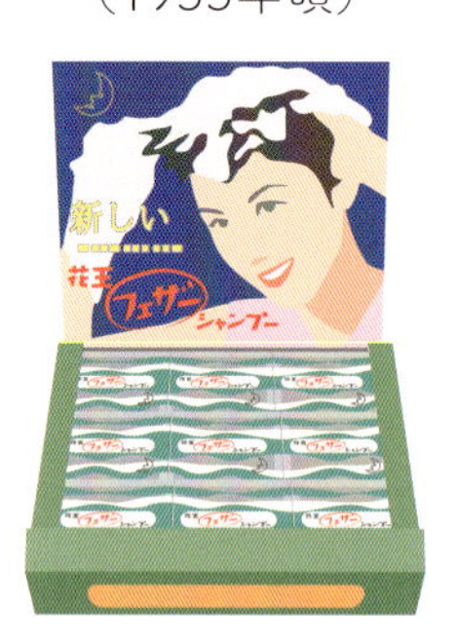

従来の**石けんシャンプーから中性洗浄料**（高級アルコール系の界面活性剤を使ったもの）**へ移行**し始めます。その中でも、「**花王フェザーシャンプー**」は「5日に1度はシャンプーを」の広告キャッチが注目を集め、人気商品となりました。

化粧品による皮膚トラブル
（1977年頃）

メイクアップ化粧品の使用により、こめかみや頬などに**黒褐色の色素沈着を起こす症状**が多発し、裁判も起こりました。「**黒皮症**（こくひしょう）」事件」とよばれ、赤色219号および黄色204号の不純物であるスダンⅠが原因でした。これをきっかけに、**当時の厚生省が商品への表示指定成分の明記を義務づけ**ました。

昭和（1926年～）

世界の歴史

日焼け止め化粧品の登場
（1944年頃）

白人兵士のための日焼け防止技術を生かし、**コパトーン**から初の日焼け止めが発売されました。これをきっかけに**日焼け予防が始まり**ました。

平成時代

1985年、男女雇用機会均等法の制定により、**女性の社会進出がより一層盛んに**なったため、女性が化粧をして出かける場が増えました。また、この頃に**紫外線の肌への悪影響**が注目されたことから、それまでの日焼けした**小麦色肌ブームから白い肌へ**とトレンドが移り変わり、**美白化粧品**の開発も活発になりました。化粧品の研究は**安全性から保湿やシミ、シワなどの基礎研究が中心**に。次々と新しい美容成分が開発され、化粧品業界の長年の夢であった**シワ改善**の薬用化粧品も発売されました。

美白化粧品の開発が盛んに
（1990年頃）

1983年に**リン酸L-アスコルビルMg**が「美白」の医薬部外品として承認されたことをきっかけに、約10年の間にコウジ酸、アルブチン、アスコルビルグルコシド、トラネキサム酸など**16種類もの美白有効成分が承認されました。**

落ちない口紅の需要増加
（1992年頃）

1990年代に入り、**女性の社会進出が急速に進んだ**ことで、オフィスで頻繁にメイク直しをしなくてもよいと**「落ちない口紅」**が大ヒットしました。

日本初の「シワ改善」医薬部外品が誕生
（2016年頃）

ポーラが**ニールワンを配合した医薬部外品で、「シワを改善する」という効能効果の承認を日本で初めて取得**しました。これ以降、**「シワ改善」**の医薬部外品が次々に発売されました。

平成（1989年～）　**令和**（2019年～）

オーガニック認証の始まり
（2002年頃）

2002年、**フランスの認証団体「エコサート」**がコスメの**オーガニック認証**を開始。その後2010年には**「コスモス認証」が誕生し、オーガニックコスメが普及**していきました。

EUにおける動物実験の禁止
（2013年頃）

動物愛護の観点から、EUにおいて2004年より段階的に規制が強まり、2013年には、**動物実験をした商品の販売が完全に禁止**になりました。この頃、日本でも**動物実験代替法**の研究が盛んに行われ始めました。

持続可能な開発目標（SDGs）採択
（2015年頃）

国連総会で持続可能な開発目標（**SDGs**）が採択され、化粧品業界でもさまざまな取り組みが実施されるようになりました。

PART 02

化粧品の原料

毎日お手入れで使う化粧品。
それらに含まれる原料がどういうものなのかを、
このパートで詳しく解説します。
化粧品の原料とその基礎知識を身につけましょう。

化粧品の原料

《化粧品を構成する成分》

検定POINT

化粧品を構成する成分には、**骨格をつくる基本成分（基剤）として、水、水に溶ける水溶性成分、油の性質をもつ油性成分、乳化や洗浄などに使われる界面活性剤、色や質感をつくる色材**などがあります。

また、**訴求成分として、化粧品を特徴づける機能性成分や香料**などがあります。さらに、化粧品の**品質保持を目的とした成分として、pH調整剤やキレート剤、酸化防止剤、防腐剤**などがあります。このように、いろいろな成分が組み合わさって1つの化粧品ができあがっているのです。

基本成分（基剤）

検定POINT 水溶性成分

水溶性成分には、**肌の水分を逃がさないようにする保湿効果（モイスチャー効果）や肌を引き締める効果**、成分を溶かす溶剤としてや、防腐（静菌）効果などさまざまな働きがあります。製品の目的に合わせて、複数の成分が配合されています。

	主目的	成分例（主な由来）
液状	肌を引き締める効果・溶剤	・**エタノール**（サトウキビまたは石油）
	保湿・防腐助剤（静菌）・溶剤	・**BG**（石油またはトウモロコシ） ・**DPG**（石油） ・**ペンチレングリコール**（サトウキビまたは石油） ・**1,2-ヘキサンジオール**（石油）
	保湿・感触調整	・**グリセリン**（油脂または石油） ・**メチルグルセス-10**（トウモロコシ）
	化粧水やクリームなど、いろいろな化粧品に配合される。**肌へのなじみをよくしたり、感触を調整するため**にも用いられる	
粉状	保湿・感触調整	・**ベタイン**（てんさい） ・**トレハロース**（でんぷんの発酵産物） ・**PCA-Na**（NMF成分の１つ）（サトウキビ）
	保湿・吸湿・増粘*	・**ヒアルロン酸Na**（微生物の産生物またはニワトリのトサカ）
	増粘*（安定化・感触調整）	・**カルボマー**（石油） ・**カラギーナン**（海藻） ・**キサンタンガム**（糖類の発酵産物） ・**ヒドロキシエチルセルロース**（パルプ）
	成分単体では**粉状**だが、化粧品の中では**水に溶けた状態で存在**している	

サトウキビ
トウモロコシ
てんさい
海藻

＊増粘とは、粘度を高めたりとろみを出すなどの感触を調整したりする働きのこと。乳化したものの分離や粉体の沈殿をさせないように安定化させる働きもあります

検定POINT 油性成分

油性成分は、**角層に含まれる水分が蒸発することを防いでうるおいを保ち、肌を柔軟にする（エモリエント効果）**目的や、**メイクなどの油性の汚れをなじませて落とす**目的でスキンケア化粧品に配合されます。

また、メイクアップ化粧品では粉体の成分を分散（均一に散らばせる）したり、つなぎとめたりすることで**肌への伸び広げやすさや付着性を与えます**。ヘアケア化粧品では**髪にツヤやセット性を与える**など、それぞれの目的に合わせて配合されています。

【液状*1】

リキッド

- 角層の水分量を保つ
- **肌の上でのすべりをよくする**
- メイクなどの**油性の汚れとのなじみをよくする**
- ほかの成分を溶解・分散する

主な由来	成分例（主な由来）
合成*1	・**トリエチルヘキサノイン** ・**エチルヘキサン酸セチル** ・**ジメチコン***2 *3 ・**シクロペンタシロキサン***2
鉱物	・**ミネラルオイル**（石油）
天然	・**スクワラン**（サメまたはオリーブなどの植物、サトウキビの発酵産物） ・**ホホバ種子油**（ホホバの種子） ・**オリーブ果実油**（オリーブの果実）

ホホバ種子　オリーブ果実

＊1 常温（標準温度20℃）での形状
＊2 シリコーンオイルの一種。オイルとは構造が異なるため、オイルには分類されないという考え方もある。そのため、オイルフリーの製品にも配合される場合がある
＊3 低重合（分子量が小さい）のものに限る。重合度が高くなる（分子量が大きくなる）と、液状ではなく半固形〜固形になる

【半固形*1】

・乳液やクリームでは液状と半固形の油性成分を混ぜ合わせ、**肌なじみや厚みのある使用感にする**
・スキンケアやボディケアはもちろん、メイクアップやヘアケア化粧品にも**エモリエント効果をもたせる**目的で配合する

主な由来	成分例(主な由来)
合成	・ヒドロキシステアリン酸コレステリル ・ラウロイルグルタミン酸ジ(フィトステリル／オクチルドデシル)
鉱物	・ワセリン(石油)
天然	・シア脂(シアの果実) ・ラノリン(羊毛)

羊毛

【固形*1】

・リップスティックなど**製品の形状を保つ**

・クリームなどではワックスの配合量を多くすることで硬さを与える、**保護膜をつくる**

主な由来	成分例(主な由来)
合成	・ポリエチレン ・合成ワックス ・セタノール
鉱物	・パラフィン(石油) ・マイクロクリスタリンワックス(石油)
天然	・ミツロウ(ミツバチの巣) ・キャンデリラロウ(キャンデリラ草の茎) ・ステアリン酸(パーム油などの植物油)

ミツバチの巣

キャンデリラ草

＊1 常温(標準温度20℃)での形状

基本成分（基剤）

検定POINT 界面活性剤

界面活性剤は、**1つの分子内に油になじみやすい部分（親油基または疎水基）と水になじみやすい部分（親水基または疎油基）の両方をもっています。**この性質を利用して、**洗浄**・**乳化**・**可溶化**（溶けない物質を溶けているような状態にすること）・**浸透**・**分散**（溶けない物質を均一に散らばせること）などの働きがあります。

界面活性剤ってこんな形
親水基（疎油基）
（水と仲良し）
親油基（疎水基）
（油と仲良し）

〈 乳化 〉

水と油はお互いなじまないため、混ぜてもそのまま置いておくと**2層**に分離してしまいます。**乳化**とは、界面活性剤の作用により、**油または水を細かい粒子にして他方の中に分散させること**で、水と油が分離しないようにしています。ただし、完全に溶解しているわけではありません。

乳化の状態には、牛乳のように**水の中に油が分散した状態（O/W型）**や、反対にバターのような**油の中に水が分散した状態（W/O型）**があります。

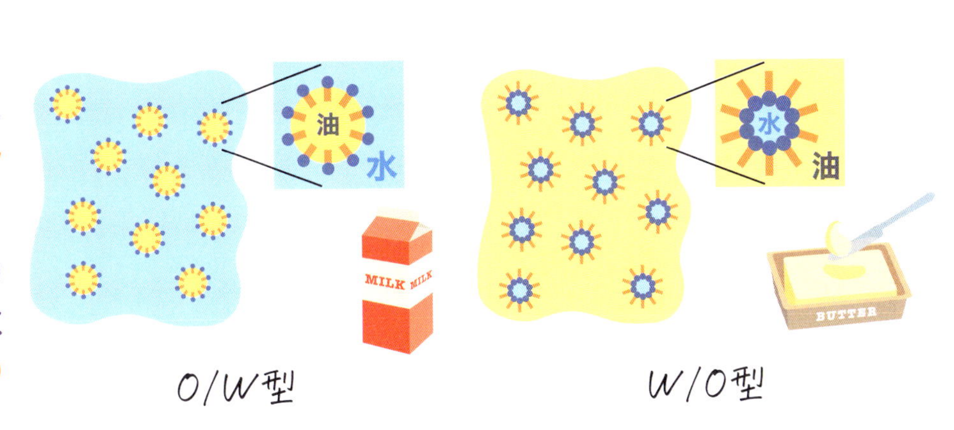

O/W型とW/O型の見分け方

手の甲などに塗布し、水で洗い流したときの状態を目安にすることができます。水をはじけば、外側に油分があるW/O型、はじかなければO/W型です。

〈界面活性剤のタイプと成分例〉

界面活性剤は水に溶けたときの性質の違いにより大きく4タイプに分けられます。

	タイプ	主目的(主用途)
イオン型	**アニオン(陰イオン)型** 水に溶けると親水基の部分が**陰イオン(アニオン)**になるもの	**洗浄、可溶化、乳化助剤**(石けん、洗顔料、シャンプーなど)
イオン型	**カチオン(陽イオン)型** 水に溶けると親水基の部分が**陽イオン(カチオン)**になるもの	**柔軟、帯電防止**(トリートメント、コンディショナー、リンスなど) **殺菌**(制汗剤など)
イオン型	**両性イオン(アンホ)型** 水に溶けると親水基の部分がpHにより**陽イオンや陰イオン**になるもの	**洗浄**(ベビー用や高級シャンプー・トリートメント・コンディショナー・リンスなど) **乳化助剤**(乳液、クリーム、美容液など)
非イオン型	**ノニオン(非イオン)型** 水に溶けても**イオン化しない**親水基をもっているもの。ほかの界面活性剤と組み合わせやすい	**洗浄助剤、乳化、可溶化**(クレンジング料、化粧水、乳液、クリームを中心に多くの与える化粧品に使われる)

界面活性剤の種類を歌って覚えよう!
「ここちゃんと踊る界面活性剤の歌」
http://youtu.be/p5r7exLRnNE

成分の名前の最後、名前の途中につくもの*1	成分例	皮膚刺激*2
～石ケン素地	・石ケン素地 ・カリ石ケン素地	比較的弱い
～酸Na ～酸K ～酸TEA **～には油性成分である脂肪酸などの名前が入る**	・ステアリン酸Na ・ラウリン酸K ・ココイルグルタミン酸TEA	
～硫酸Na ～乳酸Na ～クエン酸Na ～炭酸Na	・ラウレス硫酸Na	
～クロリド ～ブロミド ～アミン	・ベヘントリモニウムクロリド ・ジステアリルジモニウムクロリド ・ステアルトリモニウムクロリド ・ステアルトリモニウムブロミド ・ステアラミドプロピルジメチルアミン	やや強い
～ベタイン	・コカミドプロピルベタイン ・ラウラミドプロピルベタイン ・ラウリルベタイン	やや弱い
～アンホ～	・ココアンホ酢酸Na ・ラウロアンホ酢酸Na	
～オキシド	・ラウラミンオキシド	
～レシチン	・レシチン ・水添レシチン	
～グリセリル **～には数字を含むことが多い**	・ステアリン酸グリセリル ・トリイソステアリン酸PEG-20グリセリル	弱い
PEG～水添ヒマシ油	・PEG-60水添ヒマシ油	
～ソルビタン	・ステアリン酸ソルビタン	
ポリソルベート～	・ポリソルベート60	

＊1「成分の名前の最後、名前の途中につくもの」はあくまでも一例であり、例示以外のものもあります
＊2 皮膚刺激の度合は同じ濃度で比べたときの目安であり、種類や配合量、処方により大きく異なります

増粘剤

増粘剤は**液体にとろみをつけて感触を調整したり、使用性を向上（液垂れを防ぐ）**したりします。また、**乳化を安定化（水と油の分離や粉体の沈殿を抑制）する**働きもあります。主に**多糖類**や**合成ポリマー（高分子）**が使用されます。

ポリマーとは？

小さい分子が鎖のようにつながって大きな分子になったものです。一般的には分子量が万単位、場合によっては百万単位のような大きな分子もあり、**分子がたくさんつながるほど増粘の効果が強く**なります。

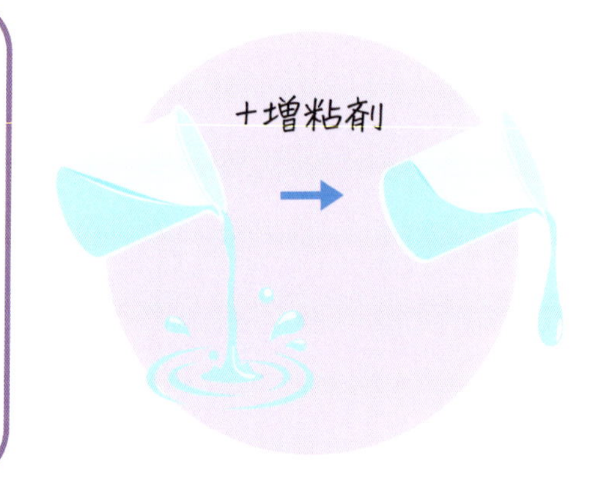

主目的	成分例		主用途
水の増粘・ゲル化	多糖類	・キサンタンガム ・カラギーナン	乳液、クリーム、美容液、ジェル、ボディ用洗浄料など
	合成ポリマー	・カルボマー ・ヒドロキシエチルセルロース ・（アクリル酸/アクリル酸アルキル（C10-30））クロスポリマー ・ポリアクリル酸Na	
油性成分の増粘・ゲル化		・ポリエチレン	クレンジング料、クリーム、リップグロス、マスカラなど
	その他	・パルミチン酸デキストリン	

基本成分（基剤）

皮膜形成剤

皮膜形成剤は**乾燥すると肌、髪または爪の上で皮膜を形成する**成分で、**パック性の付与**、**スタイリング力の調整**、**メイクアップのもち向上**のために配合されます。主に**ポリマー（高分子）**が使用されます。

主目的	成分例	主用途
パック性の付与	・ポリビニルアルコール ・PVP	ピールオフパックなど
スタイリング力の調整	・（VP/VA）コポリマー	ヘアスタイリング料など
日焼け止め・メイクアップ化粧品のもち向上	・アクリレーツコポリマー ・アクリル酸アルキルコポリマー	ファンデーション、マスカラ、日焼け止めなど
ネイル皮膜の付与	・ニトロセルロース	カラーエナメルなど

基本成分（基剤）

感触調整剤

肌の上での伸びや厚みなどの**質感を調整する**ことによって、**目的とする使用感に調整するための成分**です。例えば、粉状のメイクアップ化粧品には、主に**すべりをよくする**ものが、シャンプーには、すすぎ時の**きしみ感を抑える**ことを目的に配合されます。

主目的	成分例	主用途
伸びやなめらかさなどの質感調整*	・カラギーナン ・キサンタンガム ・ヒドロキシエチルセルロース	乳液、クリーム、美容液、ジェル、ボディ用洗浄料など
すべり性の向上	・ナイロン ・ポリエチレン ・ラウロイルリシン	パウダーファンデーション、ルースパウダーなど
きしみ防止・保湿感の付与	・ポリクオタニウム-7 ・ポリクオタニウム-10 ・シリコーンオイル（ジメチコン）	シャンプー、トリートメント、ボディ用洗浄料など

＊増粘剤としての働きもあります

基本成分（基剤）

検定POINT 色材

色材は主にメイクアップ化粧品に使われている成分です。製品の**色を調整**して魅力を増したり、**ツヤや輝きを与えたりする**ために配合されます。

分類		主目的	成分例
無機顔料	体質顔料	形状を保つ、伸びなどの感触調整、汗や皮脂を吸収する	タルク、マイカ、カオリン、シリカ、炭酸Ca、窒化ホウ素、硫酸Ba、合成マイカ〔化合成フルオロフロゴパイト〕
	白色顔料	隠ぺい力・カバー力などを与える、色のつき具合を調整する	酸化チタン、酸化亜鉛
	着色顔料	色をつける	酸化鉄〔部ベンガラ、黄酸化鉄、黒酸化鉄〕、グンジョウ
	真珠光沢顔料[*1]（パール剤）	光沢をつける	酸化チタン被覆（ひふく）マイカ[*2]〔化酸化チタン、マイカ〕、オキシ塩化ビスマス、魚鱗箔（ぎょりんぱく）、酸化チタン被覆ホウケイ酸（Ca/Al）[*2]〔化酸化チタン、ホウケイ酸（Ca/Al）〕
有機合成色素（＝タール色素）	有機顔料	色をつける	赤202、赤226、黄401、青404
	染料	色を染着する	赤213、赤218、赤223、黄4、黄5、青1、HC赤1、HC黄2、HC青2
天然色素		色をつける	β-カロチン、クチナシ青〔化加水分解クチナシエキス〕、ベニバナ赤、銅クロロフィル、カルミン

クチナシ

ベニバナ

※成分例は、医薬部外品の表示名称を部で、化粧品の表示名称を化で記載しています

＊1 光沢をつける成分として、無機顔料ではありませんがパール剤より粒子が大きく、強い光のラメがあります

＊2 マイカやホウケイ酸（Ca/Al）に酸化チタンをコーティングし積層にした成分です

＼ 訴求成分 ／

検定POINT 機能性成分（美容成分）

機能性成分（美容成分）とは、主に**肌悩みや肌状態を改善するための機能をもち合わせた成分**です。商品を販売する際に優位性をアピールするための訴求成分として配合されることが多いです。

《肌悩み別機能性成分の例》

医薬部外品の場合

肌悩み	医薬部外品の有効成分例
乾燥	ライスパワー®No.11
肌荒れ	ビタミンE誘導体［部酢酸dl-α-トコフェロール］、グリチルリチン酸ジカリウム、ヘパリン類似物質　など
ニキビ	イソプロピルメチルフェノール、サリチル酸　など
シミ	ビタミンC［部アスコルビン酸］、ビタミンC誘導体［部L-アスコルビン酸2-グルコシドなど］、アルブチン、トラネキサム酸、コウジ酸　など
シワ	純粋レチノール［部レチノール］、ナイアシンアミド、ニールワン®［部三フッ化イソプロピルオキソプロピルアミノカルボニルピロリジンカルボニルメチルプロピルアミノカルボニルベンゾイルアミノ酢酸Na］、VEP-M［部dl-α-トコフェリルリン酸ナトリウムM］、ライスパワー®No.11+

※成分例は、医薬部外品の表示名称を部で、化粧品の表示名称を化で記載しています

※肌悩みに対応する医薬部外品の有効成分は、一部のみ抜粋して掲載しています。すべての成分を確認したい場合は巻末資料をご参照ください

※ライスパワーは勇心酒造株式会社、ニールワンはポーラ化成工業株式会社の登録商標です

幹細胞に着目したコスメって何？

幹細胞そのものではなく幹細胞の培養液や表皮・真皮幹細胞に働きかける成分が配合されたコスメのことで、大きく以下の３つに分けられます。

- ヒト幹細胞（脂肪由来、骨髄由来）を培養した成分を配合したもの
- 植物由来の幹細胞培養液の成分を配合したもの
- 表皮・真皮幹細胞に直接働きかける成分を特徴にしたもの

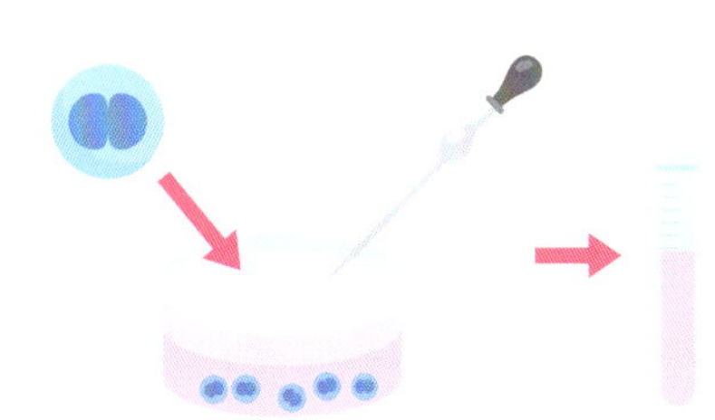

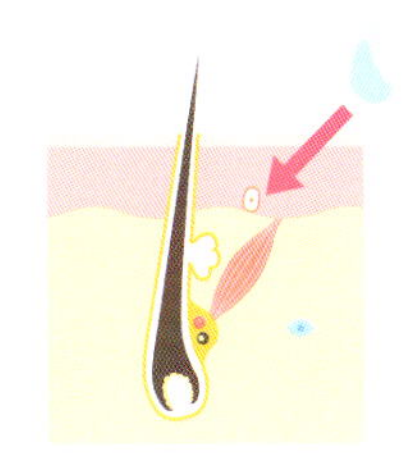

化粧品の場合

肌悩み	成分例
乾燥	グリセリン、BG、ヒアルロン酸Na、水溶性コラーゲン、スクワラン、セラミド[(化)セラミドNP、セラミドEOPなど]、ワセリン、ポリクオタニウム-51　など
肌荒れ	乾燥の成分に加えて、ビオチン、加水分解酵母[(化)加水分解酵母エキスなど]、ハトムギ種子エキス　など
ニキビ	パパイン、リパーゼ、乳酸、レチノール、アゼライン酸、ビタミンC[(化)アスコルビン酸]、ビタミンC誘導体(APPS[(化)パルミチン酸アスコルビルリン酸3Na]など)、キハダ樹皮エキス　など
シミ	カンゾウ根エキス、豆乳発酵液、マグワ根皮エキス　など
シワ	乾燥の成分に加えて、アルジルリン[(化)アセチルヘキサペプチド-8]、蛇毒類似物質シンエイク[(化)ジ酢酸ジペプチドアミノブチロイルベンジルアミド]、レチノール誘導体[(化)パルミチン酸レチノールなど]　など
毛穴	スクラブ[(化)結晶セルロース、サンゴ末など]、レチノール誘導体、コエンザイムQ10[(化)ユビキノン]、ビタミンC、ビタミンC誘導体　など
くま	カフェイン、ビタミンE誘導体[(化)酢酸トコフェロールなど]、カプサイシン[(化)トウガラシ果実エキス]、生姜[(化)ショウガ根茎エキス]、パルミトイルオリゴペプチド、ビタミンC、ビタミンC誘導体　など
くすみ	スクラブ[(化)結晶セルロース、サンゴ末など]、乳酸、パパイン、ヒアルロン酸Na、ドクダミエキス、ビタミンC、ビタミンC誘導体　など
エイジング	**再生** ヒト遺伝子組換オリゴペプチド[(化)ヒトオリゴペプチド-1など]、幹細胞培養液[(化)ヒト幹細胞順化培養液など]　など
	抗酸化 ビタミンC、ビタミンC誘導体、ビタミンE誘導体、コエンザイムQ10、アスタキサンチン、α-リポ酸[(化)チオクト酸]、フラーレン　など

※医薬品医療機器等法で、医薬部外品に配合される有効成分以外には、その効果を訴求することができないので注意が必要です

訴求成分

香料

香料は、**香りを楽しむことによる心理的効果**や、**付加価値を高める**などの目的で化粧品に配合されます。また、化粧品に配合されているほかの**成分のにおいや、頭皮やわき臭などの体臭を感じにくくする**マスキングの目的でも使用されます。

《化粧品への香料の配合》

化粧品に香りをつける場合、アイテムごとに目安となる最適な香料の配合率（賦香率（ふこうりつ））が異なります。

アイテム	賦香率
化粧水	0.001～0.05％
クリーム類	0.05～0.2％
ファンデーション	0.05～0.5％
リップカラー	0.03～0.3％
アイカラー	0.01～0.1％
シャンプー・リンス	0.2～0.6％
石けん	1.0～1.5％

香料は油に
溶けるものが多いから
化粧水は微量配合
なんだよ。
洗い流すものには
比較的高濃度も
OKなんだね！

無香料と無香の違い

検定POINT

「**無香料**」は「**香料を使用していない**」ということです。無香料と表示されていても、化粧品を構成する成分にはもともとにおいがあるものもあるため、**まったくの香りがない（無香である）とは限りません**ので、注意しましょう。

＼品質保持を目的とした成分／

pH調整剤

化粧品のpH（ピーエイチ）を調整する成分。pH調整剤は化粧品を皮膚と同じ弱酸性にしたり、訴求成分を働きやすい状態にしたり、pHを適切な状態に保つために使用されています。

pHとは？

ある物質の**酸性からアルカリ性までの度合いを示す数値**のことで、0～14までの数値であらわします。数値が**7**で**中性**となり、それより小さい数値になるほど、酸としての性質がより強くなり、大きくなるとアルカリとしての性質がより強くなります。

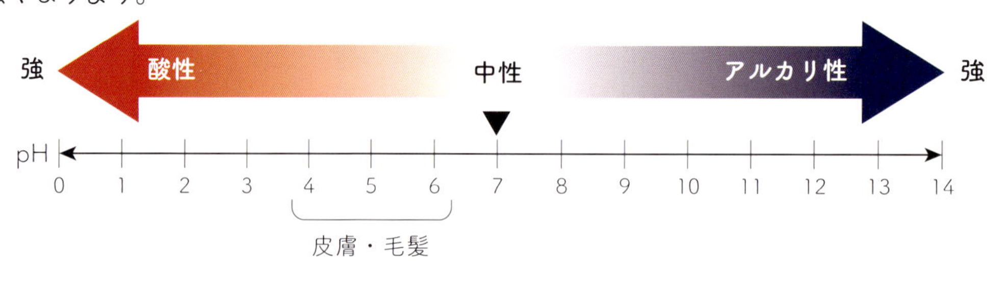

分類	成分例
酸性に傾ける成分	クエン酸、乳酸、リン酸
アルカリ性に傾ける成分	水酸化Na、水酸化K、アルギニン、TEA

\ 品質保持を目的とした成分 /

キレート剤（金属イオン封鎖剤）

キレート剤のイメージ

金属イオンによる化粧品の劣化を防ぐ成分。化粧品中に微量の**金属イオン（ミネラル）**が存在すると、油性成分の酸化などにより品質が劣化したり、化粧品中の成分と結びついて機能を低下させることがあります。キレート剤は金属イオンと強く結合することで、**金属イオンの働きを抑える（封鎖する）**働きがあります。

働きを抑える必要がある金属イオン	品質への影響（例）
鉄イオン（Fe^{2+}）、銅イオン（Cu^{2+}）	油性成分の酸化促進
カルシウムイオン（Ca^{2+}）、マグネシウムイオン（Mg^{2+}）	石けんの泡立ち悪化

成分例	EDTA-2Na、EDTA-4Na、クエン酸、エチドロン酸、酒石酸（しゅせきさん）

キレートとは、ギリシャ語で「カニのはさみ」という意味だよ

\ 品質保持を目的とした成分 /

酸化防止剤

化粧品に使用される成分、特に**油性成分の中には酸化されやすい**ものもあります。**酸化によりにおいや色が変化したり、肌への刺激の原因になる**こともあります。そのため、化粧品にとって必要な品質を保持する酸化防止剤が必要になります。

成分例	ビタミンE［㊫トコフェロール］、β-カロチン、BHA（ビーエイチエー）、BHT（ビーエイチティー）

酸化のイメージ

切ったリンゴを置いておくと、酸化により黒く変色する

品質保持を目的とした成分

検定POINT 防腐剤

化粧品には**アミノ酸、糖類やエキス類など微生物（カビや細菌など）のエサになりやすい成分**が多く含まれています。もし、**化粧品の中に微生物が混入して繁殖する**と、使用感や色、においが変わるなど**品質低下の原因**になり、**肌トラブルの原因**にもなります。

一般的に化粧品は使用期間が長く、使用中に手指などから微生物が入り込むこともあるため、安定した品質を保つためにも防腐剤が必要なのです。

成分例	メチルパラベン、ブチルパラベン、フェノキシエタノール、デヒドロ酢酸、イソプロピルメチルフェノール

※化粧品に防腐を目的に配合できる成分は、化粧品基準のポジティブリストにより制限されています

《パラベンの種類と抗菌力の差》

代表的な防腐剤として**パラベン**があります。パラベンは**種類によって抗菌力が異なり、**抗菌力の高い順に並べると以下のようになります。

ブチルパラベン ＞ **プロピルパラベン** ＞ **エチルパラベン** ＞ **メチルパラベン**

※単独での抗菌（静菌）力の高さ順です
※実際に化粧品に配合したときの抗菌力は、菌が繁殖する水への溶けやすさも関係するため、この通りになるとは限りません

また、「**パラベンフリー**」と書いてあるものを見かけますが、パラベンフリーであっても、**ほかの複数の防腐剤が配合されている**こともあります。

防腐剤の配合量を減らす工夫

防腐剤は、ごくまれに肌に合わない場合もあります。そのため、防腐剤以外に、**弱い抗菌（静菌）作用をもつ保湿剤を防腐助剤として配合**し、防腐剤の配合量を減らしたり、配合しない化粧品もあります。

成分例	BG、DPG、プロパンジオール、1,2-ヘキサンジオール、ペンチレングリコール、エチルヘキシルグリセリン

※保湿剤ではありませんが、水溶性成分のエタノールも防腐助剤（静菌）として使われることがあります

PART 03

化粧品の種類と特徴

メイクアップ化粧品だけではなく、
スキンケアからヘアケア、ボディケアなども含めると、
毎日の多くの化粧品を使っています。
それぞれのアイテムがどういったものなのかを
知っておくことは大切なことです。
化粧品の種類と特徴はもちろん、その中身、成分まで学ぶことで
最適な化粧品を選べるようになりましょう。

スキンケア化粧品

洗顔から保湿まで
基本的なスキンケア化粧品の種類や特徴、
その中身、成分について知り、
毎日のお手入れに最適なアイテムを
取り入れられるようにしましょう。

1 素肌美人に近づくための基本アイテム
スキンケア化粧品

スキンケア化粧品は大きく分けて、**メイクや汚れを落として肌を清潔に保つことを目的とする「落とす化粧品」**と、**水分や油分、保湿剤を与えて皮膚のモイスチャーバランスを整えることを目的とした「与える化粧品」**があります。

	目的	アイテム
落とす化粧品	メイクや汚れを落とす	クレンジング料（メイク落とし）
		洗顔料
		ピールオフパック／洗い流すパック*
		ピーリング／ゴマージュ・スクラブ
与える化粧品	水分、油分、保湿剤を与える	ブースター（導入美容液など）
		化粧水
		美容液
		乳液
		クリーム、ジェルクリーム
		ジェル
		オイル、バーム
		パック（マスク）
		マッサージ用化粧品

＊余分な角質や皮脂、角栓を落とす目的のもの

検定POINT

スキンケア化粧品の主な構成成分

スキンケア化粧品は主に**化粧品の骨格をつくる基本成分（基剤）**、**訴求成分**、**品質保持を目的とした成分**で構成されています。

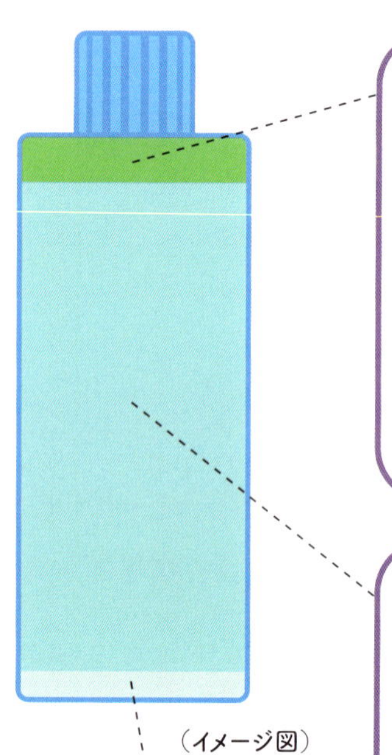
（イメージ図）

訴求成分

製品の魅力を増すことのできる成分のことで、**機能性成分**や**香料**などが含まれる。機能性成分は、肌悩み（乾燥、シミ、シワ、ニキビなど）に対してさまざまな機能をもち合わせた成分で、コラーゲンやセラミド、植物エキスなどがある。香料を訴求することで**付加価値を高める**製品もある

※製品で必ず訴求されるわけではありません

基本成分（基剤）

化粧品の骨格をつくる成分のことで、**水分**や**油分（油性成分）**、**保湿剤**などの**水溶性成分**と、これらを混合するための**界面活性剤**が含まれる

モイスチャーバランスの概念とは？

モイスチャーバランスとは**水分**、**脂質（皮表脂質）**、**NMF（天然保湿因子）**のバランスのこと。季節により変化したり、皮膚の洗浄や加齢に伴って減少するこれらに相当する物質を、化粧品（**水分**、**油分**、**保湿剤**）によって補うことで**皮膚保湿の恒常性を維持する**という考え方を「モイスチャーバランスの概念」といいます。

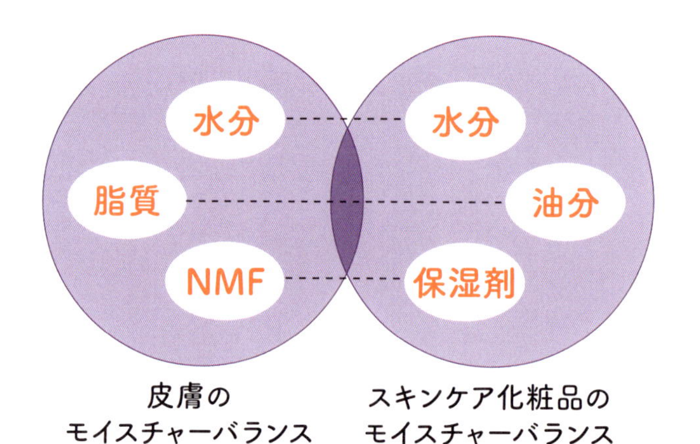

品質保持を目的とした成分

製品の安定性や安全に使える品質を保つことを目的とした成分のことで、**pH調整剤**、**キレート剤**、**酸化防止剤**や**防腐剤**などがある

\肌を清潔にする/

落とす化粧品

肌の表面では、**メイクアップ化粧品や皮脂などの油分、汗、ほこり、余分な角質**などの汚れが混ざり合っています。この汚れた状態を放置しておくと、雑菌が繁殖したり、皮脂中の成分の酸化により**過酸化脂質**がつくられたりして、肌への刺激になることも。メイクアップ化粧品や日焼け止め化粧品を使ったら、その日のうちにクレンジング料でオフし、洗顔料できれいに洗い流しましょう。

クレンジング料と洗顔料が落とすもの

クレンジング料は、主に**メイクアップ化粧品などの洗顔料のみでは落ちにくい油性の汚れ**を中心に落とす

洗顔料は、**汗や余分な皮脂・角質、ほこり、排気ガス**に加え、**肌に残ったクレンジング料**などを落とす

メイクを落とす

クレンジング料

多くのクレンジングは、油分中心のメイクアップ化粧品を**油性成分に溶け込ませて**落とします。また、油性成分がほとんど含まれない水系のクレンジングは、**界面活性剤**で落とします。ここでは、2タイプの落とすしくみを説明します。

《クレンジングのしくみ》

検定POINT

油性成分で落とす

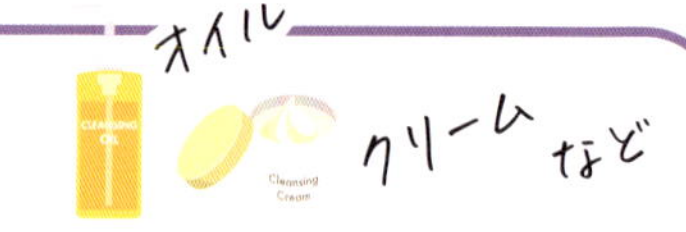

オイルやクリームなどの多くのクレンジング料は**油性成分にメイク汚れを溶け込ませて（浮かせて）**、その後洗い流したり拭き取ったりして落とします。**油性成分中に溶け込んだ（浮いた）汚れを水で洗い流す**ために、**界面活性剤**も配合されています。

なじませている時

クレンジング料が汚れを包み込む

油性成分が汚れを浮かせる

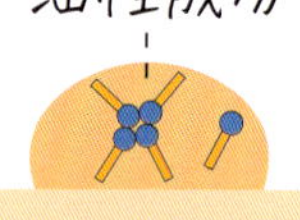

汚れが油性成分に溶け込む

洗い流す時

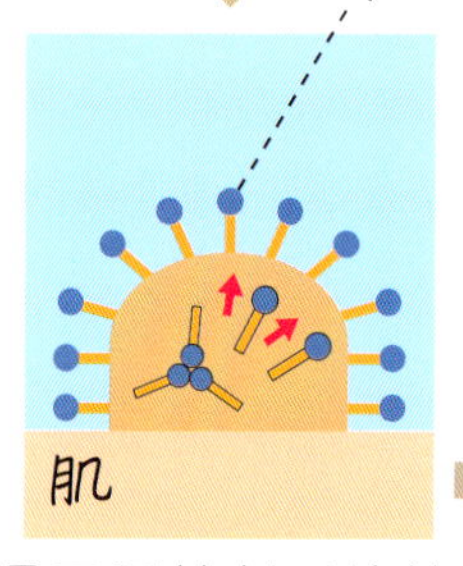

界面活性剤が油性成分にくっつく

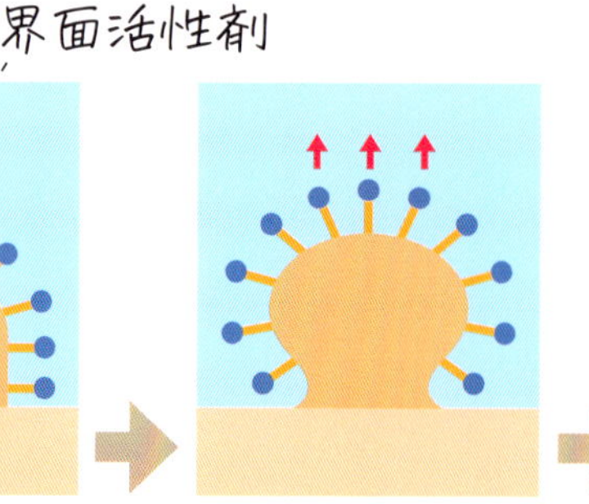

界面活性剤が汚れが溶け込んだ油性成分を取り囲んで、水中に引き出す

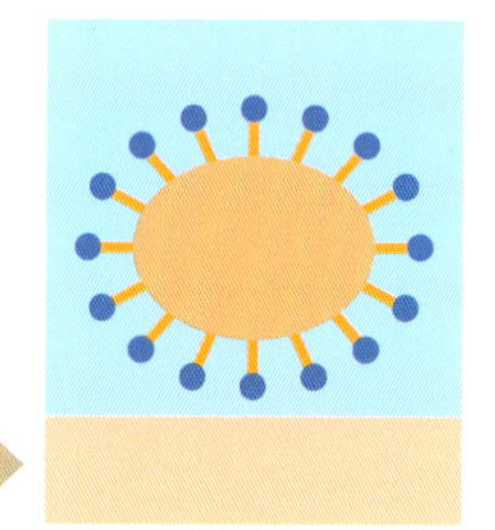

細かくなった汚れは、水中に分散して洗い流される

界面活性剤で落とす

ローションやジェルなどの水系のクレンジング料には**油性成分がほとんど配合されていない**ため、**メイク汚れを界面活性剤で落とします。**

〈クレンジング料の種類と特徴〉

油性成分や界面活性剤の量や種類を変えることで、クレンジング力の異なるさまざまな製品ができます。クレンジング料の種類とその特徴を学びましょう。

種類別クレンジング力

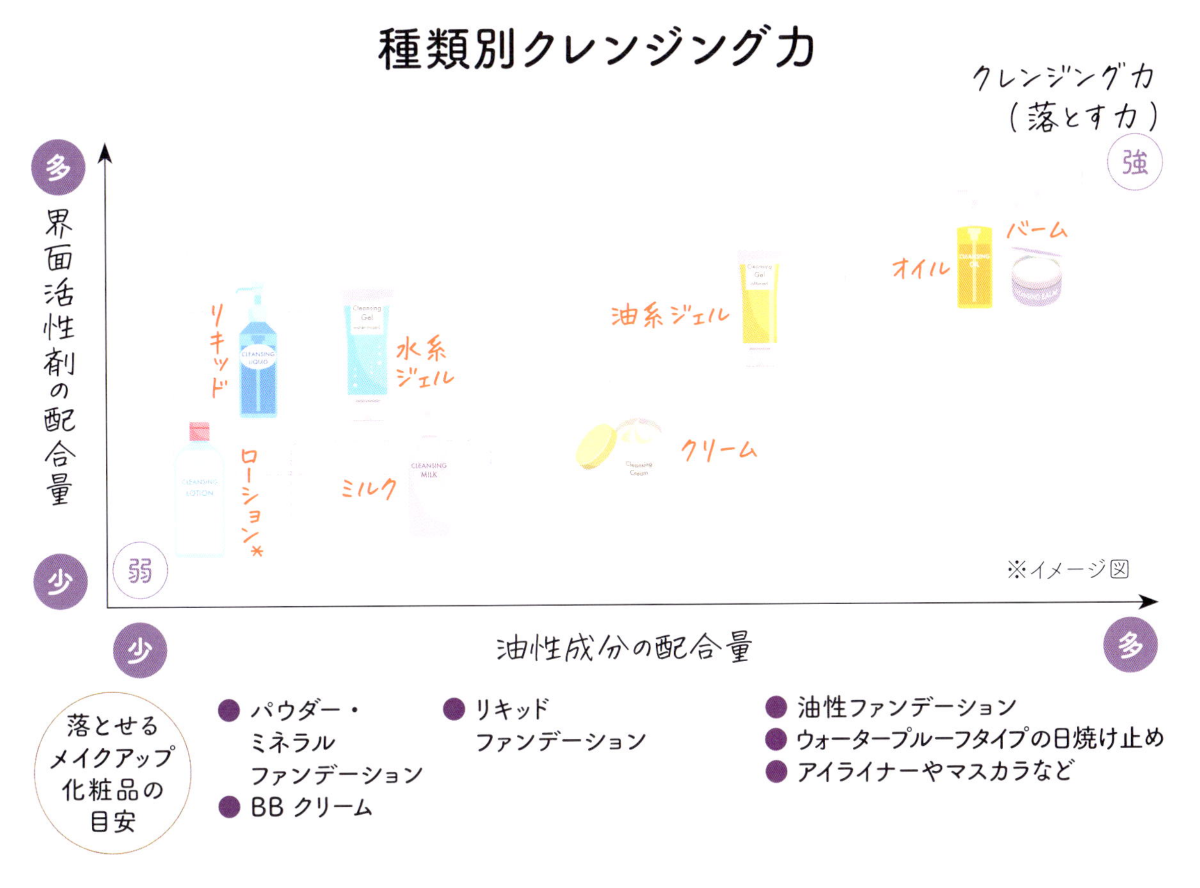

※成分の配合量やクレンジング力は目安です。製品ごとに異なります
＊拭き取りタイプのローションは、物理的な力（摩擦力）でクレンジング力が高まることがあります

メイクの濃さに合わせてクレンジング料を選ぼう！

必要以上に強いクレンジング力の製品で汚れを落とすと、**肌のバリア機能を担う3つの保湿因子**である**皮脂膜やNMF、細胞間脂質なども流れ出てしまう**可能性があります。自分のメイクの濃さ（落としにくさ）に応じた製品を選びましょう。

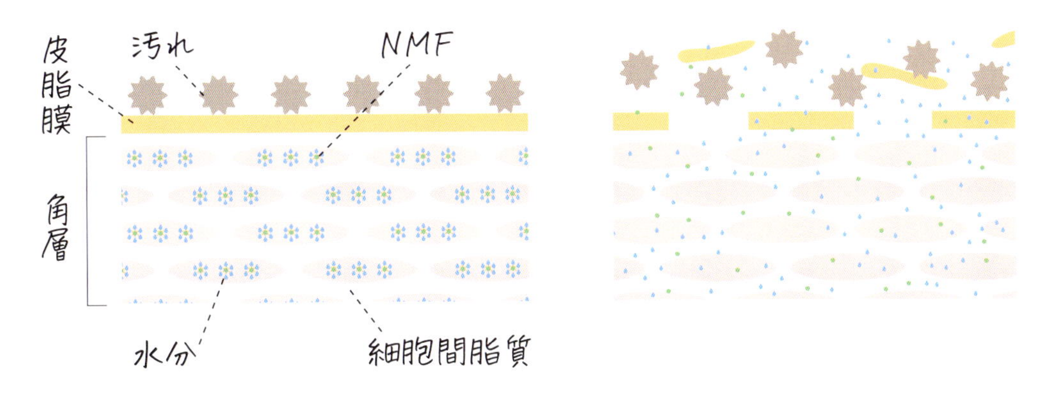

クレンジング料の種類と特徴

タイプ	主な構成成分	種類(形状)
油性成分で落とす	(訴求成分) 界面活性剤 油性成分(増粘剤など) 水・水溶性成分(保湿剤)	オイル
		バーム
		(油系)ジェル
	(訴求成分) 界面活性剤 油性成分 水・水溶性成分(保湿剤・増粘剤など)	クリーム
		ミルク(乳液状)
界面活性剤で落とす	(訴求成分) 界面活性剤 水・水溶性成分(保湿剤・増粘剤など)	(水系)ジェル
		リキッド(液状)
		ローション(液状)、シート(不織布含浸(ふしょくふがんしん)タイプ)

※容器のイラストの配合比率はイメージ図です

	特徴	油性成分配合比率	界面活性剤配合比率	クレンジング力
	液状の油性成分が中心でクレンジング料の中でも最もメイクとなじみやすいタイプ。主成分の油性成分に界面活性剤を溶解していて、すすぎ時にO/W型に乳化して洗い流す	80～90％	10～20％	強
	油性成分の配合比率はオイルと同じ。液状の油性成分をポリエチレンや合成ワックスなどで固めてバームにしている。なじませると肌の上で液状のオイルになる			
	主成分が油性成分のジェルだが、オイルやバームと比べると油性成分はやや少なめで、グリセリンなどの水溶性成分を含んでいるものもある。肌になじませるとジェルがくずれ感触が軽くなるものが多い	30～60％		中～強
	O/W型が主流。肌になじませるとW/O型に変わる（転相する）ものが多い。クリームの油分が若干残るため、使用後の感触はしっとり。油性成分の配合量でクレンジング力が変わる		3～10％	中
	クリームより水溶性成分が多く、クレンジング力は弱いが使用後の感触はさっぱり。油性成分の配合量でクレンジング力が変わる	10～20％	1～3％	弱～中
	主成分が水溶性成分のジェルで、使用後の感触はさっぱりする。油性成分を少量配合しクレンジング力を高めたものや、水を使わずにグリセリンを多く配合し使用中に温感を与えるホットジェルもある	0～20％	3～10％	中～強
	主成分が水溶性成分で、油性成分を含まないか少ないものが多く、界面活性剤でメイク汚れを落とす。油性成分で落とすタイプと比べさっぱりした洗い上がり	0～5％	5～15％	弱～中
	保湿効果のあるノニオン型界面活性剤や保湿剤が多いためクレンジング力は弱いが、拭き取ることによって物理的に汚れを落とせるためクレンジング力が上がる。摩擦による肌ダメージには注意が必要 ローションはコットンなどに含ませて使用する。シートはすでにクレンジング料が不織布に含まれているので使い方が簡単			弱→中 （＋摩擦力）

※成分の配合比率やクレンジング力は目安です。製品ごとに異なります

検定POINT

クレンジングクリームで起こる転相(てんそう)とは？

O/W型またはW/O型の**乳化系が入れ替わること**を「**転相**」といいます。
W/O型になるとメイクとなじみやすくなり、O/W型になると洗い流しやすくなります。

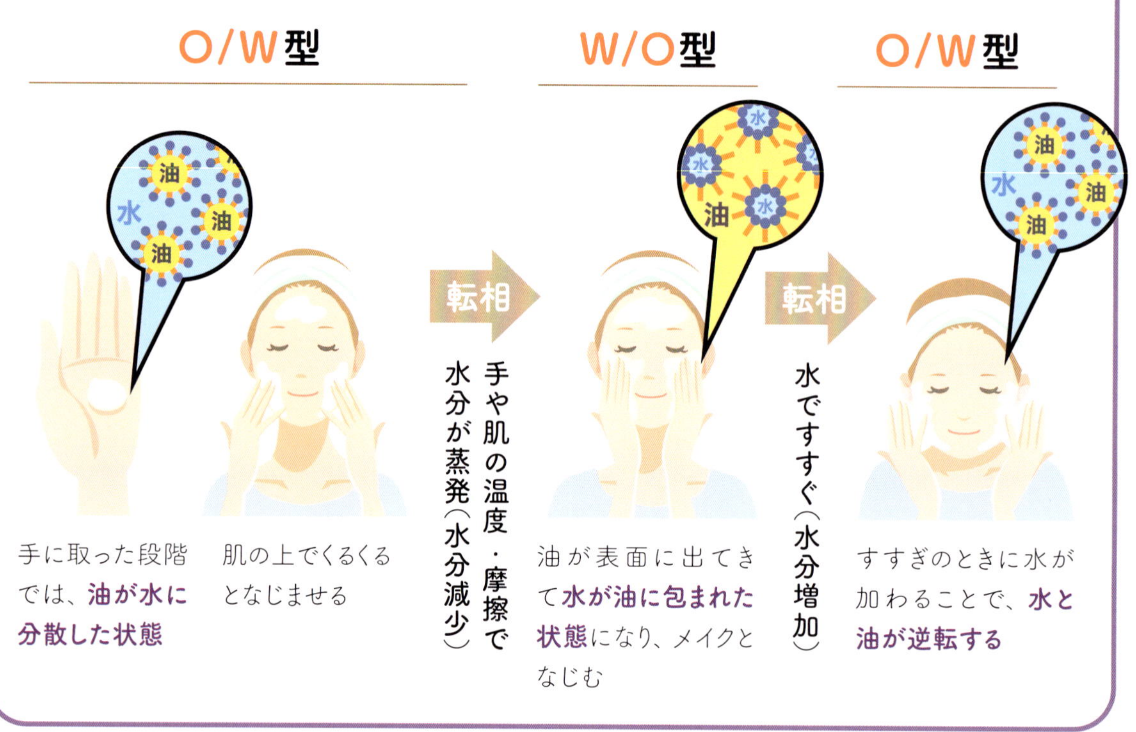

水系ジェルと油系ジェルの見分け方

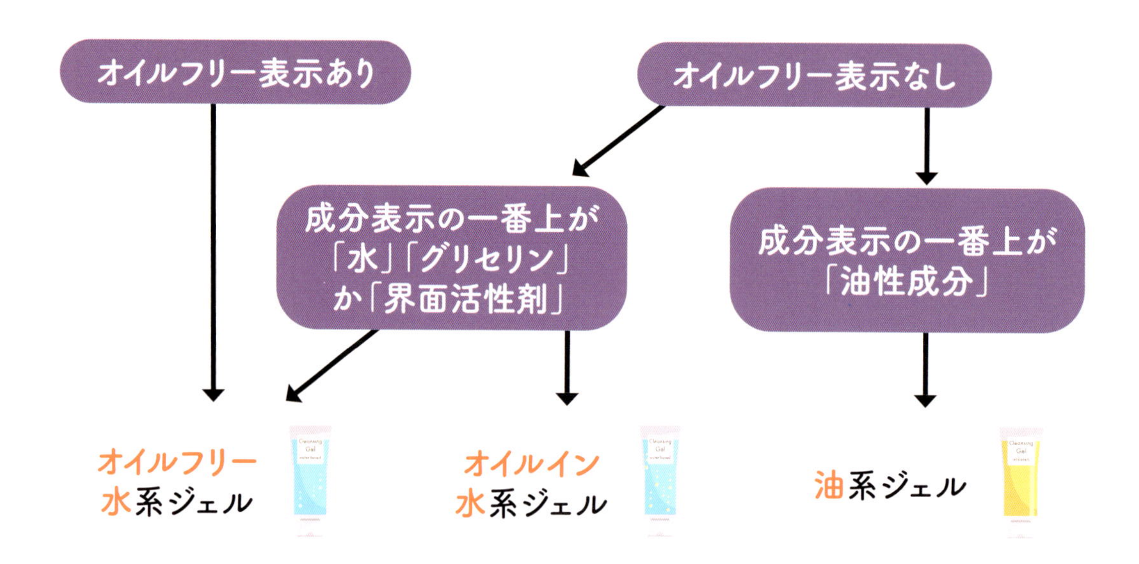

例題にチャレンジ！

次のうち、一般的にクレンジング力が最も強いとされるクレンジング料の種類はどれか。適切なものを選べ。

1. オイル　2. ミルク（乳液状）
3. クリーム　4. ローション（液状）

【解答】1

【解説】油性成分を配合したクレンジング料は、メイク汚れを油に浮かせて落とすため、油性成分が多いほどメイクなじみがよくクレンジング力も強くなる。クレンジング料の中で一般的に最も油性成分が多いのはオイルである。

※あくまでもクレンジング料の種類別の目安であり、実際は製品ごとに異なる場合がある

P54、55で復習！

スキンケアの基礎の基礎

洗顔料

朝の洗顔の目的

水洗いでは落とせない、**寝ている間に分泌された汗や油分**（**寝ている間に分泌された皮脂や前夜のスキンケアの油分**）、**余分な角質**、**ほこり**などの汚れを洗い流す

夜の洗顔の目的

軽いメイクや肌に残ったクレンジング料に加え、朝の洗顔と同じ皮脂や汗、余分な角質、ほこりなどの汚れを洗い流す

《洗顔のしくみ》

洗顔料は**洗浄成分である界面活性剤**で汚れを落とします。

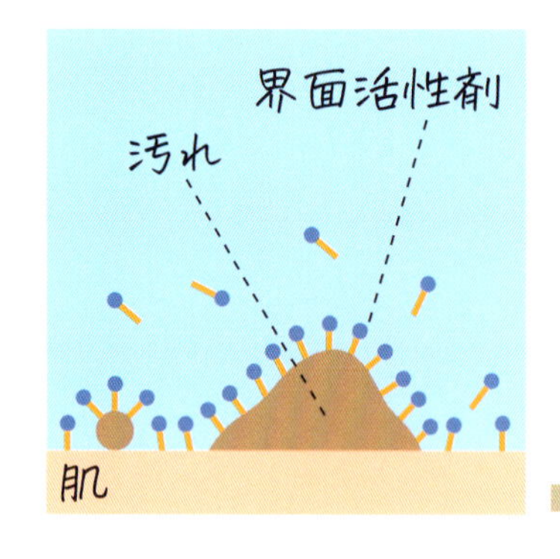

界面活性剤が汚れにくっつく

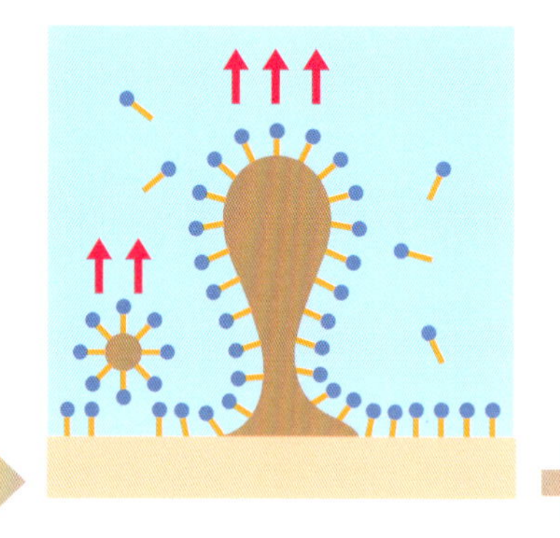

界面活性剤が汚れを取り囲んで、水中に引き出す

細かくなった汚れは、水に分散して洗い流される

よく泡立てて使いましょう！

洗顔料をよく泡立て泡の粒子が小さくなると、泡と泡のすき間から汚れが吸い上げられる効果が生まれ、**洗浄力が向上します**。また、泡の弾力により手と肌の摩擦が少なくなり**肌への負担が減る**ほか、泡に使われなかった界面活性剤が肌に吸着する量が少なくなることで**肌への刺激も弱くなります**。

《洗顔料に使われる主な界面活性剤》

洗顔料に使われる**界面活性剤は主に石けん系とアミノ酸系の2タイプ**があります。2つを組み合わせ、それぞれのよさを併せもつ洗顔料もあります。

タイプ	製造方法	特徴	配合された製品のpH
石けん系	**油脂**や**脂肪酸**に**アルカリ**を反応させたもの	さまざまな種類の油脂や脂肪酸が原料として使われるが、**その特性により溶けやすさ、洗浄力、泡の質(泡立ち、泡もち、細かさなど)が異なる**	弱アルカリ性
アミノ酸系	**アミノ酸**に**脂肪酸**と**アルカリ**を反応させたもの	**弱酸性**のものもあり、**洗い上がりがしっとり**するが、**泡立ちや洗浄力は弱め**	弱酸性～弱アルカリ性

肌は弱酸性なのに弱アルカリ性の石けん系洗顔料を使っても大丈夫？

皮膚はpH4～6.5前後の弱酸性であるため、スキンケア化粧品のほとんどが弱酸性です。石けん系洗顔料は弱アルカリ性ですが、使用しても**皮膚から分泌される皮脂や汗によって中和され、自然にもとの弱酸性に戻すことができます（中和能）**。例えば石けんを使った後、皮膚のpHは**一時的にアルカリ側に傾きます**が、正常な皮膚であれば**30分もたたないうちにもとの状態に戻ります**。

炎症を起こしている皮膚は、**中和能**が衰えておりトラブルを引き起こしやすくなるため、**敏感肌用はアミノ酸系洗顔料が多い**のです。

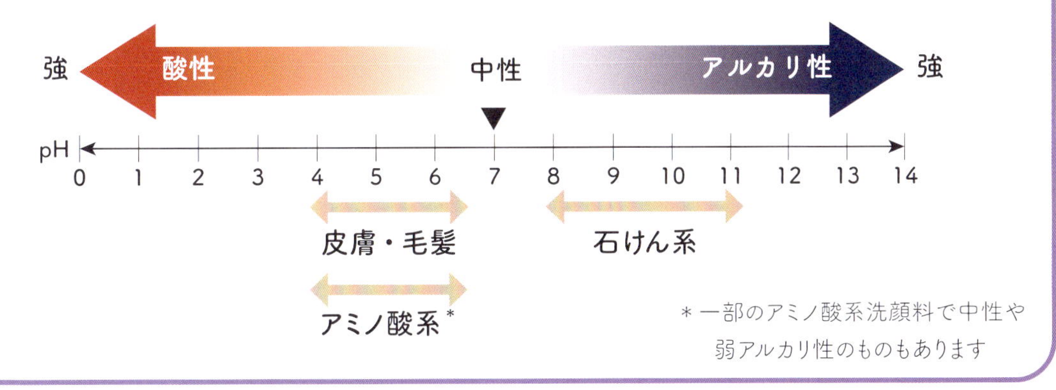

＊一部のアミノ酸系洗顔料で中性や弱アルカリ性のものもあります

石けん系の界面活性剤は、排水として流れても短期間で水と二酸化炭素に分解され環境にやさしい洗浄成分といわれてるよ！

※アミノ酸系の界面活性剤にも、生分解性の高いものがあります

《洗顔料の種類と特徴》

タイプ	種類（形状）	洗浄力	
泡立てる	石けん（固形状）	中～強	
	フォーム（クリーム・ペースト状）	中～強	
	リキッド、ジェル（液状または粘性液状）	弱～強	
	パウダー（粉状）	中～強	
	フォーム（泡状）	弱～強	
泡立てない	ジェル	弱	

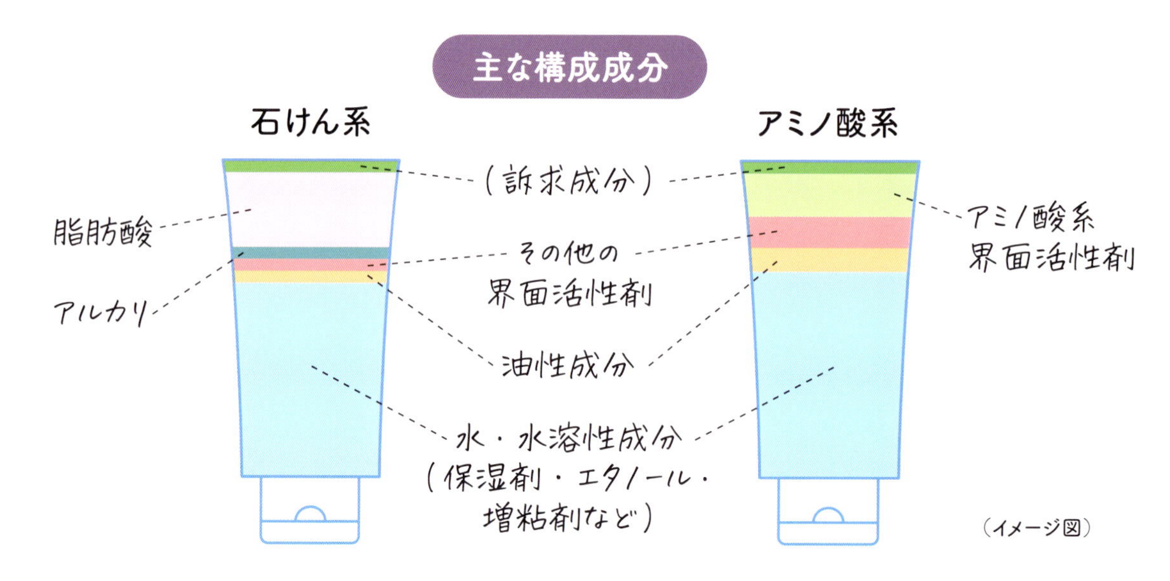

特徴	使われる界面活性剤	
	石けん系	アミノ酸系
使われる界面活性剤は石けん系のタイプが多い。**洗浄力が強く、使用後につっぱり感が出やすい**。枠練り石けんは機械練りの石けんよりも使用後にしっとりしやすい	◎	△
最も一般的な形状。**石けん系が多いため泡立ちにすぐれ**、手軽に泡立てることができる。クレイ（泥）やスクラブなどさまざまな成分を配合することができる	◎	○
クリーム・ペースト状のフォームより水分を多く含み泡立ちがよい。界面活性剤は**アミノ酸**系が中心。アミノ酸系が使われるとマイルドに、石けん系が使われるとさっぱり洗い上がる	○	◎
水を配合していないため、水に溶かすと徐々に活性が下がってしまう**パパイン（タンパク分解酵素）やリパーゼ（脂質分解酵素）など酵素の配合が可能**	○	○
エアゾールタイプとポンプフォーマータイプがある。内容物はどちらも液状で、ポンプフォーマーは**容器の中で液と空気を一定の割合で混ぜ、細かいメッシュ（網目）を通して押し出すことで、泡となって出てくる**構造になっている。泡立てる手間がなく便利	○	◎
泡立てずに肌になじませて洗い流す。朝の洗顔や軽い汚れを落とすために使うことが多い。泡立てるタイプと比べ界面活性剤の量が少なく、**ノニオン型界面活性剤**がよく使われる。グリセリンを含むものが多いためしっとり洗い上がる	**ノニオン型界面活性剤**がよく使われる	

※洗浄力は目安です。製品ごとに異なります
※◎、○、△は配合頻度を示すもので、目安です。製品ごとに異なります

洗顔フォームも石けんなの？

「石けん」というと、多くの人は固形の洗浄料をイメージします。しかし、**石けんは固形石けんを意味する以外に、アニオン（陰イオン）型界面活性剤の種類をあらわす**場合にも使われます。石けん系の界面活性剤は、クリーム・ペースト状の洗顔フォームやボディ用の液体洗浄料などにも多く使われています。

《固形石けんの種類と特徴》

固形石けんは、まず石ケン素地(そじ)をつくり、そのあと成型します。石ケン素地をつくる方法として「**けん化法**」と「**中和法**」が、成型する方法として「**枠練り法**(わくねりほう)」と「**機械練り法**(きかいねりほう)」があります。

石ケン素地をつくる方法

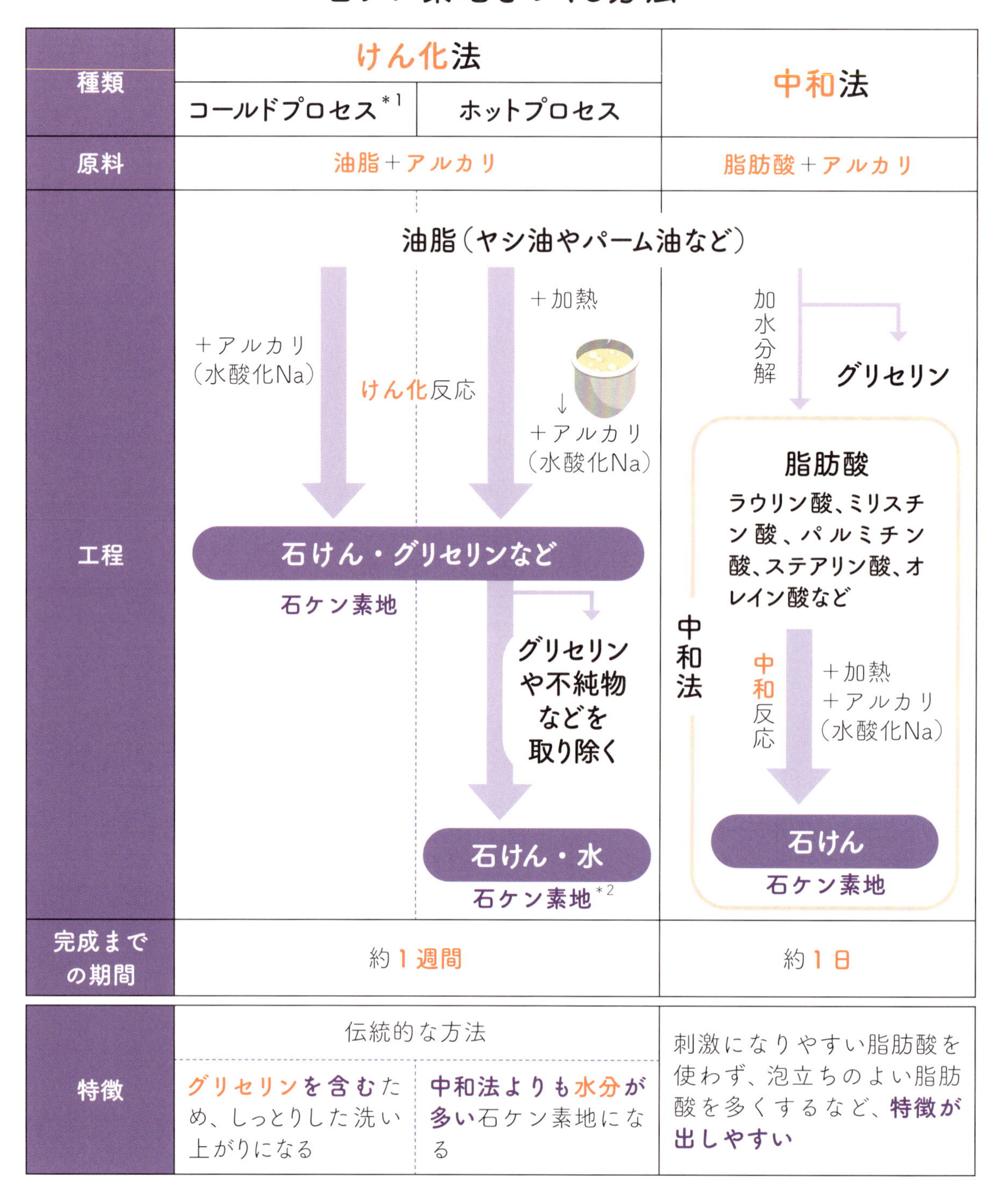

種類	けん化法		中和法
	コールドプロセス[*1]	ホットプロセス	
原料	油脂＋アルカリ		脂肪酸＋アルカリ
工程	油脂（ヤシ油やパーム油など） ＋アルカリ（水酸化Na） けん化反応 石けん・グリセリンなど 石ケン素地	＋加熱 ↓ ＋アルカリ（水酸化Na） けん化反応 石けん・グリセリンなど グリセリンや不純物などを取り除く 石けん・水 石ケン素地[*2]	加水分解 グリセリン 脂肪酸 ラウリン酸、ミリスチン酸、パルミチン酸、ステアリン酸、オレイン酸など 中和法 中和反応 ＋加熱 ＋アルカリ（水酸化Na） 石けん 石ケン素地
完成までの期間	約1週間		約1日
特徴	伝統的な方法		刺激になりやすい脂肪酸を使わず、泡立ちのよい脂肪酸を多くするなど、**特徴が出しやすい**
	グリセリンを含むため、しっとりした洗い上がりになる	**中和法よりも水分が多い**石ケン素地になる	

＊1 油脂などの原料を溶かすために、加温することがあります
＊2 グリセリンが含まれる場合もあります

成型する方法

種類	枠練り法	機械練り法
工程	石ケン素地 ＋保湿剤（グリセリンやスクロース（砂糖）など） ＋香料、色素 石ケン素地を枠の中に流し込み、長時間かけて冷やし固める 十分に冷えて固まったら枠から取り出し、切断する。デザイン性を加えたい場合は型打ちする 自然乾燥させて完成！	石ケン素地 急速乾燥（主に真空乾燥）しながらチップ状またはペレット状に裁断する 十分に乾燥した石ケン素地に香料、色素などを加え、ロールでよく練り混ぜる 切断・型打ちする 完成！
完成までの期間	約１～３カ月	約１日

洗浄成分の割合	洗浄成分：50～65％ 水・保湿剤など：35～50％	洗浄成分：80～90％ 水・保湿剤など：10～20％
洗浄力	中～強め	強め ※機械練り法でもさまざまな成分を練り込めるため、アミノ酸系界面活性剤やベントナイト（泥）などの配合で、マイルドな洗浄力になるものもある
洗い上がり	しっとり（機械練りと比べて）	さっぱり
外観	透明～半透明～不透明までさまざま ※枠練り法では成型時にエタノールなどを加え熟成すると透明になる。また、酸化チタンや炭などの配合で洗浄力がマイルドなまま、不透明になるものもある	不透明
特徴	保管しているうちに水分が失われ石けんが変形することがある	十分に乾燥できるため水分の含有量が少なく、変形しにくい

＼ 肌を整える ／

与える化粧品

検定 POINT

洗顔後の肌には、化粧水や乳液、クリームなどで水分と油分、保湿剤を与え、**モイスチャーバランスを整えることが重要**です。また、与える化粧品には保湿力や使用感の違いによって何種類かに分けられているものもあるので、使用感の好みや、肌質、季節による肌状態に合わせて選びましょう。

肌にうるおいを与える

化粧水

水分や**保湿剤**で肌にうるおいを与えます。

《 化粧水の種類と特徴 》

種類	特徴
(**柔軟**・**保湿**)化粧水	一般的に化粧水とよばれるものにはこのタイプが多い。**角層に水分・保湿剤を与え、みずみずしくなめらか**で、うるおいのある肌を保つ効果がある。美白、抗シワ、ニキビ予防などの訴求成分を配合したものもある
収れん化粧水	角層に水分や保湿剤を与えるだけでなく、**収れん作用（毛穴の引き締め）や皮脂分泌抑制作用**をもつもの。エタノールの配合量が多いためさっぱりとした使用感のものが多く、**皮脂分泌を抑制し化粧くずれを防ぐ**効果がある。脂性肌の方やTゾーンなどへの部分使いがおすすめ
ふき取り化粧水	クレンジングなどでメイク汚れを落とした後、**肌に残った油分のふき取りや軽いメイクを落とす**ために使用するもの。そのため、**界面活性剤やエタノールを含む**ものが多い。また、**余分な角質を取る**ためにも使用する

伸ばしてすぐにサラッとするのは、肌に浸透したから？

化粧水には**浸透力を高める工夫**により、塗ってすぐにサラッとした仕上がりになるものがあります。一方、**エタノールが揮発**することで実際には浸透していなくても塗布後すぐにサラッと感じるものもあります。**サラッと感じる＝浸透力が高いわけではありません。**

使い心地だけじゃ
効果はわからないよ！

〈 化粧水のつけ方 〉

手でつける場合とコットンでつける場合とそれぞれのメリット、デメリットを理解して、自分に合った方法を選びましょう。

手

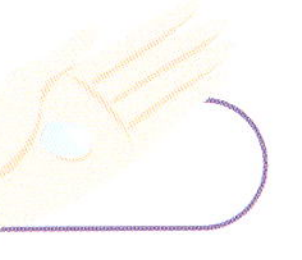

メリット

- **肌への刺激が少なく**、手の**ぬくもり**で浸透効果を高めることも可能
- 化粧水の使用量がコットンに比べて**少ない**

デメリット

- 均一につきにくい

注意点

- **清潔な手**でつける
- **目元・口元**は力を入れない

コットン

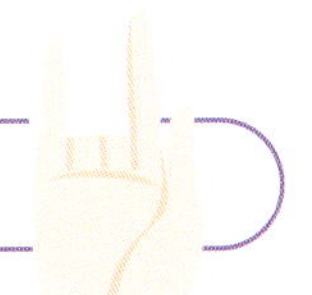

メリット

- **肌表面を整えながら塗布する**ことができるので、浸透しやすく**均一**に伸ばしやすい

デメリット

- 強くこすりすぎると、摩擦によって**肌が刺激を受ける**ことがある
- 化粧水の使用量が手に比べて多くなる

注意点

- 肌との間に摩擦が起こらないように、たっぷりと**液を浸みこませて**使う
- 肌を**こすらない**ようにする

肌に水分と油分をバランスよく与える
乳液

化粧水とクリームの中間的な性質をもつもので、肌に**水分と油分をバランスよく**与えます。**クリームと比較して油性成分よりも水溶性成分が多く配合されている**ため、軽やかでみずみずしい使用感。

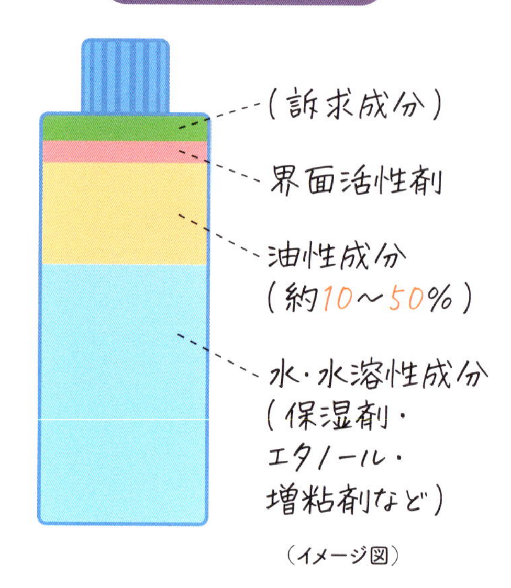

（イメージ図）

肌のうるおいをキープ
クリーム

主な構成成分は乳液と似ていますが、**乳液と比較して油性成分が多く、**化粧水などで与えた**うるおいを保つ効果**が高いです。

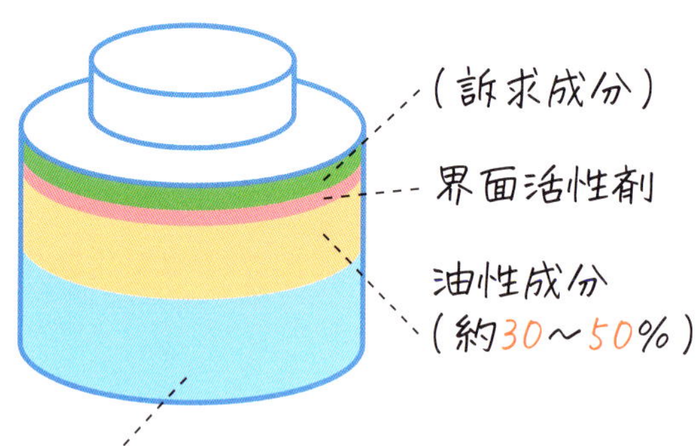

（イメージ図）

乳液やクリームには日中用や夜用のものがあり、**日中用には紫外線カット剤が配合**されている場合があるよ

みずみずしい見た目で人気もの
（水系）ジェル

透明～半透明のみずみずしい感触のジェル。油性成分を含まず、**水分を多量に含んでいる**ため、肌への水分補給、保湿効果、清涼効果があります。**夏向けや脂性肌用、男性用の製品に多い**です。

（イメージ図）

みずみずしいクリーム
ジェルクリーム

半透明〜不透明のジェル状のクリーム。ジェルのみずみずしい感触がありながら、同時に**少量の油性成分によるうるおいを保つ効果**もあります。**オールインワンジェルに多い**です。

主な構成成分

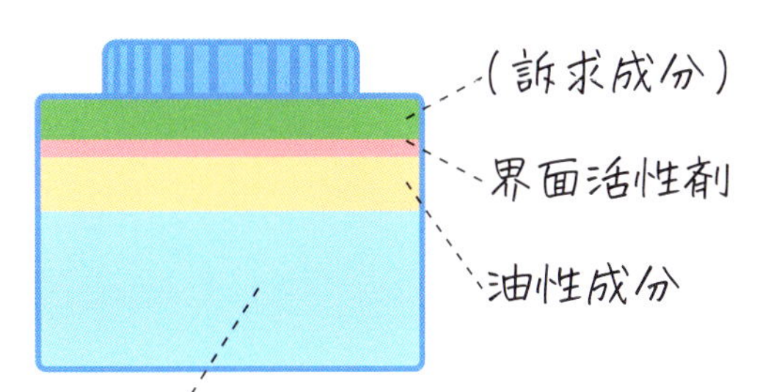

（イメージ図）

柔軟性を高めうるおいキープ
オイル、バーム

オイルは液状、バームは液状のオイルに**合成ワックス**や**ポリエチレン**などを配合して固めた固形状のもの。**油性成分**を中心につくられたもので親油性の肌になじみやすく、**肌を柔軟にする効果があります**。また、**水分が蒸発することを防いでうるおいを保ち**、肌にツヤを与えることもできます。ベタつきをおさえるために、**揮発性のシリコーンオイルが配合される**こともあります。

主な構成成分

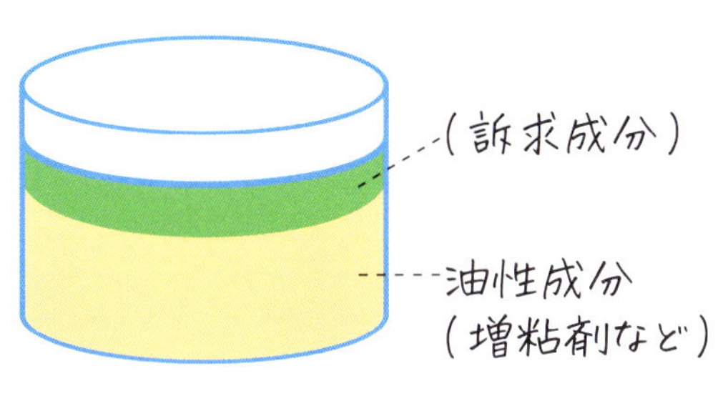

（イメージ図）

与える化粧品の処方系まとめ

処方系	アイテム	特徴
水系	・化粧水 ・（水系）ジェル	水溶性成分を中心につくられたもの
O/W型乳化系	・水分が多いクリームや乳液 ・ジェルクリーム	水溶性成分の中に油性成分が粒子になって分散したもの
W/O型乳化系	・油分が多いクリームや乳液	油性成分の中に水溶性成分が粒子になって分散したもの
油系	・オイル ・バーム	油性成分を中心につくられたもの

水溶性成分が多い
↕
油性成分が多い

一般的な乳液・クリームのつくり方

乳液・クリームなど「**乳化**」が必要な製品の製造方法について、その一例を簡単にご紹介します。

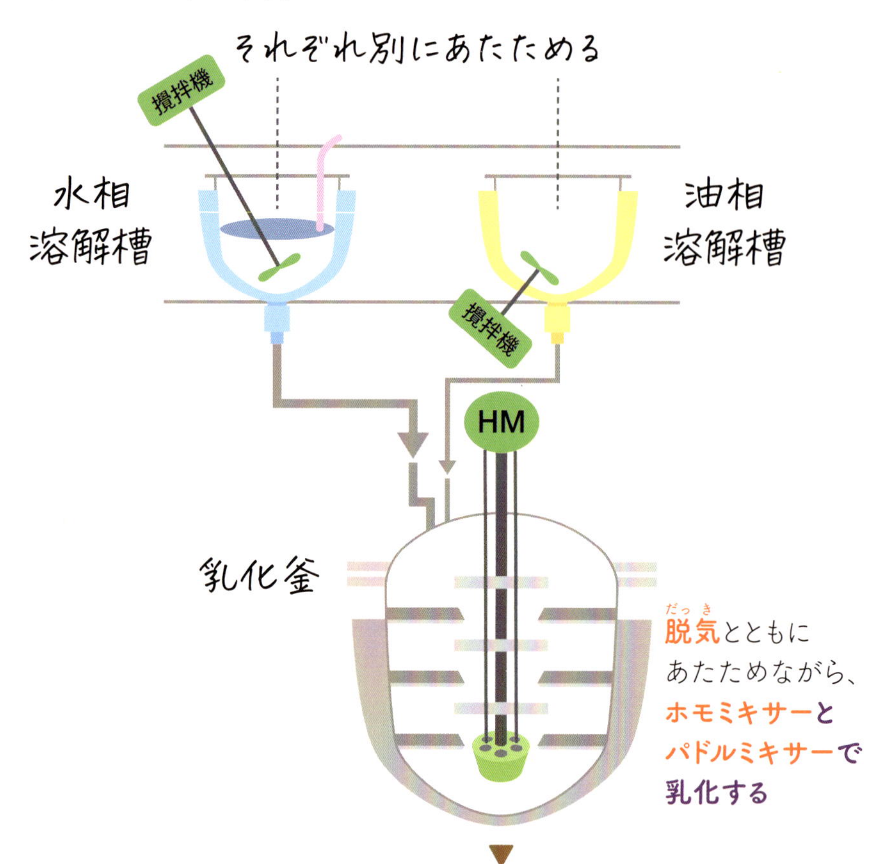

ホモミキサー

高速で乳化・分散することができるミキサー

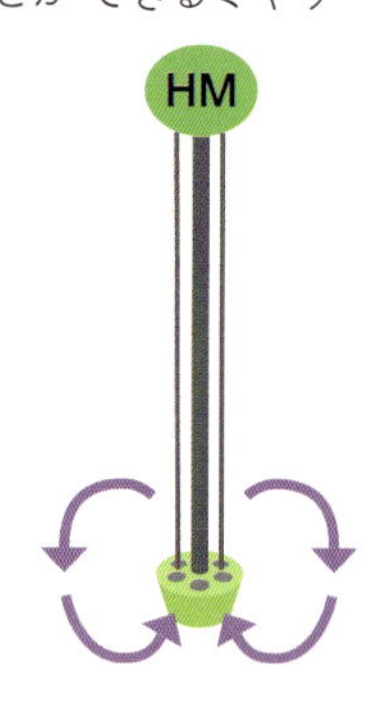

▼

さらに空気を抜いて真空にする（**脱気**）

▼

パドルミキサーで混ぜながら
室温近くまで冷却する

▼

網状のフィルター（メッシュ）でろ過する

▼

物性検査や菌検査

▼

貯蔵

▼

充てん
（メッシュでろ過してから充てんする場合もある）

▼

出荷前検査

パドルミキサー

釜の内側をかき取るようにして混ぜ合わせるミキサー

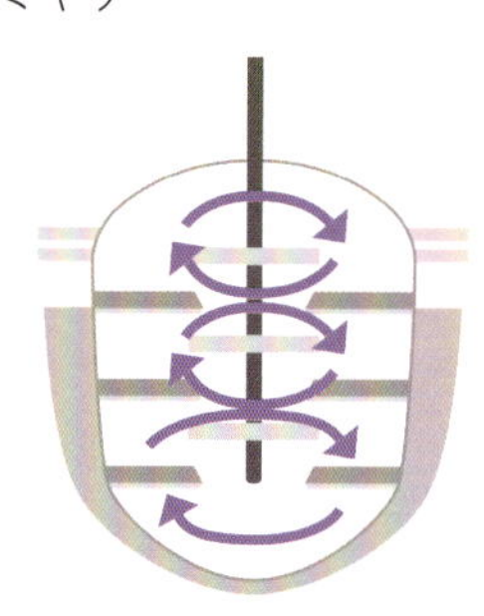

肌の
お助けアイテム

スペシャルケア

スキンケアの基本ステップに加えて、さまざまな肌悩みに合わせて目的を絞った化粧品を使う「スペシャルケア」。より肌の調子を整えるための化粧品について、その目的と使用方法を知りましょう。

目的別の肌悩みに
合わせて選んで

美容液

効能・効果に特化させた化粧品で、水系でとろみのある液状のものもあれば、乳液状、クリーム状、ジェル状、オイル状、2層タイプのものもあります。

どんな時に使う?

洗顔後、化粧水の後に使うのが一般的ですが、導入美容液はスキンケアの最初に使うなど製品により異なります。

美容液の分類

肌悩み別美容液	用途別美容液	部位別美容液
保湿美容液	導入美容液	目元用美容液
肌荒れ防止美容液	化粧下地タイプ美容液	首用美容液
毛穴ケア(収れん)美容液	紫外線カットタイプ美容液	スポット用美容液
ニキビ予防美容液		
美白美容液		
ハリ・弾力美容液		

※美容液に配合される機能性成分については本書P41・42参照

美容液が最も効果が高い?

美容液はその名称から高い効果を感じさせ、機能性成分が多く入っているイメージがありますが、**美容液の定義として、機能性成分の配合量や種類(形状)などの規定があるわけではなく**、化粧品に表示される「美容液」という**種類別名称は、メーカーが自由に選ぶことができます**。そのため、あるメーカーの美容液より、ほかのメーカーの化粧水や乳液の方が機能性成分がたくさん配合されている場合もあるのです。

化粧品の浸透を高める ブースター（導入美容液、導入化粧水など）

ブースターは英語の「booster（後押しする）」という意味で、**多くの製品は化粧水の前に使い、その後のスキンケア化粧品の浸透を高める**（後押しする）ことが期待できます。角層を**やわらかく**したり、**余分な角質**を取り除いたり、**配合成分の作用**により**浸透を高める**ものなどがあります。

どんな時に使う？

化粧水や美容液などの**効果を高めたいとき**などに、**洗顔後、化粧水の前に使う**のが一般的。

密閉効果でうるおう パック（マスク）

パックをすると、パックに含まれる水分や保湿剤、油性成分による効果に加え、**パックの密閉効果によって、肌がうるおいやわらかくな**るため、角層の深くまで成分が浸透しやすくなります。

タイプ	特徴
シート 	化粧水や美容液などを**不織布**や**ハイドロゲル**、**バイオセルロース**に含ませたもの。密閉効果により機能性成分の浸透を高め、**さまざまな肌悩みに対応したものがある**
拭き取りまたは洗い流し 	肌に塗って乾かない程度に数分置き、拭き取ったりぬるま湯で洗い流す。**保湿や配合成分による美肌効果が得られる**もの、炭やクレイ（泥）、ピーリング成分を配合して、**毛穴の詰まりや余分な角質を取り除く**ものがある クリームやジェル、ペースト、泡を噴出するエアゾールなどさまざまな種類（形状）がある
ピールオフ 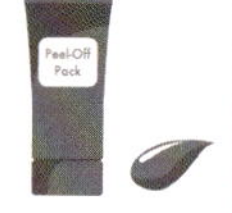	乾燥して皮膜をつくるジェル状のパックで、肌に塗り一定時間置いて膜が乾燥したらゆっくりとはがす。**毛穴の詰まりや余分な角質を取り除くことや、保湿効果も期待できる**。シート状で乾燥後にはがす鼻用のものもある

どんな時に使う？

保湿を目的としたシートタイプや洗い流すタイプは、**毎日行ってもよい**ものもあります。ピールオフタイプは角質を取り除く作用があるため、**ジェル状のものは週に2～3回、鼻用のはがすタイプのものは週に1回程度**がよいでしょう。

すべりをよくする

マッサージ用化粧品

マッサージには血液やリンパの流れを促し、肌の代謝を高めて機能を向上させる働きがあります。マッサージ用化粧品を使うことで、**肌への過度な摩擦を防ぎながら**負担なくマッサージができます。**油性成分を多く配合し比較的長時間すべりを維持できる**クリームやオイルのほか、**増粘剤により厚みをもたせた**ジェルなどがあります。

どんな時に使う？

肌が疲れて血色が悪くなってきた、むくんでいる、など**代謝が悪いとき**に使用するとよいでしょう。肌のハリ・弾力維持のため、**定期的に取り入れる**と効果的です。

くすみやざらつきをケアする

角質ケア化粧品

角質が残ったままになると角層が厚くなり、くすみやザラつき、ゴワつきによる化粧のりの低下、ニキビなどの原因になります。**余分な角質を角質ケア化粧品でやさしく取り除くのが効果的**です。

〈ゴマージュ・スクラブ〉

物理的に取り除く

ゴマージュやスクラブは、配合された粉末や粒子により肌の表面をこすることで**物理的に余分な角質を取り除きます**。洗顔料やジェルなどの製品があり、使用後に洗い流すのが一般的です。

種類	特徴
塩（ソルト）、植物種子	粒子が**かためで、しっかり**取り除く
砂糖（シュガー）、こんにゃく	粒子が**やわらかく、やさしく**取り除く
炭、クレイ（泥）	**吸着力により**汚れを取り除く

※マイクロプラスチックビーズ（ポリエチレンなど）は環境問題により使用されなくなっています

どんな時に使う？

必要以上に角質をはがすことを防ぐため、**週に1～2回程度、刺激を感じるようなら月に1～2回程度を目安**に使いましょう。

使うときの注意点

目元や口元などの**デリケートな部位を避けて使用**します。強くこすりすぎず、使用後はしっかり保湿しましょう。

《ピーリング化粧品》

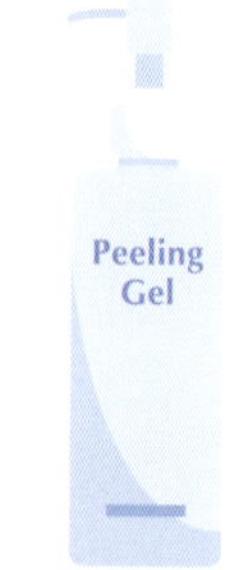

ピーリング化粧品は、**AHA（アルファヒドロキシ酸）やBHA（ベータヒドロキシ酸）など酸性のピーリング成分**の化学的な作用により余分な角質をはがしやすくします。ピーリング成分は分子の大きさや濃度で効果が変わります。

ピーリング成分の分子の大きさと効果

成分の種類	成分名	由来	分子の大きさ	ピーリング効果
AHA	グリコール酸	サトウキビ・玉ねぎ	小	大
	乳酸	サワーミルク・ヨーグルト	↕	↕
	リンゴ酸	青リンゴ		
	酒石酸	ブドウ・古いワイン		
	クエン酸	オレンジ・レモン	大	小
BHA	サリチル酸	合成	中	大

医療行為で行うケミカルピーリングはマイルドなピーリング化粧品と異なり、高濃度のものやより効果が高い成分が使われてるよ！

どんな時に使う？

ピーリング成分が配合された固形石けんは**毎日**使ってもよいですが、そのほかのピーリング化粧品は必要以上に角質をはがすことを防ぐため、**週に1〜2回程度、刺激を感じるようなら月に1〜2回程度を目安**に使いましょう。

使うときの注意点

目元や口元などの**デリケートな部位を避けて使用**します。強くこすりすぎず、ふき取ったり洗い流したりした後はしっかり保湿しましょう。

薬機法上「ピーリング化粧品」とよべるのは、医療行為のケミカルピーリングと区別するため、**洗浄やふき取りなどの動作を伴うもののみ**とされています。ポロポロとした高分子のカスが出る性質により**余分な角質を絡め取るジェル**や、**固形石けん**、**ふき取り化粧水**などがあります。

2 男性の肌とスキンケア化粧品

男性の肌の特徴と効果的なお手入れ

〈 男性の肌の特徴 〉 検定POINT

男性の皮膚は女性に比べてやや厚いとされていますが、**皮下脂肪は女性の方が多い**といわれています。**水分量は男性の方が比較的少ない**ため、女性の皮膚はみずみずしくてやわらかく、**弾力**があるのに対し、男性の皮膚はきめが粗くてかたく弾力性が低い特徴があります。

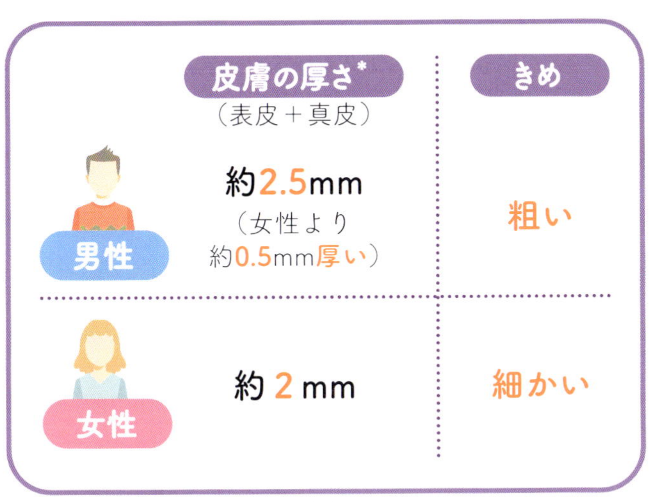

	皮膚の厚さ*（表皮＋真皮）	きめ
男性	約2.5mm（女性より約0.5mm厚い）	粗い
女性	約2mm	細かい

＊皮膚の厚さは部位により異なります

男性と女性の皮膚保湿機能

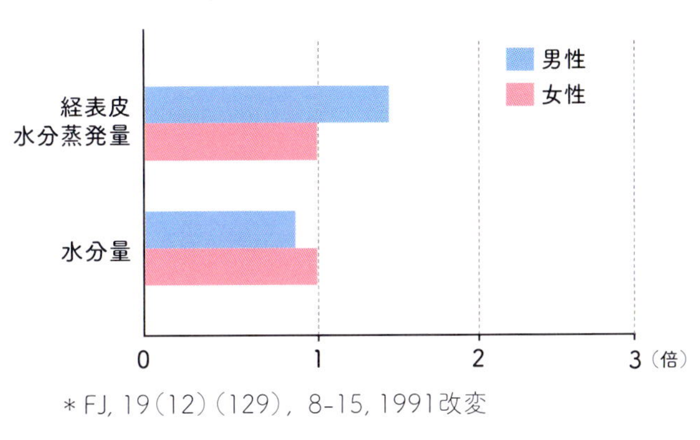

＊FJ, 19(12)(129), 8-15, 1991改変

男女の肌には違いがあるよ！

〈 男女の皮脂分泌量の違い 〉

男性は、**男性ホルモン**の影響で**思春期の頃から皮脂の分泌が盛ん**になり、20～50代では**女性に比べて約2～3倍**＊2**の皮脂が分泌**されます。

皮脂分泌が多いことで毛穴が開きやすく、汚れがたまりやすいため、洗顔で丁寧に汚れを落とすことが大切です。また、女性は20代で分泌量のピークを迎えた後、**加齢とともに大きく減少**しますが、男性は30代のピーク以降も**60代まではあまり減少せず、その後減少する**傾向があります。

年齢による皮脂分泌量の変化＊1

(μg/cm²)　100　80　60　40　20　0
10　20　30　40　50　60（歳）
男性　女性

＊1　化粧品事典 P681参照
＊2　20～50代の皮脂分泌量で比較した場合

男性用スキンケア化粧品

男性は**皮脂量**が多いため、男性用のスキンケア化粧品は女性用のものと比べて**油性成分の配合量が少ない**傾向にあります。ベタつきを抑えた清涼感のある使い心地のものが好まれ、洗顔料は女性向けのものよりも**洗浄力が高め**のものが多くあります。

《男性用化粧品に配合されるスーッと感を出す成分》

■**エタノール**

アルコール。蒸発するときに熱を奪うので、皮膚の温度が下がります。

■**メントール**

ハッカ油に含まれる成分。皮膚の感覚を刺激し冷感を与えます。ミント様の香りで清涼感をイメージさせます。

■**カンフル**

クスノキの原木から得られる精油に含まれる成分。皮膚の感覚を刺激し冷感を与えるとともに、血行を促進。湿布(しっぷ)によく使われる香りです。

ヒゲとシェービング化粧品

《ヒゲの特徴》

男性の肌のお手入れで女性と大きく異なる点はヒゲをそることです。ヒゲは太く伸びるのも速いため、頻繁にそる必要があります。

太さ	伸びるスピード
頭髪の約1.5倍	1日に約0.4mm

※個人差や人種による差があります

カミソリや電気シェーバーなどのヒゲそり製品によっては、肌表面の皮脂膜や角質まで必要以上にそいでしまうため、使用後に**肌の水分蒸発量が増え、赤みなどの炎症が起こる**こともあります。実際に、ヒゲが濃く、ヒゲそりの時間が長い人ほど肌荒れや色素沈着が目立ちやすいという報告もあります。

《 シェービング化粧品の種類と特徴 》

ヒゲそりによる肌荒れを防ぐには、自分の肌やヒゲのタイプにあったヒゲそり製品を選択し、ヒゲそり時には、シェービング化粧品を使いましょう。また、**ヒゲそり後はスキンケアで水分を中心に油分も補うことも大切**です。ここではシェービング化粧品について知りましょう。

使用タイミング	分類	種類（形状）	特徴
ヒゲそり前	石けんタイプ	・**ソープ**（固形・粉状） ・**クリーム** ・**フォーム**（エアゾールタイプ） ソープ　クリーム　フォーム	主成分は**石けん**で、カミソリの刃のすべりをよくして肌荒れを防ぐとともに、**アルカリ性**にすることで**ヒゲをやわらかく**して、そりやすくする
	非石けんタイプ	・**ジェル**	**水溶性成分の増粘剤**でジェル状にするとともに、**保湿剤**でカミソリや電気シェーバーの刃の**すべりをよくして**、肌荒れを防ぐ
	ローションタイプ	・**ローション**（液状）	**エタノール**を配合し**肌を引き締めてヒゲを立たせる**ことで、そりやすくするとともに、すべりのよい**粉体**を配合し電気シェーバーの刃の**すべりをよくして**、肌荒れを防ぐ
ヒゲそり後	ローションタイプ	・**ローション**（液状）	**ヒゲそり後**の肌荒れを防止する。**抗炎症作用のあるグリチルリチン酸2K**などを配合したものや、皮脂を吸着する**粉体**を配合して**皮脂分泌を抑制する**ものがある。**エタノール**や**メントール**、**カンフル**などで清涼感やさっぱり感を出しているものも

UVケア化粧品

肌が衰える原因のほとんどは、
紫外線ともいわれています。
美しい肌を保つためには、
日焼け止めの使用による
日々の紫外線対策が必須です。
ここでは、日焼け止めをはじめとする
UVケア化粧品の基礎知識
について説明します。

3 UVケア化粧品

紫外線をカットする成分を知って、正しく使おう

UVケア化粧品のメインは、紫外線をカットする日焼け止め化粧品です。

日焼け止め化粧品

種類（形状）	特徴
ジェル、クリーム  	**O/W型乳化系が多い**。デイリーケア（日常使い）向けの製品に多く、**ジェルタイプと表示しているもの**もある。**みずみずしく白浮きもなく、使用感にすぐれている**。**低～高SPFまで幅広い製品がある**
ミルク、ローション  	W/O型乳化系で**耐水性が高く**、**高SPF製品が多い**ため、汗をかきやすいアウトドアやスポーツシーンに適している。シリコーンオイルが中心に使われることが多く、ここに紫外線カット剤が配合されているため、ステンレスのボールが入っており、**振って使う2層式のものが多い**。製品によっては落としにくい場合もある ※日焼け止め化粧品の製品名によく使われる「～ローション」や「～ミルク」は、スキンケア化粧品の化粧水（ローション）や乳液（ミルク）とは処方系が異なる2層式をさす場合がある
ミスト、スプレー（液状） 	**さっぱりとした使用感**の製品が多く、耐水性は低い。低～高SPFまで幅広い製品がある。広範囲に薄くつくため、塗布量が少なくなりやすい
スティック（固形状） 	**耐水性にすぐれている**。肌への密着性が高い。**頬など**日焼けしやすい部位への**部分使用にも適している**。持ち運びしやすく、メイクの上から使えるアイテムが多い
シート（不織布(ふしょくふ)含浸(がんしん)タイプ）	不織布からできたシートに、主に**O/W型乳化系を浸したもの**。携帯性や使いやすさ、塗り直しやすさなど**利便性にすぐれている**が、SPFが低いものが多い

焼きたくない人は高SPF、W/O型がおすすめ！

日焼け止めを塗り直さないといけないのはなぜ？

汗や水に強い**ウォータープルーフ**タイプであっても、毛穴から出る皮脂によって浮いてしまったり、**衣服や動作による摩擦が原因で落ちる**ことがあります。

塗り直しに便利なスプレーの使い方

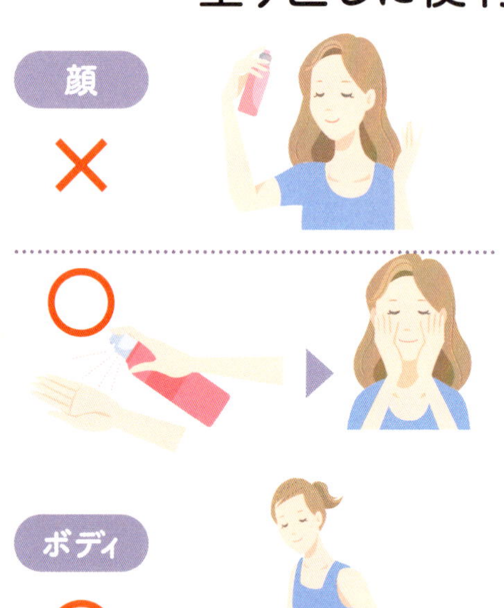

メイクの上からでも使えると人気の日焼け止めスプレーですが、顔に塗るときは、直接かけると**吸い込んでしまうリスクがあるため必ず手に出してからつけましょう**。

身体には直接スプレーすることができますが、紫外線カット効果を得るには**十分量（目安：片腕で30秒以上）**をスプレーする必要があります。

〈 紫外線カット剤の種類と特徴 〉

紫外線カット剤は、成分によって紫外線をカットするしくみや、カットできる紫外線の種類が異なります。大きく分けて**紫外線のエネルギーを吸収して微弱な熱エネルギーへ変換することで肌への影響を抑える「紫外線吸収剤」**と、**微粒子粉体が紫外線を反射する「紫外線散乱剤」**の2種類があります。日焼け止め化粧品は、吸収剤と散乱剤を組み合わせることで紫外線カット効果を高めているものが一般的です。

肌にやさしい敏感肌用や子ども用の製品では、吸収剤を使わず**散乱剤のみを使用したもの（ノンケミカル処方）**が多いよ！

紫外線吸収剤

紫外線をカットするしくみ

紫外線のエネルギーを取り込み、微弱な熱エネルギーに変換する

エネルギーを吸収して化学的にカット

成分例

ケイヒ酸系（**メトキシケイヒ酸エチルヘキシル**など）、
トリアジン系（**ビスエチルヘキシルオキシフェノールメトキシフェニルトリアジン**など）
など

波長

それぞれの成分に**特有の吸収波長**があり、組み合わせることで幅広い波長をカットできる

使用感

肌に塗ったときに**白浮きせず、きしみ感もない**のでデイリーユースには最適だが、**多量に配合するとベタつくことも**

安全性

ポジティブリストに収載されている吸収剤しか配合できない。収載されている成分は多くのデータに基づいて安全性を確認しているが、
まれに肌に合わない人も

紫外線散乱剤

紫外線をカットするしくみ

物理的に紫外線をはね返す

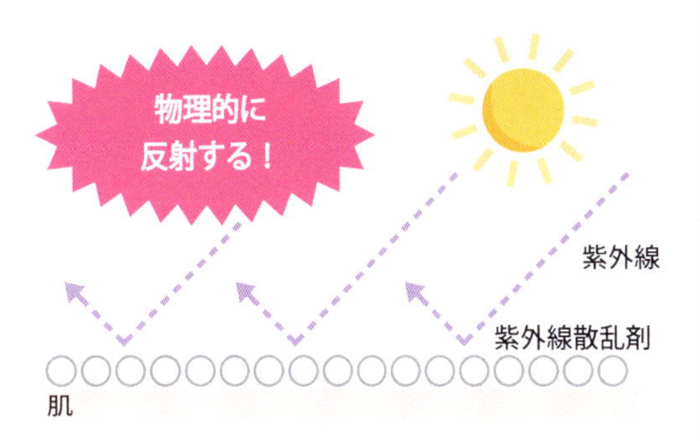

反射で物理的にカット

成分例

酸化亜鉛、酸化チタン

※紫外線カット効果と使用感にすぐれる10〜30nm（ナノメートル）の**微粒子**タイプ（顔料タイプの約1/10のサイズ）が主に使われている

波長

UV-A〜Bまで幅広くカットできるが得意な波長があり、**酸化亜鉛は主にUV-Aを、酸化チタンは主にUV-Bをカット**する

使用感

サイズの大きい顔料タイプは**白浮きやきしみ感、粉っぽさが出る**ことも。**微粒子**タイプはきしみ感はあるが**透明性が高く白浮きしにくい**

安全性

皮膚刺激を感じにくいといわれている。FDA（アメリカ食品医薬品局）では紫外線カット剤の中で唯一安全と認識できるという見解を出している。

EUではナノサイズの成分（微粒子タイプ）については安全性に懸念があるとして、配合している旨の表示を義務づけている

※紫外線カット剤の成分例について詳しくは本書P249参照
※ポジティブリストについて詳しくは本書P218参照

日焼けから肌を守るだけじゃない！

その他のUVケア化粧品

サンタン化粧品

主に肌が赤くなるUV-Bをカットしながら、ムラなく**均一に日焼けする**ためのもの。**サンオイルが最も一般的**ですが、乳液、ジェル、ローションもあります。浜辺で使用される場合が多いことから、砂の付着が少ないシリコーンオイルが多く配合されます。**SPF4程度**の製品が主流。

セルフタンニング化粧品

紫外線を浴びずに塗って2～5時間おくだけで肌を小麦色にするためのもの。**ジヒドロキシアセトン（DHA）が配合**されており、塗ると**角層の上層にのみ作用**して短時間で褐色に変化させます。水や汗、石けんで洗っても色落ちしませんが、ターンオーバーにより角層の剥離（はくり）が進むにつれて**約1～2週間**で消えていきます。

アフターサン化粧品

紫外線によりダメージを受けた肌の**炎症を鎮める**ためのもの。薬用化粧品では**抗炎症作用のあるグリチルリチン酸2Kやトラネキサム酸**が配合された**化粧水や水系ジェルが主流**です。化粧品では、**酸化亜鉛**に淡赤色の酸化鉄を微量配合した**カラミンローション**（2層式化粧水）もあります。
そのほか、ほてった肌に**ひんやりとした冷感**を与えるため、**メントール**や**エタノール**が配合されたものもあります。

メイクアップ化粧品

より印象的な顔立ちに仕上げる
メイクアップ化粧品について学びましょう。
中身や特徴、成分、さらには
仕上がりや化粧もちの違いを知ることで、
メイクアップ化粧品を的確に
選べるようになるでしょう。

4 肌を美しく彩るアイテム メイクアップ化粧品

メイクアップ化粧品は、ベースメイクアップ化粧品とポイントメイクアップ化粧品の2つに分けられます。メイクアップ化粧品には、美しく見せる「**美的役割**」や、自分に自信がもてる、気分が上がるなどの「**心理的役割**」があり、さらにベースメイクアップ化粧品には紫外線などの**外的刺激から肌を保護する働き**もあります。

メイクアップの基本の手順

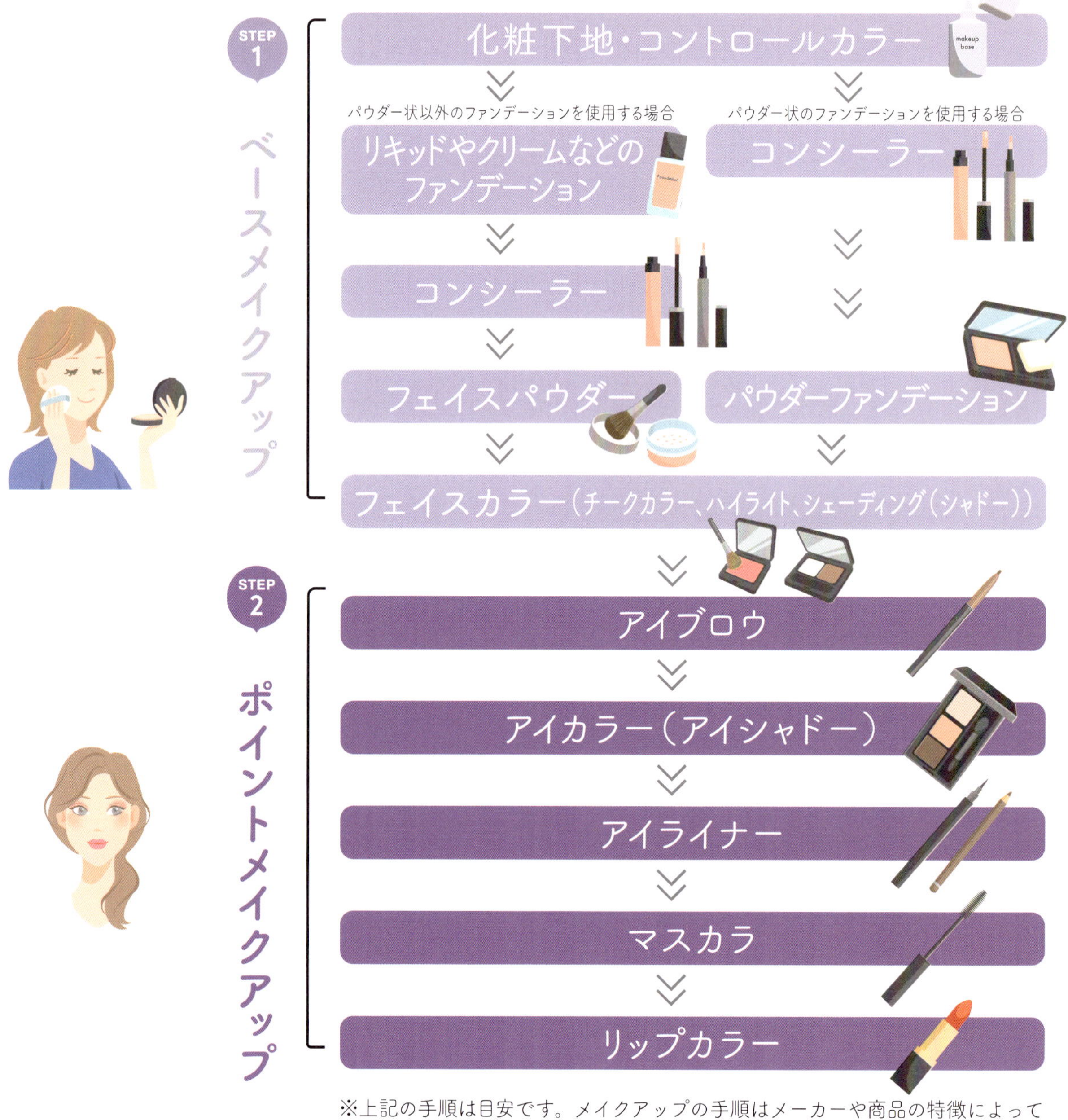

※上記の手順は目安です。メイクアップの手順はメーカーや商品の特徴によって異なりますので、各商品の推奨手順にしたがってください

〈 メイクアップ化粧品の主な構成成分 〉

検定 POINT

メイクアップ化粧品の主な構成成分は**体質顔料、着色顔料、真珠光沢顔料など**の「**粉体**」と、これらを**分散させたり、つなぎとめたりする**「**基剤**」です。

		主目的	成分例
粉体	ベースになる粉体	・製品の形状を保つ ・伸びなどの感触を調整する ・密着性を高める ・汗や皮脂を吸収する ・着色顔料を薄めて色を調整する	●体質顔料 タルク、マイカ、カオリン、シリカ、炭酸Ca、窒化ホウ素、硫酸Ba、合成マイカ〔化 合成フルオロフロゴパイト〕[*1] ●感触調整剤 ナイロン〔化 ナイロン-66など〕、ポリエチレン、ラウロイルリシン　など
	色や光沢をつける粉体	・色をつける ・隠ぺい力やカバー力などを与える	●白色顔料 酸化チタン、酸化亜鉛 ●着色顔料 酸化鉄、グンジョウ、カーボンブラック ●有機顔料 赤202、赤226、黄401、青404 ●染料 赤213、赤218、赤223、黄4、黄5、青1 ●天然色素 ベニバナ赤、カルミン、β-カロチン
		・光沢をつける	●真珠光沢顔料（パール剤） 酸化チタン被覆（ひふく）マイカ〔化 酸化チタン、マイカ〕[*2]、オキシ塩化ビスマス、酸化チタン被覆ホウケイ酸（Ca/Al）〔化 酸化チタン、ホウケイ酸（Ca/Al）〕　など
基剤	粉体を分散させたり、つなぎとめる成分	・粉体を分散させる ・粉体をつなぎとめる（結合剤） ・製品の形状をつくる	●油性成分 スクワラン、ミネラルオイル、シリコーンオイル〔化 ジメチコンなど〕、植物油〔化 ホホバ種子油、オリーブ果実油など〕、ワセリン、パラフィン、マイクロクリスタリンワックス、ミツロウ、キャンデリラロウ ●水溶性成分（保湿剤など） 水、グリセリン、BG ●界面活性剤 PEG-10ジメチコン、PEG-10水添ヒマシ油、レシチン　など

※成分例は、化粧品の表示名称を化で記載しています

＊1 一般的に、慣用名として合成金雲母とよぶこともあります

＊2 一般的に、慣用名として雲母チタンとよぶこともあります

粉体と基剤の種類や配合比率を変えることでいろんな種類の製品ができるんだよ

〈 粉体の形状と仕上がり 〉

メイクアップ化粧品では美しく見せるという点で、**カバー効果や色彩の効果が重要**ですが、これらの機能は「**粉体**」**の種類や特徴によるところが大きい**です。ここでは、粉体の形状とその特徴や仕上がり、使用感について知りましょう。

	球状粉体	板状（ばんじょう）粉体	
		単層	積層（せきそう）
特徴	肌に当たる光を**さまざまな方向に反射させる丸い球状の粉体** やわらかい光 拡散反射	肌に当たる光を「**反射板**」**のように強くはね返す板状の粉体** 強い光 正反射	肌に当たる光を**外層と内層で反射する層状の板状粉体** きらきらと輝く光 外層 内層 正反射
仕上がり	**光を拡散**し、**マットな質感**を与える。**肌の凹凸をぼかし目立たなくする**効果（ソフトフォーカス効果）も	**強い光を反射**し、**ツヤのある質感**や**透明感**を与える。若々しい肌を演出できる	**輝くような光を反射**し、**光沢感**や**ツヤのある質感**を与える。真珠やシャボン玉のように**さまざまな色を発する**ものも
使用感	肌上を転がるように広がりすべりをよくしたり、さらさら感を与える	肌へのつきがよく、すべすべ感を与える	
成分例	球状の**シリカ**、**炭酸Ca**、**合成高分子粉体**（**ポリメタクリル酸メチル**、**ポリウレタン**など）　など	**マイカ**、**合成フルオロフロゴパイト**、**オキシ塩化ビスマス**　など	**酸化チタン被覆マイカ**、**酸化チタン被覆ホウケイ酸（Ca/Al）**　など

※粉体には球状や板状（単層、積層）以外にも、針状や粒状、不定形状、繊維状などの形状があります

粉体のコーティング

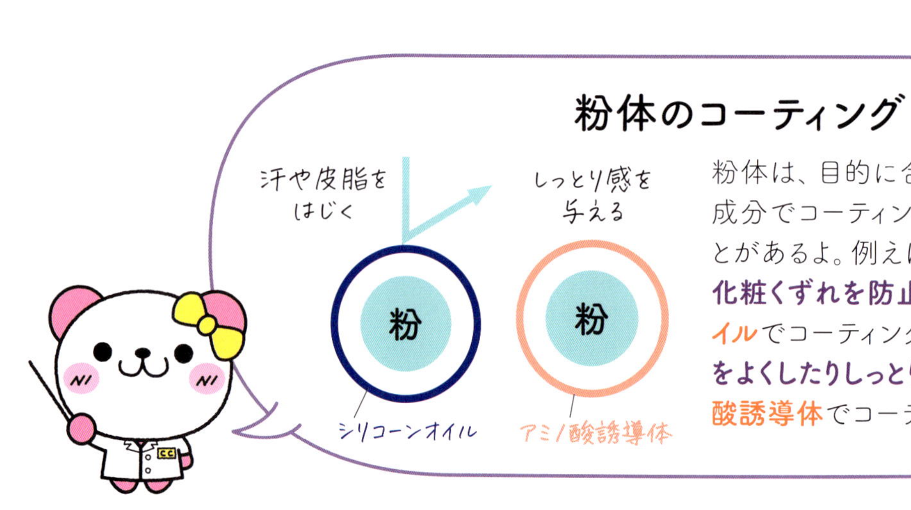

粉体は、目的に合わせて、表面をほかの成分でコーティングしたものが使われることがあるよ。例えば、**汗や皮脂をはじいて化粧くずれを防止する**ために**シリコーンオイル**でコーティングしたものや、**肌へのつきをよくしたりしっとり感を与える**ために**アミノ酸誘導体**でコーティングしたものがあるよ

5 きれいな肌に魅せる必須アイテム ベースメイクアップ化粧品

ベースメイクアップ化粧品とは、肌の色や質感を変え、肌のきめを整え、肌悩みをカバーするなど、**肌を美しく仕上げる**ためのものです。ベースメイクで肌をカバーすることで、**乾燥や紫外線から肌を守る**こともできます。

〈 ベースメイクアップ化粧品に求められる機能 〉

・凹凸補正機能

球状粉体やポリマーがきめや小ジワ、毛穴などに入り込み、肌の凹凸を整える

・色補正機能

着色顔料やパール剤により**肌色を補正**したり、カバー力の高い白色顔料などでシミ・そばかすやくま、ニキビなどの**色ムラをカバー**する

・光機能

正反射効果のある板状粉体でくすみを軽減し肌色を明るく整える。
光を拡散させる球状粉体でシワや毛穴をぼかし目立たなくする

・肌との密着性を高める機能

皮膜形成剤などにより肌との密着性を高める

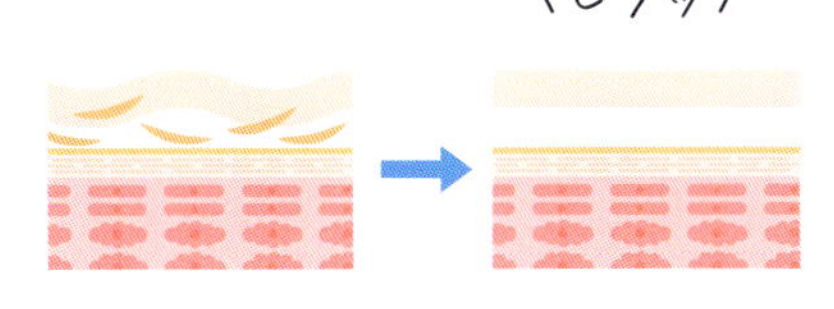

・化粧くずれ防止機能

皮脂を吸着する効果のある粉体などにより化粧くずれを防ぐ

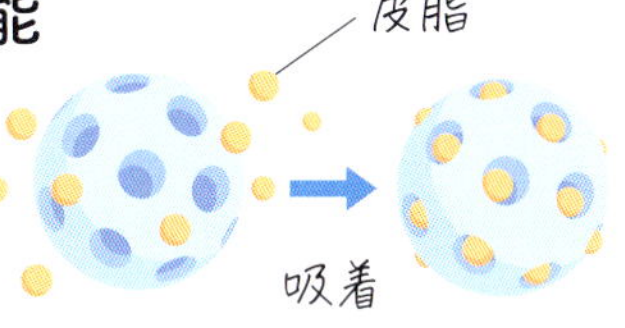

・スキンケア機能

保湿や肌荒れ防止、美白などを目的とした訴求成分を配合し、日中のスキンケア効果をサポートする

・紫外線カット機能

紫外線カット剤を配合することで、紫外線から肌を守る

・アンチポリューション機能*

花粉やPM2.5、ほこりなどの大気汚染物質が肌に付着するのを防ぐ

＊アンチポリューション効果とは、大気汚染物質などによる肌への影響を抑える効果のこと

〈 ベースメイクの質感と粉体の特徴 〉

マット

球状粉体により**粉っぽく、ふんわり**とした質感に仕上がる

ツヤ

パール剤や**板状**粉体を多く含み、**光沢**感のある質感に仕上がる

※粉体の種類や製品により異なる場合もあります

＼仕上がりを左右する／

化粧下地、コントロールカラー

化粧下地

化粧下地はファンデーションの前に塗ることで、**ファンデーションと肌の密着性を高め、メイクのつきやもちをよくする**アイテムです。また、紫外線カット効果をもち、日焼け止めの機能を兼ね備えたものが多くなっています。

コントロールカラー

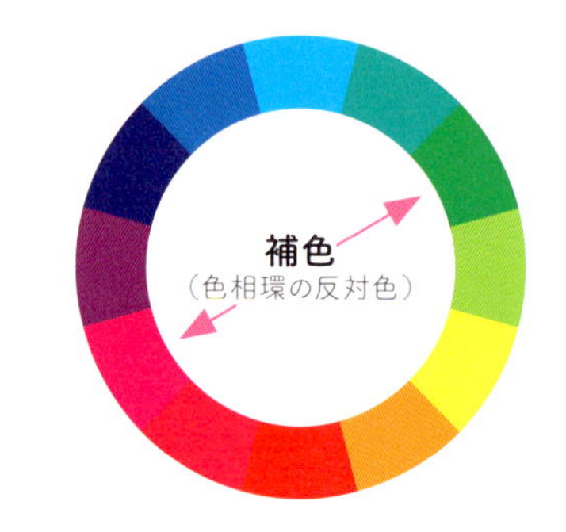

コントロールカラーは、赤みやくすみなど**肌の色ムラ悩みを補色（色相環の反対色）*で打ち消して目立たなく**したり、肌色を調整して**血色感や透明感などを足す**アイテムです。ピンポイントで悩みをカバーするコンシーラーとは少し異なり、色みを薄くのせて**肌色を均一に整える**ことを目的として使います。

化粧下地を兼ねるものも多く、軽いつけ心地でさらっと塗り広げやすく、仕上がりもナチュラルです。

＊補色や色相環について詳しくは本書P99参照

色	特徴
ピンク	淡いピンクは肌色に**血色感**をプラスします。自然な血色感で**健康的な印象や、優しい印象**に仕上げたいときにも効果的
イエロー	メラニンによる茶色がかった**くすみ**や**茶くま**を**明るくカバー**して、健康的なスキントーンに微調整
グリーン	**赤ら顔、頬やニキビ跡などの赤みを相殺する**のがグリーン。赤みが気になるところにだけ、ポイントで使用（赤みを相殺）
オレンジ	**血行不良による青黒いくすみや青くま**の悩みに効果を発揮。**黒くまやたるみ**などの**影の暗さをカバーする**のにも有効
ブルー～パープル	肌に**透明感**をまとわせ、エレガントに見せるカラー。**黄ぐすみしがちな肌の黄み**を抑える働きも

Tゾーンやあごに
ハイライトとして

口角や目のまわりの
くすみに

血色感をプラス
したいポイントに

目元の黒くまや
青くまに

小鼻まわりやニキビ
跡の赤みに

＼メイクアップのかなめ／

ファンデーション

ファンデーションは肌色や肌の質感の補整に加え、くすみやシミ・そばかすなどをカバーするアイテムです。

〈ファンデーションの構成成分〉

伸びをよくし、なめらかな感触にするため、**タルクやマイカなどの体質顔料**が多く配合される

粉体
- **ベース粉体**
- **色・光沢**

主に**酸化鉄などの着色顔料**や**酸化チタンなどの白色顔料**が使用される。肌色をよくみせるために**有機顔料**が、ツヤを与えるために**パール剤**などが配合されることもある

基剤
- **分散・つなぎ**

主に**液状の油性成分**が使用される。形状をつくるためには半固形や固形の油性成分を配合することもあり、配合量は種類（形状）によって異なる。**乳化系には水**も配合される

訴求成分

品質保持成分

肌のうるおいを保つため、**セラミド**［㊌**セラミドNP**、**セラミドEOP**など］や**ヒアルロン酸**［㊌**ヒアルロン酸Na**］、**コラーゲン**［㊌**水溶性コラーゲン**］などの保湿剤が配合されたものや、紫外線カット効果をもたせるために**紫外線カット剤**が配合されたものもある

プレストパウダーは、基剤の配合量が少ないと軽く伸び広がり、さらっとした使用感になるけど割れやすくなるよ。配合量を増やすとしっとりした使用感で密着感が高くなるけど、表面が固まりやすく取れづらくなることもあるよ

※成分例は、化粧品の表示名称を㊌で記載しています

〈ファンデーションの種類と特徴〉

検定POINT

ファンデーションにはさまざまな種類があり、粉体と基剤（油性成分と水や水溶性成分）の構成比率の違いで、特徴や仕上がりが異なります。各種類の特徴を処方系や構成比率とともに理解しましょう。

種類（形状）	処方系	構成比率（例）	特徴
パウダー（粉状）	ルース（ジャータイプ）	粉：油 9.5：0.5	テカリを抑える。ブラシでつけると軽い仕上がりに。**ミネラルファンデーションに多い**
	プレスト（コンパクトタイプ）	粉：油 9：1	水なしで使用するものと、水ありでも使用できる両用のものがある。テカリを抑える。化粧直しや携帯に便利で、**製品数が多い**
固形状	油系（スティックタイプ）	粉：油 6：4	つきがよく、**カバー力が高く**、水にも強い。シミやそばかすなどの肌悩みを**ポイントでカバーしやすい**
	油系（コンパクトタイプ）	粉：油 5：5	つきがよく、水に強い。**エモリエント効果が高い**
	W/O型乳化系	粉：油：水 3：5：2	**化粧もちがよく**、携帯に便利。揮発しやすいため、気密コンパクトに入っている
クリーム	W/O型乳化系	粉：油：水 2：4：4	**化粧もちがよい**
	O/W型乳化系	粉：油：水 2：2：6	伸びがよく**トリートメント性が高い。BBやCCクリームに多い**
リキッド、クッション（液状）	W/O型乳化系（リキッドタイプ）	粉：油：水 2：4：4	W/O型乳化系のクリームよりさっぱり感がある。**化粧もちがよく、リキッドファンデーションやクッションファンデーションに多い**
	W/O型乳化系（クッションタイプ）	粉：油：水 2：2〜4：4〜6	
	O/W型乳化系	粉：油：水 1：2：7	伸びがよく**トリートメント性が高く**、みずみずしい仕上がり

※配合成分の構成比率は、同じ種類（形状）でも製品ごとに異なります

※粉は粉体、油は油性成分、水は水や水溶性成分をあらわしています

〈その他のファンデーション〉

ミネラルファンデーション

ミネラルとは無機物質のことです。特別なもののように思われますが、通常のファンデーションにもよく使われている**マイカ**や**酸化チタン**、**酸化亜鉛**、**酸化鉄**、**シリカ**などがそれにあたります。「ミネラルファンデーション」の多くはルースで、**粉体のコーティングやつなぎに油性成分を配合しない**のが一般的です。そのため、クレンジング料を使わず石けんで落とせるなど、肌に負担が少ないという特徴があります。

BBクリーム

BBとは「**ブレミッシュ(傷)バーム(軟膏)**」の略称。もとは美容施術後の**肌の炎症を抑え、赤みをカバーする保護クリーム**として抗炎症作用のある**甘草エキス**や**アラントイン**、保湿効果のある**シア脂**などが配合されていました。
現在では、スキンケア、日焼け止め、化粧下地の機能を兼ね備えたファンデーションとして、**着色顔料の量が少なく発色の弱いO/W型乳化系**のクリームファンデーションが多く販売されています。一方、**化粧もちのよいW/O**型乳化系のものも増えています。

構成比率(例)

O/W型乳化系
粉:油:水
1:2:7

化粧もち向上

W/O型乳化系
粉:油:水
2:2:6

CCクリーム

CCとは"Color Control"(カラーコントロール=色を調整する)など、**メーカーによってその意味はさまざま**。
ファンデーションに近いBBクリームよりも下地に近く、**O/W型乳化系が中心**。**軽い仕上がりと高いスキンケア効果**を持ち、肌の色みを整えることで肌をきれいに見せてくれるクリームです。

構成比率(例)

O/W型乳化系
粉:油:水
2:2:6

クッションファンデーション

スポンジ状のクッションに**液状（W/O型）**のくずれにくいファンデーションを浸み込ませ、コンパクトに入れたもの。持ち運びに便利で手軽に化粧直しができるので人気です。**カバー力が高い**ものも多く出ています。
また、W/O型乳化系のリキッドファンデーションと近い処方系で油性成分が多いため、**しっとり感が高い**のも特徴です。

構成比率（例）

W/O型乳化系

粉	油	水
2	2～4	4～6

〈肌の色に合わせた色調〉

日本ではファンデーションの色調は、赤い・黄色いといった「**色み**」と「**明るさ**」の組み合わせで分類されることが一般的です。色みは**オークル系を標準**とし、**より赤みの強いピンク系**、**より黄みの強いベージュ系**の3つを基本に展開され、各化粧品メーカーはこれらを組み合わせて4～10色のバリエーションを用意していることが多いです。

※メーカーにより色調の考え方は異なる場合があります

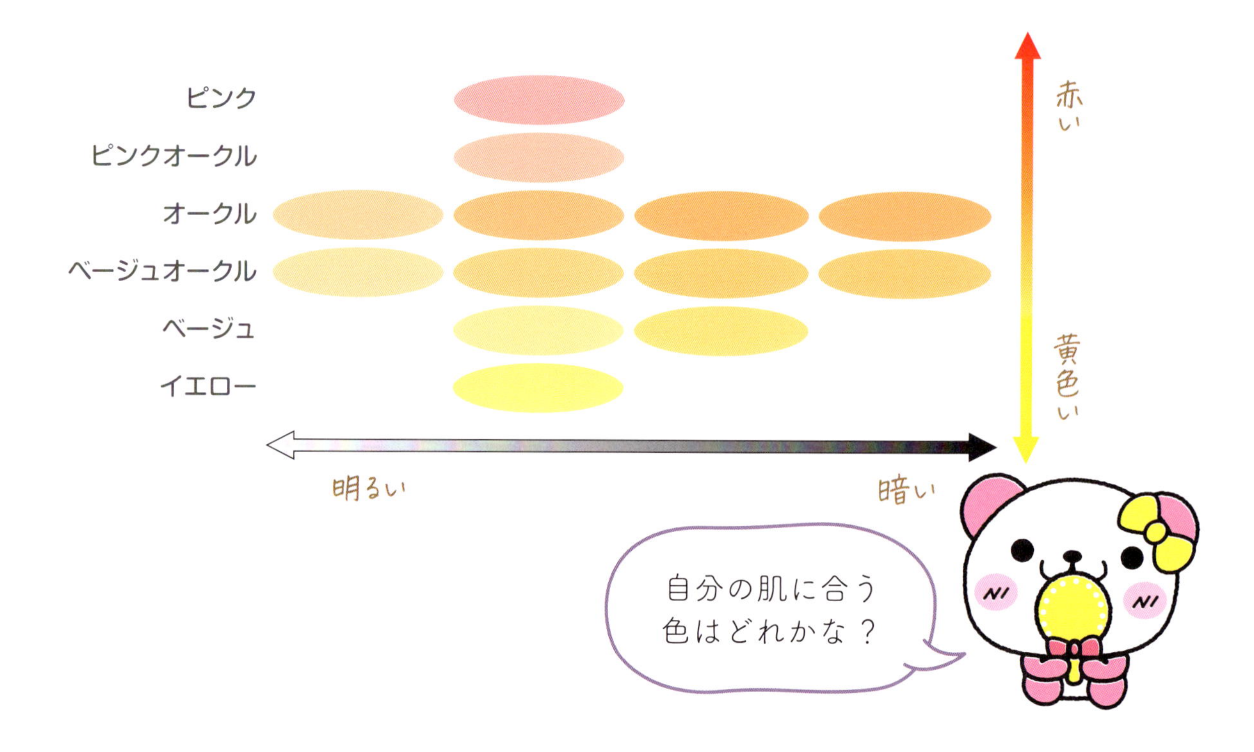

目的に合わせた粉体への工夫とアイテムの選び方

テカリやヨレを防ぎたい！

乾燥を防ぎたい！

配合される粉体

テカリやヨレを防ぎたい！

・化粧くずれしないように粉体の表面を**シリコーンオイルなどでコーティング**したもの

・**シリカ**や**シリコーンポリマー**などの**皮脂吸着パウダー**

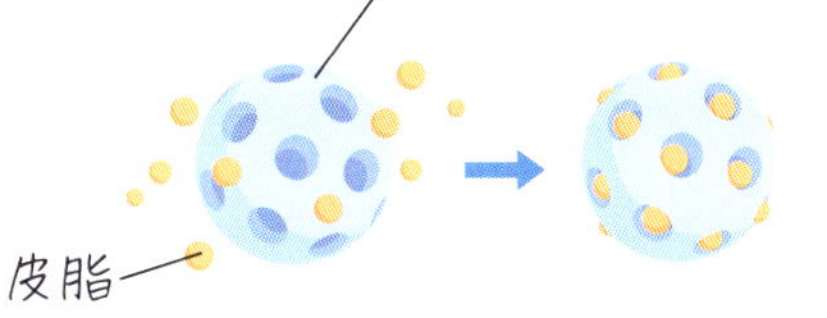

乾燥を防ぎたい！

・しっとり感を与えるために粉体の表面を**アミノ酸誘導体**や**レシチン**などの保湿成分で**コーティング**したもの

アイテム

テカリやヨレを防ぎたい！

・テカリを抑える**ルースやプレストのパウダーファンデーション**

・肌との密着性が高い**リキッドタイプのW/O型乳化系ファンデーション**

乾燥を防ぎたい！

・保湿剤や油性成分を多く配合した**クリームファンデーション**

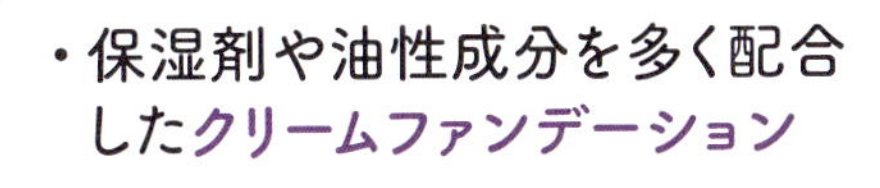

・**エモリエント**効果が高い油性成分を配合した、**コンパクトタイプの油系やW/O型乳化系ファンデーション**

＼肌悩みを部分的に
カバー／

コンシーラー

コンシーラーは、シミ・そばかすやくま、ニキビなどの色ムラをカバーするために使う部分用のファンデーションです。

一般的に粉、油、水の構成比率は**ファンデーションと似ています**が、**カバー力が高い**ものは**白色顔料や着色顔料がファンデーションよりも多く配合**されています。

〈コンシーラーの種類と特徴〉

種類（形状）	**かためで 固形状**	**やわらかめで リキッド（液状）**
タイプ	**スティックタイプ コンパクトタイプ** 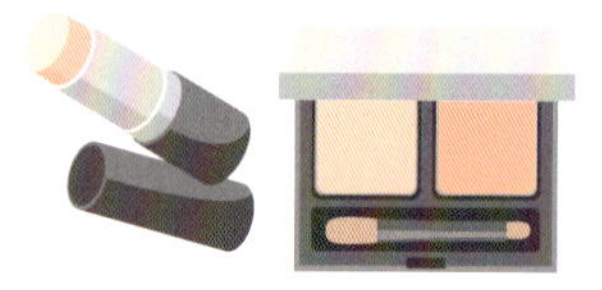	**筆ペンタイプ ボトルタイプ** 
特徴	**カバー力が高い** ピンポイントのお悩みの カバーに適している	**自然なカバー力** 広い範囲の カバーに適している
基本的なつけ方	シミやニキビなどしっかりカバーしたい部分にピンポイントでのせ、ひとまわり大きく薬指やブラシでまわりをトントンとたたくようになじませます 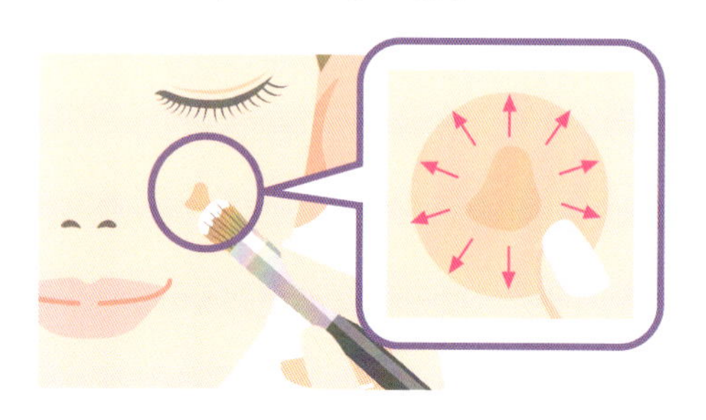	目元のくまや頬の赤みなど広範囲に気になる部分を中心に、数カ所に塗り伸ばし、薬指でトントンとなじませます 

＼ベースメイクの総仕上げ／

フェイスパウダー

フェイスパウダーは、ベースメイクの仕上げに使うアイテムで、白粉（おしろい）ともよばれます。皮脂やファンデーションなどの**余分な油分を吸着しテカリを抑える**とともに、**ファンデーションを定着させて化粧くずれを防ぎます**。また、パウダーにより肌表面のベタつきがなくなると、ポイントメイクがムラづきせずきれいにのせやすくなります。

一般的に粉体と油の構成比率はファンデーションと似ていますが、透明感のある仕上がりにするためファンデーションと比べて、**着色顔料や白色顔料などのカバー力の高い粉体の配合量が少ない**という特徴があります。

〈フェイスパウダーの種類と特徴〉

タイプ	構成比率（例）	特徴
ジャー（ルース）	粉：油 9.5：0.5	大部分が粉体で、わずかに結合剤を混ぜたものもある。**ふんわりと軽い使用感**
コンパクト（プレスト）	粉：油 9：1	**プレス**により粉体を固めたもので、**肌への密着性が高い**。携帯に便利で化粧直しがしやすい

〈フェイスパウダーの仕上がりと特徴〉

ルーセント（透明）

隠ぺい力のある白色顔料や着色顔料の配合を抑え、体質顔料を中心にすることでファンデーションの色を活かし、**透明感**のある仕上がりになる

着色

着色顔料による**色**と**立体感**をプラスしたもの。肌なじみのよいベージュ以外にもホワイトやパープルなど肌色補整効果やハイライト効果があるものもある

《化粧くずれってどうして起こるの？》

テカリ

皮脂が肌の表面を覆うと、その表面で鏡のように光が反射しテカリを感じます。特に**Tゾーンで起こりやすい**です。

ムラ、ヨレ

汗や皮脂が粉体と混ざり不均一になることで、色ムラやヨレが起こります。**表情の動き**とともにほうれい線などのシワ部分に粉体が集まることでも起こります。

毛穴落ち

汗や皮脂が粉体と混ざって不均一になり、時間とともに**粉体が開いている毛穴に集まる**と、毛穴が白く浮いて見えます。

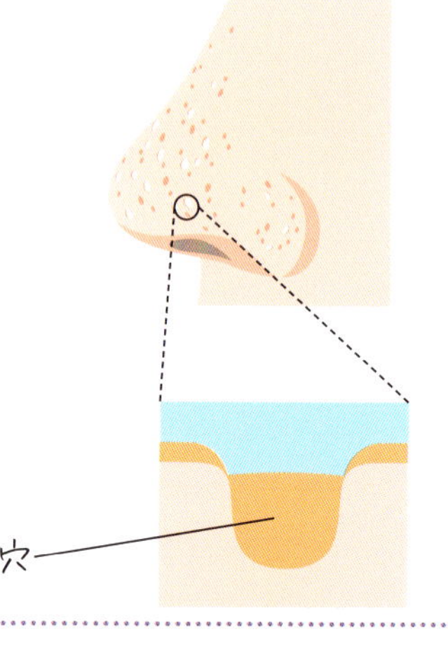

色ぐすみ

粉体と皮脂がなじむと、**つけたての色から暗く変化**してしまいます。

コスメTOPICS

プレストのパウダー製品のつくり方

プレスにより粉体を固めたメイクアップ化粧品は、**乾式製法か湿式製法のどちらかでつくられ、圧縮成型して完成**させます。これらの製法でつくられるものには、ファンデーションやチークカラー、フェイスパウダーなどがあります。

湿式製法

比較的新しい製法。乾式製法と同様に粉体と結合剤などを混合し、さらに、揮発性溶媒を混ぜてやわらかいペースト状にする。その後、溶媒を揮発させながらやさしくプレスして固めます。**やわらかくしっとりした仕上がり**になる

乾式製法

一般的に使われる製法。さまざまな粉体と少量の結合剤を混ぜ合わせ、圧縮成型してつくられる。**さらさらとした感触で、発色のいい仕上がり**になる

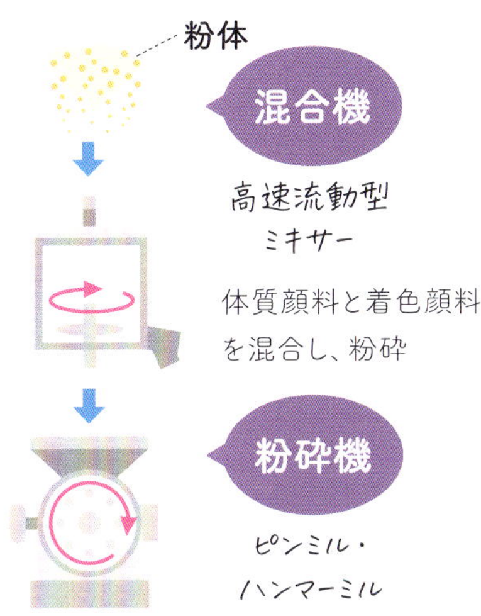

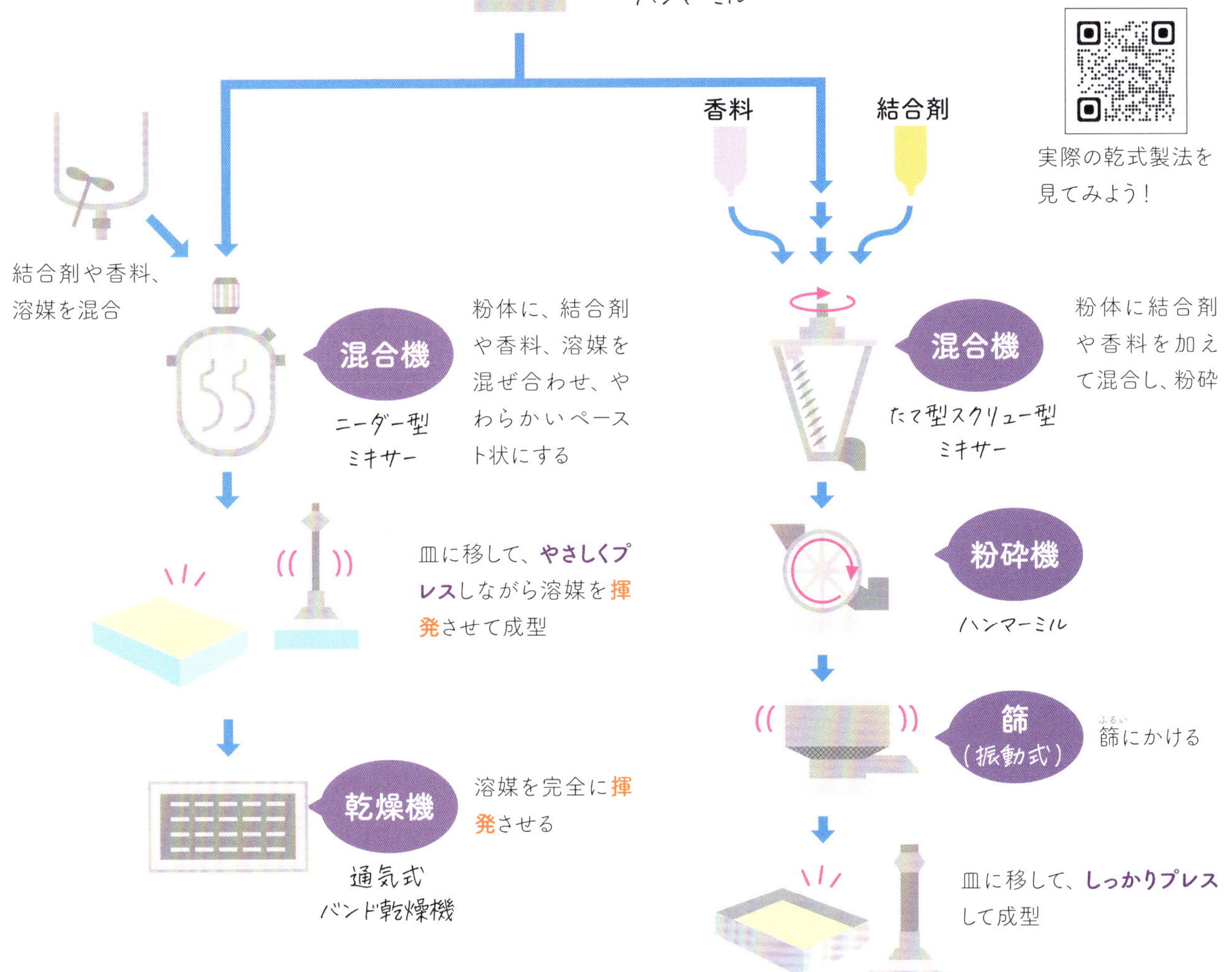

フェイスカラー（チークカラー、ハイライト、シェーディング）

チークカラー

血色感を与える

チークカラーは頬紅ともいわれ、**頬に血色感を与え、頬のふくらみを強調して立体感を出す**ことで、顔色を生き生きと健康的に見せるアイテムです。

一般的に粉、油、水の構成比率は**ファンデーションと似ています**が、**着色顔料がファンデーションよりも多く1〜6％程度配合**されています。**染料は肌に色が染着してしまうためほとんど使用されません**＊。また、自然な仕上がりにするためカバー力はファンデーションなどに比べて低く、ふんわりと色づくように設計されています。

＊リキッドやクリームには染料が使用されることもあります

〈チークカラーの種類と特徴〉

種類（形状）	タイプ	特徴
パウダー（粉状）	ジャー（ルース） コンパクト（プレスト）	どちらも粉体のもつ**ふんわりとやわらかな質感**が特徴。粉体の感触を生かしたジャータイプ（ルース）はさらさらとした軽いつけ心地。粉体を固めたコンパクトタイプ（プレスト）はぼかしやすく密着感もあるため、簡単に仕上げることができ、**製品数が多い**
固形状	コンパクト スティック	「練りチーク」ともよばれる。**固形の油性成分が多く密着感が高い**ため化粧くずれしにくく、**ツヤのある仕上がり**になる。パウダー（粉状）のチークカラーの下地としても使える
クリーム	チューブ	肌なじみがよく、内側からにじむような**自然な血色感やツヤが演出できる**
リキッド（液状）	ボトル ポンプ	ハケやチップで塗るボトルタイプやポンプタイプなどがある。**伸びがよく適度なうるおいがあり、みずみずしく透明感のある発色で薄づき**のものが多い

光と陰で立体感を演出する

ハイライト、シェーディング

ハイライトは顔に光を与えることで**立体感や明るさを演出し**、シェーディング（シャドー）は顔に影をつくることで**シャープな輪郭や奥行き感を演出**するアイテムです。

一般的に粉、油、水の構成比率は**ファンデーションに似ています**が、ハイライトには**パール剤や白色顔料が多く配合**され、着色顔料は少なくなります。一方、シェーディングはブラウン系の暗めの色調のものが主流で、ファンデーションよりも**着色顔料がやや多く配合**されています。

〈ハイライト、シェーディングの種類と特徴〉

種類（形状）	タイプ	特徴
パウダー（粉状）	コンパクト（プレスト）	**薄づき**でぼかしやすく、ふんわりナチュラルな仕上がりのため、初心者でも使いやすい
固形状	スティック	**密着感が高い**ため**発色がよく**、一度で明るさや濃い影を入れることができる。細いタイプは細かい部分にも塗りやすい

6 表情を美しく彩る ポイントメイクアップ化粧品

ポイントメイクアップ化粧品とは、目元や口元などのパーツに部分的に色や輝きを与えたり、形を変えたりすることで**美しさを増し、魅力を引き立たせる**ためのものです。アイブロウやアイカラー、アイライナー、マスカラ、リップカラーなどがあります。

色の見え方と表し方

カラーバリエーションが豊富なポイントメイクアップ化粧品で、重要となる色の見え方やその表し方について学びましょう。

《色の見え方》 検定POINT

光源からの**光が物体に当たり反射**します。

▶ **反射した光を目が受けとめ**、視細胞（しさいぼう）が明暗や赤・緑・青の**光に反応**。

▶ **その刺激が電気信号として脳に伝わる**ことによって「色」を認識します。

〈色の表し方〉 検定POINT

色の見え方には個人差がありますが、**色を表す"物差し"である「色の三属性」**を使うことによって、色の特徴を正確に表現することができます。

1. 色相(しきそう)

赤・青・黄といった「**色みの違い**」。色みをもつ**有彩色**(ゆうさいしょく)と、色みをもたない**無彩色**(むさいしょく)（白・灰色・黒）に分けられます。

赤～橙～黄～緑～青～藍～紫というように色相が近い順に並べて視覚化し、**環状に配置したものを「色相環**(しきそうかん)**」**といいます。

色相環の正反対にある2色は「補色(ほしょく)**」**といい、混ざると色を打ち消し合って無彩色になるよ。

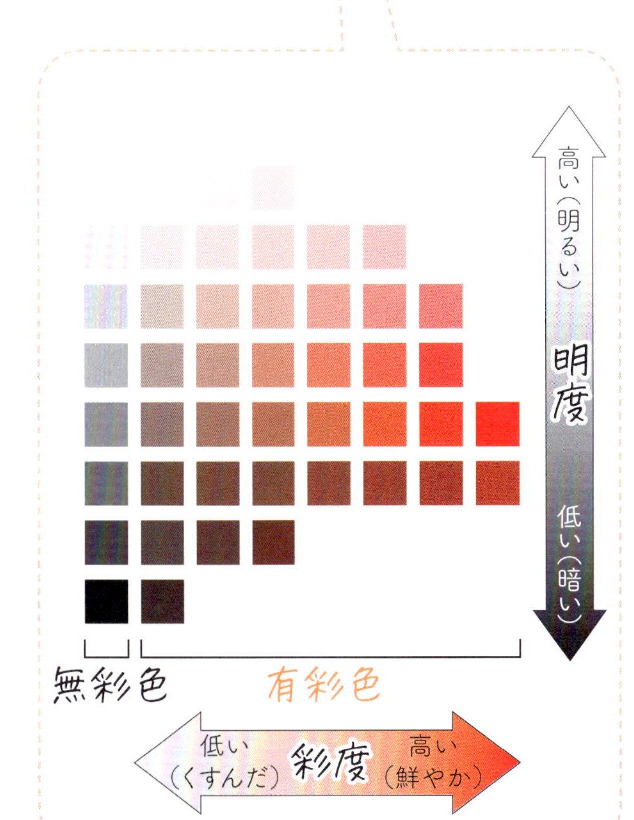

2. 明度(めいど)

色の「**明るさの度合い**」。物体の表面で反射する光の量が多いほど、明度が高くなります。同じ色相でも明るさによって見え方が変わり、**明度が高くなると白っぽく（明るく）**、**低くなると黒っぽく（暗く）**なります。

3. 彩度(さいど)

色の「**鮮やかさ（色みの強さ）の度合い**」。有彩色は**彩度が高いほど強く鮮やかな色**になり、**低いほどくすんだ色**になります。無彩色は彩度をもちません。

〈 光の種類と特徴 〉

自宅の照明の下でメイクした後に外で鏡を見ると、白浮きして見える、メイクが濃く見える、など思っていた仕上がりと違うと感じることがありませんか？ これは、**どのような光の下でメイクをしたかで色の見え方が異なる**ことが原因です。

	種類	特徴	太陽光との比較
自然光源	太陽光	**無色**に感じるが、人の目に見える範囲の**すべての色を含んだ**光	—
人工光源	LED（昼白色）	さまざまな色が演出でき、**昼白色は太陽光に近く**なるように設計されている	昼白色のLEDは最も太陽光に近い光 メイクの仕上がりは**ほぼ同じに見える**
	蛍光灯（昼光色）	**昼光色は白っぽく、やや青みがかっている**	太陽光にやや近い光 メイクの仕上がりは**やや青みを帯びて見える**
	白熱灯（電球色）	**電球色は黄〜赤みがかり、温かみを感じる**	太陽光と少し異なる光 メイクの仕上がりは**やや赤みを帯びて見える**

※照明器具は、メーカーにより多少のバラつきがあります

白浮きや濃いメイクになることを防ぐには、**太陽光の入る部屋でメイクをしよう**。特に、晴れた日の昼間に外に出ると、室内よりもメイクが濃く見えやすいよ！

眉の形で
顔の印象が決まる

アイブロウ

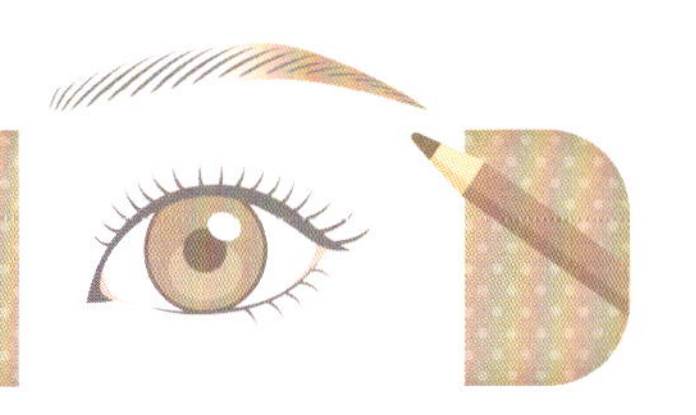

アイブロウは眉墨（まゆずみ）ともよばれ、**眉に塗り、眉の形を描くことで、形を整える**ためのアイテムです。アイブロウの構成成分としては、**体質顔料はあまり配合されず、酸化鉄やグンジョウ、カーボンブラックなどの着色顔料が主に使用されます。**

カーボンブラックは**黒色の着色顔料**だよ。同じ黒色の**酸化鉄と比べて発色がよく**、少量でも黒く色づくから、アイライナーやマスカラなどのメイクアップ化粧品に多く用いられているよ！

〈アイブロウの種類と特徴〉

種類（形状）	タイプ	特徴
パウダー（粉状）	コンパクト（プレスト）	**グラデーション**がつくりやすく、ナチュラルに仕上がる。**ボリュームも簡単に出せる**。色をミックスし、**濃淡を自在に調節できる**複数の色がセットされているものが主流
固形状	鉛筆 繰り出し	**繊細なラインが描きやすく、眉のフォルムをつくるのに欠かせないアイテム**。部分的な毛のすき間を埋めるのにも便利。芯の硬さや形などバリエーションも豊富。手軽に描きやすく、**製品数が最も多い**
リキッド（液状）	筆ペン ボトル（筆）	**筆ペン**タイプが多く、**細かな部分を描き足すのに便利**。ペンシルよりも**発色に透け感がある**。ボトル（筆）タイプは筆ペンタイプよりも気密性が高く揮発性の油性成分を多く配合できるため速乾性があり、**色もちがよい**。時間とともに落ちやすい**眉尻**を描くのに向いている。**染料やジヒドロキシアセトン（DHA）を配合して角層を染める落ちにくい処方のもの（眉ティント）**もある
マスカラ	ボトル（ブラシ）	**眉毛に色をつける**ための即席のカラーリングアイテム。**毛がしっかり生えている人向き**。マスカラのようにブラシで眉毛に塗布するため、「眉用マスカラ（アイブロウマスカラ）」とよばれる

目元に彩りを添える

アイカラー（アイシャドー）

アイカラーは**目元に彩りを添えて陰影をつけ、立体感や奥行き感を演出する**ことで印象的な目元に仕上げる目的で使用されます。メイクアップ化粧品の中でも**カラーバリエーションが多い**アイテムです。

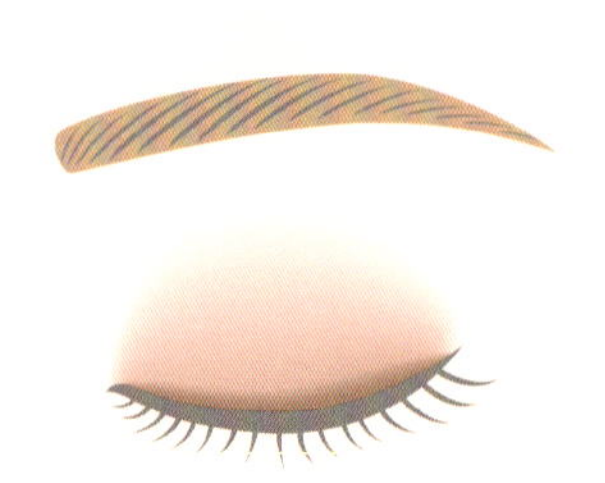

一般的に粉、油、水の構成比率は**ファンデーションと似ています**が、鮮やかな発色のための**有機顔料や、酸化鉄、酸化クロム（緑）、グンジョウ（群青色）、カーボンブラックなどの着色顔料**が主に使用されます。さらに、光沢感をもたせるために**パール剤も多く配合されます**。

4色パレットの基本構成

❶ ハイライトカラー
ラメやパール剤を多く配合した色。高く見せたいまぶたの中心や眉の下に入れて**立体感**をつくる

❸ ベースの色
まぶたのトーンを整える**明るめで淡い色**。主にアイホールに入れる

❷ バランスをとる色（中間色）
ベースと引き締め色をつなげる中間色。アイホールの内側半分程度にのせ、境目をぼかすように入れる

❹ 引き締め色
目の輪郭を際立たせる濃い色。まつ毛のきわにライン状に入れる

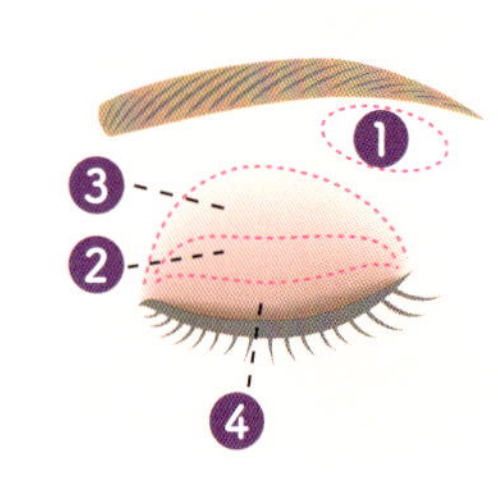

〈アイカラーの種類と特徴〉

種類（形状）	タイプ	特徴
パウダー（粉状）	ジャー（ルース）	**大粒のラメやパール剤**がたくさん入ったものや、**ミネラルコスメ**はこのタイプが多い
	コンパクト（プレスト）	単色～多色までバリエーションが豊富。アイホール全体にぼかしやすく濃淡の調節がしやすい。**製品数が最も多い**
固形状	スティック 繰り出し 鉛筆 コンパクト	**固形の油性成分を多く配合**し、棒状に固めたものや金皿に充填したものがある。化粧もちにすぐれるものが多い
リキッド（液状）、クリーム、ジェル	ボトル（チップ） チューブ ジャー	**油系やW/O型乳化系**では液状の油性成分が多く、ツヤがある。**耐水性が高く**、化粧もちにすぐれる。 **O/W型乳化系や水系ジェルは**水溶性成分を多く配合し、**みずみずしい使用感**が特徴的

アイカラーの表面が固まって取れない。どうすればいい？

アイカラーやファンデーションなどの**プレストのパウダー製品**で、**使用中に表面が固まって取れにくくなる現象を**「**ケーキング**」というよ！指やチップ、スポンジなどについた皮脂汚れがつくことや、同じ場所ばかりをこすることが原因。かたくなった部分を削ると、使いやすくなるよ！

＼目をくっきりと形づくる／

アイライナー

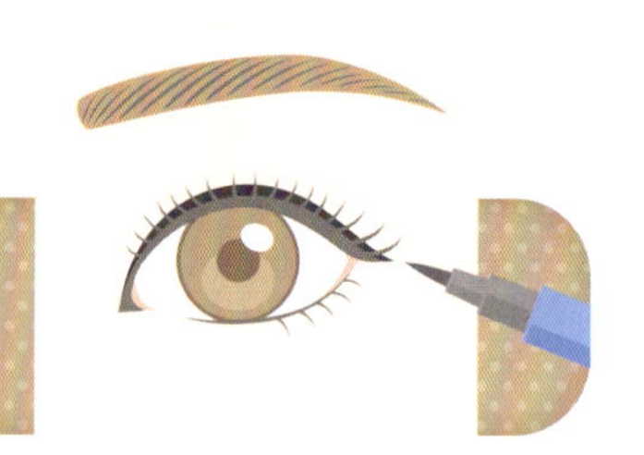

アイライナーは**目の輪郭を強調し、目を大きく見せたいときに使う**アイテムで、目の形をはっきりと印象づけます。アイライナーは「**粘膜に使用されることがある化粧品**」に分類され、化粧品基準などによって**使用できる成分が厳しく制限**されています。
※詳しくは本書P218参照

〈アイライナーの構成成分〉

分類	成分	特徴
粉体	ベース粉体	発色をよくするため、ベースとなる**体質顔料の配合は少ない**
粉体	色・光沢	色として黒やブラウン系のものが多く、主に**酸化鉄、カーボンブラック、炭などの着色顔料が使われる**
基剤	分散・つなぎ	中身の処方系（水系や油系）によって仕上がりや化粧もちが異なる
訴求成分		
品質保持成分		

〈アイライナーの中身の処方系と特徴〉

リキッドアイライナーやジェルアイライナーの中身には、主に3つの処方系があります。

処方系	特徴
水性タイプ（水系非皮膜）	水系（皮膜）に比べて**耐水性が低く化粧もちは劣る**が、**化粧時のつっぱり感がない**
フィルムタイプ（水系皮膜）	皮膜形成剤が配合されているため、乾くと汗にも涙にもにじまず**化粧もちにすぐれている**が、皮膜感が強いので**化粧時につっぱり感がある場合も。** 「お湯で落とせるタイプ」は、**フィルムコーティングが38〜40℃くらいのお湯でふやける**ので手軽に落とせる
ウォータープルーフタイプ（油系）	**油性成分を多く含む。**水、汗に強く、**化粧もちに非常にすぐれている。**乾いてフィックスした後の落ちにくさは3つの処方系の中でもトップクラス。なめらかな使用感で、カラー展開も豊富。**ジェルは油系が多い**

※フィルムタイプ（水系皮膜）でもウォータープルーフタイプと表示している製品もあります

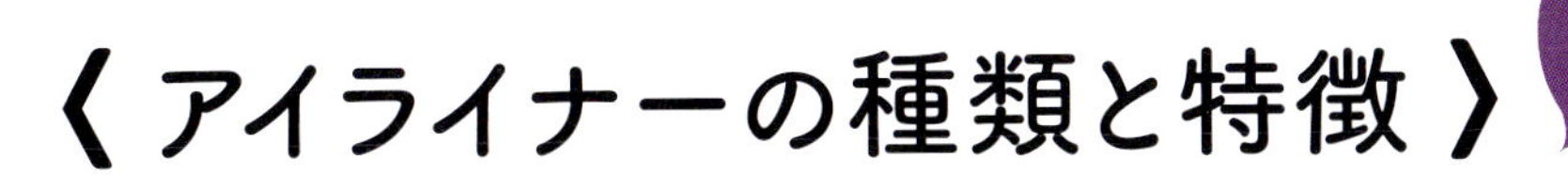

種類（形状）	タイプ	特徴	処方特徴
固形状	鉛筆　繰り出し	持ったときのグリップの安定感は抜群。**ラインの引きやすさにすぐれる**。製品により**芯のかたさや太さが異なる**ので、肌当たりや描きたいラインの太さ、濃さなど、好みによって選べる	鉛筆タイプは、**軸に流し込んでつくる**のでやわらかな質感のものが多い。芯先が丸くなりやすく、こまめに削るなど整える手間が必要。 繰り出しタイプは手軽で便利。**揮発性の油性成分が多く配合されている**ウォータープルーフタイプはくずれにくい
リキッド（液状）	筆ペン　ボトル	筆ペンタイプの筆先は、毛やフェルト、細筆など種類が豊富。力加減によってラインの太さや細さの描き分けができるが、ある程度のテクニックが必要	主にフィルムタイプ（水系皮膜）。**乾くと皮膜形成剤がフィルムになるため落ちにくい**が、**ブレなどは修整しにくい**。発色がよく、はっきりとしたラインを描くことができる
ジェル	ジャー	乾く前はリキッドよりライン修整がしやすいものの、ブレなどは修整しにくい	主にウォータープルーフタイプ（油系）。**揮発性の油性成分を多く配合できる**ため、**速乾性**がありくずれにくいが、しっかりフタを閉めておかないとジェルが**かたく**なることも。ラメなどを配合したものもある
パウダー（粉状）	コンパクト（プレスト）	描きやすく、塗り重ねることで色の深みが調整できるので**仕上りが自然**。**粉飛びしやすく、耐水性がやや低い**ため汗や涙などで落ちることがある	**水溶きタイプなら密着性も高くなり**、パウダーを重ねることでアイシャドウのように仕上げることも可能

瞳を魅力的に
演出する

マスカラ

マスカラは、まつ毛に塗布して**まつ毛を太く長くしたり**、カールを持続させて**放射状にすることで目を大きく見せる**など、目元の印象を変えることができるアイテムです。

※まつ毛美容液やマスカラも粘膜付近に使用するため、「粘膜に使用されることがある化粧品」と同じように扱われ処方設計されることがあります

《マスカラの構成成分》

粉体

ベース粉体：発色をよくするため、ベースとなる**体質顔料の配合は少ない**。主にロングタイプのものには、**ナイロンやポリエステルなどの合成繊維**が配合される

色・光沢：色として黒やブラウン系のものが多く、酸化鉄よりも黒が鮮明に出る**カーボンブラックなどの着色顔料が多く使われる**

基剤

分散・つなぎ：まつ毛を固定しカールをキープするために**固形の油性成分や皮膜形成剤などの成分が配合**され、それによって大きく**油系マスカラと水系皮膜マスカラに分類される**

訴求成分

品質保持成分

まつ毛の根元の皮膚を整えたり、まつ毛にハリやコシを与える成分として、**パンテノール**や**ビオチノイルトリペプチド-1**、**オリゴペプチド**〔㊗**オリゴペプチド-20**など〕などが配合される。
また、乾燥を防ぐため、**ヒアルロン酸**〔㊗**ヒアルロン酸Na**〕や**コラーゲン**〔㊗**水溶性コラーゲン**〕などの保湿剤が配合されることもある

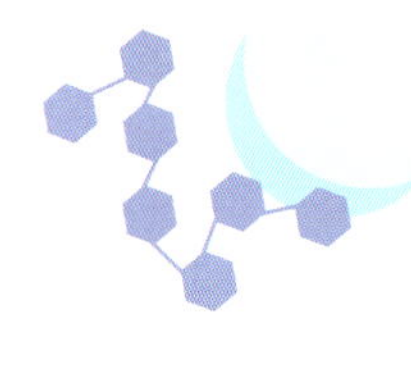

※成分例は、化粧品の表示名称を㊗で記載しています

〈 マスカラの中身の処方系と特徴 〉

処方系	特徴
ウォータープルーフタイプ（油系） 	耐水性：○ 固形の油性成分と液状の揮発性シリコーンオイルなどを配合した油系。**塗布後にシリコーンオイルなどが揮発する**ことで固形の油性成分がかためのコーティング膜を形成するため、水や涙、汗に非常に強い。カールキープ力が高く落ちにくいため、**専用のリムーバーが必要**なものもある
フィルムタイプ（水系皮膜） 	耐水（皮膜）性：△～○ **皮膜形成剤を配合したO/W型乳化系。水が蒸発した後、皮膜形成剤がフィルムになり**まつ毛をコーティングする。 水や涙、汗、皮脂に強くにじみにくいが、コーティング膜の強度が低いため、油系マスカラに比べると耐水性とカールキープ力が劣る。「お湯で落とせるタイプ」は**フィルムコーティングが38～40℃くらいのお湯でふやける**ので手軽に落とせる

〈 マスカラの仕上がりと特徴 〉

タイプ	特徴
ボリュームタイプ 	**粘度の高い液状や固形の油性成分を中心に、水溶性の増粘剤**などを組み合わせた**厚みのある**マスカラ液により、まつ毛1本1本に多くの量がつき、**太く濃くボリュームアップ**できる。**1～2mm程度の短い合成繊維**を配合することもある
ロング（繊維入り）タイプ 	**2～3mm程度の長い合成繊維**（ナイロンやポリエステルなど）が入っており、**繊維がまつ毛にからむことで長さを出す**。繊維の配合量は通常2～5％が多い
カールタイプ 	**揮発性の油性成分を配合し、速乾性がある**ため落ちにくく、まつ毛上でより速く乾くことで、**カールキープ力も高い**

《ブラシの形状と特徴》

マスカラは中身の液の特徴だけでなく、ブラシの形状も仕上がりに影響を与えます。主なブラシの形状とその特徴を知りましょう。

ブラシ形状	特徴
ストレート型	まつ毛の根元からすくい上げて塗ることができる。**どの向きで使用しても**同じ**仕上がり**になる
ロケット型	先端がとがっており**下まつ毛**や目の端のまつ毛にもつけやすい。液が**先端にたまりやすく**、先端部分を使うと**ボリュームが出せる反面、つきすぎるとまつ毛が束になる**ことも
ラグビーボール型	**中央が膨らんでいて先端がとがっているため、望むところにつけやすくボリュームを出しやすい**。一方、ロケット型と同様に、先端部分を使うとまつ毛が束になることも
アーチ型	扇形に広がるまつ毛の形状に沿った形で、**ブラシのカーブがまつ毛の根元にフィットしやすい**。カーブの内側に液がたまるので、**ボリュームを出しやすい**
ピーナッツ型	ブラシの真ん中がくぼんだひょうたんの形になっている。**左右のまつ毛を持ち上げ、カールを出しやすい**。くぼみのある中心部分に液がたまるので、**ボリュームを出しやすい**
コーム型	まつ毛を**根元からしっかりとかせる、くし**状のブラシ。一方向にしか動かせないため、向きを合わせる必要がある。**重ね塗りしてもコームがとかしてくれるのでダマになりにくい**
コイル型	**金属**または**樹脂**の棒の先端部分を、らせん状にねじきりしたもの。溝に液が均一につき、**根元にしっかり塗布できる**ため、**まつ毛美容液**などに使われることが多い

顔色をよく、
華やかに見せる立役者

リップカラー

リップカラーは**唇のうるおいをキープし、好みの色や輝き、ツヤ、マットなどの質感を与える**ことで、なりたいイメージを演出するアイテムです。また、**加齢に伴いくすみがちになる唇の色もカバー**し、華やかな印象をもたらします。

〈唇の皮膚の特徴〉

唇の皮膚は頬など顔のほかの部位と違い、**厚さが約0.6㎜と非常に薄く**なっています。上唇は皮膚に近い成り立ちですが、下唇は口腔粘膜の延長で成り立っています。また、**唇は皮脂腺が少なく汗線がないため皮脂膜がほとんどつくられず、角層も薄いためバリア機能が低く**乾燥しやすくなっています。**唇の乾燥スピードは頬の約5倍**ともいわれています。

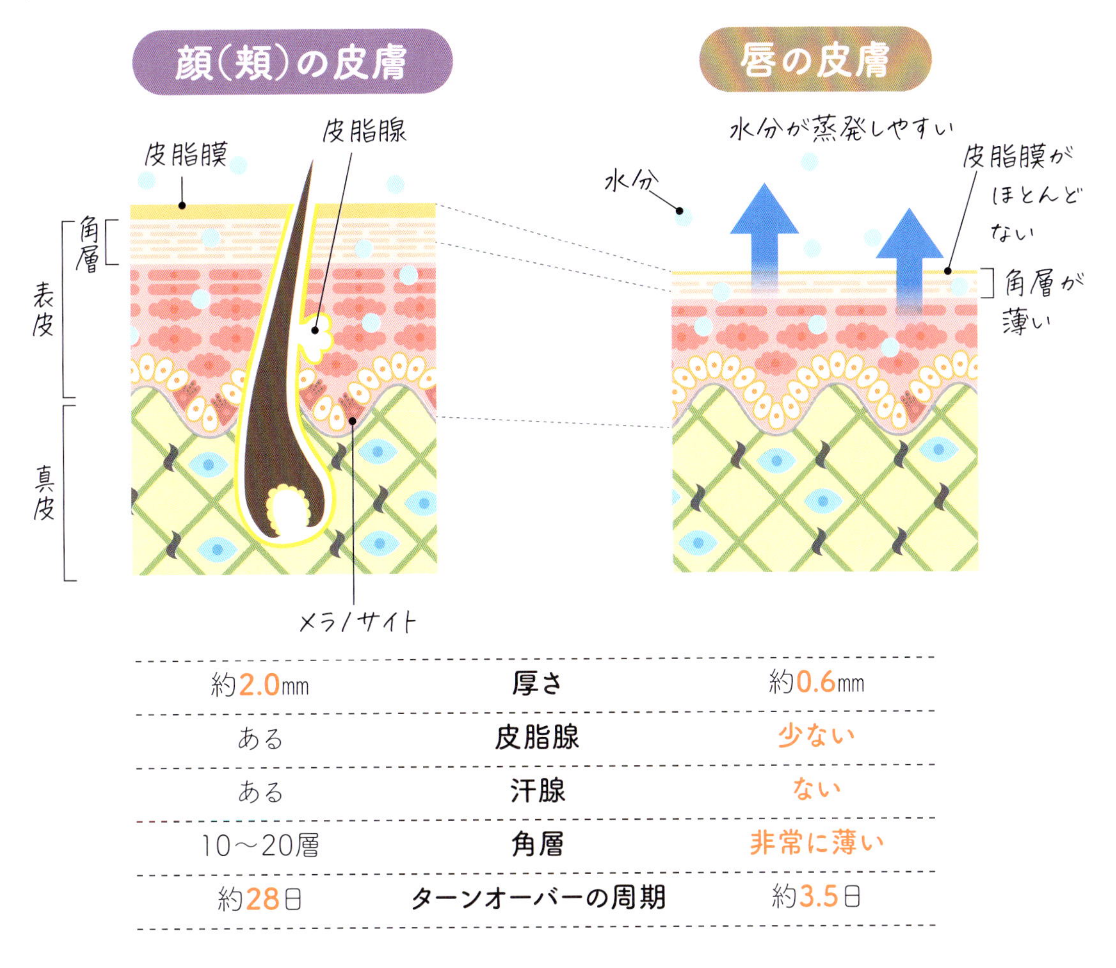

顔（頬）の皮膚		唇の皮膚
約2.0㎜	厚さ	約0.6㎜
ある	皮脂腺	少ない
ある	汗腺	ない
10〜20層	角層	非常に薄い
約28日	ターンオーバーの周期	約3.5日

《リップカラーの構成成分》

分類	成分	説明
粉体	ベース粉体	色や光沢をつけるための成分（主に有機顔料とパール剤）と、使用感や質感を演出するための**体質顔料**が、**固形のリップスティック（口紅）では約10％配合**される。粉体の量や種類を変えることでもマット感や透明感などの質感を調整できる ※ベース粉体は配合されないこともある
	色・光沢	
基剤	分散・つなぎ	固形のリップスティック（口紅）を構成している主な成分は、**約90％の油性成分**
訴求成分		唇は乾燥し荒れやすいので、**ローヤルゼリーエキスなどの保湿剤**や、**グリチルレチン酸ステアリルなどの肌荒れ防止有効成分**が配合されることが多い
品質保持成分		

※リップカラーは、化粧品基準により「粘膜に使用される化粧品」に分類され、使用できる成分が厳しく制限されています。詳しくは本書P218参照

唇をふっくらさせるための訴求成分

ふっくらとした厚みと弾力があり、血色のよい唇を維持するために次のような成分が配合されることもあります。

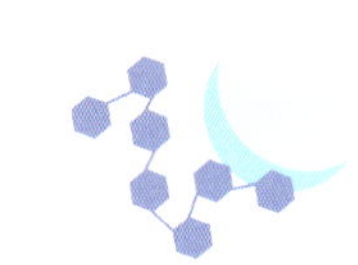

■**パルミトイルトリペプチド-1**
線維芽細胞を活性化させ、唇の**縦ジワ**を改善

■**ヒアルロン酸Na**
特殊技術で**ナノ化**しフリーズドライにしたものや、**カプセル化**したヒアルロン酸が水分をたっぷり吸収

■**トウガラシ果実エキス**
カプサイシンを含み、**皮膚の感覚を刺激し温感を与えます**。新陳代謝をUPして**血行を促進**

■**バニリルブチル**
バニラのマメから取れる植物由来成分。合成もある。**皮膚の感覚を刺激し温感を与える**とともに、**血行を促進**

〈リップカラーの種類と特徴〉

種類（形状）	タイプ	特徴	処方特徴
固形状	スティック（口紅）	発色がよく、色や質感のバリエーションが豊富で**製品数が最も多い**	**約10%が粉体、約90%が油性成分。**スティック状に固めるための固形の油性成分の配合比率を減らすとリップスティックの伸びがよくなるが、折れやすくなる
	コンパクト	1つのコンパクトに複数の色がセットされているものも多く、重ねづけなどのアレンジが楽しめる	スティックタイプに比べて固形の油性成分が少ないため**使用感はやわらかめ**
リキッド（液状～ペースト状）	ボトル（チップ）	「**リキッドルージュ**」とよばれる。チューブタイプやボトル（チップ）タイプがあり、**唇にツヤやうるおい感を与える**	スティックと比べ、液状の油性成分が多くツヤのあるふっくらとした印象を与える。粘度の高い液状の油性成分が多いとこってりとした使用感に、少ないとみずみずしい使用感になる。 **揮発性の油性成分と皮膜形成剤が配合された**マットな仕上がりで落ちにくいものや、**水が多く配合された**ウォータリーとよばれる**O/W型乳化系**のものもある
	チューブ		
リップライナー	鉛筆	「**リップペンシル**」や「**リップライナー**」とよばれる。 唇の輪郭を描いて**口紅のにじみを防止したり唇を印象づける**ために使う	着色顔料を多めに配合しており、発色がよい。 **固形の油性成分が多く**、かための質感のものが多い
	繰り出し		

粘度の高い液状の油性成分が中心で、発色が控えめなものは「**リップグロス**」とよばれることが多いよ！

〈リップカラーの仕上がりと特徴〉

マット	ツヤ
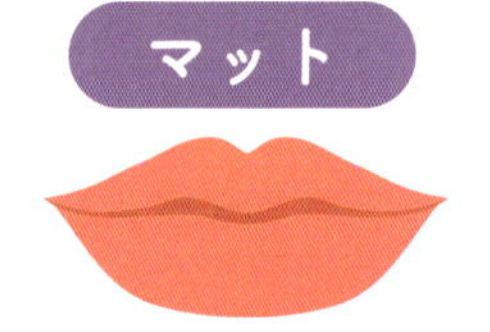	
球状粉体などの体質顔料が多め。揮発する油性成分の配合により、皮膜形成剤と顔料を唇にピタッと密着させます。やや**乾きやすい**傾向があります。	**着色顔料が少なめ**。油性成分が多いため、ツヤあふれる質感になります。また、**パール剤**を加えると、光によるツヤを出すことができます。

ティントリップと普通のリップって何が違うの？

ティントリップは食べたり飲んだりしても色落ちしないため人気です。「ティント」とは「tint＝染める」という意味で、一般的に染料を配合したものをさします。染料は角層に浸透し**角層細胞を染めることで発色が持続**します。一方、リップカラーに使われる顔料は**皮膚に吸収されず表面に付着する**ことで発色するため、摩擦により落ちることがあります。

染料と顔料が配合されたリップカラーの特徴

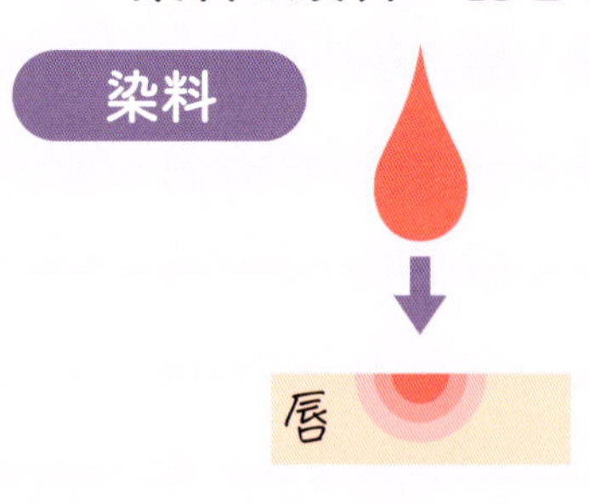

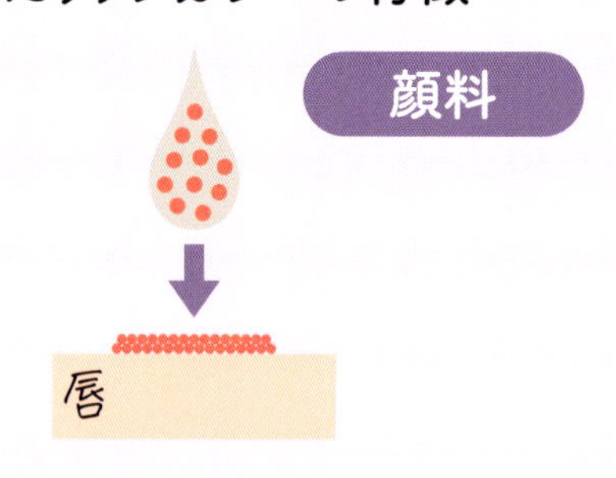

	染料	顔料
メリット	・**落ちにくい** ・唇のpHにより色が変わるものがある	・**発色がよい** ・唇への負担が少ない ・色のバリエーションが豊富
デメリット	・乾燥しやすい ・クレンジング料で**落としにくい** ・唇への負担になりやすい	・**落ちやすい** ※処方の工夫により、顔料でも落ちにくいものもある

口紅表面に水滴や白い粉がついても使えるの？

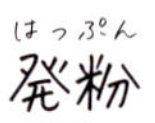

水滴（液状の油性成分）が表面に出てくることを「**発汗**（はっかん）」、表面が白く粉（油性成分の結晶）をふいたように見えことを「**発粉**（はっぷん）」というよ。
どちらも**長期間の放置により温度変化が繰り返されることで、配合された油性成分が出てくる**ことが原因。使っても問題ないと考えられるけど、長期間放置していたものなら使用前ににおいや色に変化がないか確認しよう。

ボディケア化粧品

顔だけでなく身体もケアすることは、
すこやかな生活を送る上で大切です。
顔とボディの皮膚の違いと、
それに伴う化粧品の特徴を知りましょう。

7 顔と身体の皮膚の違いを知りましょう
身体の皮膚の特徴

身体の皮膚は、基本的な構造は顔と同じですが、**真皮や皮下脂肪が顔よりも厚い**傾向があります。

身体の皮膚の特徴

《全身の部位で違う経皮吸収率》

皮膚は部位により角層の厚さが違うため、化粧品や外用薬などの吸収率に差があります。**前腕屈側の吸収量を1とした場合、前額ではその6倍、性器（男性の陰のう）ではその42倍**です。

各部位の経皮吸収率の違い

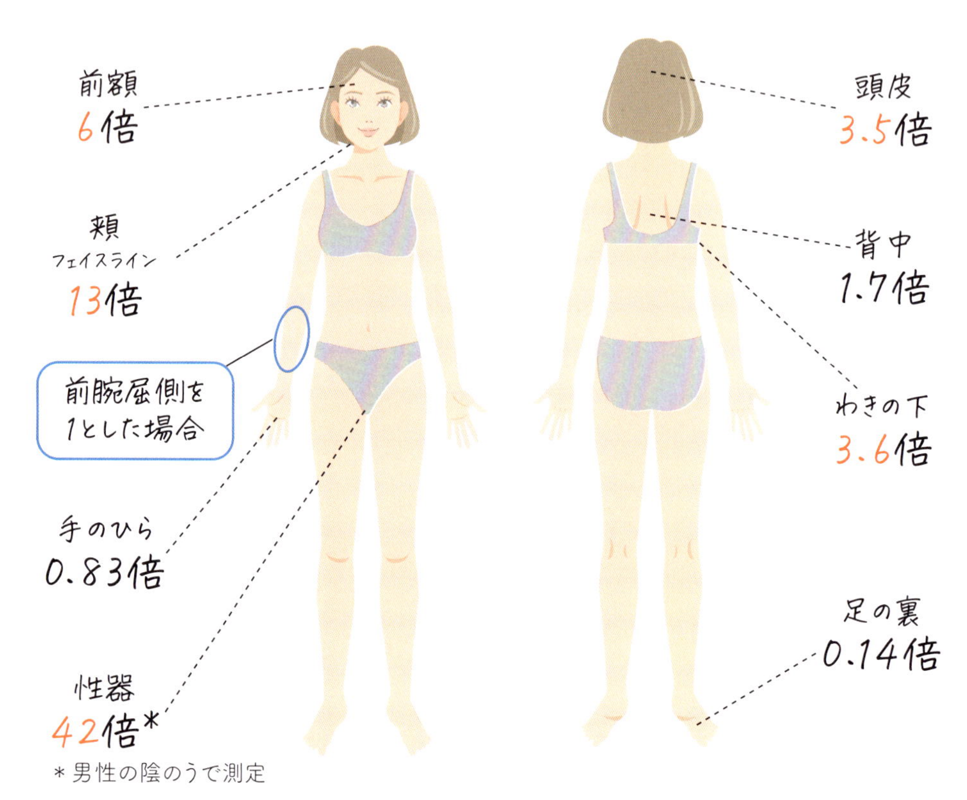

＊男性の陰のうで測定

＊J Invest Dermatol, 48（2）, 181-183, 1967参照

《部位別の特徴》

身体の皮膚は**部位によって角層の厚さや皮脂の分泌量が違う**ため、肌悩みも部位によって異なります。皮脂腺の数は、**頭**＞**顔**＞**身体**の順に少なくなり、**手や足の甲ではさらに少なく**、**手のひら**や**足の裏**には**皮脂腺が存在しません**。皮脂腺が少ない部位は皮脂量も少ないため、しっかり保湿する必要があります。一方、**アポクリン腺**が分布する部位では体臭が発生しやすいため、わきの下やデリケートゾーンなどはしっかり洗い流す必要があります。

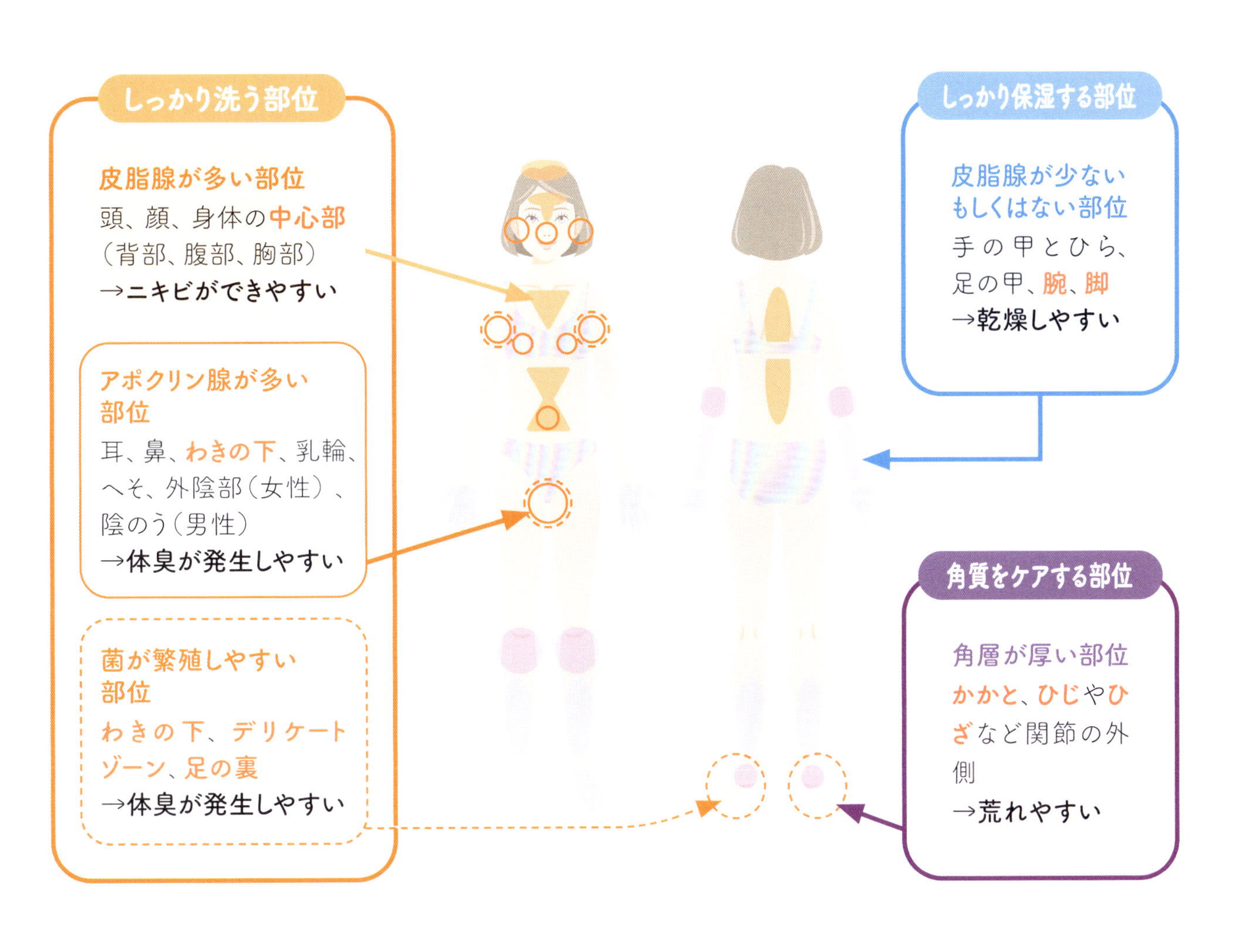

手が荒れやすいのはなぜ？

手のひらは角層が厚く、手の甲は紫外線が当たりやすい特徴があることに加え、手洗いや家事などの水仕事により**皮脂や細胞間脂質、NMFなどの水分保持を担う成分が洗い流されやすい**ことから、手荒れを起こしやすい部位です。

代表的な種類別の目的と機能

8 ボディケア化粧品・ハンドケア化粧品

ボディケア化粧品は、一般的に**首から下の部位に使用するもの**をさします。落とす化粧品と与える化粧品、その他の化粧品（制汗・防臭や脱毛・除毛用の製品、入浴料、スリミング料など）に分けられます。

検定POINT ボディケア化粧品

《落とすボディケア化粧品（ボディ用洗浄料）》

ボディの洗浄料には、顔用と比べ**洗浄力が高くさっぱりとした仕上がりになるものが多い**ため、界面活性剤には主に**石けん**系が使用されます。また、敏感肌用としてやさしい洗浄力のアミノ酸系界面活性剤も使われます。

代表的なボディ用洗浄料

固形石けん

古くから用いられている代表的なボディ用洗浄料といえば、固形石けんです。成型方法により**保湿力が高く顔用に多い枠練り石けん**と**洗浄力が高くボディ用に多い機械練り石けん**があります。

※成型方法について詳しくは本書P63参照

石けんは硬水では泡立ちにくいのはなぜ？

硬水で石けんを溶かすと、硬水中のカルシウムやマグネシウムが石けんと結合し、水に溶けない「金属石けん」ができるため、**軟水より硬水では泡立ちにくくなります**。この現象は、石けん系の液体洗浄料でも起こります。

ボディ用洗浄料で洗顔してもOK？

ボディ用洗浄料で洗顔することはおすすめしないよ！ボディ用洗浄料は洗浄力が高めでさっぱりとした仕上がりになるものが多いから、**乾燥やつっぱり感を感じたり、目にしみたり苦みを感じる可能性もあるよ。**

使いやすくて泡立ち豊か 液体洗浄料（ペースト状または泡状）

ボディの液体洗浄料は、使いやすさを考えポンプ容器や直接泡で出てくる容器（ポンプフォーマー）などの製品が多いです。界面活性剤は**豊かな泡立ちの石けん系が中心**で、それに加え泡立ちや泡のもち、洗浄力、洗い上がりを調整するため、一般的に**複数の界面活性剤を組み合わせて配合**します。

主な構成成分

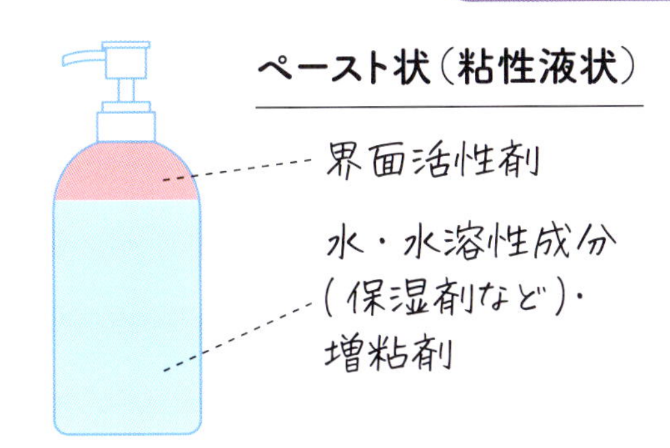

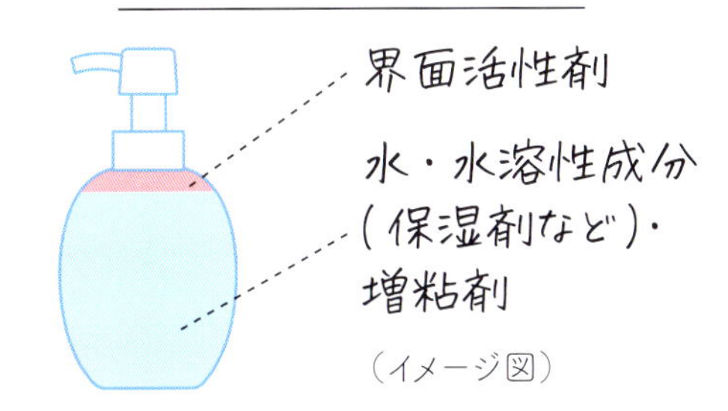

（イメージ図）

《 与えるボディケア化粧品 》

ボディは顔よりも皮脂腺の数が少なく、特に**お風呂上がりは肌の温度が高いため水分がみるみる蒸発してしまいます**。入浴後すぐに保湿ケアをしましょう。

与えるボディケア化粧品は顔用と比較して、伸び広げやすいなど**身体全体に塗りやすい**よう工夫されています。また、使用後は衣類との接触が想定されることから、適度な保湿効果がありながら、**ベタつかない感触にする**など使いやすさも考慮して開発されています。

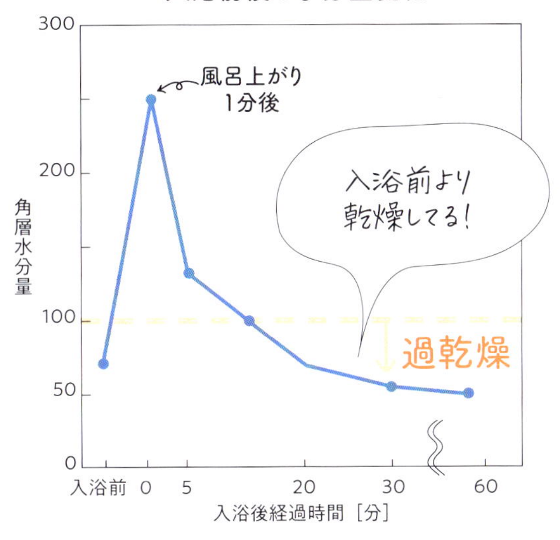

塗りやすくする工夫

・液だれしないようポリマーなどの増粘剤を使用

ベタつきを抑える工夫

・固形や半固形の油性成分の配合量を抑える、シリコーンオイルなど伸びがよくベタつきにくい感触の液状の油性成分を多く使用する

・ベタつきやすい保湿剤の配合量を抑える

液状

半固形

固形

〈与えるボディケア化粧品の種類と特徴〉

ボディクリームやボディオイルなどの与えるボディケア化粧品は、皮脂腺が少なく特に乾燥しやすい**かかとやひじ、ひざ**を中心に塗るとよいでしょう。

種類（形状）	特徴	油性成分配合量
オイル 	ホホバ種子油やオリーブ果実油、スクワラン、ミネラルオイルなど**液状でさらっとした油性成分**が主成分。ペーストやバームよりもなめらかに伸び、広範囲に塗布しやすい。クリームよりもすべりがよいため、**マッサージ**にも使用できる	多い
ペースト、バーム 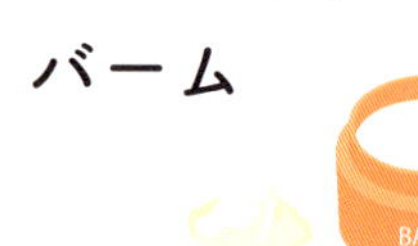	**固形や**シア脂など**半固形の油性成分**が多く含まれるため**保湿力が高い**反面、ベタつきを感じることも	↑
クリーム 	油性成分と水溶性成分が含まれ、肌に油分と水分の両方を補うことができる。一般的には**顔用と比べ、ベタつきにくく肌になじみやすい油性成分**が使われる	↑
ミルク（乳液状） 	**クリームよりみずみずしく、伸びがよい**ため手早く全身に塗り広げやすい。ポンプ容器が多い。ベタつきが気になる夏場の乾燥対策にも	↑
ジェル 	**水溶性成分**が中心。**みずみずしくさっぱりとした使用感**で、軽く塗布でき、**清涼感**を感じるものも多い。**日焼け後のほてりケア**にも	↑
ローション（液状） 	**水分**と**保湿剤**を中心に補給する。保湿力はあまり高くないが、**ベタつきがなくさらっと仕上がる**。脂性肌やニキビができやすい人、夏場のクールダウンにも	少ない

※各種類の基本的な構成成分はスキンケア化粧品と似ています。詳しくは本書P64～67参照
※油性成分の配合量は目安です。製品ごとに異なります

〈身体の皮膚のスペシャルケア〉

身体の皮膚の「スペシャルケア」として、角質ケアのためゴマージュやスクラブ、保湿ケアにもなるボディパックや肌の上ですべりをよくするボディマッサージ用化粧品などがあります。

角質ケア

ゴマージュ・スクラブ

粉末や粒子が配合されたもので、軽くマッサージすることで、**余分な角質を取り除きます**。主にクリームやジェル、オイルの形状で、配合されるスクラブはスキンケア化粧品より**粒子が大きなものが多い**です。

※スクラブについて詳しくは本書P71参照

すべりをよくする

ボディマッサージ用化粧品

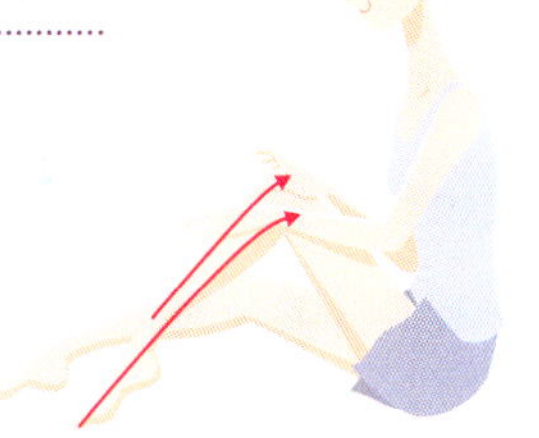

マッサージをしやすくするために、**肌の上ですべりをよくする**ための化粧品で、オイルやクリーム、ジェルなどがあります。オイルやクリームには**肌に浸透しにくく、すべりのよい油性成分**が使用されます。またジェルには**増粘剤**が配合され、適度な厚みによりマッサージしやすくする工夫がされています。保湿効果のある美容成分を配合したものや、香りによりマッサージ中にリラックス効果を与え、相乗的な効果が期待できるものもあります。

保湿ケア

ボディパック

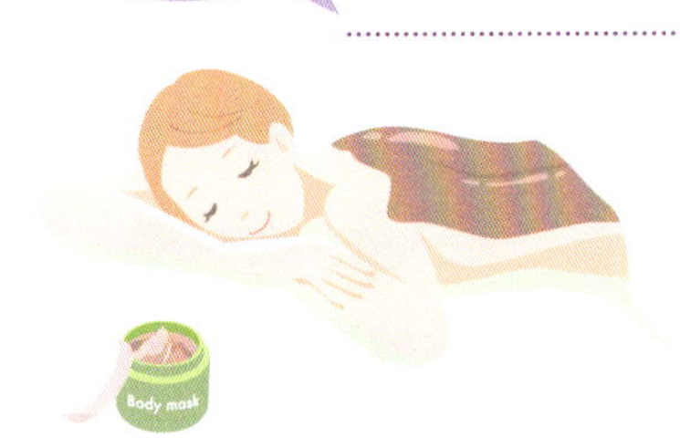

保湿ケアに加え、**クレイ（泥）が配合され、余分な角質を取り除く**ものもあります。

ハンドケア化粧品

《落とすハンドケア化粧品》

手指の洗浄料は、消毒を目的として**殺菌剤**を配合した**医薬部外品の固形石けんやハンドウォッシュが多い**です。ポンプ容器のものは、ボディ用洗浄料と比べて**吐出量**（としゅつりょう）**（1プッシュで出る量）**が**少なく**なっています。

《与えるハンドケア化粧品》

与えるハンドケア化粧品は、手荒れの防止や改善を目的としたものが多く、クリームやミルク、オイルなどが一般的です。手の摩擦や何度も行う手洗いによる乾燥対策のため、**保湿効果が高いタイプが中心**です。そのほか、水仕事の前に塗ることで**水との直接的な接触を防ぐタイプもあります**。

	撥水（はっすい）	保湿
使用タイミング	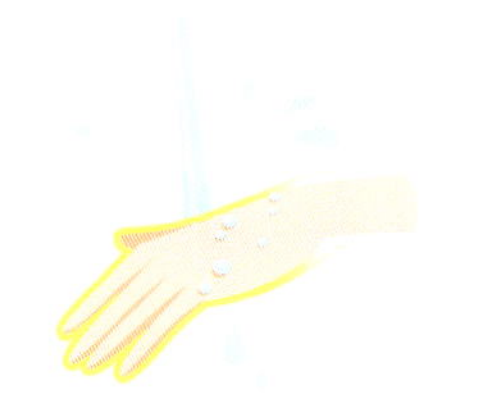 水仕事や手洗いの前	 水仕事や手洗いの後、就寝前
特徴	撥水性を高めるため**シリコーンオイル**を配合したものや、**W/O型乳化系**のものが多い	**尿素**などの保湿剤や、**ワセリン**など**肌表面をしっかりカバーする油性成分**がよく配合される。日常生活の妨げにならないよう、ベタつきを抑えたものが多い。手荒れ防止の有効成分を配合した医薬部外品が多い

ボディケア化粧品やハンドケア化粧品に使われる成分

ボディケア化粧品やハンドケア化粧品にも、有効成分を配合した医薬部外品があります。**身体の肌荒れや手荒れ、ひび・あかぎれを防ぐ目的**で**保湿剤**や**抗炎症剤**などが、**体臭や汗臭を防ぐデオドラント目的やニキビを防ぐ目的、手指の消毒などの目的**で**殺菌剤**が配合されます。

	主目的	成分例	ボディケア化粧品		ハンドケア化粧品	
			落とす	与える	落とす	与える
医薬部外品の場合 有効成分	保湿	尿素	△	○	△	◎
医薬部外品の場合 有効成分	抗炎症	グリチルリチン酸2K〔部グリチルリチン酸ジカリウム〕、アラントイン、パンテノール〔部D-パントテニルアルコール〕、ヘパリン類似物質	○	◎	○	◎
医薬部外品の場合 有効成分	殺菌	シメン-5-オール〔部イソプロピルメチルフェノール〕、塩化ベンザルコニウム、サリチル酸	◎	△	◎	△
医薬部外品の場合 有効成分	血行促進	ビタミンE誘導体〔部酢酸DL-α-トコフェロール〕	○	◎	○	◎
化粧品の場合 訴求成分	保湿	ヒアルロン酸〔化ヒアルロン酸Na〕、リピジュア®〔化ポリクオタニウム-51〕、セラミド〔化セラミドNP、セラミドEOPなど〕	○	◎	○	◎
化粧品の場合 訴求成分	角層の水分保持（エモリエント効果）	ワセリン、シア脂、スクワラン	△	◎	△	○
化粧品の場合 訴求成分	余分な角質の吸着	クレイ（泥）〔化カオリン、モロッコ溶岩クレイなど〕、炭	○	△	○	△

※成分例は、医薬部分品の表示名称を部で、化粧品の表示名称を化で記載しています

※◎、○、△は配合頻度を示すもので、目安です。製品ごとに異なります

※リピジュアは日油株式会社の登録商標です。ポリクオタニウム-51はリピジュア®の化粧品表示名称の一例です

制汗・防臭、脱毛・除毛、スリミング、入浴用のアイテム

その他のボディケア化粧品

体臭の発生

体臭には、汗臭や腋臭（わきが）、足臭などがあります。これらは、**汗や皮脂、垢などに含まれる脂質やタンパク質、アミノ酸などの成分が酸化したり、皮膚常在菌によって分解されたりする**ことで発生した**低級脂肪酸**などのにおい物質が原因です。また、汗を多くかくと肌のpHが上がって皮膚常在菌が繁殖しやすくなり、においやすくなります。

体臭の発生のしくみ

汗・皮脂 ➡ 菌によって分解・酸化 ➡ におい発生

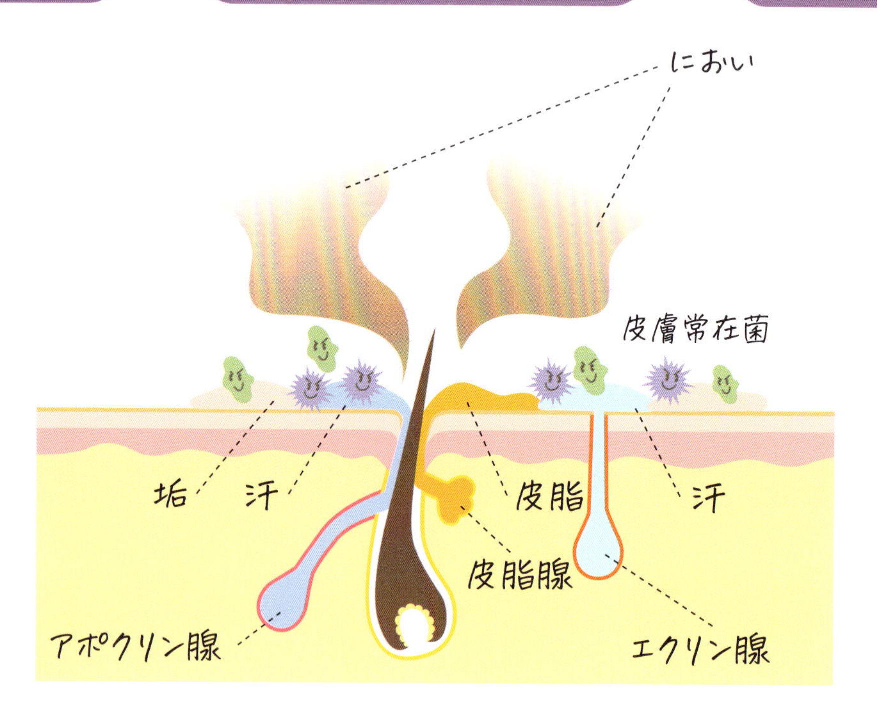

〈 主な体臭の発生部位とにおいの特徴 〉

	部位の特徴	においの原因	主なにおいの成分	においの特徴
頭	**皮脂腺**が多く、角質がはがれ落ちた**フケが発生しやすい**	毛髪が周囲のにおいを吸着・凝縮する	ジアセチル、オクタン酸、デカン酸など	蒸れたようなにおいや脂っぽいにおい
わきの下	**アポクリン腺**が多く、汗をかきやすい	汗が乾きにくいため、**菌が繁殖しやすい**	3-メチル-2-ヘキセン酸、酢酸　など	ツンとした酸っぱいにおいやカレーのにおいなど、いくつかのタイプに分けられる。女性よりも男性の方が強い
デリケートゾーン	**アポクリン腺**が多く、汗や皮脂、尿などの排泄物が溜まりやすい。**菌の種類が多い**	下着などにより常に多湿で温かいため、**菌が繁殖しやすい**	アンモニア　など	ヨーグルトのような少し酸っぱいにおい
足の裏	**エクリン腺が特に多く**（背中や胸の約5～10倍）、**角層が厚い**	靴や靴下で密閉されているため**菌が繁殖しやすい**	イソ吉草酸、ジアセチル　など	納豆のような独特なにおい

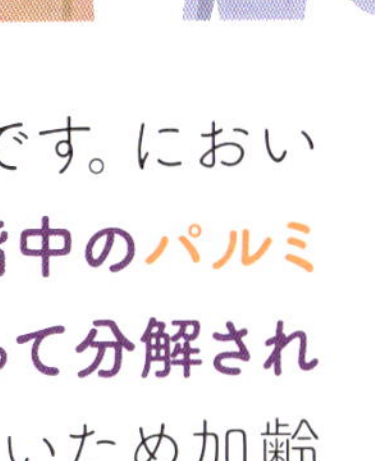

加齢臭の特徴と発生部位

加齢臭とは、中高年に特有の脂くさくて青くさいにおいのことです。においの原因は**2-ノネナール**という成分で、加齢により増加する**皮脂中のパルミトレイン酸という不飽和脂肪酸が酸化したり、皮膚常在菌によって分解されたりする**ことで発生します。女性は男性と比べて皮脂量が少ないため加齢臭は少なめですが、女性にも加齢臭はあります。

加齢臭は頭や首の後ろ、耳のまわり、わきの下、身体の中心部など、主に**皮脂腺が多い部位で発生**し、**男女ともに40歳を過ぎたころから増えていきます。**

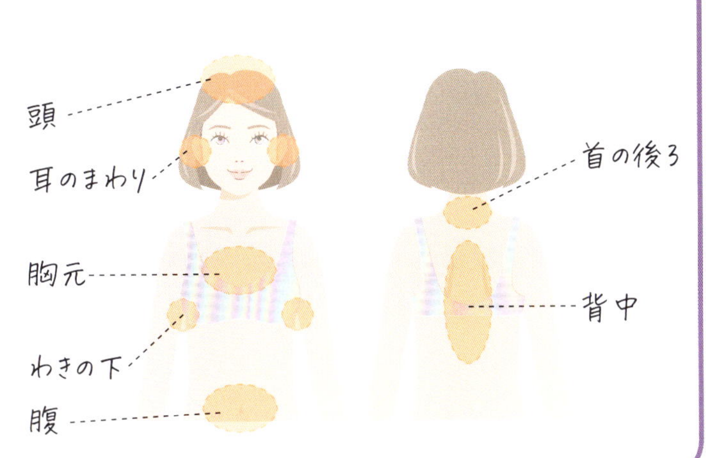

防臭化粧品

体臭を抑える防臭化粧品は「**デオドラント化粧品**」ともよばれます。防臭化粧品の機能は大きく4つに分けられますが、製品ではこれらの機能を複数組み合わされてつくられています。

《防臭化粧品の機能》

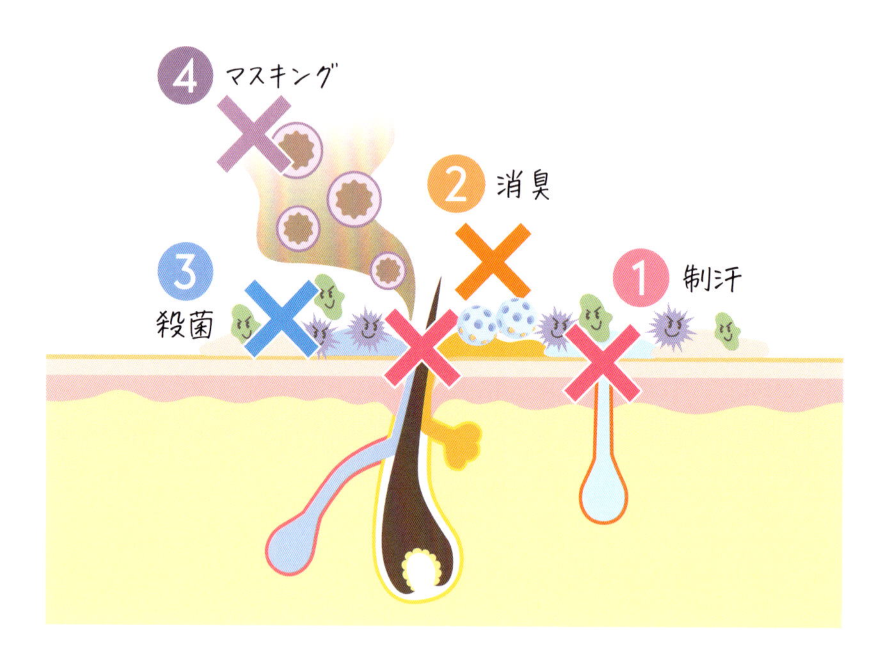

1 汗を抑制する「制汗」機能

収れん作用や毛穴を物理的にふさぐことにより発汗を抑制します。

有効成分	**クロルヒドロキシアルミニウム、焼ミョウバン**などのアルミニウム塩	**パラフェノールスルホン酸亜鉛**など
作用	**収れん**	汗をゲル化して**汗孔や毛孔を物理的にふさぐ**

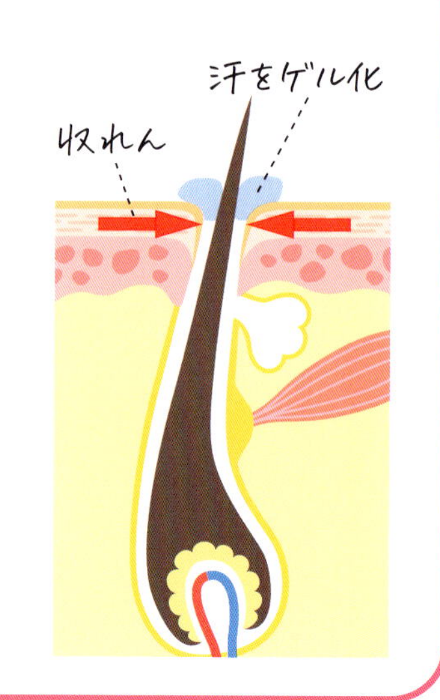

2 発生した体臭を抑える「消臭」機能

発生した体臭の主な原因物質である**低級脂肪酸を中和したり、吸着したりする**ことで、特異的なにおいを抑えます。

成分	亜鉛華［部酸化亜鉛］ ※有効成分として	多孔質シリカなどのパウダー
作用	⊖ 低級脂肪酸 → 中和 ⊕ 亜鉛	→ 吸着 多孔質シリカ 低級脂肪酸

3 体臭の原因になる皮膚常在菌の増殖を抑制する「殺菌」機能

体臭の原因物質をつくり出す**皮膚常在菌を殺菌したり増殖を抑制します**。

有効成分 イソプロピルメチルフェノールや塩化ベンザルコニウムなどの**殺菌成分**

※銀を使用した**抗菌性のある成分**（**銀含有アパタイト**［部アパサイダーC］など）が医薬部外品（腋臭防止剤）に補助的に使用されることがある

4 香りによる「マスキング」機能

においを包み込んで感じさせにくくする香料を防臭化粧品に配合したり、**強い香りの香水やオーデコロンなど**を使って体臭を覆い隠します。
オーデコロンに殺菌成分を配合して防臭効果を高めたものは「デオドラントコロン」とよばれます。

においを包み込んだり覆い隠すことでもとのにおいを感じさせにくくすることを「マスキング」というよ！

〈 防臭化粧品の種類と特徴 〉

防臭化粧品には使うシーンや持ち運びやすさなどに合わせた、さまざまなタイプがあります。多くは制汗作用や殺菌作用のある有効成分を含む医薬部外品（腋臭防止剤）ですが、（一般）化粧品もあります。**肌への塗布量が多く密着性が高いほど、効果が高い**とされています。

種類（形状）	タイプ	特徴	効果
スプレー（粉状）	エアゾール	液化ガス（LPG）などの噴射剤に多量の粉体を混ぜ合わせてスプレー缶に充てんしたもの。スプレーすると噴射剤が気体になることにより、温度が下がるため**冷たく**感じる。粉体を多く配合しているため、非常に**さらっとした使用感**	低～中
固形状	スティック	主に固形の油性成分の中に制汗成分や殺菌成分を配合して固めたもの。**密着力**がすぐれているため**防臭効果の持続性がある**	高
ローション（液状）	ミスト	**多量のエタノールに保湿剤を加えているため清涼感にすぐれる**ものが多い。ロールオンでは液だれしないように増粘剤が配合されている	低～中
	ロールオン		高
パウダー（粉状）	ジャー（ルース）	フェイスパウダーに近い構成成分だが、**伸びやすべりのよいタルクを中心に配合**しているものが多い	低～中
	ジャー（プレスト）		

※防臭効果の程度は目安であり、製品ごとに異なります

むだ毛処理製品

むだ毛処理製品は、ワックスなどに**毛を固着して（くっつけて）物理的に抜く脱毛料**と、**体毛を化学的にやわらかく変化させて取り除く医薬部外品（除毛剤）**があります。

《むだ毛処理製品の種類と特徴》

脱毛料（物理的除去）

特徴

ワックス脱毛ともいわれているもので、脱毛料を**加熱溶解させて体毛に塗布し、固化したら体毛と一緒にはぎ取る**。雑貨が多いが、化粧品もある。
また、常温で用いる脱毛料として、**脱毛粘着テープ**などもある

メリット

毛根から抜き取るため、再び毛が生えてくるのに時間がかかる

デメリット

毛穴が傷つき、**炎症**や**黒ずみ**などのトラブルや**角層**の一部がはがれ乾燥しやすくなる

脱毛粘着テープ

除毛剤（化学的除去）

特徴

主に、クリームやペーストに**チオグリコール酸カルシウム**などの還元剤を配合した医薬部外品。**ケラチンのシスチン結合を還元することで化学的に体毛を切断する**。人によっては炎症を起こす場合がある。
体毛が隠れる程度まで塗布し、5～8分放置後、取り除く。使用後はよく洗い流し保湿することが重要

チオグリコール酸カルシウム

医薬部外品（除毛剤）の有効成分。強アルカリ（pH9～12）で**毛の主成分であるケラチンのシスチン結合を還元し、切断**します。パーマ剤の第一剤（還元剤）としても使われています。

メリット

表面の毛のみを切断するため毛根が傷つかず、毛を抜くような**痛みがほとんどない**

デメリット

すぐに毛が生えてくる。
還元剤の**濃度**や**pHが高い場合や、塗布後の放置時間が長いと刺激が強くなる**

除毛クリーム

入浴料

入浴料には、冷え性や疲労回復などの効果が表示できる**医薬部外品（入浴剤（浴用剤））**と、保湿などのスキンケア効果や香りを楽しむ**化粧品（浴用化粧料）**があります。

検定POINT 《代表的な入浴料の種類》

1. 植物系（生薬系）

生薬類をそのまま刻んだものや、生薬から成分を抽出しエキス化した液状のもの、また生薬エキスと無機塩類を組み合わせたものがあります。利用される主な生薬としては、以下のものがあります。

- **トウガラシ**［㊓**トウガラシ果実エキス**など］
- **ショウキョウ**［㊓**ショウガ根エキス**など］
- **ウイキョウ**［㊓**ウイキョウ果実油**など］
- **カミツレ**［㊓**カミツレ花エキス**など］
- **カンゾウ**［㊓**カンゾウ根エキス**など］
- **ユズ**［㊓**ユズ果実エキス**など］
- **トウヨウ**［㊓**モモ葉エキス**など］

効果はそれぞれの含有成分によって異なります。これらの植物のなかには**香り**成分を含んでいるものがあり、気分をリラックスさせる作用もあります。

※成分例は化粧品の表示名称を㊓で記載しています

2.　**無機塩類**系

もっとも一般的で、温泉成分である**硫酸塩**〔部**硫酸ナトリウム**、**硫酸マグネシウム**〕、**炭酸塩**〔部**炭酸水素ナトリウム**、**炭酸ナトリウム**〕、**塩化ナトリウム**などを含んだ医薬部外品が多い。これらの成分が**保温効果や皮膚清浄効果**をもたらします。各地の温泉名になぞらえた名称のものもあります。主な成分は右の2つの効果に分けられます。

〈保温効果〉
硫酸ナトリウム、
硫酸マグネシウム、
塩化ナトリウム

〈皮膚清浄効果〉
炭酸水素ナトリウム、
炭酸ナトリウム

炭酸ガス系

炭酸ガスを発生させるもととなる**炭酸ナトリウム**や**炭酸水素ナトリウム**と、フマル酸やコハク酸などの有機酸を配合。これらの成分がお湯に入れたときに反応して、**炭酸ガス**を発生します。発生した炭酸ガスの一部がお湯に溶け込んで皮膚内に浸透し、**末梢（まっしょう）の毛細血管を拡張させることで血流量を増加**させます。この効果により、同じ温度のさら湯よりもお湯の温度を**2～3℃高く感じる**とされています。錠剤のものは粉末と比べて炭酸ガスの発生が持続するように工夫されています。

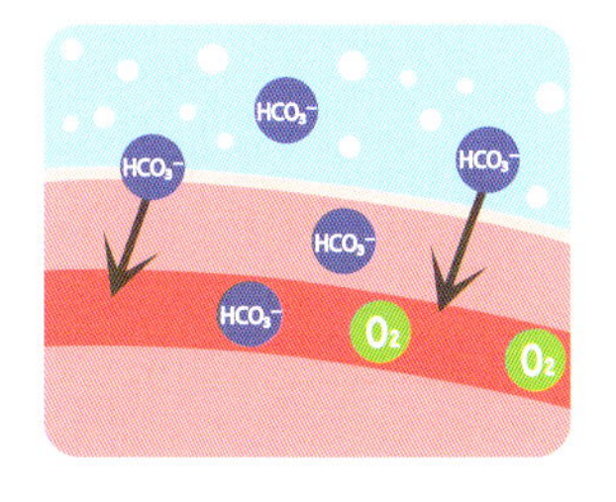

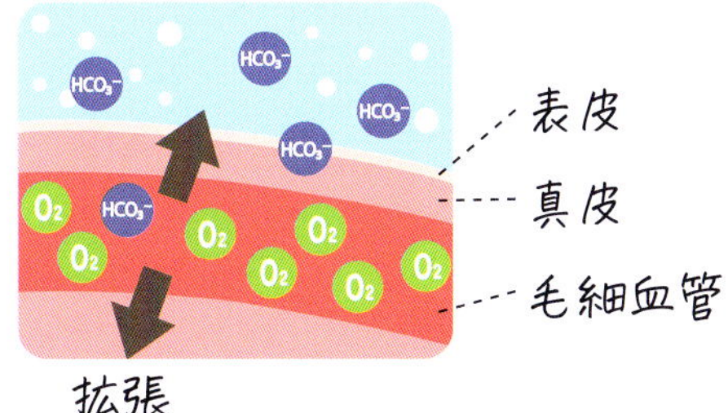

※成分例は医薬部外品の表示名称を部で記載しています

3. 酵素系

無機塩類による皮膚清浄効果に加え、**タンパク質分解酵素**である**プロテアーゼ**〔部**蛋白分解酵素**〕や**パパイン**などを**配合**することで、**皮膚表面の余分な角質などを取れやすく**します。**酵素**は水の中では**活性の維持が難しい**ため、形状は主に水を含まない粉末、顆粒、錠剤です。

4. 清涼系

メントールによる**冷感**、**ミョウバン**〔化**アルムK**〕**などによる収れん作用**によって、特に夏場の入浴を快適にします。形状は液状、粉末、顆粒などがあります。

5. スキンケア系

無機塩類系に**セラミド**〔化**セラミドNP、セラミドEOPなど**〕**や油性成分として**ワセリン**や**シア脂**、**ミネラルオイル**などを配合**したものがあります。**油性成分**とともに界面活性剤が配合されたものはお湯に入れると乳化して白濁し、入浴によってうるおった**角層にふたをする保湿効果で皮膚の表面からの水分の蒸発を防ぎます**。形状は液状が多く粉末もあります。

※成分例は医薬部外品の表示名称を部で、化粧品の表示名称を化で記載しています

肥満のしくみ

肥満とは、体重が重いだけではなく、体脂肪が過剰に蓄積した状態をいいます。体脂肪には**皮下組織にあり体温を保ったりクッションの役割をする「皮下脂肪」と、内臓まわりにつき内臓を保護したりエネルギーを貯蔵する「内臓脂肪」**の2種類があります。どちらも脂肪を蓄えているのは**脂肪細胞**です。

脂肪細胞は全身に分布し、20歳前後の成人では約300億個になるといわれています。エネルギーを過剰に摂取すると脂肪を蓄え、直径で約1.3倍まで大きくなります。**脂肪細胞が脂肪でいっぱいになると細胞分裂によって数が増える**ため、肥満とされる人では約600億個にもなるといわれています。

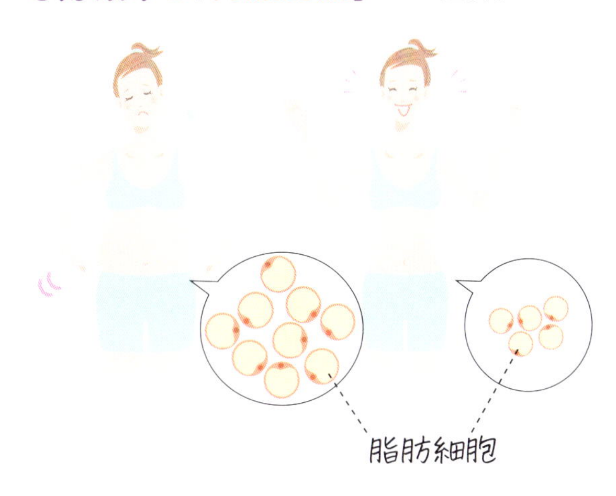

皮下脂肪結合組織

皮下脂肪の集まりは、皮下脂肪結合組織という**コラーゲン線維**のネットで包まれている。**加齢などでネットの支えが弱まると、たるみになる**

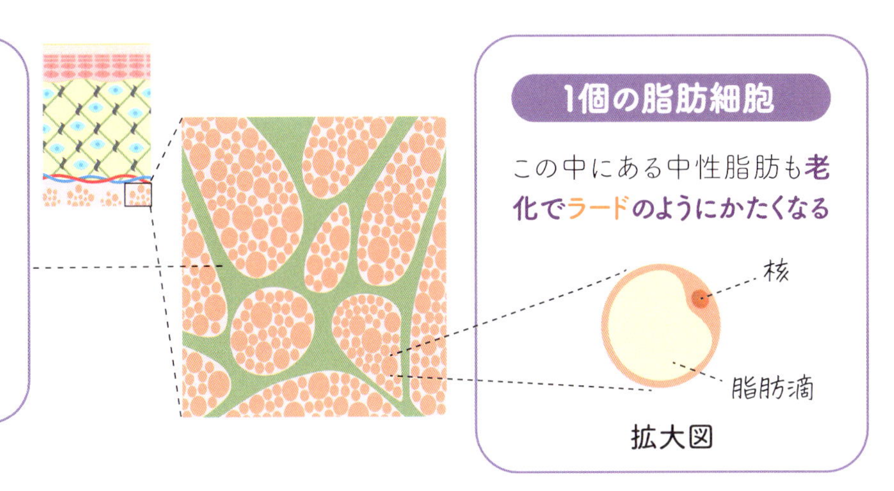

1個の脂肪細胞

この中にある中性脂肪も**老化でラードのようにかたくなる**

拡大図

皮下脂肪は**上半身よりも太ももやお尻などの下半身、男性よりも女性**の方がつきやすいといわれています。

皮下脂肪のセルライトとは？

セルライトとは、**皮膚の表面がオレンジの皮のように凸凹になる状態**。大腿部（だいたいぶ）や臀部（でんぶ）の皮下組織に生じる脂肪を中心としたかたまりで、これに押しつけられ、**血管およびリンパ管が細くなる**場合も。医学的には脂肪細胞と同じもので、**血流や脂肪の代謝についても普通の脂肪細胞と変わらなかった**ため、区別して扱われないことが多いです。

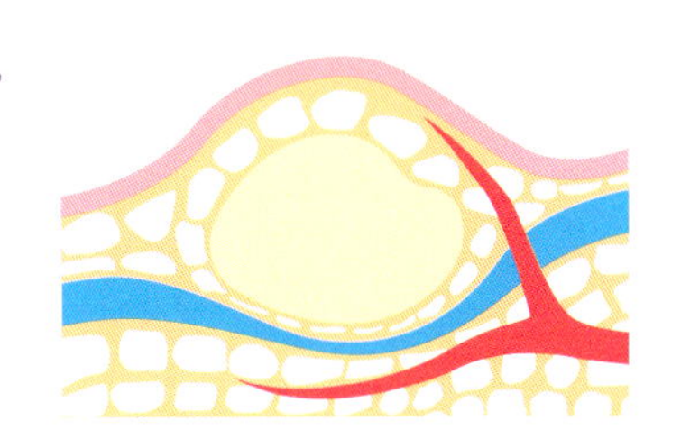

スリミング料

化粧品では、直接的に体脂肪を減らしてスリミング効果を訴求することはできませんが、スリミング料を使用して**マッサージをすることで血行を促進し代謝を高めたり、収れん作用で肌を引き締めたりする**ことができます。

ボディマッサージ用化粧品

オイルやクリームなどのマッサージをしやすくするための化粧品。脂肪分解を促す成分〔化**カフェイン**、**海藻エキス**など〕を配合したものがあります。 ※詳しくは本書P119参照

ホットジェル

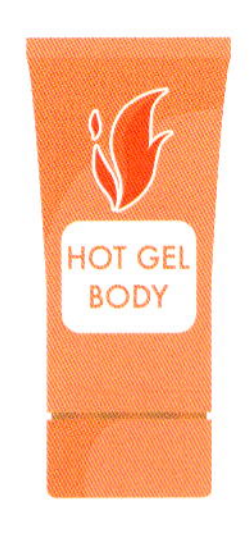

温感効果により皮膚温を上昇させるもの。温感を与えるとともに血行促進作用もある**カプサイシン**〔化**トウガラシ果実エキス**〕や**バニリルブチル**、肌の水分と反応して発熱する**グリセリン**などが配合されたものがあります。グリセリンが多量に配合されたジェルはしっとり重めの使用感です。

引き締め化粧品

メントールや**エタノール**による清涼感による引き締め効果や、皮膜形成剤による即効的なハリ感を高める効果をもたせたものがあります。

※成分例は化粧品の表示名称を化で記載しています

脂肪燃焼のためには有酸素運動の前の筋トレが重要

ヘアケア化粧品

年齢とともに、
ヘアについても悩みが多くなります。
毛髪の構造や生え変わりなどの
基本的な知識から、頭髪のトラブル、
ヘアケア化粧品に含まれる成分まで
学びましょう。

10 毛髪も皮膚の付属器官の1つ
毛髪の構造

毛髪は、頭髪と体毛のことで、一定の周期(毛周期)を繰り返して生え変わっていますが、成長速度は毛髪の種類や部位により異なります。毛髪は、死んだ細胞からできているため、一度ダメージを受けると外からのお手入れなどをしてももとに戻らず、毛先ほど傷みが進みやすい特徴があります。

検定POINT 毛髪の特徴

毛髪は、**皮膚表面に出ている部分の「毛幹」と、皮膚内部に入り込んでいる部分の「毛根」**に分けられます。

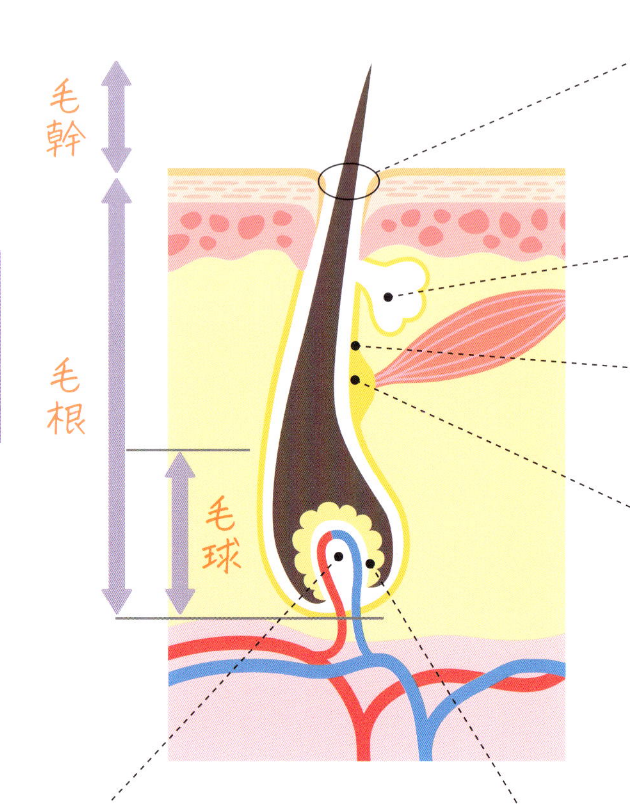

毛孔
皮膚の表面にある毛髪の出口で、**毛穴**ともいいます。すり鉢状になっていて、汚れや皮脂が詰まりトラブルの原因になることも。

皮脂腺
皮脂を分泌する部位。毛包の上部についています。

毛包
毛根を包み、**皮膚にしっかりと毛髪を固定**しています。皮脂腺や立毛筋が付属しています。

バルジ領域
メラニンをつくるメラノサイト(色素形成細胞)を生み出す「**色素幹細胞**」と毛母細胞のもとになる「**毛包幹細胞**」が存在する領域です。

毛包幹細胞が減ると**脱毛**の原因に、色素幹細胞が減ったり機能低下したりすると、**白髪**の原因になるよ

毛乳頭
毛髪の成長を担う司令塔。毛髪へ栄養分を供給するために毛細血管が入り込んでいます。

毛母細胞
毛乳頭を通して**血液から栄養と酸素の供給**を受け、**分裂を繰り返すことで毛髪がつくられ伸び**ていきます。

《毛髪の構造》

毛髪は外側からウロコ状の膜「毛小皮（キューティクル）」、弾力性のある「毛皮質（コルテックス）」、芯にあたる「毛髄質（メデュラ）」の３層から成り立ちます。

毛皮質（コルテックス）

毛髪の大部分を占め、**繊維状の細胞**からできています。**弾力性に富み、この層の状態が太さ、強さなど毛質にあらわれます。**

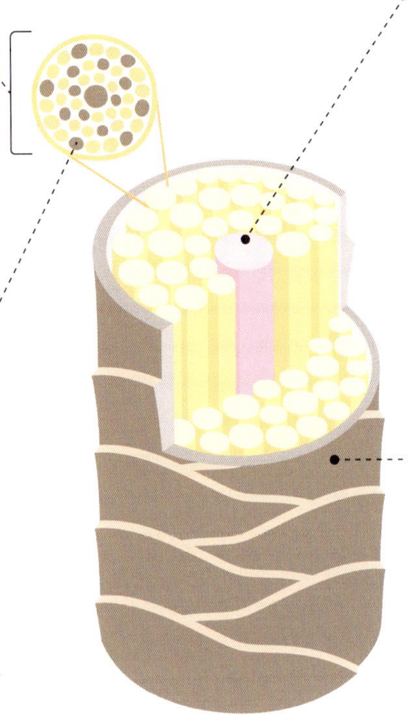

毛髄質（メデュラ）

毛のほぼ中心にある比較的やわらかい部分で、**繊維状にならない個々の細胞が積み重なる**ようにしてできています。毛髄質（メデュラ）はどの毛にも必ずあるというものではなく、うぶ毛や生後１年くらいまでの乳幼児の毛、白人などの細い毛にはほとんどないといわれています。

メラニン

毛皮質（コルテックス）内にあり、**毛髪の色を決める色素**。
髪の色は、メラニン色素の種類と量で決まります。日本人の毛髪は黒色ないし褐色の**ユーメラニン**が多く含まれます。

毛小皮（キューティクル）

ケラチンという無色透明のかたいタンパク質でできています。
毛先に向かって**ウロコ状**に重なり合い、毛皮質（コルテックス）の**タンパク質や水分を逃がさない**ようにしています。**非常に薄い膜で乾燥や摩擦に弱い**です。

髪って何からできているの？

毛髪の構成成分

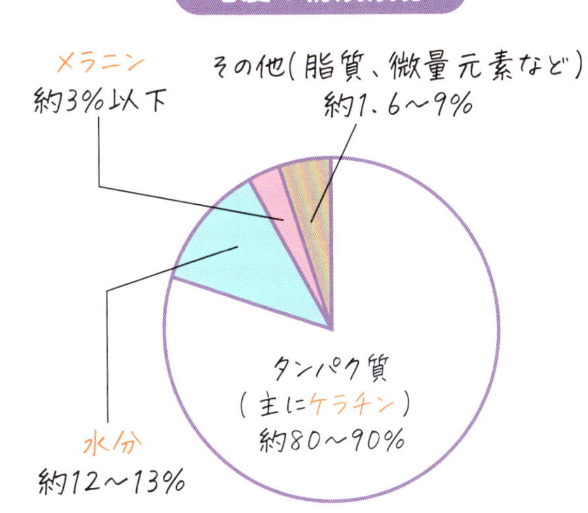

毛髪の約80〜90%はケラチンというタンパク質でできています。毛髪のケラチンには、皮膚と比べて「**シスチン**」というアミノ酸が多く含まれています。これにより、毛髪は**かたく弾性がある性質**をもちます。

髪も内部に**水分**があるよ。髪がダメージを受けると**NMF**などによる水分保持力が弱まって乾燥しやすくなるんだ！

＊Science of wave改訂版 日本パーマネントウェーブ液工業組合技術委員会 P175参照

頭髪の特徴

頭部に生えている毛髪を「頭髪」とよびます。頭髪は**毛髪の中でも太くかたい毛です**。

全体の本数

全部で**約10万本**生えています。

密度

頭皮1cm²の広さに　**約130〜220本**生えています。

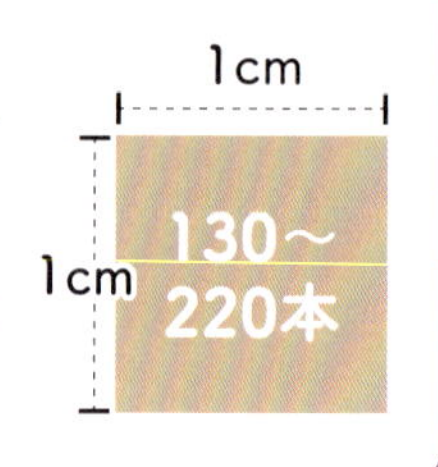

毛穴1つあたりの本数

1つの毛穴から**1〜3本**生えています。

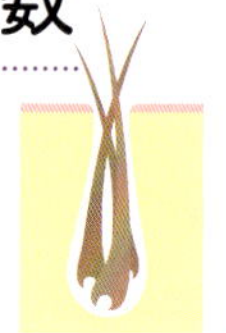

伸びるスピード

1カ月に**約1cm**伸びます。

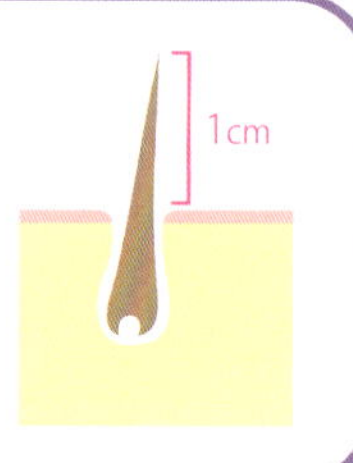

自然に抜ける本数

通常、1日で**50〜100本**ほど抜けます。

まつ毛は頭髪より伸びにくい？

まつ毛の伸長速度は、**1日に約0.1〜0.18mm**、**1カ月で約3.0〜5.4mm**しか伸びません。上まつ毛より下まつ毛の方が成長期が短く伸びにくくなっています。まつ毛は頭髪のように長く伸びることはなく、常に一定の長さを保ちつづけます。

今、日本で医薬部外品として承認されている**育毛剤は頭髪だけで、まつ毛へのものはない**よ！でも、まつ毛は頭髪に比べ毛根が短く抜けやすいから、美容液でまつ毛の根元の皮膚を整えることで、まつ毛の抜け毛予防が期待できるよ！

検定 POINT

〈 頭髪とまつ毛の毛周期 〉

毛は常に成長しているわけではなく、一定期間の成長期が過ぎると毛根は細胞分裂をやめて角化を始めます。そうすると毛の成長は止まり、同時に毛根はしだいに表面に押し上げられて脱毛します。そして、また新しい成長期の毛が生えてきます。**この毛の生え変わりを「毛周期（ヘアサイクル）」とよび、頭髪は5～6年、まつ毛は約6～10カ月**です。

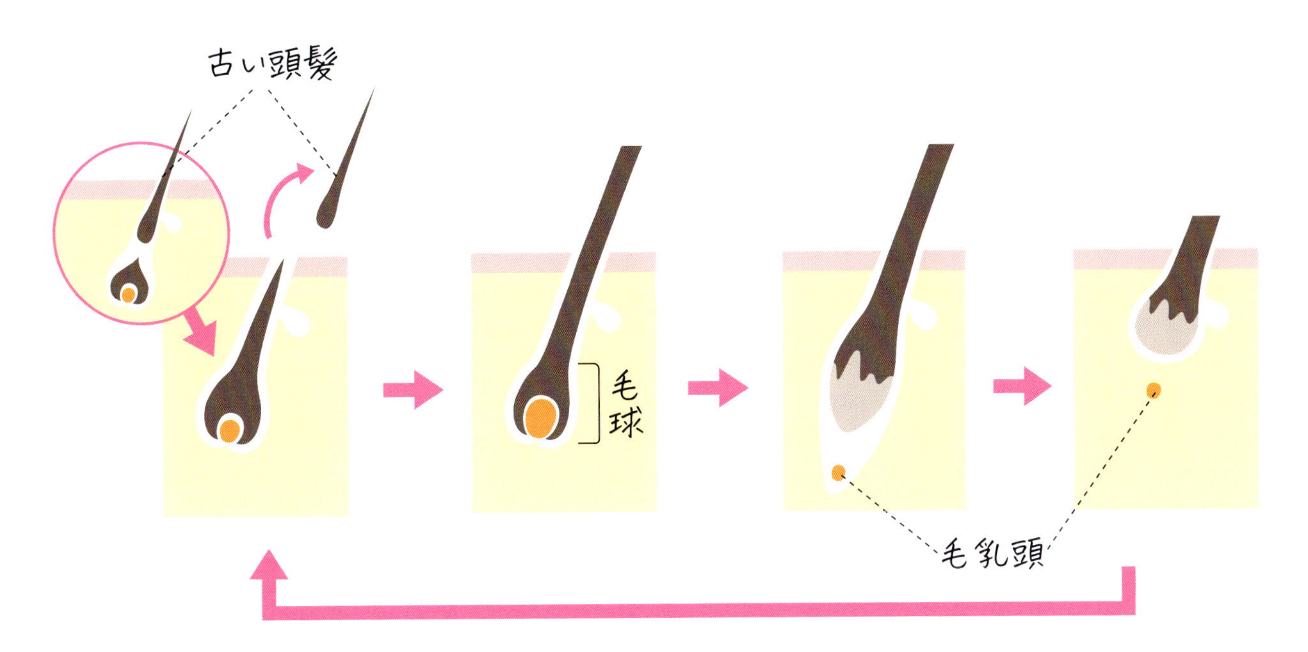

頭髪

成長期初期	成長期中期・後期	退行期	休止期
（脱毛・新生期）	（約2～6年）*	（約2～3週）	（約3～4カ月）
毛乳頭を抱え込んだ**毛母細胞が分裂・増殖**を繰り返し、新しい頭髪が成長し始め毛包が下がっていきます。古い頭髪は押し上げられ自然に抜けていきます。	毛包が皮下組織に達します。毛球の中では**毛乳頭が毛細血管から活発に栄養を取り込みます。**この栄養分を毛母細胞に供給し、**毛が伸びて太くなります。**	**毛母細胞の分裂が止まり、**毛球が収縮して毛根が押し上げられます。このとき**毛乳頭は毛球から離れていきます。**	毛乳頭は丸くなり次の毛芽（毛母細胞のもとになるもの）が活発になるまで待機します。この後、**成長期初期にかけて自然に抜け落ちます。**

まつ毛

成長期	退行期	休止期
約4週間	約4週間	約4～8カ月

＊カッコ内の数字は頭髪の目安期間
※頭髪とまつ毛の成長期には個人差があります

頭髪のダメージやトラブル

〈頭髪にダメージを与えるもの〉

	原因	ケア
熱 	頭髪は熱に弱く、**乾いた状態では160℃以上で毛髄質（メデュラ）内部の繊維構造が変性**し、**200℃以上では壊れる。** そのため、160℃以上のヘアアイロンなどを繰り返すことで弾力が低下してしまう	ヘアアイロンは短時間で、ドライヤーで**スタイリングするときは10cm以上、乾かすときは20cm以上離して**使う
摩擦 	頭髪はぬれていると、毛小皮（キューティクル）が開いてやわらかくなる。 そのため、こすれや引っ張るなどの力に対して弱く、**毛小皮（キューティクル）が欠けたりめくれ上がったり**しやすくなる	シャンプーのときはやさしく洗い、タオルドライしてからブローを。髪がぬれたまま寝てしまうのは厳禁。無理なブラッシングも避ける
アルカリ 	頭髪は**pH3〜6の範囲で最も安定。酸に対しては強い**が、**アルカリに対しては比較的弱い。** そのため、ヘアカラーやパーマといった化学処理をすると、**アルカリ剤により毛小皮（キューティクル）の枚数が減り、枝毛や切れ毛の原因**にもなる	ヘアカラーやパーマを同時に行わない。化学処理により**アルカリ性に傾いた頭髪を整える弱酸性のシャンプー**を使い、カラーの流出を防ぐ。また、ダメージケアのためトリートメントを使用する
紫外線 	頭髪にとっても**紫外線**は大敵。紫外線を強く浴びると、**毛小皮（キューティクル）のタンパク質が壊れて毛小皮（キューティクル）の層の間の結びつきが弱まり、浮き上がり**やすくなる。 その結果、ガサガサと手触りが悪くなる。 また、**メラニンが壊れて流れ出やすく**なる	日傘や帽子、日焼け止めスプレーや紫外線カット効果のあるヘアケア化粧品などで紫外線対策をする

ドライヤーで乾かすよりも自然乾燥の方が髪によい？

髪はすばやく乾かす必要があるので、自然に乾くのを待つのではなく、**ドライヤーを使って乾かしましょう**。髪がぬれている状態では、髪の表面を覆っている**キューティクルがめくれやすくなり**、**水分や内部のタンパク質が抜け出る**ことで、**パサつきやうねりの原因**になります。また、ぬれたまま放置した髪は**細菌が繁殖しやすくにおいの原因**にも。お風呂からあがったらすぐに髪を乾かしましょう！

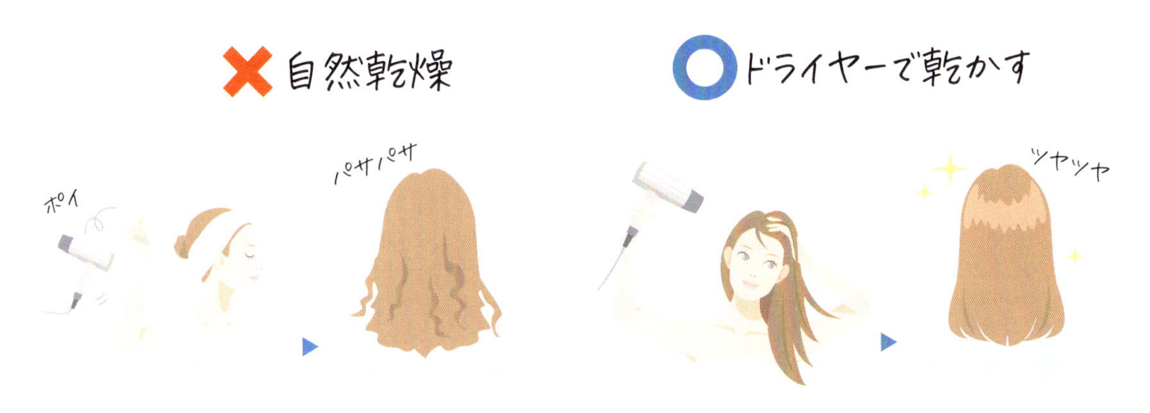

〈ダメージによる頭髪の構造の変化〉

頭髪がダメージを受け**毛小皮（キューティクル）**が損傷すると、内部の**タンパク質**や**水分**が流れ出やすくなりダメージが進行します。また、ブリーチなどで強い損傷を受けた場合は、その後の洗髪により**メラニンも一部流出する**ことがわかっています。その結果、**毛皮質（コルテックス）の間がスカスカ**になり、弾力（コシ）がなくなったり、ゴワついたり、しなやかさやツヤが低下します。

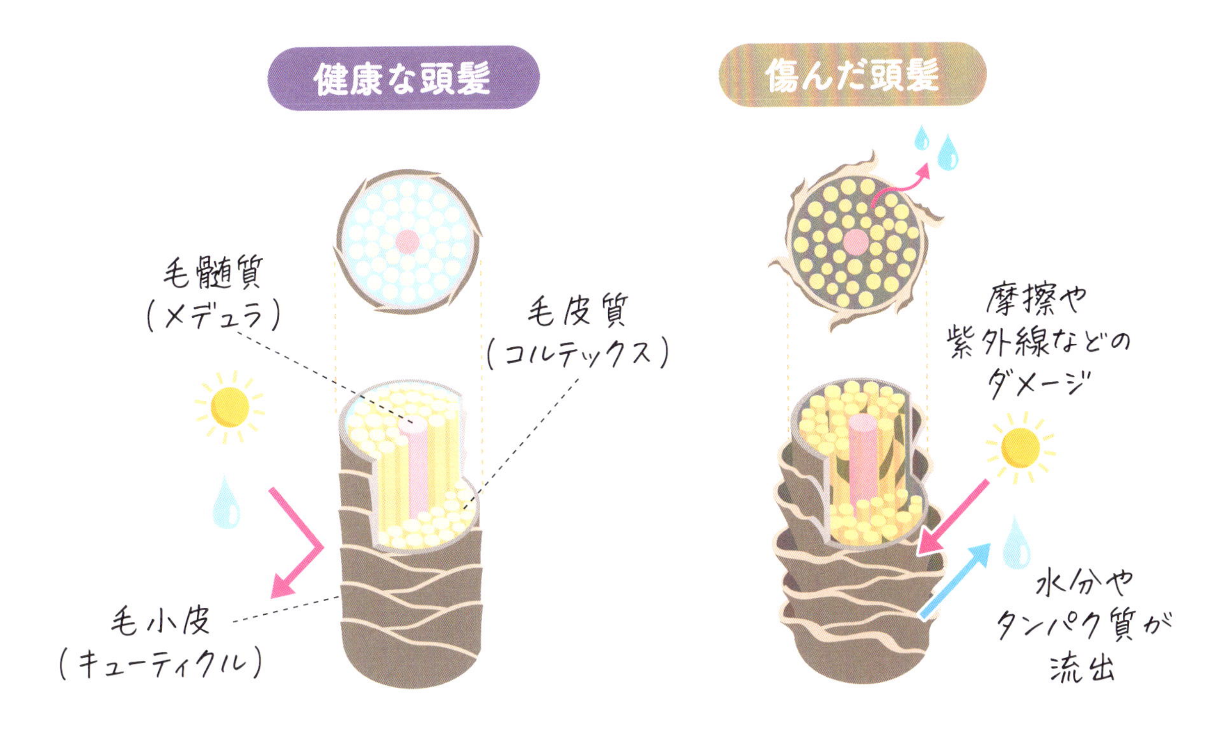

〈 頭髪のトラブル 〉

	状態	原因	ケア
パサつき・切れ毛	毛小皮（キューティクル）がはがれてしまった状態	無理なブラッシングやブローでキューティクルがはがれてしまったり、パーマやカラーの薬剤で髪内部のタンパク質が変性したり、溶け出したりすることでも起こる。紫外線や乾燥の影響で水分を失った場合も起こりやすくなる	毛小皮（キューティクル）を傷つけないように丁寧に扱う。保湿効果のあるトリートメントなどでうるおいを与えるとともに、撥水性が得られるヘアスタイリング料などで保護する
フケ・かゆみ	頭皮の角層細胞がはがれ落ちフケになる。かゆみを伴うことが多い	皮脂（頭皮が脂っぽい）：頭皮は皮脂の分泌量が多く、皮脂や余分な角質、汚れ（シャンプーのすすぎ残しやヘアスタイリング料）がたまりやすい。ストレスによっても皮脂の分泌量が増える。そのため、雑菌が繁殖しやすく、フケ・かゆみのもとになる。また、ターンオーバーが活発な思春期ほど、フケが出やすい	フケの原因菌を殺菌する成分が入ったシャンプーを使う。頭皮を揉み出すように洗い、すすぎをしっかりと行う。引き締め効果、殺菌効果のあるヘアトニックなどで地肌をすっきり整える方法も効果的
		乾燥：洗浄のしすぎなどによる乾燥が原因でフケ・かゆみが起こる	シャンプーの使用を控えお湯のみで洗浄したり、頭皮に水分・油分を補う
頭皮のにおい	蒸れたようなにおいや脂っぽいにおいが発生した状態	頭皮上の皮脂や汗が酸化したり、皮膚常在菌により分解されると、においが発生する	においの原因菌を殺菌する成分が配合されたシャンプーを使う。頭皮クレンジングで毛穴に詰まった皮脂を落とす
白髪	頭髪がメラニンを失った状態	加齢や遺伝のほか、ストレス、薬の副作用、栄養不良などでも増える。個人差があるが30代で増え始めることが多い。遺伝の場合、10代でも増えることがある	根本的に解決する方法は見つかっていない。頭皮の血流が悪くなると毛髪に黒く色をつけるためのメラノサイトの機能が低下するため、予防のためにマッサージなどで頭皮の血行を促進する

薄毛・脱毛

頭髪は、一定期間の成長が過ぎると**毛母細胞が分裂をやめる**ため、**1日50～100本程度抜けます**。この毛周期に沿った脱毛は自然な脱毛です。一方、異常な脱毛は、**毛周期が短縮し毛が生え変わりながら軟毛化**して、**脱毛部の頭皮がかたくなっていきます**。この異常脱毛は男性に多く見られますが、女性にも見られ、**性別によって状態のあらわれ方が異なる**ことも特徴です。

検定 POINT

《異常脱毛の原因》

原因1 男性ホルモンと遺伝

男性ホルモンそのものではなく、その一種である**テストステロンが酵素により、変化したジヒドロテストステロン**（**DHT**）が脱毛スイッチをONに！ **酵素の量や働きは遺伝の影響を受けます。**

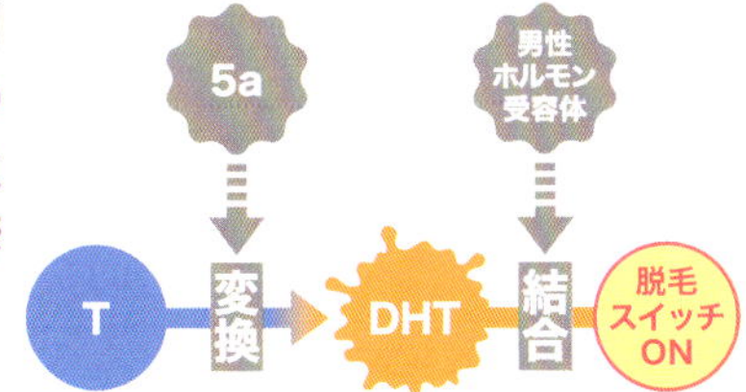

原因2 血行不良

冷え性、貧血などにより、**頭部の血行が悪くなると栄養が毛根へ運ばれず、毛母細胞が活発に分裂できなくなり**、脱毛の原因に。

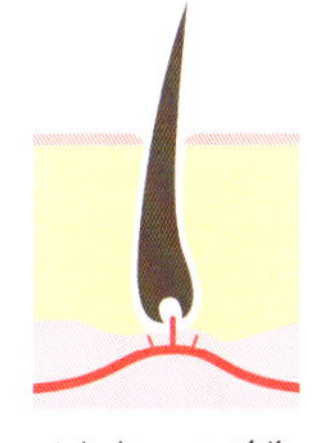

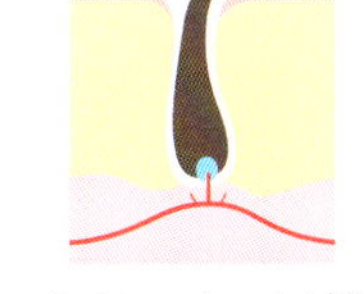

原因3 ストレス

ストレスが蓄積されると**自律神経が不安定**になります。その結果、**血行が悪くなり、栄養が毛根へ運ばれなくなる**ため、毛が細くなったり、脱毛の原因になります。夜ふかし（睡眠不足）もストレスに。

原因4 頭皮の汚れ

フケや皮脂などの汚れは毛穴にたまりやすく、その汚れが紫外線、細菌、カラーリングなどの影響で酸化されると、毛根部で炎症**を引き起こします**。この炎症が毛母細胞の死を誘発し、脱毛の原因に。

汚れ　皮脂　ダニ　角質

原因5 栄養不良

毛髪は**ケラチン**というタンパク質からできています。栄養が少ないと、**毛母細胞でタンパク質を合成する能力が低下し**、脱毛の原因に。

男性と女性の異常脱毛の違い

	男性型脱毛症（AGA）	女性型脱毛症
分類	1つの毛穴から**2～3本**の頭髪が生えているが、**うぶ毛化**している。頭髪は細いままで成長せずに抜けてしまう 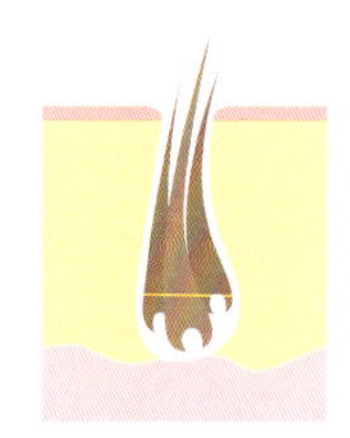	1つの毛穴から生える頭髪が**1～2本と少なく、細い**。頭髪は成長するが細く、密度が減少する 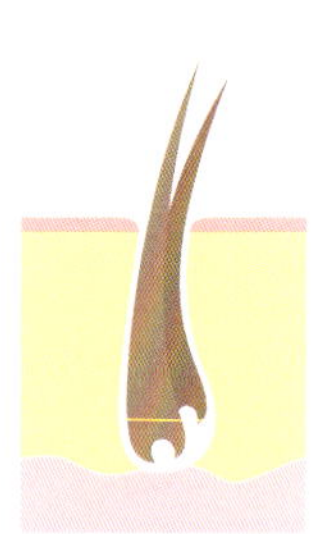
特徴	額の生え際や頭頂部などの**局所から進行する** 	男性の薄毛パターンとは異なり、**局所的ではなく全体的に薄くなる** 
発症年齢	始まりは**思春期以降で、年齢とともに進行**する。15～25歳ぐらいで頭髪が薄くなる「**若年性脱毛症**」も 	男性と比べて遅く、**更年期にさしかかる40代以上**が一般的 
経過	徐々に**成長期が短くなる**ことで**うぶ毛化**し、さらに**休止期にとどまる毛包が多くなる**ことで最終的に頭髪が生えなくなる	成長期の頭髪の割合が減少して、**休止期の頭髪の割合が増加する**ことで、頭髪が細くなるとともに密度が減少する
 原因	**男性ホルモン**と**遺伝**、**血行不良**、**ストレス**、**栄養不良**、**頭皮の汚れ**など	**加齢による女性ホルモンの減少**、**ダイエット**、**ストレス**、末梢の血行不良など

参考

抜け毛のない人（男女）

1つの毛穴から2～3本の毛髪が生えており、毛髪が太い。

〈その他の脱毛〉

ストレスによる円形脱毛症、頭髪が強く引っ張られる髪型を習慣的に行うことによる牽引性（けんいんせい）脱毛症、産後脱毛症、ダイエットによる脱毛、抗がん剤などの薬剤の副作用としての脱毛などがあります。

円形脱毛症

ストレスによる自己免疫の過剰反応などが原因で、円形の脱毛が生じます。**25歳以下の若い人にあらわれやすい**傾向があります。

牽引性（けんいんせい）脱毛症

ポニーテールのような髪型やヘアカーラーを強く巻く習慣などが**長期間繰り返される**ことで起こります。牽引をやめることで回復します。

産後脱毛症

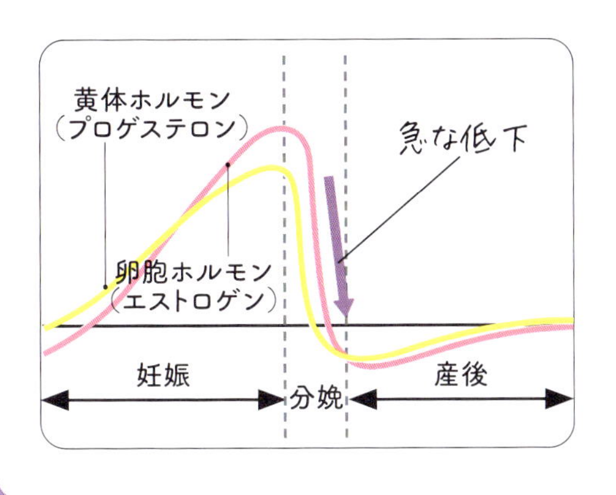

産後、急激に女性ホルモンが減少するために、出産の**2～4カ月後に毛髪が抜け始める**ことが多く、**約半数の母親が自覚する**といわれています。前頭部から始まり頭髪全体へ、さらに体毛も減少する傾向があります。ほとんどの場合、**産後しばらくすると脱毛量がもとに戻ります。**

異常脱毛が始まっていないかチェックしよう！

- □ 頭皮がかたくなった
- □ 髪の毛にハリやコシがなくなってきた
- □ かゆみやフケが増えた
- □ 抜け毛が多くなった
- □ 抜け毛の中に短い毛が多い

11 髪と頭皮を健やかに保つ ヘアケア化粧品

検定POINT シャンプー

髪と頭皮の汚れには、**皮脂**や汗、**余分な角質**、ヘアスタイリング料、外からついた汚れなどがあります。シャンプーは髪を傷めることなくそれらを落とし、**フケやかゆみを防ぎます**。その際、**頭皮に必要な皮脂などのうるおいを取りすぎないことも重要**です。

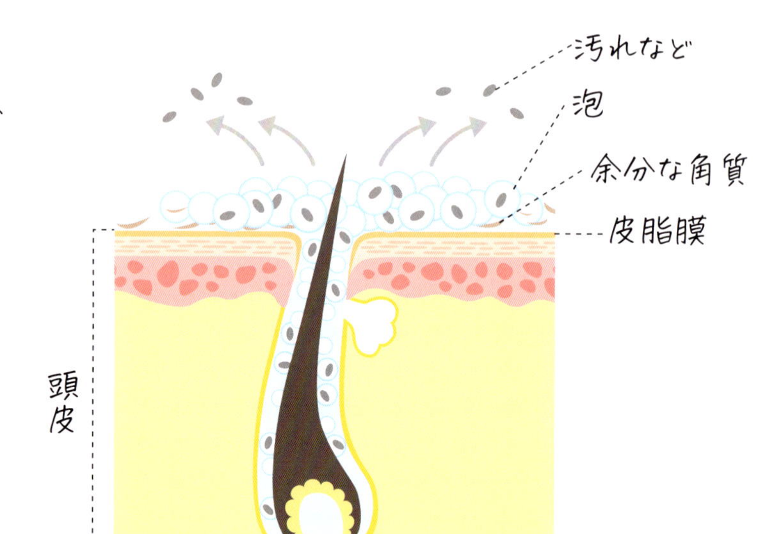

主な構成成分

(イメージ図)

シャンプーの主成分は水と界面活性剤です。界面活性剤は**洗浄力や泡立ち、泡の質感を特徴づける**ため、複数組み合わせて配合されます。さらに、**すすぎ時の指通りをよくし、きしみ感を防ぐ**コンディショニング成分も配合されます。そのほかに、中身の色を**光沢のある乳濁色にする場合には、パール化剤**として**ジステアリン酸グリコール**などが使用されます。

〈 主な界面活性剤の種類と特徴 〉

	タイプ	洗浄力	特徴	成分の名前の最後、名前の途中につくもの	成分例
アニオン(陰イオン)型	石けん系	強	アルカリ性で洗浄力が強い。専用リンスで中和しないと髪がゴワつき、きしみやすい。パーマが取れやすくヘアカラーの退色がはやいことも	～石ケン素地	・カリ石ケン素地
				～酸Na ～酸K	・ラウリン酸K
	サルフェート(硫酸)系	中～強	泡立ちがよく、硬水でも泡立つ。洗浄力が強いため、脱脂力も強く、刺激を感じる人も	～硫酸～	・ラウレス硫酸Na ・ラウレス硫酸アンモニウム
	スルホン酸系	中～強	泡立ちがよく、硬水でも泡立つ。洗浄力がやや強く、泡切れがよい	～スルホ～	・オレフィン(C14-16)スルホン酸Na ・スルホコハク酸(C12-14)パレス－2Na
	アミノ酸系	弱～中	弱酸性のものもあり、刺激性が低く、泡立ち、洗浄力は弱い。仕上がりのボリュームが出にくいことも	～グルタミン酸～	・ココイルグルタミン酸TEA
				～アラニン～	・ラウロイルメチルアラニンNa
				～タウリン～	・ココイルメチルタウリンNa
両性イオン(アンホ)型	ベタイン系	やや弱い	刺激性が低く、泡立ちや洗浄力はやや弱い。アニオン型界面活性剤と併用するとアニオン型界面活性剤の刺激を軽減させることも	～ベタイン	・コカミドプロピルベタイン ・ラウリルジメチルアミノ酢酸ベタイン ・ラウリルベタイン
				～アンホ～	・ココアンホ酢酸Na

※シャンプーの洗浄力は使用する界面活性剤の量や組み合わせ、保湿剤の配合などにより調整されています

検定POINT リンス・コンディショナー・トリートメント

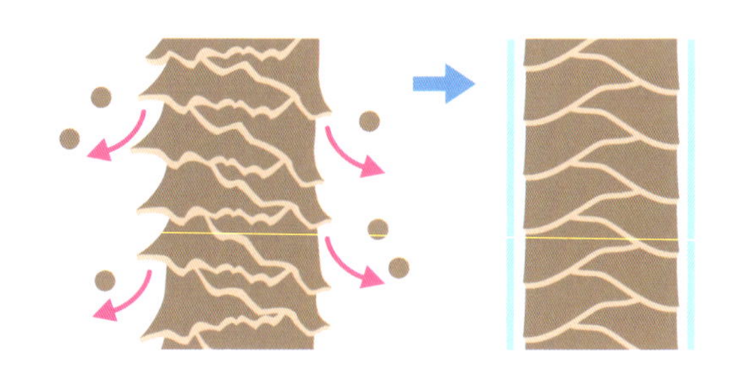

リンスやコンディショナー、トリートメントは、シャンプー後のケア製品として**髪をなめらかにして指通りをよくしたり、静電気の発生を防いでまとまりやすくしたり、ツヤや質感を改善したりする**などの目的で使用されます。基本的には同じ目的で使うものですが、リンスは**髪の表面を整えてなめらかに**し、コンディショナーやトリートメントはこれらの効果に加え、**髪を補修しうるおいを与える**効果がプラスされているものが多いです。

また、トリートメントには、シャンプー後すぐに使用して洗い流すインバス(風呂場の中で使う)タイプに加えて、ヘアドライ前や朝のヘアセット時などに使用する洗い流さないアウトバス（風呂場の外で使う）タイプもあります。

主な構成成分

コンディショニング成分には、主に**カチオン型界面活性剤**や油性成分が使用されます。**ダメージを受けた髪は毛小皮(キューティクル)がはがれ、表面が親水性でマイナス(ー)の電気を帯びているため、カチオン型界面活性剤がより多く吸着**します。吸着すると髪をやわらかくし、指通りをよくする効果があります。また、訴求成分として頭髪をケアする成分が配合されることが多いです。

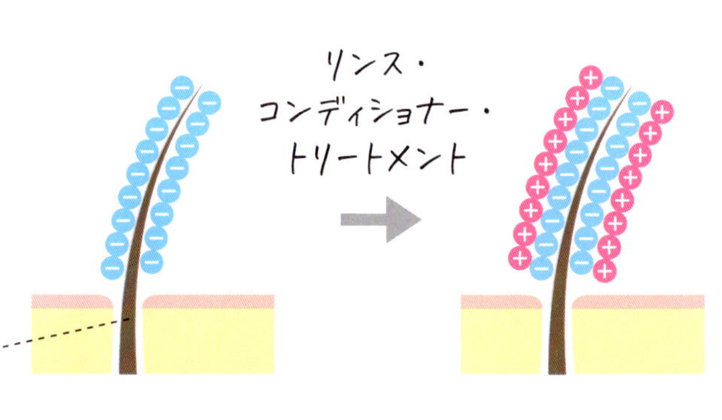

〈頭髪をケアする成分〉

特徴	分類	成分例
エモリエント効果で髪をなめらかにする	油性成分	ラノリン、アルガンオイル［化アルガニアスピノサ核油］、コレステロール、セラミド［化セラミドNP、セラミドEOPなど］
ドライヤーやヘアアイロンの熱を利用して髪の強度を向上させる	油性成分	γ（ガンマ）－ドコサラクトン
髪に付着して指通りをよくする	シリコーン	ジメチコン、アミノ変性シリコーン［化アモジメチコン、アミノプロピルジメチコンなど］
髪に付着して指通りをよくする	カチオン性ポリマー	ポリクオタニウム-10
髪に付着して強度を向上させる	タンパク	加水分解コラーゲン、加水分解ケラチン、加水分解卵殻膜（らんかくまく）、加水分解シルク

※成分例は、化粧品の表示名称を化で記載しています

ノンシリコンとは？

「**シリコーンオイルが配合されていない**」という意味です。ヘアケア化粧品に配合されているシリコーン（正式名称はシリコンではなくシリコーン）オイルは、髪をコーティングし、洗髪やすすぎ時のすべりをよくすることで髪同士の摩擦やからみを軽減し指通りをよくする効果があります。

また、シャンプーやコンディショナーなどに配合されているシリコーンオイルが毛穴に詰まってよくないと考える人もいますが、これらのシリコーンは**すすいだ後に残る量がわずか**であることや、**頭皮の皮脂とはなじまない**という性質のため、**毛穴の詰まりを起こすことはありません**。ただし、トリートメントに配合される付着性の高いアミノ変性シリコーン［化アモジメチコン、アミノプロピルジメチコンなど］には、継続使用によって髪へのビルドアップ現象（堆積（たいせき））が起こり、ゴワつきなどの手触りに影響を与えることがあります。

シリコーンオイルは水で洗い流される

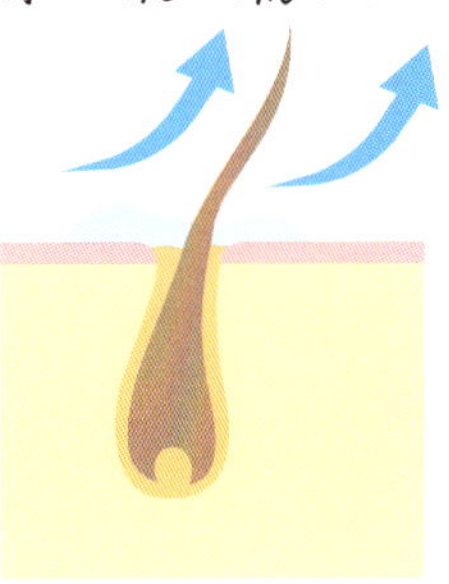

育毛剤

育毛剤は、**医薬部外品に分類**され、有効成分として**血行促進剤**、**毛包賦活**(ふかつ)**剤**などが使われます。また、フケやかゆみを防ぐことで、間接的に脱毛を予防すると考えられています。

かゆみ抑制・抗炎症

かゆみを引き起こすヒスタミンを抑える
- 塩酸ジフェンヒドラミン

頭皮の炎症を防ぐ
- アラントイン
- グリチルリチン酸ジカリウム
- β-グリチルレチン酸

甘草

殺菌

フケの原因菌の繁殖を防ぐ
- ジンクピリチオン液
- ミコナゾール硝酸塩
- ヒノキチオール
- イソプロピルメチルフェノール

ヒバ

血行促進

末梢血管を拡張して血行を促進する
- センブリエキス
- ビタミンE誘導体〔部酢酸dl-α-トコフェロール、ニコチン酸dl-α-トコフェロールなど〕
- ニコチン酸アミド

センブリ

頭皮を刺激して血行を促進する
- トウガラシチンキ
- ショウキョウチンキ

トウガラシ

皮脂分泌抑制

頭皮の皮脂分泌を抑える
- ピロクトンオラミン
- 塩酸ピリドキシン

毛周期調整

退行期への移行を抑える
- t-フラバノン〔部トランス-3,4′-ジメチル-3-ヒドロキシフラバノン〕

脱毛シグナルの働きを抑える
- サイトプリン〔部6-ベンジルアミノプリン〕

毛包賦活

休止期の毛乳頭を刺激する
- PDG〔部ペンタデカン酸グリセリド〕

発毛に必要な酵素を活性化する
- ビタミンB_5誘導体〔部パントテニルエチルエーテル、D-パントテニルアルコールなど〕

毛乳頭細胞などの増殖を促す
- ヒノキチオール
- ニンジンエキス

発毛促進因子の産生を促す
- アデノシン

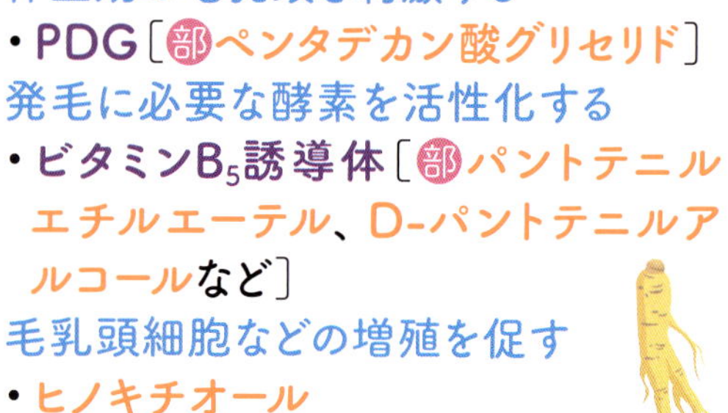
オタネニンジン

※成分は、医薬部外品の表示名称を部で記載しています

日本皮膚科学会の評価	フィナステリド	ミノキシジル	塩化カルプロニウム
	(A)強く勧める	(A)強く勧める	(C1)行ってもよい

ヘアスタイリング料

髪の手触りやまとまりをよくしたり、髪同士を接着・粘着することで固定し、ヘアスタイルをつくったり固定したりするための製品をヘアスタイリング料・整髪料といいます。髪を固定するセット力にはハード（強い）やソフト（弱い）、髪表面の質感にはグロス（ツヤ）やマット、仕上がりのスタイルにはストレート（直毛）やパーマ（カール）などさまざまなタイプがあります。

主な構成成分

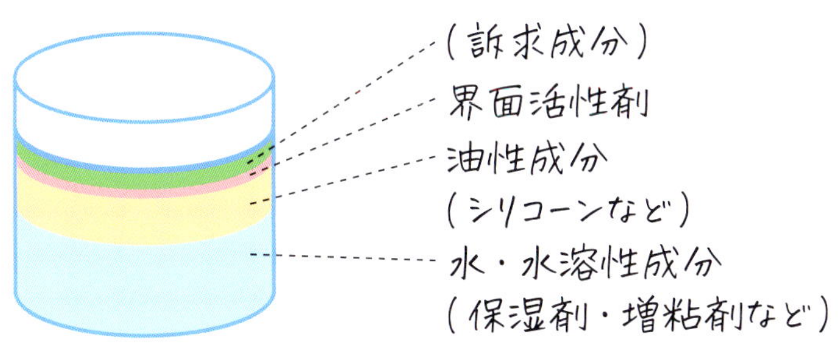

髪のまとまりをよくするためには、**液状の油性成分**や、**やわらかい皮膜をつくる皮膜形成剤**などが使われ、接着・粘着には、**粘性のある保湿剤**や**固形の油性成分**、**高分子**が使用されます。

〈使用するタイミングと目的〉

タオルドライ

ヘアドライ

スタイリング

- 髪内部の水分を守る
- 髪の表面をなめらかにして整えやすくする
- 熱によるダメージを軽減する

▶

❷ スタイリング前
（寝ぐせ直し、ヘアアイロン前など）

- 寝ぐせを直す
- 熱によるダメージを軽減する
- 髪に柔軟性を与え、まとまりやすくする

▶

❸ スタイリング時・後

- ヘアスタイルを固定し、長持ちさせる
- 髪にツヤを与える

〈ヘアスタリング料の種類と特徴〉

種類(形状)	特徴	①ヘアドライ前	②スタイリング前	③スタイリング時・後
ミスト、ウォーター(液状)	液体を髪に霧状にスプレーして使用するもの。髪に**水分**や**ツヤ**を与えたり、髪を濡らして形を整えやすくする、寝ぐせを直す、髪の手触りをよくする	○	○	—
オイル	**液状の油が主成分。髪にツヤやなめらかさ、柔軟性を与える。**椿油などの植物油や、サラッとした感触のシリコーンオイルがよく使われる	○	○	○
クリーム、ミルク(乳液状)	**髪になめらかさや柔軟性を与え**、まとまりやすくする	○	○	—
ワックス、バーム(ペースト状)	**髪同士を粘着して毛先の動きを固定したり、毛の流れをつけたりする。**ボリュームを出すのにもまとめるのにも使われる。セット力や質感などのバリエーションが豊富で、容器もジャーやチューブなどさまざま。乳化系が多いが、**水分を含まず油性成分のみのもの**もあり、**ヘアバーム**とよぶこともある	—	○	○
フォーム(泡状)	エアゾール容器から**泡状**で出てくるので、根元から毛先まで伸ばしやすく、**まんべんなくつけることができる**	—	○	○
スプレー(液状)	ほかのスタイリング料よりも**皮膜形成剤**を多く含み、液状樹脂などとともにエアゾール容器に充填したもの。髪の表面に直接噴射して**ヘアスタイルを固定する。製品中の水分が少なく速乾性があるため髪を濡らしすぎず**、整えたヘアスタイルをくずさずに固定することができる。表面をきれいに整えたり、指通りをよくして毛流れを整えたりするものもある	—	—	○
(水系)ジェル	主に透明な**水系ジェル**で、強いセット力がある。**毛束感を出したり、流れをつけたり、立ち上げたり、まとめるときに使う。**髪に塗布してから乾くまでの間に、髪同士を強力に粘着し、乾くとかたい皮膜になるのでくずれにくい。粘着力の強い皮膜形成剤を使用して水系のヘアワックスとしているものもある	—	○	○

例題にチャレンジ!

次のうち、繊維状の細胞からなり、この状態が太さや強さといった毛質に影響する毛髪の部位はどれか。最も適切なものを選べ。

1. 毛小皮(キューティクル)　2. メラニン
3. 毛髄質(メデュラ)　4. 毛皮質(コルテックス)

【解答】4

【解説】 毛髪の太さや強さに関係するのは、毛髪の大部分を占める毛皮質(コルテックス)の状態である。毛小皮(キューティクル)が毛髪の太さに占める割合は10分の1程度であり、毛髪の太さにほとんど関係しない。メラニンは毛皮質(コルテックス)の内にある色素のこと、毛髄質(メデュラ)は毛髪のほぼ中心にある比較的やわらかい部分のことで、毛髪の太さや強さには関係しない。

P135で復習!

美にまつわる

格言・名言

女の髪の毛には大象(たいぞう)も繋がる

【ことわざ】

女性の髪の毛でつくった網は、大きな象を繋いで引っ張っても切れないほど強い。
女性の髪には男性の心をひきつける強い力があるというたとえ。
豊かでつややかな髪には、それだけ強い魅力が宿るのです。

ヘアカラーリング製品

	タイプ	特徴
化粧品（染毛料）	**一時染毛料（毛髪着色料）**	塗るだけで手軽に着色することができる。**1度のシャンプーで洗い流すことができ**、かぶれや毛髪の傷みはあまりない
	半永久染毛料（酸性染毛料）	**黒色の毛髪を明るい色にはできない**。雨や汗などで色落ちすることがある。繰り返し染めても、毛髪の傷みはあまりない
医薬部外品（染毛剤）	**永久染毛剤（酸化染毛剤）**＊2	**染毛力にすぐれ、シャンプーしても色落ちしない**。**酸化剤がメラニンを脱色する**ため、明るい色にも黒に近い色にも染めることができる。有効成分の酸化染料がかぶれの原因になることも
	永久染毛剤（非酸化染毛剤）	酸化染料でかぶれる人でも使える。**酸化剤を使用しないのでメラニンの脱色作用がなく、明るい色に染めることはできない**。また、パーマがかかりにくいというデメリットもある
	脱色剤	毛髪をはっきりした明るい色にする。毛髪の色素である**メラニンを脱色する**
	脱染剤	毛髪に残った**ヘアカラーによる髪色を取る（脱染する）**ときに使う。ただし、黒く（濃く）染められた色やヘアマニキュアの色を取ることは困難

＊1 色持ちはダメージのない健康な毛髪の場合

＊2 弱酸性タイプの酸性酸化染毛剤は永久染毛剤に含まれます。使用前には必ず説明書を読みましょう

毛髪の色を変えるための製品です。毛髪の表面に色をつけたり、毛小皮（キューティクル）のすき間から毛皮質（コルテックス）へ浸透して染めたりする化粧品（**染毛料**）と、毛髪内部まで浸透し発色したり脱色したりする医薬部外品（**染毛剤**）とに分けられます。

染毛のメカニズム	色持ち[*1]	種類
着色剤が**毛髪の表面に付着**する	**洗い流すまで**	・ヘアマスカラ ・ヘアファンデーション ・ヘアカラースプレー など 
表面についた**酸性染料**の一部が、毛皮質（コルテックス）へ浸透して染毛する。一回の使用で染まる	**2～4週間**	・ヘアマニキュア ・酸性カラー（酸性染毛料） ・カラーシャンプー ・カラートリートメント ・カラーリンス など 
表面についた**塩基性染料**の一部が、毛皮質（コルテックス）へ浸透して染毛する。繰り返し使用することで徐々に毛髪を染める	**洗うたび徐々に染まる**	
酸化剤が**メラニン**を**脱色する**と同時に、**酸化染料**が毛髪中で酸化して発色し、色を定着	**染まった部分は永続的**	・ヘアカラー ・ヘアダイ ・白髪染め ・おしゃれ染め など 
毛髪中で**鉄イオン**と**多価フェノール**が**黒色の色素をつくり出す**	**2～4週間**	・お歯黒式白髪染め 
毛髪中の**メラニン**を**酸化して分解する**	**染毛しない**	・ヘアブリーチ ・ヘアライトナー など 
毛髪中の**メラニン**と**毛髪に残った色素**を**分解する**	**染毛しない**	・ヘアブリーチ 

ネイル化粧品

指先の美しさも
その人の美しさを引き立てる
重要なパーツです。
健康的な爪を保つために
爪の構造や働きを学び、
美しい爪へとつながる
正しいケアを行いましょう。

12 爪の構造

健康のバロメーターでもあり、指先の美しさにも

検定POINT 爪の特徴

爪は、**皮膚の表皮から爪母（そうぼ）によってつくられ角化したもの**で、核のない死んだ細胞でできています。色は無色ですが、下に毛細血管があるためピンク色に見えます。

皮膚との違い

角層と違い**水分を通しやすいため、乾燥しやすい**特徴があります。

厚み

手の爪で0.3〜0.8mm（女性）です。**手よりも足の方が厚く、加齢により厚みを増します。**

伸びるスピード

成長速度は1日約0.1mm（手指）、約0.05mm（足指）で3〜5カ月で生え変わります。**高齢者よりも若年者、冬よりも夏、小指よりも親指の方が速く伸びます。**

爪の構成成分

爪の主成分は、**ケラチン**というタンパク質です。皮膚と比べ、爪や毛髪は**システイン**というアミノ酸が多く含まれた**非常にかたいケラチン**で構成されています。

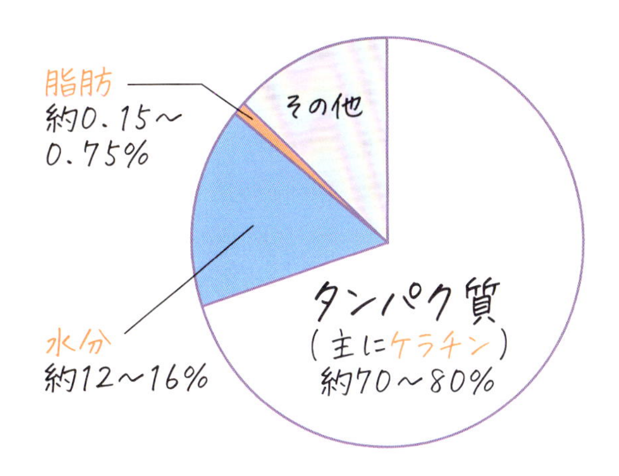

《 爪の構造 》

爪甲は指先の皮膚に密着しており、その先端は離れています。爪の根元の乳白色の部分は**爪半月**といい、新生した爪の部分です。そのため、爪の根元は皮膚で覆われて保護されています。この皮膚は「**キューティクル**」や「**甘皮**」とよばれています。

横断面

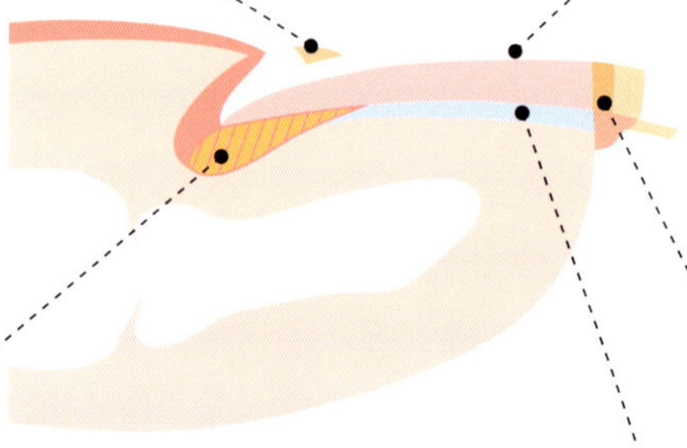

キューティクル

通称「**甘皮**」とよばれる部分。できたばかりの**やわらかい爪甲や爪のつけ根を保護**しています。

爪母（ネイルマトリクス）

爪をつくる部分。**爪母にある細胞が増殖し角化することで、爪がつくられ伸びていきます。血管**や神経が通っています。

爪甲（ネイルプレート）

いわゆる爪とよばれる部分。**3つの層からなり**、繊維の方向が上から縦→横→縦と交互になるように積み重なっています。

黄線（イエローライン）

爪甲が爪床から離れる境目にできるライン上の部分。

爪床（ネイルベッド）

爪甲をのせている皮膚。爪甲に密着し、**水分を補給**しています。

上から

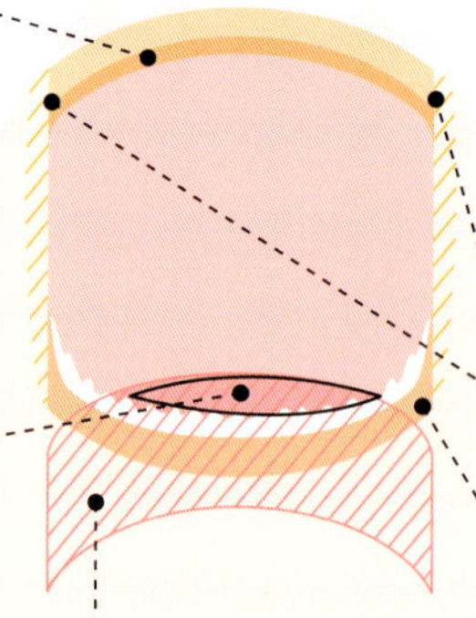

黄線（イエローライン）

爪半月（ルヌーラ）

爪甲のつけ根の部分にある、**半月状で乳白色**の部位。**生まれたての新しい爪甲で水分が多い**ため、**乳白色**に見えます。

ストレスポイント

爪甲が爪床から離れ始める両サイドの部分。**ヒビがもっとも入りやすい**。

爪母（ネイルマトリクス）

キューティクル

検定
POINT

《 爪の形とトラブル 》

爪の外観からわかるトラブルの原因とそのケア方法を知りましょう。

種類	原因	ケア
縦筋	**主に老化と乾燥が原因**。誰にでも見られるが、加齢とともに増加し、目立ちやすくなることが多い	指先の**マッサージで血行を促す**とともに保湿をする
横溝	主に**甘皮の切りすぎや押しすぎ、打撲など外からの衝撃**によるもの	爪の表面を軽く削ってなめらかに整え、ネイルオイルやクリームなどでうるおいを与える
二枚爪	**エナメルリムーバー（除光液）の使いすぎや水仕事などによる乾燥が原因**。爪切りでカットしたままにしておくことや外からの衝撃により生じることも	**爪切りを使わずエメリーボードで長さを整え**、保湿クリームやオイルなどで油分を補う。エナメルリムーバー（除光液）の使用は手早く行い、使用後は手を洗って爪にリムーバーを残さない
ヒビ割れ	**爪の保湿成分不足、妊娠中や授乳期の爪のケラチン不足、加齢による爪の構成成分の減少が原因**。ストレスポイントからヒビが入ることが多い	

《 爪の色とトラブル 》

トラブルによって色に変化があらわれた場合の対策を知りましょう。

色	原因	対策
黄色	カラーエナメルに配合された**色素の沈着**などが考えられる	ベースコートを使用してからカラーエナメルを使う
緑色（グリーンネイル）	**緑膿菌**（りょくのうきん）は湿った環境を好むため、ジェルネイルをしている場合などに菌が繁殖することで起こる	ジェルネイルはすぐオフし、皮膚科を受診する
白色	**カビの一種である白癬菌**（はくせんきん）**による水虫（爪白癬）**。足ふきマットなどを介して菌が付着し、爪に感染することで起こり、足の爪に多い	しっかり洗い流すことで予防できる。水虫になったときは皮膚科を受診する

※爪の状態は病気のサインになることもあります。なかなか改善しない場合は皮膚科を受診しましょう

13 正しく使って美しい指先をキープしよう ネイル化粧品

ネイル化粧品

ネイル化粧品は、カラーエナメル、ネイルポリッシュ、ネイルカラー、ネイルエナメル、ネイルラッカーなどとよばれます。また、**手の爪にカラーエナメルを塗ることやその製品のことをマニキュア、足の爪の場合にはペディキュア**とよびます。

〈ネイル化粧品の種類と特徴〉

❶ベースコート
- 爪を**保護**し、**色素沈着**を防ぐ
- 爪の表面をなめらかにし、**つき**をよくする
- **カラーエナメルの密着性や発色をよく**し、はがれを防ぐ
- 粘度が**低め**のものが多く、薄く塗ることができる

❷カラーエナメル
- **色や光沢によって爪を美しく彩る**
- 爪を覆って保護する
- 溶剤が揮発し皮膜がつくられると、色材が爪に定着する

❸トップコート
- **表面をコーティングする**ことで**カラーエナメルの**色や光沢を**キープ**し、割れを防ぐ
- 粘度が**低め**のものが多く、素早く塗ることができる

❹エナメルリムーバー（除光液）
- ベースコート、カラーエナメル、トップコートなどを**除去**する

〈ネイル化粧品の種類と構成成分〉

ネイル化粧品は**皮膜形成剤**とそれを溶かす**揮発性溶剤**を骨格に、色材や爪をケアする成分などから構成されています。

種類	構成成分	
ベースコート（爪を保護する）	色材	**透明**なものや、爪の色を補正するためにわずかに色材を配合した**白**や**ベージュ**、**ピンク**などが多い
	皮膜形成剤	密着性を高めるために、**カラーエナメルと比べてアクリル樹脂などの皮膜形成剤の割合が多い**
	揮発性溶剤	早く乾かすために、**カラーエナメルより揮発性溶剤が多く配合**されている
カラーエナメル（ネイルポリッシュ、ネイルカラー）（爪を彩る）	色材	**着色顔料**や**染料**、**パール剤**、**ラメ**が配合される
	皮膜形成剤	**ニトロセルロース**、**アクリル樹脂**など
	揮発性溶剤	**酢酸エチル**、**酢酸ブチル**など
	その他	爪に塗りやすくするための**増粘剤**や、爪への負担を考慮したネイルケア成分が配合されることも
トップコート（表面をコーティングする）	色材	透明なものが多く、**パール剤**や**ラメ**が配合されることもある
	皮膜形成剤	より強い皮膜に仕上げるために、**カラーエナメルと比べてニトロセルロースの割合が多い**
	揮発性溶剤	早く乾かすために、**カラーエナメルより揮発性溶剤が多く配合**されている
エナメルリムーバー（除光液）（除去する）	その他	爪の脱水や脱脂を抑えるための水分や保湿剤、油性成分が配合されることもある
	揮発性溶剤	**ほとんどが皮膜形成剤を溶かすための溶剤**。**アセトンが中心**だが、爪へのダメージを懸念してアセトンフリーのものも。その場合、**酢酸エチル**や**酢酸ブチル**、**イソプロパノール**、**エタノール**などが使用される

※イラストはイメージ図です

コスメTOPICS

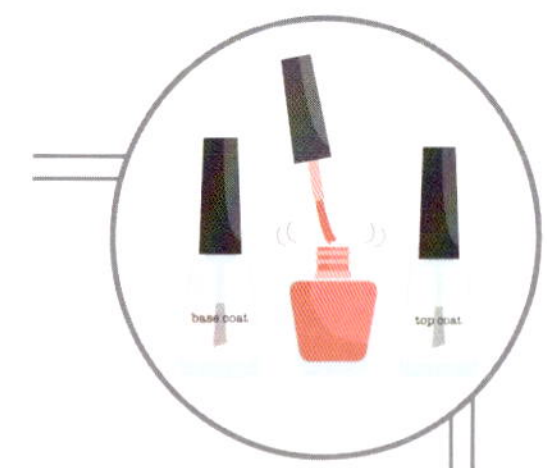

《カラーエナメルの基本の塗り方》

1 1回とり余分な量を落とす

ボトルのネック部分を使ってハケをしごき、カラーエナメルの量を調整し、**全体をしっかりとしごきます**。

2 断面に塗る

爪を裏側に向け、爪の**厚み部分（断面）**を❶❷のように、**中心に向けて左右から**塗布します。

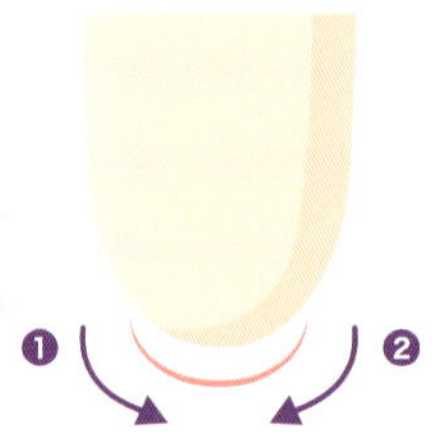

3 もう1度とりハケの片側をしごく

ボトルのネック部分で**ハケの片側をしっかりしごきます**。ハケの反対側に残ったもので爪に塗布していきます。

※爪の大きさによってハケに残す量を調節しましょう

4 爪表面に塗る

カラータイプ（ベースコート、トップコート）

中心❸から外側❹❺に向けて、左右均一に塗り進めます。爪の根元側は、ハケをやや立てて塗り、ラインをつなげます。

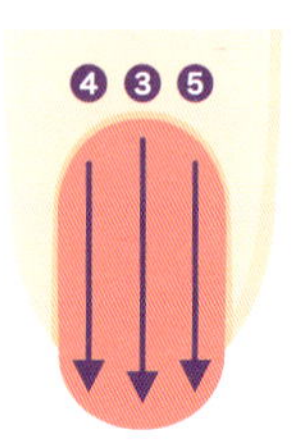

パールやシアータイプ

パールやシアータイプのカラーエナメルは、**端から❸～❺**の順に塗布するとムラになりにくく仕上がります。

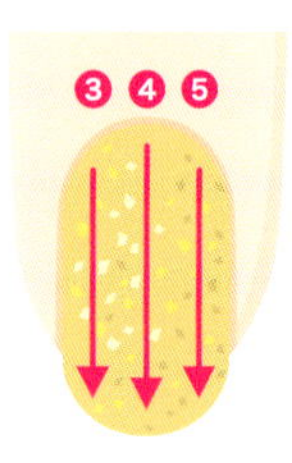

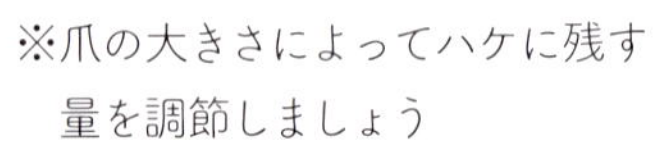

カラーエナメルは、2度塗りが基本だよ！

ネイルアートを楽しもう

グラデーション

ベースカラーを塗布したあと、先端に違うカラーをぼかしていきます。カラーエナメルが乾かないうちに手早くぼかすのがコツです。1色だけでなく数色をぼかしてもかわいいです。

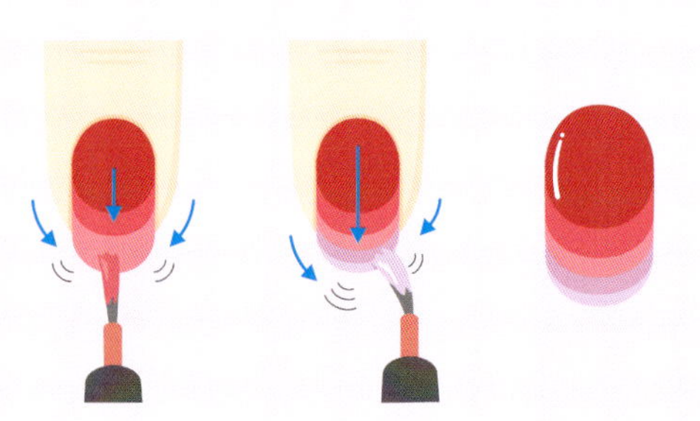

カラーエナメルの特性を生かしたデザインです。エアーブラシのようなグラデーション効果が手軽に得られます。

マーブル

爪全体にベースカラーを塗布したあと、何カ所かにドット状に別のカラーをおきます。カラーエナメルが乾かないうちにトップコートのハケでバランスよくミックスします。

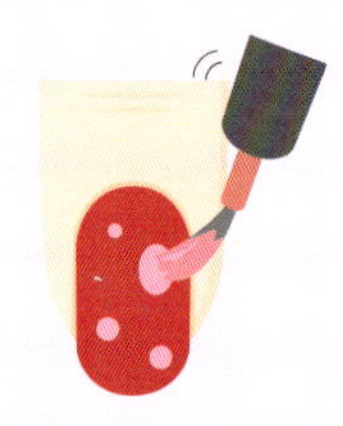

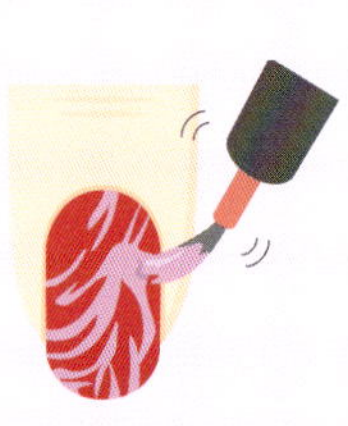

数色のカラーエナメルを使って表現する大理石模様や、明度差のあるカラーエナメルを合わせることで鮮明なマーブル模様に仕上げたり、色の組み合わせしだいでさまざまなデザインが楽しめます。

ネイルケア化粧品

検定POINT

〈ネイルケア化粧品の種類と特徴〉

ネイルケア化粧品は、**爪そのものや爪まわりの皮膚をケアし、指先を美しく保つ**ことを目的に使います。乾燥やエナメルリムーバーによる脱水・脱脂を防いだり、爪表面の余分な角質や汚れを除去したりするものがあります。

種類	特徴
ネイルトリートメント	爪や爪まわりに**保湿剤**や**油分**を補う。水系のものやハンドクリームとしても使えるクリーム状のものがある。また、ブラシタイプやロールオンタイプのオイル状のものも
キューティクルリムーバー	キューティクルを傷つけずに美しくかたどるために、爪表面の余分な角質を**水酸化カリウム**［化**水酸化K**］**などのアルカリや油性成分などでやわらかくして除去**しやすくする

※成分例は化粧品の表示名称を化で記載しています

〈ネイルをケアする成分〉

爪に油分や水分を補って、保湿すると同時に柔軟性を保ちます。また、爪を補修するケラチンなどもあります。ネイルケア化粧品を中心に、カラーエナメルやエナメルリムーバーなどのネイル化粧品にも配合されます。

目的	分類	成分例
爪や爪のまわり、甘皮に油分を与えてやわらかくする	油性成分	**シア脂**、**ホホバ種子油**、**アルガンオイル**［化**アルガニアスピノサ核油**］、**スクワラン**など
爪に密着して補修する	タンパク系	**加水分解コラーゲン**、**加水分解ケラチン**、**加水分解シルク**
爪や爪のまわり、甘皮にうるおいを与える	保湿剤	**ヒアルロン酸**［化**ヒアルロン酸Na**］、**グリセリルグルコシド**

アルガンの実

その他のネイル製品

ネイルサロンでは、ジェルネイルの施術が人気ですが、自宅で手軽にできるセルフジェルネイルやピールオフネイルなども発売され、選択肢が広がっています。

（セルフ）ジェルネイル

ジェルネイルとは、ジェル状の**アクリル樹脂がUV-A（紫外線A波）やブルーライトの照射により硬化する光重合（フォトポリマリゼーション）反応**を、ネイル素材として応用したものです。カラーエナメルよりもツヤがあり、耐久性もよいのが特徴です。

ジェルの**硬化不足**（外側は固まっていても内側が固まっていない状態）によって、**かぶれなどのトラブルが起こる**こともあるよ。ライトの照射時間はメーカーによって違うため説明書をよく読んで硬化させる時間を守り、しっかりライトを当てるなどして使用しよう。

はがせるネイル（ピールオフネイル）

塗った後にリムーバーを使わずはがせる（ピールオフできる）製品です。ジェルネイルよりもちがよくありませんが、オフする手間が省略でき、エナメルリムーバーによる爪への負担もありません。

全成分表示がないジェルネイルは雑貨！

ジェルネイルに使用される製品には、雑貨として販売され全成分表示のない製品も存在しました。しかし、2020年9月4日に厚生労働省より「**直接爪に塗布するものは化粧品に該当する**」との見解が示されたことから、**直接爪に塗布するジェル（ベースジェル）は化粧品**として販売されるようになり、これらには**全成分も表示されています**。

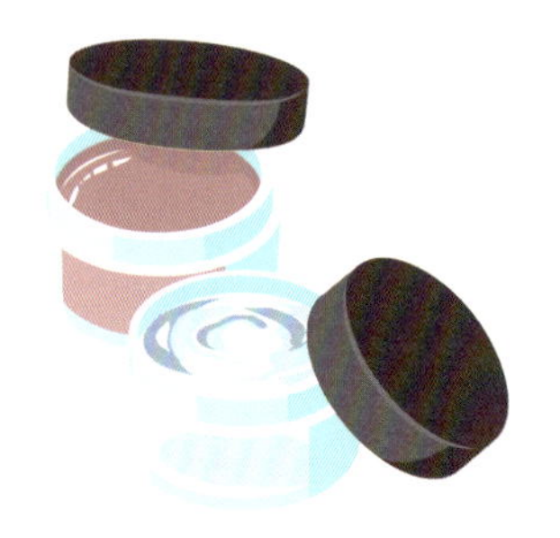

フレグランス化粧品

香りは化粧品を選ぶ際の
重要な要素の１つです。
スキンケア化粧品やメイクアップ化粧品、
ヘアケア化粧品などに香りづけするために
香料が使われますが、
香料を主体とした、香りを楽しむための
フレグランス化粧品もあります。

14 においの感じ方と香料の分類
嗅覚のしくみと香料の種類

においを感じる感覚を嗅覚といいます。**におい物質は分子が小さく揮発性があるもので、40万種類ほどある**といわれており、そのうち**人間は数十万種類以上のにおいを識別できる**とされています。においは記憶だけでなく、身体を調節するしくみ（**自律神経系、内分泌系、免疫系**など）にも影響を与えます。

においの感じ方

検定POINT

におい物質は❶**鼻の粘膜**に溶け込み❷**嗅毛**でキャッチされ、❸**電気信号**に変わります。この信号が❹**脳の大脳辺縁系**へ伝わると初めてにおいを**認知**し、さらに❺**海馬**では関連する**記憶**がよび起こされます。

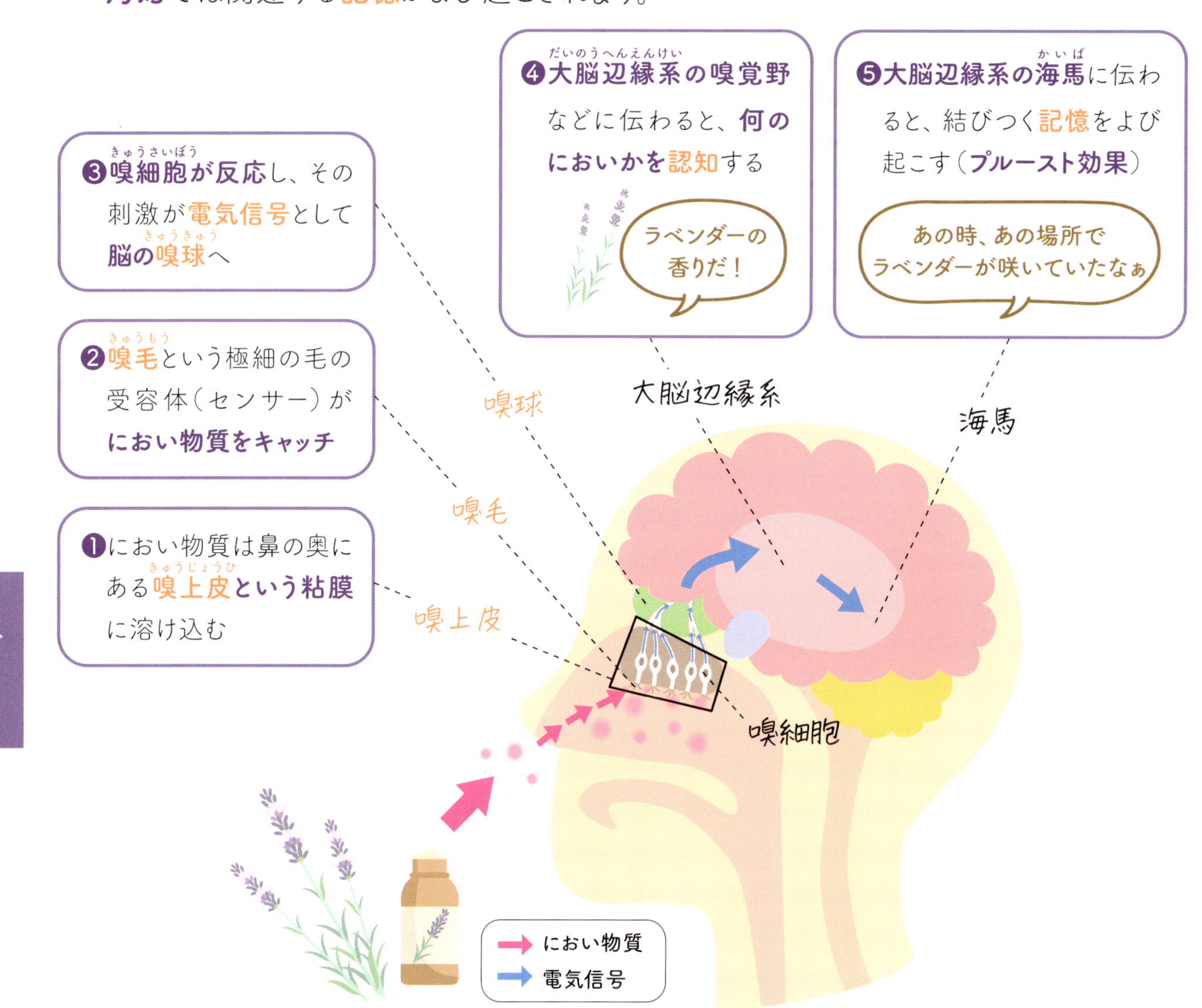

化粧品に香りをつける香料

においのなかでも、よいにおいは「香り」とよばれ、香りは化粧品を選ぶ際の重要な要素の1つです。ここでは、化粧品に香りをつけるための香料について学びましょう。

検定POINT 〈香料の分類〉

香料は、原料や製法により「合成香料」と「天然香料」に分類されます。化粧品に香りをつける場合、一般的に**複数の合成香料や天然香料をブレンド（調香）した**「**調合香料**」を使用します。

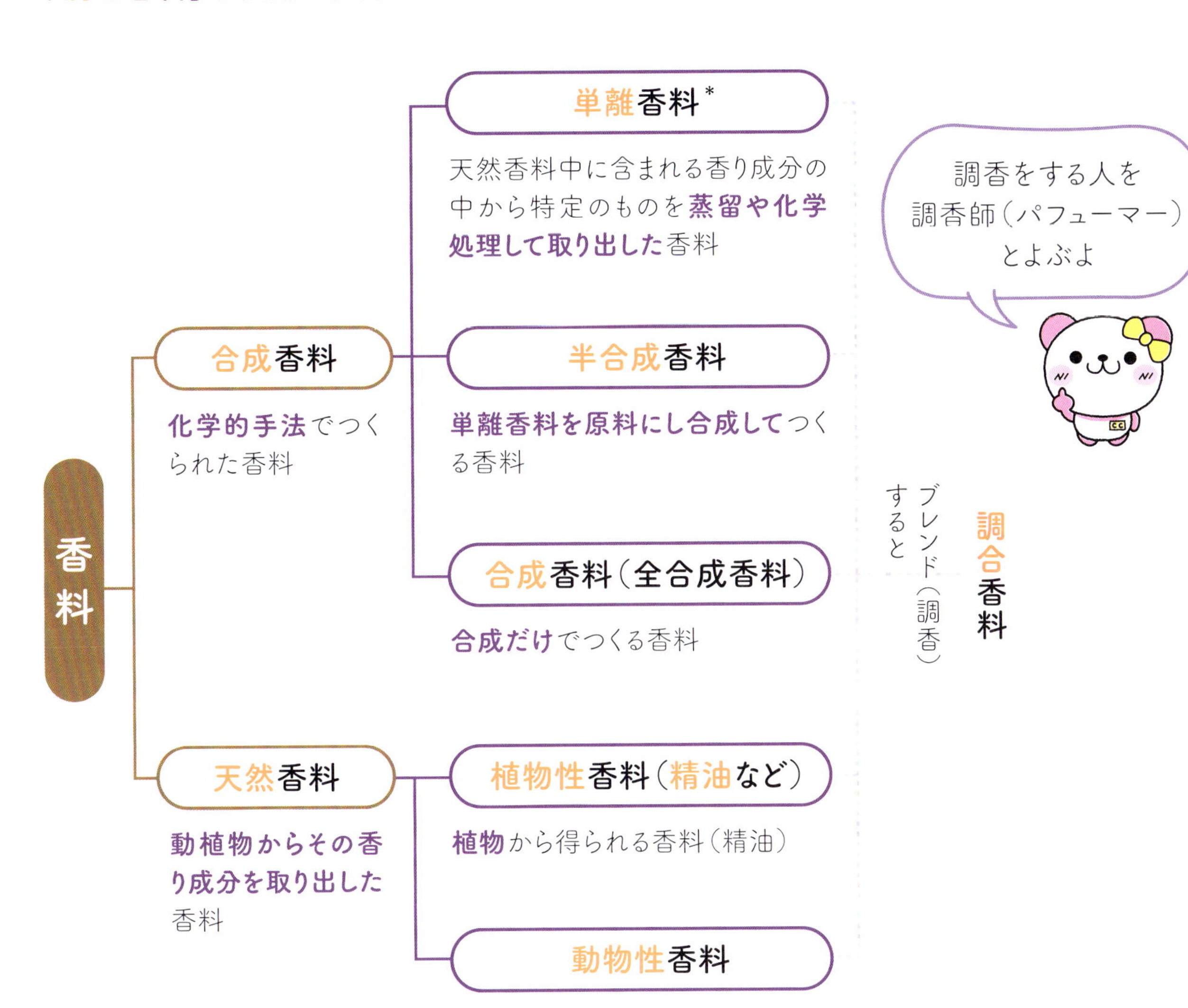

＊日本では単離香料は合成香料に分類されますが、海外では天然香料に分類される場合もあります

《植物性香料（精油など）》

植物性香料は、**植物の花や葉、果実などさまざまな部位から蒸留、抽出、圧搾などの手段により取り出された**香り成分で、**精油**や**エッセンシャルオイル**とよばれます。その抽出方法を紹介します。

圧搾法
（コールドプレス法）

オレンジ、レモン、ベルガモットなど

柑橘類の果皮をつぶして搾り取る方法

果実の皮にローラーで強い圧力をかけて搾り取り抽出する。熱に弱い香料を抽出するのに使用される。

水蒸気蒸留法

ローズ、ペパーミント、クローブ、ラベンダーなど

水蒸気により分離・精製する方法

原料になる植物を水蒸気蒸留釜に詰め、加熱。**気化した香料を含む水蒸気を冷却して液体に戻し、水に浮いた香料（精油）を分離して精製する。**

油脂吸着法
（冷浸法（れいしん）、アンフルラージュ法）

ジャスミン、チューベローズなど

油脂に香り成分を吸わせる方法

ガラス板に牛脂や豚脂を塗り、その上に花びらを敷き詰め何段にも積み重ねる。熱を加えないで**牛脂や豚脂に花びらの香りを吸着**させ、エタノールで香り成分を抽出する。現在ではほとんど**使われていない**。

溶剤抽出法

ジャスミン、チューベローズ、ローズなど

香り成分を直接溶かし出す方法

原料となる植物を釜に入れ、抽出力の強いヘキサンなどの揮発性溶剤で抽出し濃縮すると、香り成分を含む固形の抽出物（**コンクリート**）が採れる。さらに**エタノール抽出などの処理を行う**と香り成分を含む溶液（**アブソリュート**）になる。低温で処理するため香りが変質せず、実際の花とほぼ同じような香りを抽出できる。

柑橘系（ベルガモット、レモン、グレープフルーツなど）の天然香料には**ベルガプテン**を含むものがあり、皮膚に塗布した状態で**日光などの強い紫外線と反応することによって、皮膚に炎症を起こす（光毒性）**ものがあるよ！室内にいるときや夕方以降に使おう！

《動物性香料》

動物性香料は、**動物の分泌線など特別な部位から抽出した**独特な香り成分で、代表的なものは４種類です。

ムスク

ジャコウジカの雄の生殖腺のうから抽出

シベット

ジャコウネコの雄雌の肛門近くにある分泌腺のうから抽出

アンバーグリス

マッコウクジラの腸内の結石が体外に排出され海上を漂流したものから抽出

カストリウム

カスター（ビーバー）の雄雌の肛門近くにある分泌腺のうから抽出

これらの動物は香料を採取するために乱獲が行われ、その結果、絶滅の恐れがあるとしてワシントン条約により捕獲や取引が禁止されました。さらに、動物愛護の風潮が高まり、**現在は動物性香料はほとんど使用されず、代わりに似た香りのする合成香料が使用**されています。

《合成香料と天然香料の違い》

合成香料は、天然香料に比べて**供給量や品質、価格などが安定している**ことや、組み合わせることで**全く新しい香りを創造できる**ことなどから、汎用されています。一方、天然香料は合成香料の単一的で安定した香りと異なり、多種の微量な香り成分を含んだ**複雑で奥行きのある香り**が特徴です。

※代表的な合成香料と天然香料は本書P263参照

15 香りを楽しむ フレグランス化粧品

フレグランス化粧品

香料を主体として香りを楽しむための製品をフレグランス化粧品といい、**香料の配合量などに応じて数種類に分類されます**。香料の配合量が多いものは香りが強く、香りのもちもよくなります。それぞれの香料配合率と持続時間の目安を表にまとめました。

種類	香料配合率（賦香率）	ベース	持続時間の目安	特徴
パフューム、パルファム（香水）	15～30％	エタノールと保留剤	5～7時間	香料の濃度が高く少量で長く香る
オードパルファム	10～15％	エタノールと保留剤	4～6時間	
オードトワレ	5～10％	エタノールと保留剤	3～4時間	気軽に使え数時間香りが残る
オーデコロン	1～5％	エタノールと保留剤	1～2時間	全身にまとってもライトに香る程度
練り香水	5～10％	油性成分（ミツロウ・ワセリンなど）	1～2時間	穏やかに香る。固体で持ち運びに便利
芳香パウダー	1～2％	パウダー（タルクなど）	1～2時間	ほのかに香る
香水石けん	1.5～4％	石ケン素地	1～2時間	わずかに香る。置物としても

※持続時間はつける量や製品により異なります
※トワレやコロンであっても残香性のある香料が含まれる場合、24時間以上香ることもあります
※フレグランス化粧品の名称は各メーカーが独自によび分けることができるため、製品によって異なります

“オー（Eau）”とは？
【オードパルファム】【オードトワレ】【オーデコロン】

フランス語で「オー」は**水**を意味します。香水はエタノールと香料、保留剤の水でできており、**「オーデ（ド）～」（～の水）**とよばれていたことが発祥とされています。「オー」がつくオードパルファム、オードトワレ、オーデコロンは水が多く含まれるため香料の配合率が低いことをあらわしています。

ハーブやドライフラワーを使った**香り袋**を「**サシェ**」というよ。香水石けんと同様に置物としてほのかな香りを楽しんだり、衣類やランジェリーを入れた引き出しにしのばせて、香りを移して楽しむものだよ。

《フレグランス化粧品の構成成分》

（イメージ図）

香料のほかに**溶剤としてエタノールが**、香料の揮発を遅らせて香りのもちをよくするための**保留剤として水などが配合**されます。酸化などで変質しやすい香料の品質を保持するため紫外線吸収剤や酸化防止剤などが添加されることもあります。必要に応じて色材や増粘剤、香料を可溶化するための界面活性剤なども使われます。

実際の製造では、これらの成分を加え**冷暗所で半年～1年以上保管**された後に出荷されることが多いよ。保管中に**エタノールや香料の香りが熟成されてまとまりのある安定した香りになる**んだって！

〈フレグランス化粧品の使い方と注意点〉

フレグランス化粧品の試し方

通常一度にかぎわけられるのは2、3種類。**手首の内側に軽く1プッシュし、エタノールをとばした後に鼻から少し離し、手を静かに動かしながらかぎます。**
肌につけると体温であたためられて実際に使うときのように自然に香りが立ちます。ムエット（匂い紙）を使う場合はフレグランス化粧品をかけた後、**2、3回振ってエタノールをとばしてからかぎます。**

つけるタイミング

香りの中心となるミドルノートが感じられるように、**よい印象を与えたいタイミングの30分位前が目安**です。
製品ごとに香り立ちや持続する時間が異なるので、自分のお気に入りのタイミングを日頃から観察しておくと、効果的にフレグランス化粧品を使用できます。

つけ方

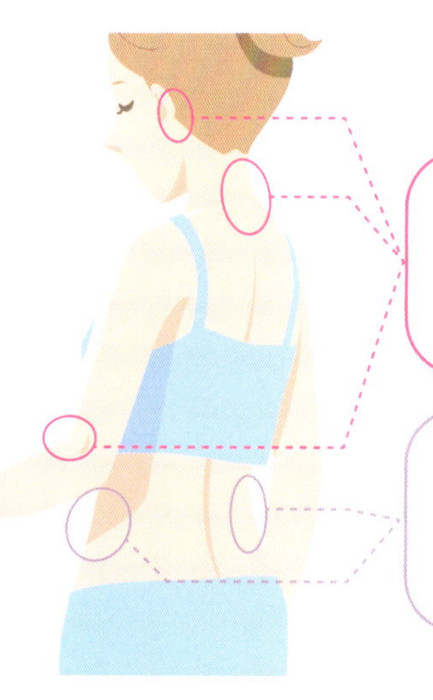

・しっかりと香らせたいとき
➡**耳の後ろ・うなじ・ひじの内側**など

・やわらかく香らせたいとき
➡**ひざの裏・足首・ウエストの両サイド・内もも**など

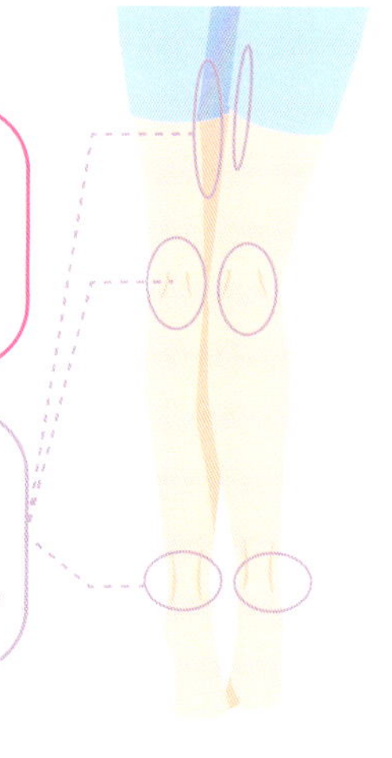

※**肌が弱い人は、つけすぎないためにコットンにいったん吹きかけてから**肌に当てましょう。ハンカチなどにつけてポケットにしのばせるのもよいです

フレグランス化粧品の保管方法

1. **直射日光**は避ける
2. **温度変化**の激しいところを避ける
3. キャップを閉め、**空気に触れない**ようにする

フレグランス化粧品の使用期限

開封したら1年を目安に使いきりましょう。温度変化が少なく、直射日光の当たらない室温で保管した**未開封のものの場合、使用期限は3年が目安**です。

〈香りの構成〉

検定POINT

　フレグランス化粧品はさまざまな香料がブレンドされています。揮発性の高い香料は体温ですぐに香り、低いものはゆっくりと長い時間香るため、**グラデーションのように香りが変化していきます（香り立ち）**。揮発性の高い順に**トップノート**、**ミドルノート**、**ベースノート**から成り立っており、ピラミッド型の図であらわすことができます。

揮発性	構成	特徴	香りの持続時間	主な香りの系統
高	トップノート	最も揮発性の高い香り。フレグランス化粧品の**第一印象**にあたる大切な部分	10〜30分間	シトラス系、グリーン系、フルーティー系、ハーバル系
↓	ミドルノート（ハートノート）	香りの個性が一番出る**中心的**な香り。多くのフレグランス化粧品で、**フローラル系が香りの骨格**となる	30分〜1時間	フローラル系
低	ベースノート（ラストノート）	香りの**土台**となる部分。揮発性が低く、**香りが消えるまで続く**	2〜3時間（6〜7時間のものも）	オリエンタル系、ウッディ系、バルサミック系、アニマル系

※**グリーン系やハーバル系**の中でも、深みのある香りは**ミドルノートとして使用される**ものもあります

《香りの分類と特徴》

主に使用される香りの分類と特徴について、説明します。

香りの分類	香りの特徴	トップノート	ミドルノート	ベースノート
シトラス	**レモン**、**ベルガモット**、**オレンジ**、**グレープフルーツ**、**マンダリン**などからなる**柑橘系**の香り。新鮮で爽快感があり、**ユニセックスに使用できる**	◎		
グリーン	青葉や茎をもんだときに感じる**青々しい**香りや、**ヒヤシンスのグリーンノートとフローラル系を併せもつ**香り	◎	○	
フルーティー	**ベリー系**、**ピーチ**、**ペア**、**アップル**など**柑橘以外の果実**を連想する香り。自然界にある多くのフルーツの香りが研究され、**合成香料を用いて再現されている**	◎		
ハーバル	**薬草（ハーブ類）やスパイス**のような香り。**ローズマリー葉油**や**セージ油**、**スペアミント油**などの天然香料が使われる	◎	○	
アルデハイディック	**合成香料である脂肪族アルデハイド類**の、脂っぽさや粉っぽさのある香り。フローラルと少量合わせて使うことで香りに深みが出る	○		
スパイシー	**ピリッとしたスパイス**の香り。**クローブ**、**ペッパー**、**シナモン**、**ナツメグ**などが代表的	○	○	
フローラル	**ローズ**、**ジャスミン**、**ミュゲ（すずらん）などの花の香料を特徴的に使用**したり、また特定の花のイメージをテーマにつくられた香り		◎	
マリン	**海や空**を連想させる香り		○	

※◎、○は使用頻度を示すもので、目安です。製品ごとに異なります

香りの分類	香りの特徴	トップノート	ミドルノート	ベースノート
オリエンタル	中近東をイメージさせるようなスパイスや**バニラ**、**アンバー**、**ウッディ**などの**エキゾティックで甘く重厚**な香り			◎
ウッディ	**落ち着きを感じさせる木**の香り。**サンダルウッド**、**シダーウッド**、**パチュリ**、**ベチバー**などが代表的			◎
バルサミック	**樹脂**の香り。重くて深みのある甘い香り			◎
アニマル（アニマリック）	もともとは**動物性香料**である**ムスク**、**シベット**、**アンバー**、**カストリウム**などの香り。セクシーで濃艶（のうえん）なイメージ			◎
パウダリー	**ベビーパウダーを思わせる甘さと清潔感のある女性的**な香り		○	○
モッシィ	樫（かし）の木をはじめ、マツやモミなどにもつく**苔**の香り。**湿った森林の中**を連想させる香り			○
レザー タバック	**皮革やタバコ**を思わせる香り。ワイルドな力強さを感じさせる			○
シプレー	**ベルガモットなど柑橘系のトップ**、**フローラル系のミドル**、**オークモス（苔）やパチュリなどのベースノート**が使われ、複雑なコンビネーションが特徴的な落ち着きのある香り	○	○	○
フゼア	**ラベンダー**や**オークモス**、**クマリン**などを骨格とした、**男性らしいたくましさと清々しさ**を感じさせる香り	○	○	○

※◎、○は使用頻度を示すもので、目安です。製品ごとに異なります

美にまつわる

格言・名言

香水なしのエレガンスは存在しない。
香水は、見えない、忘れがたい、
そして究極のアクセサリー。

【ココ・シャネル】

画期的な名香を生み出したシャネルの香水への想いがうかがえます。

美しい花に香りがあるように、
美しい女性に香りがあってしかるべき。
あなたの残す香りの痕跡が、
だれかの記憶となるのだから。

【ジャン・ポール・ゲラン】（ゲラン社創業者一族）

香りは、香りそのものに加えて、そのときの記憶と重なって残るもの。
身にまとう人によって香りが変わるのも香水の魅力です。

オーラルケア製品

口腔および
口元の美しさを保つためには、
自然な白い歯、炎症のないピンク色の歯肉
だけではなく、口腔内の汚れや
口臭の発生を防ぐことも大切です。
清潔に保つオーラルケアと
ケア製品について知っておきましょう。

16 歯の構造

口腔内や歯の健康を守るために構造を知ろう

歯は、**生後半年くらいから乳歯**が生え始め、**2歳半頃に20本**生えそろいます。その後、6歳頃に乳歯列の後方に永久歯の第一大臼歯(だいきゅうし)が生え始め、乳歯が抜けたところから**順次永久歯に生え替わります**。12歳頃には第一大臼歯の後方に第二大臼歯が生え、**最終的に永久歯（28本）が生えそろいます**。

第三大臼歯（智歯(ちし)・**親知らず**）は早ければ18歳頃に生えてきますが、中には横向きに埋まって生えてこない場合もあります。

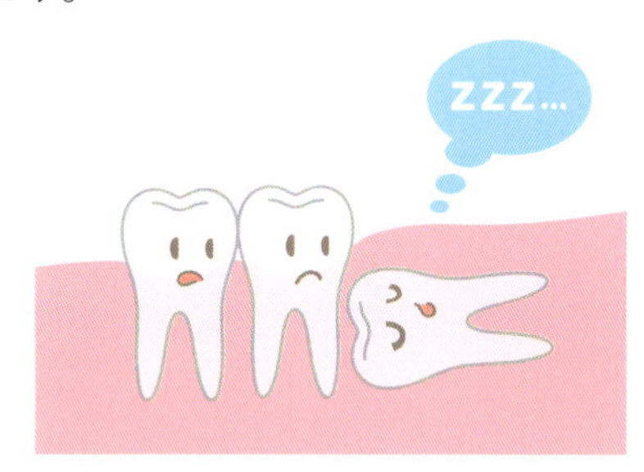

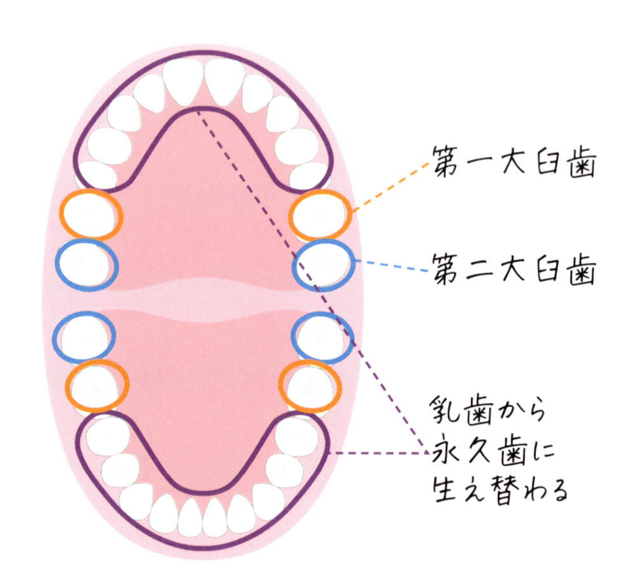

歯って何からできているの？

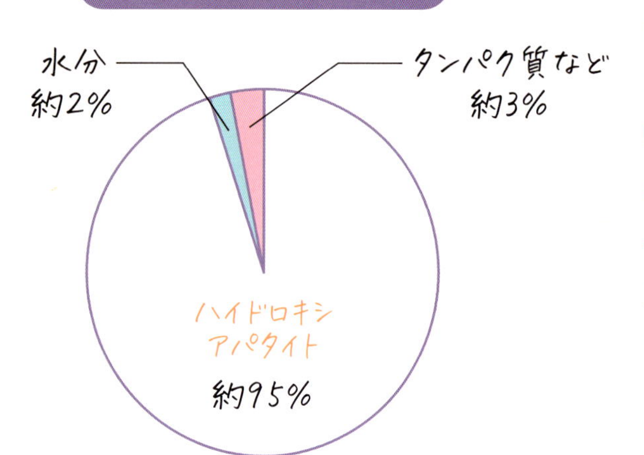

歯のエナメル質は、主にリン酸カルシウムの一種である**ハイドロキシアパタイトと水分、タンパク質など**からできています。**ハイドロキシアパタイト**は、骨の主要成分でもあり、歯のかたさをつくり出しています。

《 歯の構造 》

エナメル質

最表層にあり、身体で最もかたい部分。虫歯になりにくく、虫歯になった場合でもほとんど痛みが出ない

象牙質

エナメル質の下にあり、歯の大部分を構成。エナメル質より虫歯になりやすく、虫歯になると進行が早い

歯冠部
歯肉より**上部**

歯根部
歯肉より**下部**

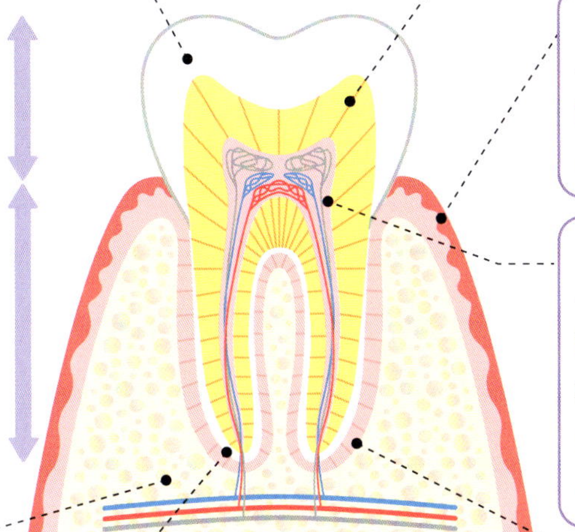

歯肉

歯ぐきともよばれる粘膜。健康な歯肉は歯槽骨にしっかりと結合している

歯髄

歯の神経組織のことで刺激されると痛みを感じる。「歯の神経を抜く」とは歯髄を摘出することで、歯髄を取ると歯はもろくなり、歯の寿命は短くなる

歯槽骨

歯を支えている部分の骨

セメント質

歯根部の表面を覆っている薄くかたい組織。歯根膜をつなぎとめる役割を担う

歯根膜

歯を支える**歯槽骨と歯の間にある**、クッションの役割をしている線維状の組織

検定POINT 口腔内と歯のトラブル

プラーク(歯垢)を放置すると、歯石、虫歯(う蝕)、口臭、歯周病などのあらゆるトラブルを引き起こします。そのため、**歯のトラブルを防ぐことは、身体の健康維持にもつながる**のです。

プラーク(歯垢)・歯石

口の中の**ミュータンス菌(細菌の一種)は、糖質(とくに砂糖)をエサにして粘性のある物質をつくり、歯の表面に付着**します。この物質に多種の細菌が住みつき、大きなかたまりに成長することで**プラーク**になります。**プラーク1mg中に10億個の細菌がいる**といわれています。**薄黄色で、舌で触るとベトつきやザラつきとして感じられます。**正しい歯磨きで落とすことができます。プラークが約2週間、歯の表面についたままになっていると、かたい**歯石**になります。歯石になると歯磨きでは落とせないので、常にプラークを除去する習慣が大切です。

プラーク

虫歯（う蝕）

虫歯は、正式には「う蝕」という病気です。主に細菌が飲食物の糖質から**プラーク（歯垢）**や**酸**をつくり出し、これによって歯が溶けることではじまります。プラークが残ったままになっていると細菌が繁殖しやすくなり、酸の量が増えた結果、さらに虫歯が進行します。このように**細菌・糖質・歯の質（エナメル質や象牙質の状態）の3つの条件がそろい、時間が経過すると発生リスクが高まります。**

虫歯が発生する3つの条件

再石灰化

通常、酸によりエナメル質が溶けても、唾液の働きやフッ化ナトリウム配合の歯磨き剤によりもとの状態に戻ります（**再石灰化**）。しかし、**だらだらと食事**し歯磨きをしていない時間が長くなる、睡眠中で**唾液の分泌量が少ない**などの状態が続くと再石灰化が起こりにくくなり、虫歯になりやすくなります。

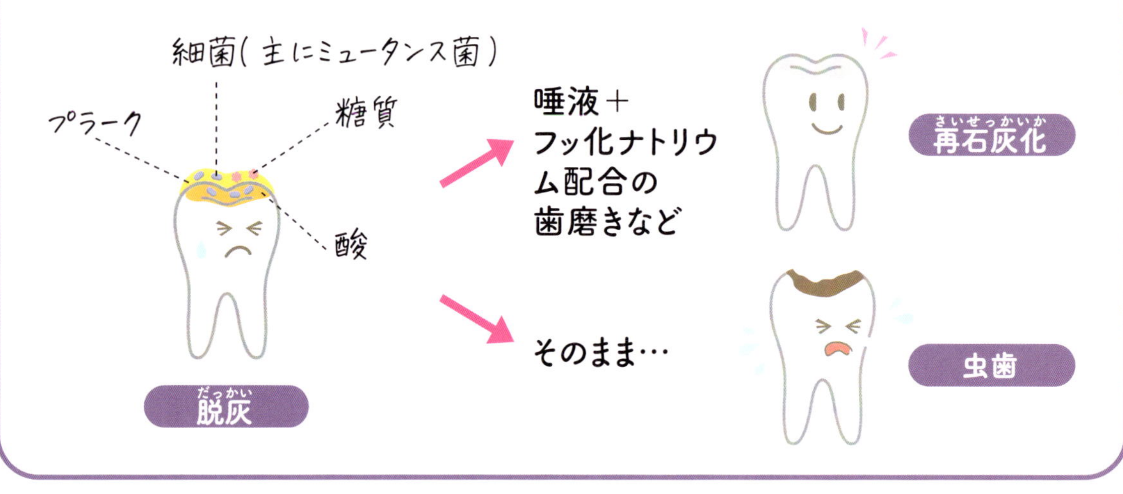

虫歯を予防する歯磨きのポイント

奥歯の溝

奥から前に歯ブラシを動かして磨きましょう。

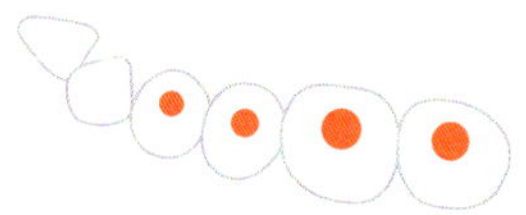

歯と歯肉の境目

歯ブラシを90度あるいは45度の角度で当て、小刻みに振動させるようにして磨きましょう。

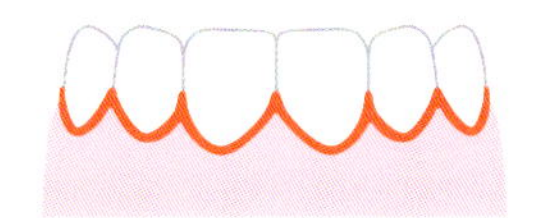

歯と歯の間

歯磨きの最初にデンタルフロスや歯間ブラシを使いましょう。

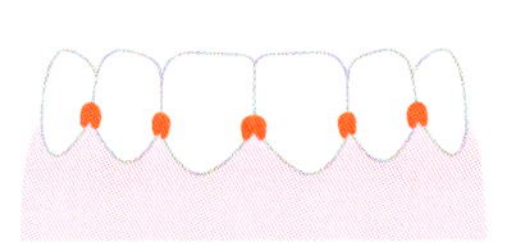

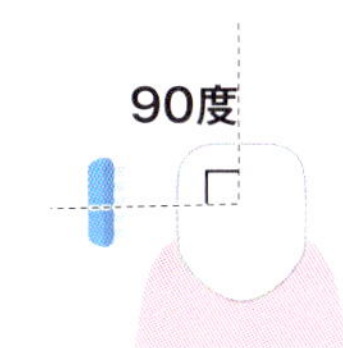

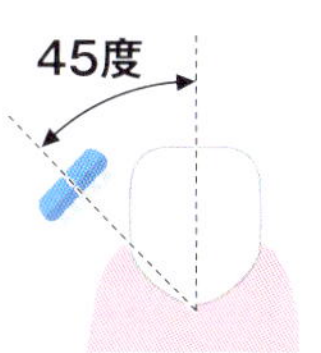

プラークの除去率は、ブラッシングのみの場合約60％。でもブラッシングに加えデンタルフロスや歯間ブラシなどを使用することで、約80％まで上げることができるよ。歯間ブラシのサイズは歯科医院で選んでもらうといいよ！

口臭

口臭の原因の80％以上が口腔内の気体（硫化水素、メチルメルカプタン、ジメチルサルファイドなど）にあるといわれています。

生理的口臭	外因的口臭	病的口臭	
		口腔由来	全身由来
・舌苔 ・唾液分泌の減少による細菌増殖など	・ニンニク ・アルコール など	・歯周病 ・進行した虫歯など	・代謝性、耳鼻咽喉系、呼吸器系の疾患など

口臭の原因の80％以上は口腔内由来

この中でも、**生理的口臭**はプラークや食べ物のカス、舌苔（舌の表面につく苔のような汚れ）などがにおいのもとなので、**歯ブラシでのブラッシングに加え歯間ブラシ、フロス、舌ブラシなども行うことで予防できます。**

歯周病

歯周病とは、**プラークの中に住む細菌が炎症を引き起こす**ことで、歯肉や歯槽骨が壊されていく病気です。**歯肉に炎症が起こっている歯肉炎、炎症が進み歯槽骨が溶け、歯がグラグラになり抜け落ちることもある歯周炎**があります。落としきれない汚れを3カ月に1回程度、歯科医院でのクリーニングできれいにすることで、リスクを下げることができます。

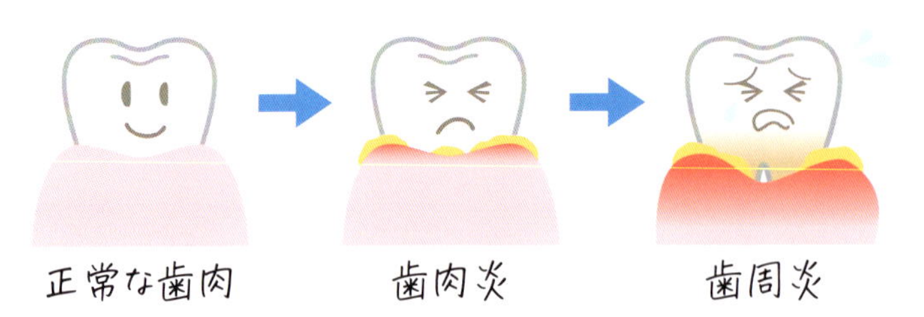

着色

毎日歯磨きをしていても、長い年月の間に少しずつ歯が黄ばんだりくすんだりしていきます。着色の原因には、**加齢や歯の神経が死ぬことで内部が変色する内因性のもの**と、**コーヒーやカレー、タバコのヤニなどにより歯の表面に色素が付着する外因性のもの**があります。外因性の着色汚れ（**ステイン**）は、飲食後こまめに口をゆすいだり、毎日丁寧な歯磨きを行うことで予防できます。

キシリトールは甘味料なのに虫歯になりにくい？

キシリトールは、ミュータンス菌のエサになっても**酸を発生しない**ことがわかっています。ただし、大量に摂取すると健康リスクにつながることもあるので食べすぎには注意しましょう。

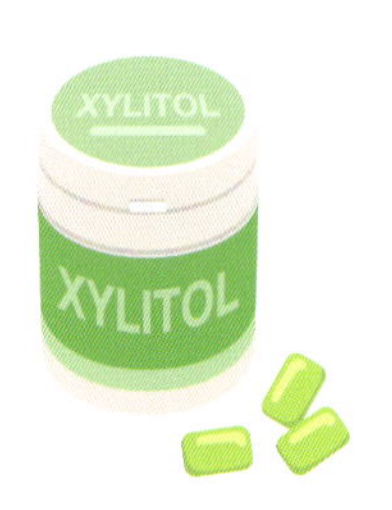

17 口腔を健やかに保つ オーラルケア製品

オーラルケア製品は口腔ケア製品ともよばれ、**虫歯や歯周病予防のための歯磨き類が主流**ですが、口臭予防や歯のホワイトニング、知覚過敏対応などの製品もあります。

検定POINT 歯磨き類

《 歯磨き類の種類と特徴 》

分類	種類(形状)	特徴	研磨剤
歯磨き剤＋ブラッシング	タブレット	噛むと泡立つものが多い。**歯で砕いた後に**水で濡らした歯ブラシでブラッシングする。持ち運びに便利	90％以上
	潤製(じゅんせい)(湿った粉状)	歯ブラシに直接つけて使う。タバコのヤニ取りなど**特殊なものが多い**	70％以上
	ペースト(トゥースペースト)	最も一般的。爽快感があるものも多く、**泡立ちとすすぎによって、歯磨き実感を得やすい**	10〜60％
	ジェル(液状)	ペーストに比べて**研磨剤の量が少なめ**。乳幼児向けのものには**研磨剤無配合**のものもある。歯間ブラシとも併用しやすい	10〜30％
	液体(液体歯磨き)	口の隅々まで成分が行き渡るため歯ぐきケアにも効果的。すすいで吐き出した後、**ブラッシング**する	配合されない
洗口液	液体	口を爽快にしたり、口臭を防ぐなど歯磨きの**補助的なアイテム**。使用後、水で口をすすぐ必要はない	配合されない

虫歯予防の基本アイテム

歯磨き剤（トゥースペースト）

歯磨き剤は**基本成分（基剤）だけで構成されている化粧品**と、**有効成分*が配合されている医薬部外品**に分けられます。ほとんどの製品は医薬部外品です。

＊医薬部外品の歯磨き剤の場合は、有効成分が「薬用成分」と記載されていることがあります

主な構成成分

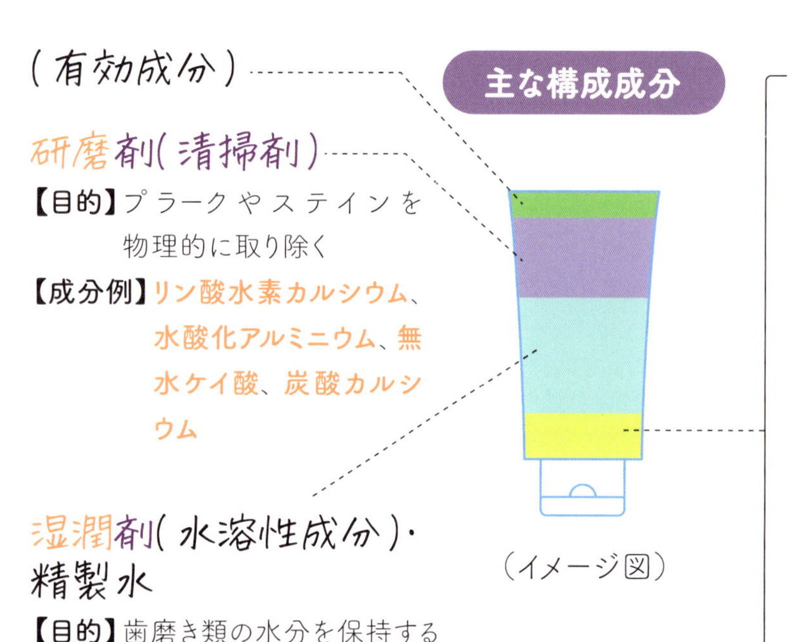

（有効成分）

研磨剤（清掃剤）

【目的】プラークやステインを物理的に取り除く

【成分例】リン酸水素カルシウム、水酸化アルミニウム、無水ケイ酸、炭酸カルシウム

湿潤剤（水溶性成分）・精製水

【目的】歯磨き類の水分を保持する

【成分例】グリセリン、ソルビット

（イメージ図）

※成分例は、医薬部外品の表示名称で記載しています

発泡剤

【目的】歯磨き時に泡立ち、有効成分を口の中に広めたり、口の中の汚れを落とす

【成分例】ラウリル硫酸ナトリウム、ポリオキシエチレン硬化ヒマシ油

粘結剤

【目的】粉体と液体成分を混ぜ合わせて、適度な粘度を与える

【成分例】カルボキシメチルセルロースナトリウム、アルギン酸ナトリウム、カラギーナン

香味剤

【目的】爽快感や甘み、香りをつけ、歯磨き類を使いやすくする

【成分例】サッカリンナトリウム（甘み）、ℓ-メントール（爽快感）など

〈歯磨き類の薬用成分〉

虫歯の発生・進行の予防

歯質強化作用（耐酸性の向上、再石灰化）
- フッ化ナトリウムなど

殺菌作用
- IPMP［部イソプロピルメチルフェノール］、
- CPC［部塩化セチルピリジニウム］など

歯石の形成・沈着を防ぐ

歯石予防作用
- ポリリン酸ナトリウムなど

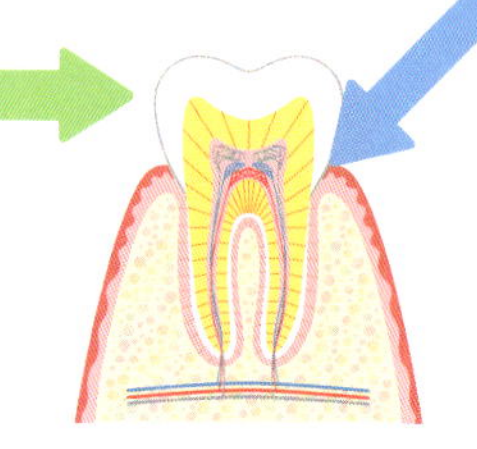

※成分例は、医薬部外品の表示名称を部で記載しています

子どもにもフッ化物でケアを！

生え始めの歯の表面にフッ化物（フッ素）を塗布することによって、虫歯に強い歯になります。また、日常的にフッ化物入りの歯磨き剤を使って歯磨きすることで虫歯の予防になりますが、**フッ化物の過剰摂取にならないように年齢に応じて適切な量を使用しましょう**。

年齢	目安となる使用量（約２cmの歯ブラシで）	フッ化物濃度
歯が生えてから２歳	米粒程度（１～２mm程度）	1000ppmF
3～5歳	グリーンピース程度（５mm程度）	
6歳～成人・高齢者	歯ブラシ全体（1.5cm～２cm）	1500ppmF

＊「フッ化物配合歯磨剤の推奨される利用方法について」
（日本小児歯科学会・日本口腔衛生学会・日本歯科保存学会・日本老年歯科医学会）

シーンで使い分ける　液体歯磨き、洗口液

液体歯磨きは、歯磨き剤の代わりとして口に含み、**すすいで吐き出した後ブラッシングを行います。洗口液**は、口を爽快にしたり口臭を防ぐために、歯磨き剤でブラッシングした後に**補助的な役割で使います。どちらも液体なので口のすみずみまで行き渡りやすく、研磨剤が入っていないため、知覚過敏になりにくい**という特徴があります。

虫歯や歯周病予防には液体歯磨き、口臭ケアには洗口液がおすすめだよ。

主な構成成分

（有効成分）
湿潤剤（水溶性成分）・精製水
発泡剤・香味剤など

（イメージ図）

歯のホワイトニング

ホワイトニングは、**過酸化物（過酸化水素、過酸化尿素など）からなるホワイトニング剤により歯を漂白する方法**で、歯科専門医の診断のもと自由診療で行われています。

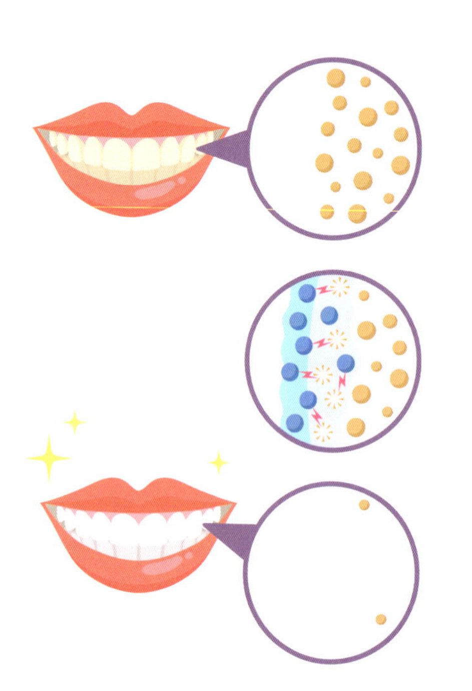

ホワイトニングのメカニズム

1 **歯が変色した状態**
歯の内部の色素が多く、歯が黄ばんで見えている状態。

2 **ホワイトニングによる色素の分解**
薬剤を塗布すると、内部まで染み込んでいき色素を分解。

3 **ホワイトニング後の白くなった歯**
徐々に色素も減り、透明感のある白い歯になった状態。

〈ホワイトニングの種類と方法〉

歯科医院で行うオフィスホワイトニングと、専用のマウスピースをつくり**自宅で行うホームホワイトニング**があります。オフィスホワイトニングは強い作用により即効性がありますが、後戻りしやすい特徴があります。一方、ホームホワイトニングはじっくり時間をかけて行うため即効性はありませんが、効果が長く続きやすいとされています。

	オフィスホワイトニング	ホームホワイトニング
使用する過酸化物	過酸化水素	過酸化尿素
方法	薬剤を歯に塗り、一定時間作用させる 光照射を併用することもある	マウスピースに薬剤を 入れて歯に装着する
効果を実感するまでの時間の目安	1～2時間の施術を1～3回 最低でも2週間はあけて施術	毎日1～2時間程度装着して 2～4週間
持続時間の目安*	約3～6カ月	約1年

＊ブラッシングの状況や歯の状態によっても異なります

歯のマニキュア

歯に塗ることで歯を白く見せる製品。主に白色顔料の**酸化チタン**を**ヒドロキシプロピルセルロース**などのポリマーでコーティングします。化粧品と雑貨の両方がありますが、不自然な白さになる場合があります。

その他のオーラルケア製品

入れ歯洗浄剤

入れ歯は汚れがたまりやすく、こまめに手入れをする必要があります。**通常の歯磨き剤などで入れ歯を磨くと、研磨剤により入れ歯の表面に傷がついてしまい、細菌の繁殖を招きやすくなる**ので、入れ歯洗浄剤に**つけ置き**しましょう。**つけ置き**しただけでは汚れは落ちずにたまっていき、固まって**歯石**になることもあるため、歯磨き剤をつけずに**入れ歯用のブラシでブラッシング**をしましょう。**入れ歯洗浄剤は雑貨**です。

マウススプレー

一般的にハッカ油などが配合された、**清涼感の強い香りが特徴の口臭ケア製品**です。粒状やトローチなどもありますが、液状のマウススプレーが多く、洗口液と異なり吐き出さないのが特徴です。食品もありますが、ハッカ油にも含まれる**l-メントール**が配合され、その**殺菌作用により口臭の原因となる口内の雑菌を減らす**ことで、吐き気や口臭などの不快感を防止する**医薬部外品の口中清涼剤**もあります。

サプリメント

近年はコンビニや
デリバリーなどで簡便に食事を
摂ることができるようになりましたが、
バランスよく栄養を摂取することは
難しくもなっています。
そのような食生活の中で注目されているのが
サプリメント（健康食品）の存在。
主な成分や効果などを
知っておきましょう。

18 食生活をサポートする健康食品
サプリメント

サプリメント（健康食品）とは、食事で不足する栄養素を補うものを意味します。法律上は医薬品ではなく**食品**に分類されますが、過剰に摂ったり、薬との飲み合わせなどにより不調をきたすこともあるため、正しく理解することが大切です。

医薬品とサプリメントの違い

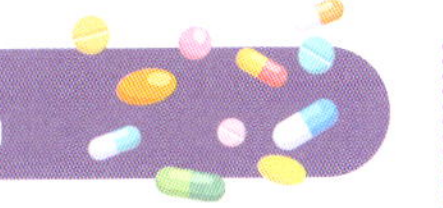

	医薬品	サプリメント
効果	病気の**治療**や予防を目的としたもので、薬効成分が身体へ働きかける。効能・効果が高い反面、副作用を伴うことがある	身体に必要な栄養素を補い、**健康の維持、増進**が目的。健康や美容の維持のために摂る
摂取期間	病気の**治療**や予防のために、服用量・服用期間について**用法用量が個別に指定される**	栄養補助を目的とし、**摂取期間などに決まりはない**。必要に応じて摂る
入手方法	主に、医師が発行する処方せんをもとに病院や薬局、ドラッグストアで受け取る方法（**医療用医薬品**）と、薬局やドラッグストアで購入する方法（**一般用（OTC）医薬品**）の2通りがある。一般用医薬品の一部は**ネットショッピング**でも購入できる	**薬局**や**ドラッグストア**、**スーパー**、**ネットショッピング**などで購入できる

サプリメントにまつわるルール

現在、サプリメントを規制する単独の法律はありませんが、**食品の安全性を守るための基本的な方針に関する食品安全基本法、品質に関する食品衛生法、表示や広告に関する健康増進法や食品表示法、景品表示法など**の規制を受けています。

サプリメントを規制する主な法律

	主な内容	製造	販売・営業	表示・広告
食品衛生法	飲食による健康被害の発生を防止	●	●	
健康増進法	虚偽・誇大広告を禁止			●
食品表示法	消費者が購入するときに、正しく理解、選択するための表示を規定			●*
景品表示法	不当表示を禁止、景品類を制限・禁止		●	●

＊表示のみ

《 サプリメントの種類 》

サプリメントは、国が定めた安全性や有効性に関する基準などに従って**食品の機能性を表示できるもの（保健機能食品）と、表示できないもの（一般食品）に分類**されます。

＼機能性の表示ができない／

一般食品
（いわゆる健康食品）
栄養補助食品、**健康補助食品**、**栄養調整食品**といった表示で販売されている食品

＼機能性の表示ができる／

保健機能食品
特定保健用食品（トクホ）、**栄養機能食品**、**機能性表示食品**の３つがある

	認証方式	対象成分	可能な機能性表示	マーク
特定保健用食品（トクホ）	**【個別許可】**食品ごとに有効性や安全性などに対して**国（消費者庁長官）の審査を受け、許可が必要**	**許可**された成分（体の中で成分がどのように働いているか、というしくみが明らかになっている成分）	健康の維持、増進に役立つ、特定の保健の用途（特定の目的や効果）を表示（**疾病**（しっぺい）**リスクの低減に資する旨を含む**）【例：糖の吸収を穏やかにします。】	消費者庁許可 特定保健用食品 消費者庁許可 条件付き 特定保健用食品
栄養機能食品	**【届出不要】**国（消費者庁）が定めた一定の基準量の栄養成分が含まれている場合、**自己認証**	**ビタミン13**種類 **ミネラル６**種類 **脂肪酸１**種類	栄養成分の機能の表示（国が定める**定型文**）【例：カルシウムは、骨や歯の形成に必要な栄養素です。】	なし
機能性表示食品	**【事前届出】**販売前に安全性と機能性の科学的根拠などの資料を**国（消費者庁長官）に届出**し、事業者の責任で表示	**届出**した成分（体の中で成分がどのように働いているか、というしくみが明らかになっている成分（栄養成分は除く））	健康の維持、増進に役立つ機能性を表示（**疾病リスクの低減に資する旨を除く**）【例：Aが含まれ、Bの機能があることが報告されています。】	なし

※機能性表示食品は、消費者庁により2015年4月1日から施行された制度です

〈 保健機能食品とその効果 〉

保健機能食品の対象になる栄養成分の効果と、機能表示について知りましょう。

特定保健用食品（トクホ）

関与する成分	栄養機能表示
米胚芽由来 グルコシルセラミド	肌の水分を逃しにくくするため、**肌の乾燥が気になる方**に適しています。

栄養機能食品

各栄養成分について基準量が含まれている場合に表示できる機能表示と、各栄養成分が含まれている主な食品の例を紹介します。食事の参考にしましょう。

	栄養成分	栄養機能表示	含有食品（例）
脂溶性ビタミン	ビタミンA	ビタミンAは、**夜間の視力の維持を助ける**栄養素です。 ビタミンAは、**皮膚や粘膜の健康維持を助ける**栄養素です。	レバー、にんじん、かぼちゃ、うなぎ、春菊
	ビタミンD	ビタミンDは、腸管での**カルシウムの吸収を促進し、骨の形成を助ける**栄養素です。	きくらげ、塩辛、舞茸、しらす干し
	ビタミンE	ビタミンEは、**抗酸化作用により、体内の脂質を酸化から守り、細胞の健康維持を助ける**栄養素です。	たらこ、落花生、植物油、ゴマ、アーモンド
	ビタミンK	ビタミンKは、正常な血液凝固能を維持する栄養素です。	玉露（ぎょくろ）、海苔

	栄養成分	栄養機能表示	含有食品（例）
水溶性ビタミン	ビタミンB_1	ビタミンB_1は、**炭水化物**からのエネルギー産生と**皮膚や粘膜の健康維持を助ける**栄養素です。	豚肉、米
	ビタミンB_2	ビタミンB_2は、**皮膚や粘膜の健康維持を助ける**栄養素です。	レバー、しいたけ
	ナイアシン	ナイアシンは、**皮膚や粘膜の健康維持を助ける**栄養素です。	たらこ、かつお節
	パントテン酸	パントテン酸は、**皮膚や粘膜の健康維持を助ける**栄養素です。	鶏肉、うなぎ
	ビタミンB_6	ビタミンB_6は、**たんぱく質**からのエネルギーの産生と**皮膚や粘膜の健康維持を助ける**栄養素です。	にんにく、マグロ
	ビオチン	ビオチンは、**皮膚や粘膜の健康維持を助ける**栄養素です。	ブロッコリー、舞茸
	葉酸	葉酸は、赤血球の形成を助ける栄養素です。 葉酸は、**胎児の正常な発育に寄与する**栄養素です。	海苔、モロヘイヤ
	ビタミンB_{12}	ビタミンB_{12}は、**赤血球の形成**を助ける栄養素です。	しじみ、あさり
	ビタミンC	ビタミンCは、**皮膚や粘膜の健康維持を助ける**とともに、**抗酸化作用を持つ**栄養素です。	ブロッコリー、赤ピーマン、キウイフルーツ、柑橘類、アセロラ

	栄養成分	栄養機能表示	含有食品（例）
ミネラル	亜鉛	亜鉛は、味覚を正常に保つのに必要な栄養素です。 亜鉛は、**皮膚や粘膜の健康維持を助ける**栄養素です。 亜鉛は、たんぱく質・核酸の代謝に関与して、健康の維持に役立つ栄養素です。	牛肉　小麦　ラム肉　牡蠣
	カリウム	カリウムは、正常な**血圧**を保つのに必要な栄養素です。	海藻類　コーヒー　パセリ
	カルシウム	カルシウムは、**骨や歯の形成**に必要な栄養素です。	エビ　こんにゃく　エンドウ
	鉄	鉄は、**赤血球を作る**のに必要な栄養素です。	カツオ　納豆　小松菜
	銅	銅は、赤血球の形成を助ける栄養素です。 銅は、多くの**体内酵素の正常な働きと骨の形成**を助ける栄養素です。	イカ　タコ　紅茶
	マグネシウム	マグネシウムは、**骨や歯の形成**に必要な栄養素です。 マグネシウムは、多くの**体内酵素の正常な働き**とエネルギー産生を助けるとともに、**血液循環を正常に保つ**のに必要な栄養素です。	海藻類　バジル　かぼちゃ
脂肪酸	n-3系脂肪酸	n-3系脂肪酸は、**皮膚の健康維持を助ける**栄養素です。	サバ　イワシ　アマニ油

サプリメントの摂り方

サプリメントは食品であるため、いつどのように摂るかに決まりはありません。基本的には、消化活動が活発になっている**食後に摂った方が効率よく吸収される**といわれていますが、成分の特性から異なるタイミングで摂ることが推奨されている場合もあります。

種類		摂り方（例）
水溶性ビタミン類		体内に蓄えられる量に限度があるため、**1日2〜3回に分けて食後に摂る**。**ビタミンCはコラーゲンの産生を助ける働きがある**ため、美容系のサプリメントと同様に**就寝前**に摂るのがよい
脂溶性ビタミン類		**食事中**や**食後**にすぐ摂る。**油分**が多い食品と一緒に摂ると効果的
ミネラル類		**カルシウムやマグネシウムは水に溶けるとアルカリ性**のため、胃酸を中和して消化不良を起こさないよう**食前**に摂る
プロテイン・アミノ酸類	通常時	食品に含まれるタンパク質が優先的に消化・吸収されるため、**空腹時**に摂るのが効果的
	トレーニング時	**トレーニング直前から直後まで、少しずつ摂る**のがベスト。特に**トレーニング直後から30分間はゴールデンタイム**とよばれる時間帯で、効果が高いとされる
ダイエット系	吸収抑制	糖や脂肪の吸収を抑えるサプリメントは、**食前**や**食後**などが効率的
	食欲抑制	**食前**に摂る
	代謝促進	**運動前**や**運動中**に摂る
美容系		**睡眠中には成長ホルモンが活発に分泌**され肌が修復されるため、**就寝前**がよい

※一般的な目安であり製品により異なります

※医薬品以外のものには、医薬品との誤認を招かないように摂る**①時間②量③摂り方④対象を表示することはできません**

サプリメントは水と一緒に摂ろう！

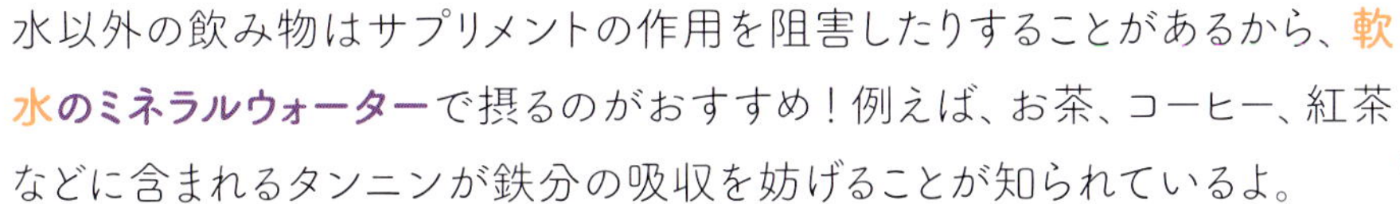

水以外の飲み物はサプリメントの作用を阻害したりすることがあるから、**軟水のミネラルウォーター**で摂るのがおすすめ！例えば、お茶、コーヒー、紅茶などに含まれるタンニンが鉄分の吸収を妨げることが知られているよ。

数字をよく見て成分量をCheck

サプリメントを選ぶ際、自分が求める**栄養成分が入っているか**に加えてその**成分の含有量**もチェックしましょう。

同じ成分のサプリメントでも下のような表示がある場合、一見Bの製品の方が内容量が多いため成分含有量も多いように見えてしまいます。しかし、成分含有量ではAの方が多いのです。パッケージの表示などから読み取れるようになりましょう。

Aサプリ	Bサプリ
内容量300g(100粒)で 1粒にコラーゲン2000mg含有	内容量400g(100粒)で 1粒にコラーゲン1000mg含有
↓	↓
コラーゲンの量は 2000mg×100粒＝200g	コラーゲンの量は 1000mg×100粒＝100g
↓	↓
内容量 300g コラーゲン 200g	内容量 400g コラーゲン 100g

＞

Aサプリの方がコラーゲンの含有量が多い

美にまつわる
格言・名言

医食同源（いしょくどうげん）

【ことわざ】

人間の体は食材から得る栄養素でつくられており、
食事は健康な身体をつくるための基本になる。
「食べるものと、薬になるものの源は同じ」という考え方があります。

思考に気をつけなさい、
それはいつか言葉になるから。
言葉に気をつけなさい、
それはいつか行動になるから。
行動に気をつけなさい、
それはいつか習慣になるから。
習慣に気をつけなさい、
それはいつか性格になるから。
性格に気をつけなさい、
それはいつか運命になるから。

【マザー・テレサ】

資格を取ることで、自分の可能性が広がります。新しい一歩を踏み出してみませんか？
美しくて素敵な未来があなたを待っています。

PART

04

化粧品にまつわるルール

化粧品は肌や髪などに直接触れるもの。
それらを製造、販売し、多くの人に安全に使ってもらうために
さまざまなルールが存在します。
化粧品業界で働きたい人には特に必要な知識です。

化粧品の品質と有効性、安全性を守るための法律

1 化粧品と医薬品医療機器等法

化粧品のルール

《医薬品医療機器等法（薬機法）》

化粧品は主に、厚生労働省が所管する「医薬品、医療機器等の品質、有効性及び安全性の確保等に関する法律」（略称：医薬品医療機器等法（以下、文中では薬機法と記載））により規制されています。

品目	医薬品	医薬部外品	化粧品	医療機器	再生医療等製品
目的	これらの品質、有効性、安全性を確保するために必要な規制を定めて、保健衛生の向上を図ること				
主な対象	上記５つの製品の、製造・輸入・販売・広告を行う会社や個人 ※健康食品や雑貨も、医薬品や化粧品であるかのような訴求をした場合、それを製造、輸入、販売、広告を行う会社も薬機法の適用をうける可能性がある				

薬機法では、**化粧品や医薬部外品の定義、製造、販売、表示、広告、品質**などに関して、さまざまな規制や制度を設けています。薬機法を中心に関連する法律や自主基準についても解説します。

※1〜6の数字は、本テキストPART4.化粧品にまつわるルール内の解説順に合わせています

※各数字に付記したアイコンは化粧品にまつわるルールを定めた法律や規約などを分かりやすくアイコンにしたものです。アイコンを取り囲む形が楕円のものは法律、四角のものは自主基準です。法律と関連している自主基準は法律と同じ色のアイコンになっています

2 化粧品の定義

法律で明確に定められています

04 化粧品にまつわるルール

化粧品とは？

検定POINT

普段私たちが**化粧品とよんでいるもの（いわゆる化粧品）は、薬機法によって「（一般）化粧品」と「薬用化粧品（医薬部外品）」に分けられます。「薬用化粧品」は「医薬部外品」に含まれ、化粧品と医薬品の間**に位置づけられます。医薬部外品には、薬用化粧品のほかに染毛剤、パーマネント・ウェーブ用剤、浴用剤、育毛剤、除毛剤などがあります。

医薬部外品

いわゆる化粧品

薬用化粧品

例）洗顔料・化粧水・クリーム・美容液など

（一般）化粧品

例）洗顔料・化粧水・クリーム・美容液など

例）ヘアトニック・浴用化粧料・歯磨き類など

薬用化粧品以外の医薬部外品

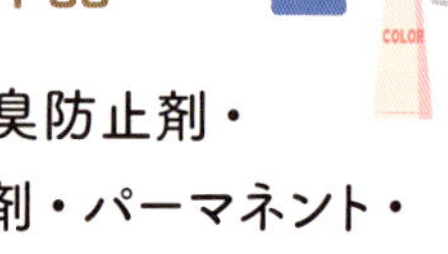

例）殺虫剤・殺そ剤・腋臭防止剤・育毛剤（養毛剤）・染毛剤・パーマネント・ウェーブ用剤・浴用剤・薬用歯磨き類など

医薬部外品の定義

口臭や体臭の防止、あせも・ただれなどの防止、脱毛の防止、育毛や除毛など「**特定の目的のために使用されるもの**」であって、化粧品と同じく「人体に対する作用が緩和なもの」および厚生労働大臣が指定するもの

（一般）化粧品の定義

「人の身体を清潔にし、美化し、魅力を増し、容ぼうを変え、又は皮膚若しくは毛髪を健やかに保つために、身体に塗擦、散布その他これらに類似する方法で使用されることが目的とされているもの」で「人体に対する作用が緩和なもの」

《（一般）化粧品と薬用化粧品の違い》

「薬用化粧品（医薬部外品）」が「（一般）化粧品」と大きく異なるところは、**有効成分は効能・効果が認められた量が配合**されており、その効能・効果（有効性）や安全性について**厚生労働省が審査、承認している**という点です。そのため、**認められた効能・効果を製品に表示することができます。**

品目	認証方式	有効成分の配合	主な目的	例
医薬品	厚生労働大臣の承認	あり	疾病の治療	手足のひび、あかぎれを改善する白色ワセリン（第3類医薬品）
薬用化粧品	厚生労働大臣の承認	あり	肌トラブルの予防	有効成分ビタミンC誘導体を配合した薬用美白オイル
（一般）化粧品	各都道府県への届出	なし	身体を清潔に保ち、見た目を美しくする	肌を保湿するスキンケアオイル
雑貨	なし	なし	香りを楽しむなど	身体に使用しない、香りを楽しむアロマオイル

薬用化粧品の方が美容成分の量が多いの？

薬用化粧品には、**製品ごとに認められた量の有効成分が配合**されており、**承認内容に基づいた効能・効果を表示する**ことができます。一方で、**化粧品は美容成分の量や濃度に規定がない**ため、化粧品メーカーが品質と安全性を担保した上で微量配合したものから薬用化粧品の配合濃度を大きく超えた高濃度のものまでさまざまです。

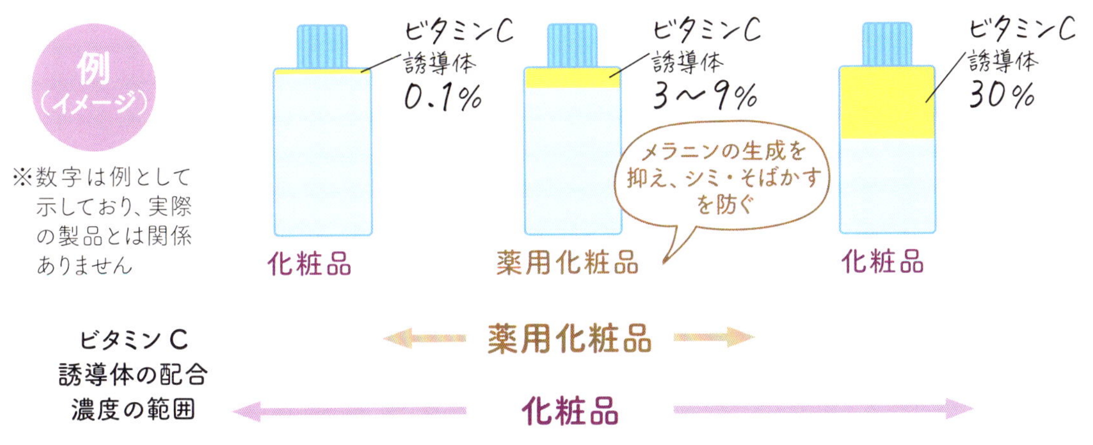

表現や文言に細かい決まりがあります

3 化粧品の広告やPRのためのルール

化粧品の広告にはどのような表現でも許されているわけではなく、厳しい規制があります。化粧品の広告やPRを行う場合に注意しなくてはならない主な法律は、「**薬機法**」と「**不当景品類及び不当表示防止法**」（略称：**景品表示法**（以下、文中は景表法と記載））の2つです。

医薬品医療機器等法（薬機法）と医薬品等適正広告基準

「**薬機法**」では主に**虚偽や誇大な広告を禁止**しており、対象者は「**何人も**」。つまり、**広告を行う事業者だけでなく、広告代理店やアフィリエイターなどの個人も対象**になります。さらに、厚生労働省では薬機法をわかりやすく解釈するためにどのような広告表現が違反になるのかを「**医薬品等適正広告基準**」としてまとめています。

化粧品等の適正広告ガイドライン

法律ではありませんが、化粧品の業界団体である**日本化粧品工業会が作成した自主基準**です。より具体的な判断の目安として、広告表現事例の可否が記されています。

広告って何をさしているの？

薬機法では、**3つの項目をすべて満たす場合に**「**広告**」とみなされて表現が規制されることになるよ！

1

顧客を誘引する（顧客の購入意欲を増進（ぞうしん）させる）**意図が明確**であること

売りたい（買わせたい）という意図が明らか

2

特定医薬品等の**商品名が明らか**にされていること

該当する商品名がわかる

3

一般人が認知できる状態であること

消費者が、その情報に接することができる

《化粧品の広告表現を規制する法律や基準》

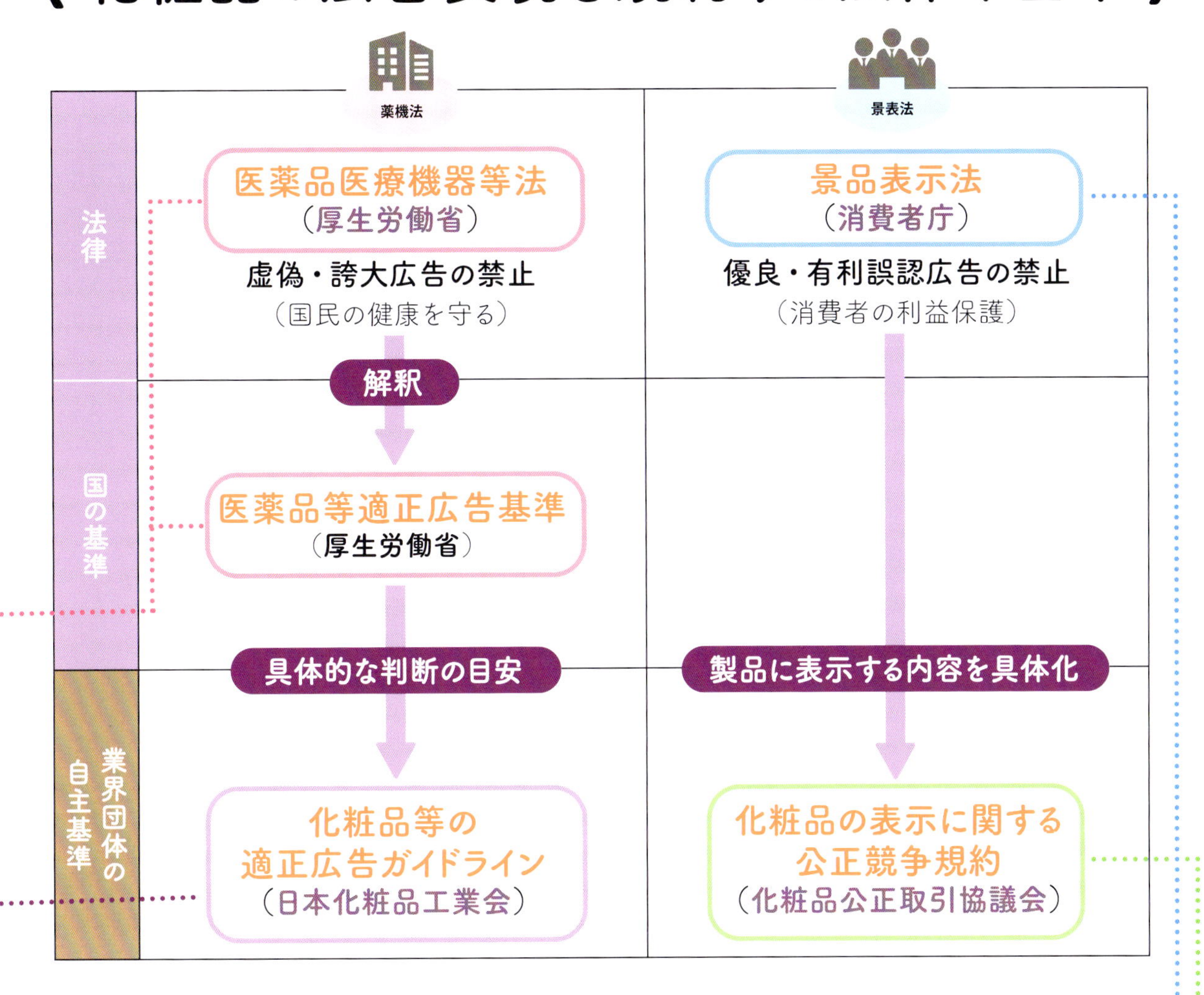

景品表示法（景表法）

消費者庁が所管し、消費者の利益を保護するという観点から、化粧品に限らずすべての商品やサービスを規制しています。**対象者は広告を行う事業者だけ**で、化粧品の広告では、製品を実際よりも**著しくよい（優良）と見せていないか**、価格や購入条件が**著しく有利だと勘違いさせていないか**、がポイントになります。

化粧品の表示に関する公正競争規約

法律ではありませんが、業界がつくる**化粧品公正取引協議会が作成した自主基準**です。景表法に基づき、不当に顧客を誘引することを防止する目的で、化粧品への表示に関する具体的な事項やその内容を定めています。

効能・効果の範囲

薬機法

薬機法では、事実であれば標ぼう可能な**（一般）化粧品の効能の範囲**（P203の表1）や、**医薬部外品の効能・効果の範囲**（P204の表2、P205の表3）を定めているため、その**定められた範囲を超えて表示することができません**。誇大な広告によって消費者が効能・効果を誤認し、**健康被害を受けることがない**よう厳しい規制が設けられているのです。

店頭での口頭説明も規制対象になる？

化粧品を販売する際、美容部員の方がお客さまに対して店頭で製品の紹介をすることがありますが、この内容も**薬機法**の規制対象になります。**文字による広告表現だけでなく、口頭での説明も効能・効果の範囲にとどめる必要**があります。

表1 《化粧品の効能の範囲》

区分	効能
頭皮・毛髪	(1)頭皮、毛髪を清浄にする。 (2)香りにより毛髪、頭皮の不快臭を抑える。 (3)頭皮、毛髪をすこやかに保つ。 (4)毛髪にはり、こしを与える。 (5)頭皮、毛髪にうるおいを与える。 (6)頭皮、毛髪のうるおいを保つ。 (7)毛髪をしなやかにする。 (8)クシどおりをよくする。 (9)毛髪のつやを保つ。 (10)毛髪につやを与える。 (11)フケ、カユミがとれる。 (12)フケ、カユミを抑える。 (13)毛髪の水分、油分を補い保つ。 (14)裂毛、切毛、枝毛を防ぐ。 (15)髪型を整え、保持する。 (16)毛髪の帯電を防止する。
皮膚（洗浄）	(17)（汚れをおとすことにより）皮膚を清浄にする。 (18)（洗浄により）ニキビ、アセモを防ぐ（洗顔料）。
皮膚	(19)肌を整える。 (20)肌のキメを整える。 (21)皮膚をすこやかに保つ。 (22)肌荒れを防ぐ。 (23)肌をひきしめる。 (24)皮膚にうるおいを与える。 (25)皮膚の水分、油分を補い保つ。 (26)皮膚の柔軟性を保つ。 (27)皮膚を保護する。 (28)皮膚の乾燥を防ぐ。 (29)肌を柔らげる。 (30)肌にはりを与える。 (31)肌にツヤを与える。 (32)肌を滑らかにする。
皮膚	(33)ひげを剃りやすくする。 (34)ひげそり後の肌を整える。 (35)あせもを防ぐ（打粉）。 (36)日やけを防ぐ。 (37)日やけによるシミ、ソバカスを防ぐ。*1
香り	(38)芳香を与える。
爪	(39)爪を保護する。 (40)爪をすこやかに保つ。 (41)爪にうるおいを与える。
口唇	(42)口唇の荒れを防ぐ。 (43)口唇のキメを整える。 (44)口唇にうるおいを与える。 (45)口唇をすこやかにする。 (46)口唇を保護する。口唇の乾燥を防ぐ。 (47)口唇の乾燥によるカサツキを防ぐ。 (48)口唇を滑らかにする。
歯・口中	(49)ムシ歯を防ぐ（使用時にブラッシングを行う歯みがき類）。 (50)歯を白くする（使用時にブラッシングを行う歯みがき類）。 (51)歯垢を除去する（使用時にブラッシングを行う歯みがき類）。 (52)口中を浄化する（歯みがき類）。 (53)口臭を防ぐ（歯みがき類）。 (54)歯のやにを取る（使用時にブラッシングを行う歯みがき類）。 (55)歯石の沈着を防ぐ（使用時にブラッシングを行う歯みがき類）。
皮膚	(56)乾燥による小ジワを目立たなくする。*2

＊2011年通知引用

注1）たとえば、「補い保つ」は「補う」あるいは「保つ」との効能でも可とする
注2）「皮膚」と「肌」の使い分けは可とする
注3）（ ）内は、効能には含めないが、使用形態から考慮して、限定するものである
＊1（36）（37）は紫外線カット効果のある化粧品のみ
＊2（56）は2011年に追加されたもの。日本香粧品学会の「化粧品機能評価法ガイドライン」（効能評価試験）に基づく試験またはそれと同等以上の適切な試験を行い、**その効果を確認した場合に限る**

この表以外にも、「化粧品くずれを防ぐ」「小ジワを目立たなく見せる」「みずみずしい肌に見せる」などのメイクアップ効果や、「清涼感を与える」「爽快にする」などの使用感については、**事実に反しない限り、表示したり広告することができる**よ。スキンケアやボディケア化粧品などでも、メイクアップ効果や使用感について事実であれば表現することができるよ。

表2 《薬用化粧品の効能・効果の範囲》

検定POINT

（一般）化粧品と薬用化粧品（医薬部外品）の表現は一部同じものもありますが、薬用化粧品だけに認められている表現が多くあります。基本的に、**薬用化粧品は承認されれば（一般）化粧品の効能の範囲も表示することができます**が、承認された効能・効果を表示せずに、（一般）化粧品の効能のみを表示することはできません。

種類	効能・効果
1. シャンプー	★ふけ・かゆみを防ぐ。 ★毛髪・頭皮の汗臭を防ぐ。 毛髪・頭皮を清浄にする。 毛髪・頭皮をすこやかに保つ。 毛髪をしなやかにする。 （二者択一）
2. リンス	★ふけ・かゆみを防ぐ。 ★毛髪・頭皮の汗臭を防ぐ。 毛髪の水分・脂肪を補い保つ。裂毛・切毛・枝毛を防ぐ。 毛髪・頭皮をすこやかに保つ。 毛髪をしなやかにする。 （二者択一）
3. 化粧水	★肌あれ。あれ性。 ★あせも・しもやけ・ひび・あかぎれ・にきびを防ぐ。 ★油性肌。 ★かみそりまけを防ぐ。 ★日やけによるしみ・そばかすを防ぐ。（注1） ★日やけ・雪やけ後のほてりを防ぐ。 肌をひきしめる。肌を清浄にする。肌を整える。 皮膚をすこやかに保つ。皮膚にうるおいを与える。
4. クリーム、乳液、ハンドクリーム、化粧用油	★肌あれ。あれ性。 ★あせも・しもやけ・ひび・あかぎれ・にきびを防ぐ。 ★油性肌。 ★かみそりまけを防ぐ。 ★日やけによるしみ・そばかすを防ぐ。（注1） ★日やけ・雪やけ後のほてりを防ぐ。 肌をひきしめる。肌を清浄にする。肌を整える。 皮膚をすこやかに保つ。皮膚にうるおいを与える。 皮膚を保護する。皮膚の乾燥を防ぐ。
5. ひげそり用剤	★かみそりまけを防ぐ。 皮膚を保護し、ひげをそりやすくする。
6. 日やけ止め剤	★日やけ・雪やけによる肌あれを防ぐ。 日やけ・雪やけを防ぐ。 日やけによるしみ・そばかすを防ぐ。（注1） 皮膚を保護する。
7. パック	★肌あれ。あれ性。 ★にきびを防ぐ。 ★油性肌 。 ★日やけによるしみ・そばかすを防ぐ。（注1） ★日やけ・雪やけ後のほてりを防ぐ。 肌をなめらかにする。 皮膚を清浄にする。
8. 薬用石けん（洗顔料を含む）	＜殺菌剤主剤のもの＞ ★皮膚の清浄・殺菌・消毒。 ★体臭・汗臭及びにきびを防ぐ。 ＜消炎剤主剤のもの＞ ★皮膚の清浄、にきび・かみそりまけ及び肌あれを防ぐ。

＊2007年事務連絡引用

注1）**作用機序によっては、「メラニンの生成を抑え、しみ・そばかすを防ぐ。」も認められる**

注2）上記に関わらず、化粧品の効能の範囲のみを標ぼうするものは、医薬部外品としては認められない

※薬用化粧品だけに認められた効能・効果の文頭に★マークをつけています

以下の効能・効果も新たに承認されたよ！
・**皮膚水分保持能の改善**（2001年） ・**メラニンの蓄積を抑え、しみ・そばかすを防ぐ**（2004年） ・**皮脂分泌を抑制する**（2015年） ・**シワを改善する**（2016年） ・**頭皮の皮膚水分保持能を改善する**（2020年）

表3《医薬部外品の効能・効果の範囲》

医薬部外品の種類	使用目的の範囲と原則的な剤型		効能又は効果の範囲
	使用目的	主な剤型	効能又は効果
1.口中清涼剤	吐き気その他の不快感の防止を目的とする内服剤である。	丸剤、板状の剤型、トローチ剤、液剤。	口臭、気分不快。
2.腋臭防止剤	体臭の防止を目的とする外用剤である。	液剤、軟膏剤、エアゾール剤、散剤、チック様のもの。	わきが（腋臭）、皮膚汗臭、制汗。
3.てんか粉類	あせも、ただれ等の防止を目的とする外用剤である。	外用散布剤。	あせも、おしめ（おむつ）かぶれ、ただれ、股ずれ、かみそりまけ。
4.育毛剤（養毛剤）	脱毛の防止及び育毛を目的とする外用剤である。	液状、エアゾール剤。	育毛、薄毛、かゆみ、脱毛の予防、毛生促進、発毛促進、ふけ、病後・産後の脱毛、養毛。
5.除毛剤	除毛を目的とする外用剤である。	軟膏剤、エアゾール剤。	除毛。
6.染毛剤（脱色剤、脱染剤）	毛髪の染色、脱色又は脱染を目的とする外用剤である。毛髪を単に物理的に染毛するものは医薬部外品には該当しない。	粉末状、打型状、エアゾール、液状又はクリーム状等。	染毛、脱色、脱染。
7.パーマネント・ウェーブ用剤	毛髪のウェーブ等を目的とする外用剤である。	液状、ねり状、クリーム状、エアゾール、粉末状、打型状の剤型。	毛髪にウェーブをもたせ、保つ。くせ毛、ちぢれ毛又はウェーブ毛髪をのばし、保つ。
8.衛生綿類	衛生上の用に供されることが目的とされている綿類（紙綿類を含む）である。	綿類、ガーゼ。	生理処理用品については生理処理用、清浄用綿類については乳児の皮膚・口腔の清浄・清拭又は授乳時の乳首・乳房の清浄・清拭、目、局部、肛門の清浄・清拭。
9.浴用剤	原則としてその使用法が浴槽中に投入して用いられる外用剤である（浴用石けんは浴用剤には該当しない）。	散剤、顆粒剤、錠剤、軟カプセル剤、液剤、粉末状、粒状、打型状、カプセル、液状等。	あせも、荒れ性、打ち身、くじき、肩の凝り、神経痛、湿しん、しもやけ、痔、冷え性、腰痛、リウマチ、疲労回復、ひび、あかぎれ、産前産後の冷え性、にきび。
10.薬用化粧品（薬用石けんを含む）	化粧品としての使用目的を併せて有する化粧品類似の剤型の外用剤である。	液状、クリーム状、ゼリー状の剤型、固型、エアゾール剤。	（P204表2を参照）
11.薬用歯みがき類	化粧品としての使用目的を有する通常の歯みがきと類似の剤型の外用剤である。	ペースト状、液状、液体、粉末状、固形、潤製。	歯を白くする、口中を浄化する、口中を爽快にする、歯周炎（歯槽膿漏）の予防、歯肉炎の予防。歯石の沈着を防ぐ。むし歯を防ぐ、むし歯の発生及び進行の予防、口臭の防止、タバコのやに除去、歯がしみるのを防ぐ。
12.忌避剤	はえ、蚊、のみ等の忌避を目的とする外用剤である。	液状、チック様、クリーム状の剤型。エアゾール剤。	蚊成虫、ブユ（ブヨ）、サシバエ、ノミ、イエダニ、トコジラミ（ナンキンムシ）等の忌避。
13.殺虫剤	はえ、蚊、のみ等の駆除又は防止の目的を有するものである。	マット、線香、粉剤、液剤、エアゾール剤、ペースト状の剤型。	殺虫。はえ、蚊、のみ等の衛生害虫の駆除又は防止。
14.殺そ剤	ねずみの駆除又は防止の目的を有するものである。		殺そ。ねずみの駆除、殺滅又は防止。
15.ソフトコンタクトレンズ用消毒剤	ソフトコンタクトレンズの消毒を目的とするものである。		ソフトコンタクトレンズの消毒。

＊1995年通知引用

検定POINT

化粧品のPR表現で、特に気をつけたいもの

（一般）化粧品や薬用化粧品を広告するときの基本は、**（一般）化粧品の場合は効能の範囲、薬用化粧品の場合はその製品で承認された個々の効能・効果の範囲**を超えた表現や、「肌トラブルが治る」のような**医薬品的な表現をしない**ことです。

ここでは、薬機法の内容について、より具体的な事例を加えて解説した『**化粧品等の適正広告ガイドライン**＊』の内容を見てみましょう。

＊2020年版参照

※表現は言葉だけでなく、文字の大きさや色使い、イラストなど広告全体で判断されるよ。紹介した事例が、いついかなる場合においても問題のない表現であるとは断言できないから注意してね！

1. 成分・原材料

誇大な表現はNG

・「**デラックス処方**」などは**誇大な表現のためNG**

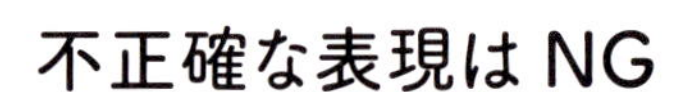

不正確な表現はNG

・「各種アミノ酸配合！」のように「**各種**……」「**数種**……」は、**不正確な表現**で、誤認させやすいのでNG。ただし、その該当する成分名が具体的に全部併記されている場合は表現できる（以下、可とする）

・「**無添加**」などの表現を単に表示するのは、**何を添加していないのか不明で不正確な表現のためNG**。ただし、添加していない成分などを明示して、安全性の保証にならなければ可

特定成分の表現は原則NG

・化粧品において特定の成分を表現することは、あたかもその成分が有効成分であるかのような誤解を生じるため、原則としてNG。ただし、特定成分に**配合目的**を併記するなどの場合は可。化粧品で成分の配合目的を表示する際、「**肌荒れ改善成分**」「**抗酸化成分**」「**美肌成分**」「**美容成分**」「**エイジングケア成分**」などの表現は、その成分が**有効成分であるかのような誤解を与えたり、効能・効果の範囲を超えたりするためNG**

2. 効能・効果

単に「ニキビに」はNG

・薬用化粧品において、**単に「ニキビに」はNG**。「○○を防ぐ」という効能・効果で承認を受けているものは、単に「○○に」との表現はしないこと。この場合は「ニキビを防ぐ」なら可

強調表現への使用はNG

・「**すぐれた効果**」、「**効果大**」などを**キャッチフレーズなどの強調表現に使用するのはNG**

最大級の表現はNG

・「**最高の効果**」、「**世界一を誇る会社がつくった化粧品**」、「**効き目No.1**」などの**最大級の表現はNG**。ただし、「売上No.1」などのように効能・効果や安全性に該当しない客観的調査に基づく結果を適切に引用し、出典を明らかにした上で表現するのは可

3. 安全性

誤認させるおそれのある表現はNG

・「**敏感肌専用**」などの表現は、**特定の肌向けであることを強調することにより効能・効果や安全性などを誤認させるおそれがあるためNG**。ただし「**敏感肌用**」「**敏感肌の方向け**」**は可**

・「○○専用」など、特定の年齢層、性別、効能・効果を対象とした表現はNG

【表現可】「**子供用**」「**女性向け**」　【表現NG】「**子供専用**」「**女性専用**」

保証するような表現はNG

・「**これさえあれば**」、「**赤ちゃんにも安心**」、「**安全性は確認済み**」などは、**効能・効果や安全性を保証するような表現であるためNG**

強調して使うのはNG

・「**刺激が少ない**」、「**低刺激**」などの表現は、パッチテストなど**客観的に証明されていて、キャッチフレーズなど強調して使わなければ可。**

他にも！
使用できない表現があるよ！

✕「**お肌の弱い方**」　✕「**アレルギー性肌の方**」
✕「**刺激がない**」　✕「**安全な化粧品です**」
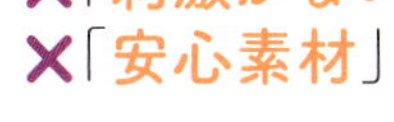
✕「**安心素材**」

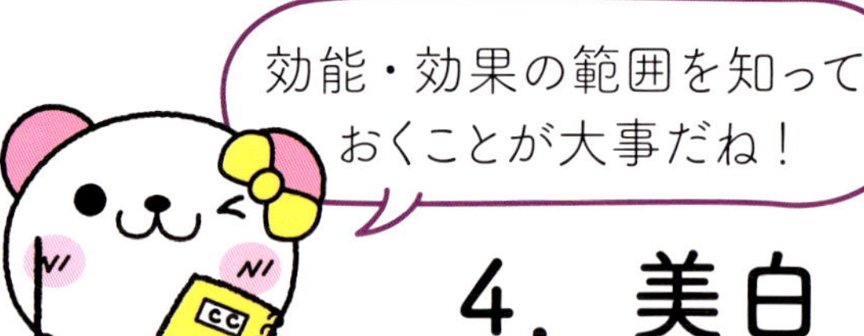

4. 美白・ホワイトニング

医薬部外品（薬用化粧品）の場合

- 「メラニンの生成を抑え、シミ・そばかすを防ぐ」という表現は、承認範囲なら可
- 「美白」や「ホワイトニング」などを表現する場合は、注釈などで「メラニンの生成を抑え、シミ・そばかすを防ぐ」などの承認された効能・効果を記載すること
- 「肌全体が白くなる」などの肌本来の色が変化するような表現はNG

（一般）化粧品の場合

- 「美白ファンデーション」などと表示する場合は、「メイクアップ効果により」などの注釈をつければ可
- 紫外線カット効果のある化粧品であれば、「日焼けによるシミ、そばかすを防ぐ」は可

5. 肌への浸透

効能・効果の逸脱や誇大な表現はNG

- 「肌への浸透」の表現は角層の範囲内であること。「角層へ浸透」「角層のすみずみへ」なら可
- 「肌の奥深く」や「肌内部」などの表現は、注釈で「角層まで」などの説明があっても、角層より深い部分へ浸透する印象を与えるためNG
- 化粧品等が身体に浸透するようなアニメーションを用いる場合は、効能・効果または安全性の保証的表現や虚偽、誇大な表現にならないようにすること

※「毛髪への浸透」の表現も、角化した毛髪部分の範囲内で行うこと

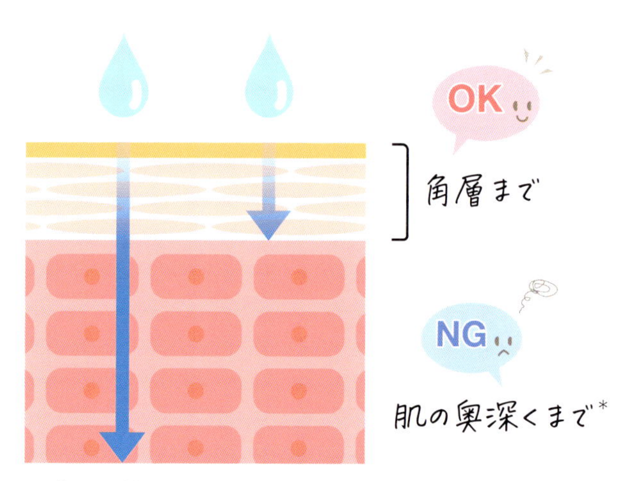

＊薬用化粧品では、作用機序によって角層より下の表皮や真皮までの浸透表現が可能な場合もある

6. エイジングケア

老化防止効果や若返り効果に関する表現は NG

・「**アンチエイジングケア**」、「若々しい素肌がよみがえるエイジングケア」など、加齢による老化防止効果や若返り効果に関する表現はNG

・「**エイジングケア**」、「年を重ねた肌にうるおいを与えるエイジングケア」などの表現は、**すぐ近くに注釈で「年齢に応じたお手入れ」と説明をすれば可**

※「エイジングケア」とは、加齢によって変化している現在の肌状態に応じて、化粧品等に認められた効能・効果の範囲内で行う、**年齢に応じた化粧品等によるお手入れ（ケア）**のこととされているよ

・「エイジングケア成分」は抗老化作用のある**有効成分であるかのような誤解を与えるためNG**

7. 他社誹謗

・「当社のセラミドは、他社とは違います！」など、化粧品等の品質、効能・効果、安全性その他について、**他社の製品を誹謗するような表現はNG**

・**他社品との比較広告はNG**。製品同士の比較広告を行う場合は、自社製品の範囲で、その対象製品の名称を明示する場合のみ可

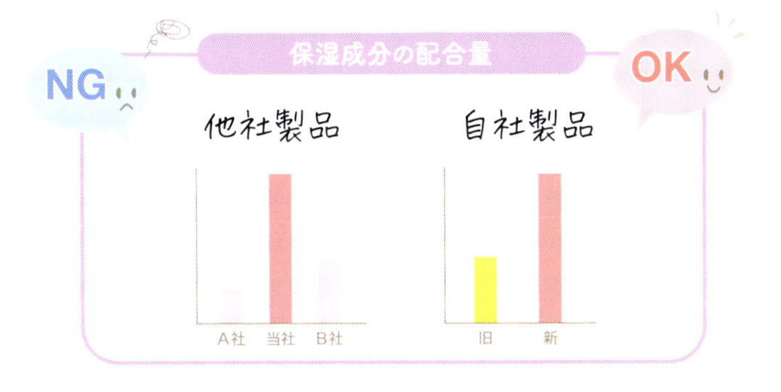

8. 医薬関係者の推せん

「**皮膚科医〇〇先生推薦！**」など医薬関係者などによる推せん広告は、消費者の認識に与える影響が大きいことから、**事実であったとしてもNG**

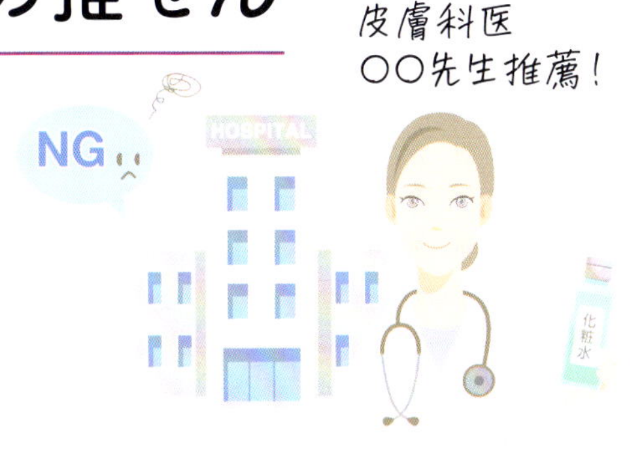

4 消費者へ正しい情報を伝える 化粧品の表示

製品への表示

化粧品の**容器や外箱などのパッケージに必ず表示しなければならない内容**が、主に「**薬機法**」と「**化粧品の表示に関する公正競争規約**」(以下、文中では公正競争規約と記載)で決められています。次の❶〜⓬は化粧品に表示が必要な事項です。特に、**薬機法**で定められた表示内容を「**法定表示**」とよび、❶、❹、❺、❻、❼、❽、⓫が該当します。これらは、**日本語で表記する**必要があります。

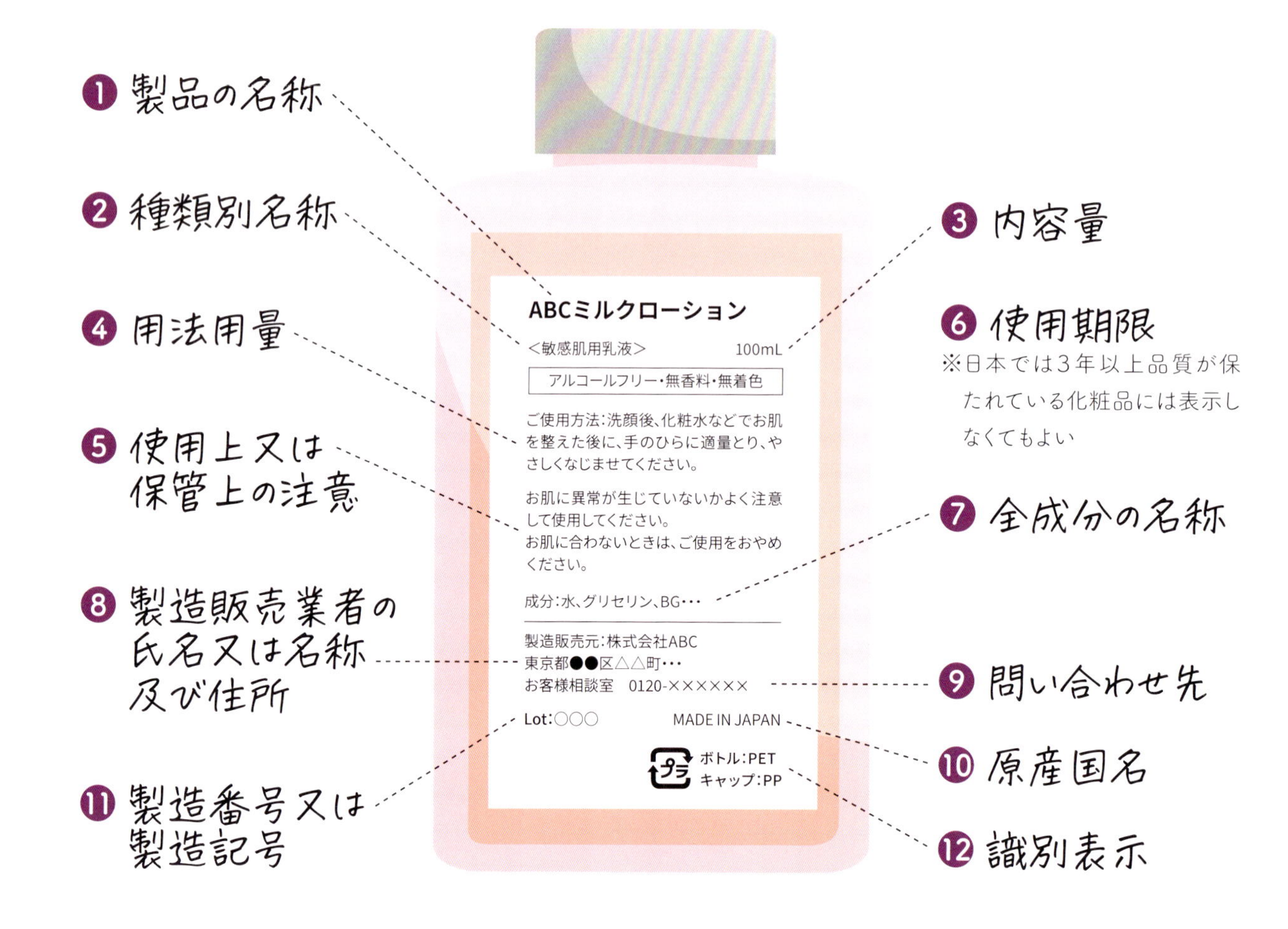

※(一般)化粧品の場合

《必要表示事項》

項目	表示内容	規制を受けるルール
❶ **製品の名称**	届出した**販売名**	**薬機法**
❷ **種類別名称**（注1）	消費者が商品を選択するための基準となる名称。「公正競争規約」の別表1から選択する	公正競争規約
❸ 内容量	内容量をg、mL、個数などで表示	公正競争規約
❹ **用法用量**	使用の際の目安となる**使用量と使い方**	**薬機法**
❺ **使用上又は保管上の注意**	厚生労働省が指定、日本化粧品工業会が定めた**自主基準**に沿った使用上の注意や製品の特性に合わせた保管上の注意	**薬機法**
❻ **使用期限**	製造又輸入後**適切な保存条件のもとで3年以上品質が保持できないもの**について「**年月**」	**薬機法**
❼ **全成分の名称**	**配合されている成分すべての表示名称** ※日本化粧品工業会作成の「化粧品の成分表示名称リスト」を使用することが推奨されている	**薬機法**
❽ **製造販売業者の氏名又は名称及び住所**	**製造販売業者**の名称（個人の場合は氏名）と住所	**薬機法**
❾ 問い合わせ先	化粧品に表示された事項について、消費者から問い合わせがあった場合、正確かつ速やかに応答できる連絡先（**電話番号**）	公正競争規約
❿ 原産国名	内容物を製造した事業所の所在する国の名称（注2）	公正競争規約
⓫ **製造番号又は製造記号**	製品の生産単位ごとにつけられている管理番号（**ロット番号**）	**薬機法**
⓬ 識別表示	容器・包装に関するリサイクル表示。分別回収を促進するためのマークで、**材質**を示している	容器包装リサイクル法

注1）販売名の中に種類別名称もしくは代わるべき名称が含まれる場合は表示を省略することができる
注2）ここでいう製造とは、中身の製造のこと。ラベルをつける、外装を施す、詰め合わせる、組み合わせるなどの行為だけではNG。ただし、消費者によって明らかに国産品であると認識される場合は表示を省略することができる

04 化粧品にまつわるルール

検定POINT

化粧品の全成分表示

薬機法

（一般）化粧品は、**薬機法**により**容器や外箱などのパッケージに全成分を表示することが義務**づけられています。2001年の規制緩和により、製品の製造・販売に対する承認・許可制度が廃止され、事前に販売名称を届け出ることで企業の自己責任において原則自由に製造・販売できるようになったと同時に、消費者が自分で確認し選べるよう「**全成分表示**」が義務づけられました。

《全成分表示のルール》

成分の名称

・**日本化粧品工業会**作成の「**化粧品の成分表示名称リスト**」に収載されている表示名称などを用いて、**日本語**で記載する

表示の順序

①着色剤以外の**すべての成分を配合量の多い順に記載**する

②**配合量が1％以下のものは順不同**で記載してもよい

③全成分の最後に**すべての着色剤を順不同**で記載する。色展開のあるシリーズのメイクアップ化粧品など、着色剤以外の成分がすべて同じ場合、1色ずつの全成分を記載せず、着色剤以外の全成分の後に「＋／－」**の記号と、シリーズ製品に配合されるすべての着色剤**を表示すればよい

＜全成分表示例＞

タルク,ジメチコン,シリカ,ホウケイ酸（Ca／Al）・・・・・・・・・・・・・トコフェロール,水酸化Al,ステアリン酸,エチルパラベン,クロルフェネシン,（＋／－）**マイカ,酸化チタン,酸化鉄,合成金雲母,硫酸Ba,コンジョウ,赤226**

一般的に、全成分表示では、多く配合されている**基剤**がはじめに、次に**訴求成分**、最後に**着色剤**という順番になります。

基剤　訴求成分　着色剤

多 ⟷ 少

※すべてのものに当てはまるわけではありません。配合比率は製品によって異なります

そのほかのルール

- **混合原料・植物エキス**：あらかじめ混ぜ合わせてある原料や植物エキスについては、**混合されている成分や抽出溶媒などを成分ごとに分けてすべて記載**する
- **香料**：複数の香料を着香剤として使用する場合、**「香料」とまとめて記載できる**
- **キャリーオーバー成分**：配合されている原料に付随する成分で、**製品中にはその効果を発揮しないほどの少ない量しか含まれないもの**（キャリーオーバー成分）であれば**表示義務はない**

キャリーオーバー成分は、原料の品質を安定させるためにその原料にもともと添加されている成分のことだよ！製品中にはその効果が発揮される量より少ない量しか含まれないんだ。例えば、植物エキスに微量配合されている**防腐剤**や**酸化防止剤**があるよ！

全成分表示だけで製品のことがわかる？

化粧品には全成分表示の義務があり、表示順から製品の**おおまかな成分の構成を予測できる**場合があります。しかし、**個々の成分の正確な配合量や、原料としての純度や品質を知ることはできません**。すなわち、全成分が同じであっても、まったく違うものになることもあるのです。

全成分が同じ化粧品

わかること

- 配合成分の**種類**
- **おおまかな構成**
- 自分の肌に合わない成分の配合の有無

わからないこと

- 配合成分の**正確な配合量**、**純度**、**品質**
- **製造方法**（添加順序や混ぜる速さ、加熱方法など）

旧表示指定成分とは？

1960年代	化粧品による皮膚トラブルが多発
1980年	当時の厚生省が**アレルギーなどの原因となる可能性が高い102種の成分と香料を指定**し、その表示を義務づけた
2001年	（一般）化粧品においては**全成分表示義務化**を機に廃止。「**旧表示指定成分**」とよばれるようになる

※現在は、旧表示指定成分も全成分中に区別なく表示されます

薬用化粧品の成分表示

薬機法　日本化粧品工業会 自主基準

薬機法において薬用化粧品は、(一般)化粧品のように全成分表示が義務ではなく、「表示指定成分」のみの表示が義務づけられています。

表示指定成分

※表示指定成分の一覧はP259参照

《自主基準による全成分表示の推奨》

消費者が(一般)化粧品と同様に自分で製品を選ぶことができるよう、2006年より日本化粧品工業会が自主基準として、薬用化粧品の全成分表示を推奨しています。そのため、ほとんどの企業がこの基準に従っており、薬用化粧品でも全成分表示しているものが多くなっています。

※表示指定成分が有効成分でない場合の表示

薬用化粧品の全成分を表示するときの自主基準

成分の名称

・原則、承認書の名称を用いる

※同じ成分でも、薬用化粧品と(一般)化粧品とで表示名称が異なるものがある

＜例＞(化粧品の場合は)水、(薬用化粧品の場合は)精製水

表示の順序

「有効成分」と「その他の成分」の2グループに分けて表示する

※薬機法で表示することが義務づけられている表示指定成分は、必ずどちらかのグループに含まれる

＜全成分表示例＞

有効成分：トラネキサム酸・グリチルリチン酸ジカリウム

その他の成分：精製水・1,3-ブチレングリコール・エタノール・ヒドロキシメトキシベンゾフェノンスルホン酸ナトリウム・水素添加大豆リン脂質・メチルパラベン・・・

「有効成分」は承認書の記載順に表示する

「その他の成分」はすべて順不同で表示できる

表示指定成分が有効成分でない場合は、その他の成分と一緒に表示されるよ

オーガニック化粧品の認証と表示のルール

オーガニックとは「**有機の**」という意味で、**化学的に合成された肥料や農薬を使用せず**、**遺伝子組換え技術なども利用しない**栽培方法や加工が基本になっています。日本では、農産物や食品に対して農林水産省による「有機JAS規格」というオーガニックの認証制度がありますが、**化粧品に対して国が定めた制度はありません。**

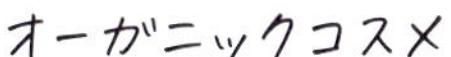

オーガニック成分を微量配合しただけで「オーガニックコスメ」と表示している製品もあるよ！ 逆に、厳しい基準がある海外のオーガニック認証機関[*1]で認証を取得して**製品にマークを表示している**ものもあるよ。

世界の主なオーガニック団体とその規定

団体名・認証マーク	オーガニック原料の配合率 ※一部の基準を抜粋しています	石油系原料の規定
コスモス[*2]（本部：ベルギー） COSMOS ORGANIC	オーガニック認証：20％以上	一部、使用可能
ネイトゥルー（本部：ベルギー） WWW.NATRUE.ORG	オーガニック認証： 自然原料または自然原料由来の95％以上が有機認証された農法で生産されたもの ナチュラル認証： 100％自然原料、自然由来原料、自然同一原料のみからなる	使用不可
USDAオーガニック（本部：アメリカ） USDA ORGANIC	100％オーガニック認証：100％ オーガニック認証：95％以上 ※USDA/NOPの基準に適合した原料であること ※どちらも水と塩を除いた配合率	規定はない
デメター（本部ドイツ） demeter	デメター認証原料を90％以上に加え 100%オーガニック原料	使用不可

＊1認証機関とは、ある認証制度の基準に適合しているかを審査して、その基準を満たしていることを認める（認証する）私設団体です

＊2独自の基準で認証していた5つの団体（エコサート、コスメビオ、イチェア、ソイルアソシエーション、BDIH）が認証基準を「コスモス（COSMOS）認証」に統一。2024年9月現在、コスモス認証に対する認証、技術サポート、監査を提供するパートナーは12団体です

＊USDAを除きこれらの団体では、本部を含むすべての国の化粧品が認証対象です

《ISOに基づいたオーガニック化粧品の表示ルール》

日本化粧品工業会では、**化粧品の自然・オーガニック指数を計算するための国際的な基準（ISO16128）**をもとに、製品への指数の表示方法をガイドラインとして制定し、統一化を推進しています。製品に表示された指数を見ることで、**自然・オーガニック成分がどのくらい配合されているか**を知ることができます。

《その他の認証制度と基準》

認証名	制度と基準	認証マーク
ハラル	ハラルとは「イスラム教の教えで許された」という意味。製造環境・工程・品質すべてがイスラム法の基準に則っており、**豚由来の成分や飲料アルコールなどが一切含まれない**ことを証明	HALAL NIPPON ASIA HALAL ASSOCIATION
ヴィーガン	動物由来成分および動物由来の物質を用いた遺伝子組み換え原料が不使用であること、原料または最終製品で動物実験を行っていないことを証明。**ハチミツやラノリン、コラーゲンなどもNG**	Vegan
クルエルティフリー	クルエルティフリーとは「残虐性（cruelty）がない（free）」という意味。化粧品の開発、生産、販売の**全過程において動物実験を行わない**よう、可能な限りの活動を行っていることを証明	Cruelty Free INTERNATIONAL

RSPO認証

原産国の環境保全や人権に配慮し、**持続可能な生産が行われたパーム油**であることを証明

FSC認証

環境、社会、経済の便益にかない、**管理された森林から生産された原料**で製造されていることを証明

※これらの認証には、複数の認証機関があり、マークは一例です

5 肌に直接触れるものだから規制もいっぱい 化粧品の品質と安全性を保つために

化粧品の「**品質**」とは、開発段階で設計した**剤型**（クリームの硬さなど）や**安定性**（乳化の維持）、**使用感**（使い心地）や**効能**の程度のことをさしますが、これらは**購入したときだけでなく、使用中や使い終わるまで長く維持される**必要があります。

品質と安全性を保つためのルール

〈製造、販売のルール〉

事業として化粧品や医薬部外品を製造したり販売するには、薬機法で定められている通りそれぞれ**都道府県知事による許可が必要**です。特に、製造販売業の許可を受けるには、安全な化粧品が世の中に供給されるように、品質管理の方法の基準（GQP）や製造販売後の安全管理の方法の基準（GVP）に適合していることなどが求められます。

化粧品をつくる

製造業許可

化粧品を出荷・世に送り出す

品質保証や安全管理を担い、出荷した化粧品について**全責任**を負う

製造販売業許可

※「製造業」と「製造販売業」の許可は、化粧品と医薬部外品でそれぞれ別々に取得する必要があります

〈 化粧品に配合できる原料の基準 〉

化粧品の品質や安全性を守るために、厚生労働省では化粧品に配合できる原料を「**化粧品基準**」に定めています。基本的に**この基準を満たしていれば、安全性の確認など各企業の責任のもと**に、化粧品メーカーは原料を**自由に配合することができます**。化粧品基準では、化粧品の原料は、それに含まれる不純物なども含め、感染のおそれなど保健衛生上の危険があるものであってはならないとされ、ほかにも以下のようなことが記載されています。

クロロホルムや水銀などの成分や、**医薬品成分**、生態や環境へ悪い影響を与えるような化学物質は、**ネガティブリスト**により**配合が禁止もしくは制限**されています。

タール色素、防腐剤、紫外線吸収剤については、配合できる成分が制限を含めポジティブリストにまとめられており、それ以外は配合できません。

〈 粘膜に使用される化粧品の安全性 〉

粘膜は肌よりも経皮吸収率が高いため、化粧品基準のポジティブリストやネガティブリストでは**粘膜に使用されることがある化粧品（アイライナーや口唇化粧品、口腔化粧品）について、特に厳しい基準を設けています。**

例えば、アイカラーよりもインライン（目の粘膜部分）につける可能性のあるアイライナーの方が使用できる**タール色素**が厳しく制限されており、ポジティブリストの中でもより安全性が高いと指定されたものだけが使用できます。

配合成分の厳しさ

粘膜にも使う アイライナー（マスカラ） ＞ まぶたに使う アイカラー

〈 日本化粧品工業会の自主基準 〉

日本化粧品工業会では、国内外の規制や最新の安全性に関する情報をもとに、化粧品について、**成分の規格や配合制限、各種試験方法、使用上の注意事項の表示など自主基準**を作成し、企業にルールの徹底をよびかけています。

〈 香料の安全性 〉

香料については、**国際香粧品香料協会（IFRA）の自主基準**である「使用禁止」「使用制限」および「規格設定」の3種類の規制にしたがって香料メーカーがリスク管理を行っています。

ほとんどの化粧品メーカーは、調合してもらった香りを香料メーカーから購入しているよ！香料メーカーがリスク管理してくれるのは助かるね！

コスメTOPICS

日本と海外の化粧品で使える成分は同じ？

日本と海外では、国による法規制の違いから配合できる成分が異なります。よく確認してから購入するようにしましょう。

日本で配合禁止

発がん性が危惧されている「**ホルマリン**」は防腐剤として、白斑になる懸念がある「**過酸化水素**」は美白成分として海外製品に配合されていることもありますが、日本では配合が禁止されています。
また、ニキビの原因菌である**アクネ菌の殺菌剤**「**過酸化ベンゾイル**」、**ニキビ治療薬**「**トレチノイン（レチノイン酸）**」も海外では使用可能な国もありますが、日本では医薬品成分のため化粧品への配合が禁止されています。

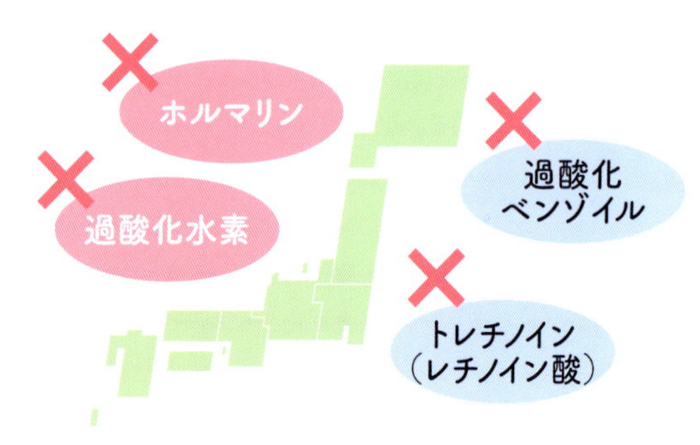

海外で配合禁止

アメリカでは化粧品に配合できる「**タール色素**」の数が少なく、アイカラーなど**目元に使う化粧品についてはさらに厳しく制限**されています。
一方、日本では目元に使う化粧品に配合できるタール色素の数が多いので、アメリカより鮮やかな発色のアイカラーもあります。

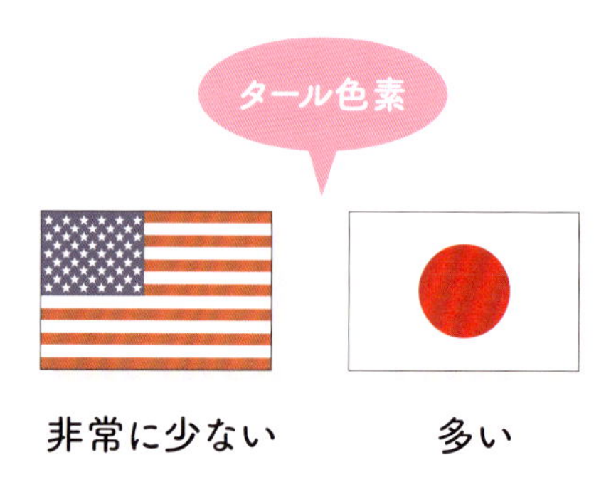

自己の判断および責任で使用しましょう

海外コスメは**角層の薄い日本人には刺激**になってしまうこともあるため、使用する場合は注意が必要。お土産として買う場合も成分をチェックしてみよう！

《化粧品の使用期限》

1980年に当時の厚生省から化粧品の使用期限の表示に関する通達が出され、製造後あるいは輸入後、**適切な条件下で3年以上**品質が保たれている化粧品には**使用期限を表示しなくてもよい**ことになっています。つまり、**使用期限が記載されていない場合、未開封であれば製造または輸入から3年は品質に問題なく使える**ということになります。

一方、**一度開封**した化粧品は、**空気中に浮遊する雑菌や手指からの微生物の混入による二次汚染などにより品質が低下する**ことがあるため、できるだけ早く使い切ることが望ましいです。**スキンケア化粧品は1年以内**[*1]、**メイクアップ化粧品は3カ月〜1年以内**[*1*2]を目安にするとよいでしょう。

＊1化粧品の使用期限は適切な保管条件下での目安です。肌トラブルを起こさないためにも、化粧品を使うときはにおいの変化や、分離、沈殿、変色などの状態を確かめ、異常がある場合は使用をやめましょう

＊2マスカラ、アイライナーなどは3カ月、乳化系ファンデーション、リップカラーなどは6カ月、そのほかは1年以内が目安ですが、製品によっても異なります

適切な保管方法

開封前、開封後ともに、**高温多湿、温度変化の激しい場所、直射日光の当たる場所を避けて保管する**ことが望ましいです。冷蔵庫で冷やす[*3]、湯船で温めるなども品質保持の上で好ましくありません。開封後は容器の口元をきれいにふき取り、きちんとキャップを閉めて保管するようにしましょう。

＊3一部の化粧品で冷蔵庫保管が必要なものもあります

エアゾール製品を安全に使用するためのルール

エアゾール製品は、ガスの圧力を利用して内容液が放出されます。可燃性ガスを使用していることが多いことや、高圧ガスを封入しているという特性から、ほかの化粧品と異なり、「薬機法」以外に「消防法」や「高圧ガス保安法」の規制も受けます。

高圧ガス保安法では、注意表示とガスの種類など、**消防法では、危険物の品名と数量、火気厳禁**などの表示を義務づけています。

〈エアゾール製品特有の必須表示〉

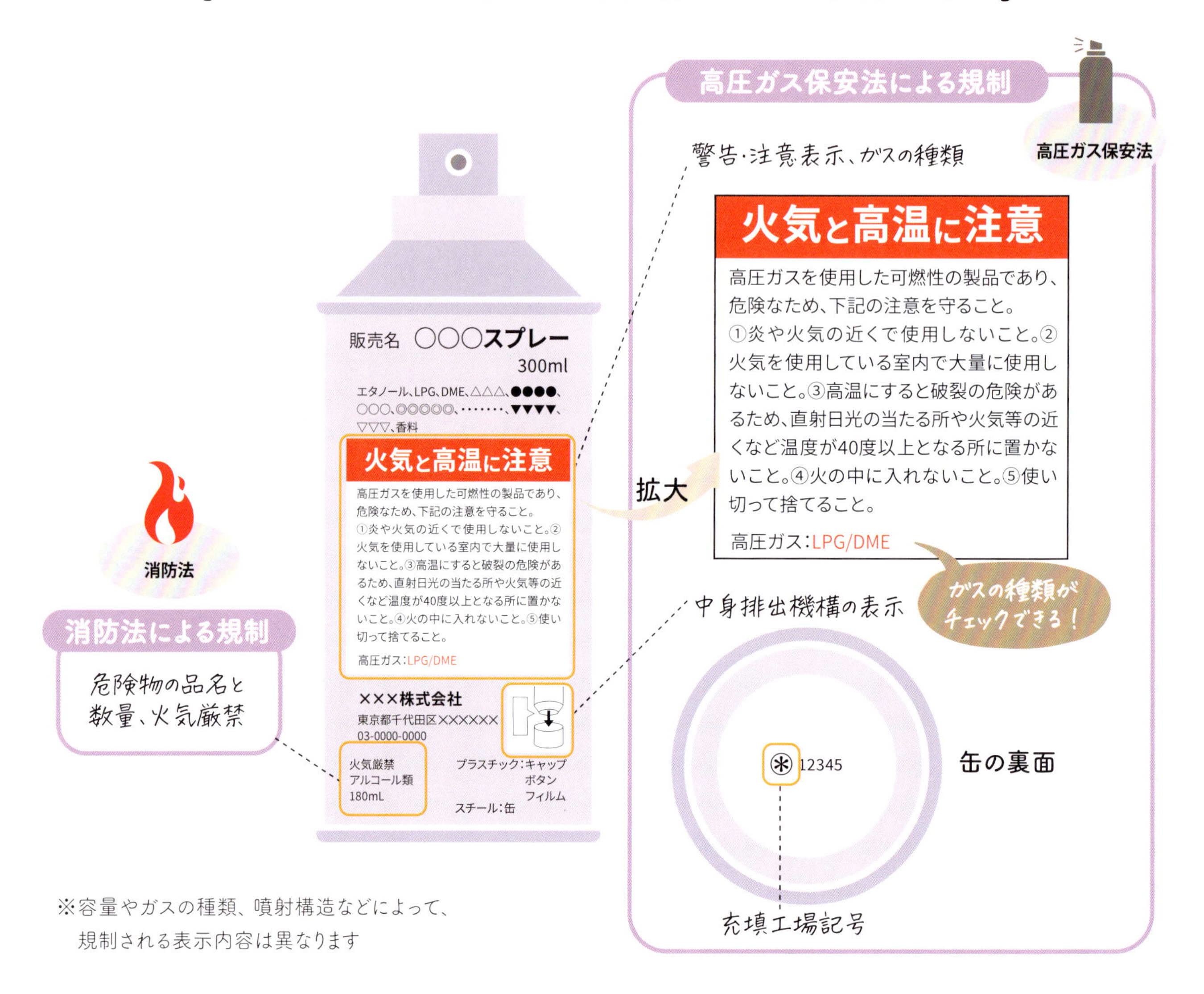

※容量やガスの種類、噴射構造などによって、規制される表示内容は異なります

〈エアゾール製品の取り扱い方〉

向きや使い方に注意!

誤った使い方をすると、出なかったり、ガスを先に出しきってしまい内容液が出なくなることも。**使う前に振るもの・振らないもの、上向きでしか出ないもの**などさまざまなタイプがあるので、製品に記載の使い方をよく読んでから使いましょう。

〈例〉上向きでしか出ないスプレー

高温(40℃以上)で保管しない!

高温下では容器の破裂や爆発のおそれがあります。**温度が40℃以上となるところに置かない**こと。

〈例〉

・直射日光が当たるところや日の当たる車内

・ストーブ、ファンヒーターの近く

完全に出してから捨てる

必ず**使い切ってからごみに出す**ことが基本です。中身が残っていると、ごみ回収や施設での処理過程で火災事故の原因になることがあるためです。どうしても使い切れない場合は、以下の手順で中身を**完全に出し切ってから捨てましょう**。

❶火気のない風通しのよい屋外で、シューッという音がしなくなるまで噴射ボタンを押して、中身が出なくなるまで噴射させる。

❷ガス抜きキャップ(残ガス排出用)がついている場合は、これを使って残った微量のガスを完全に抜く。

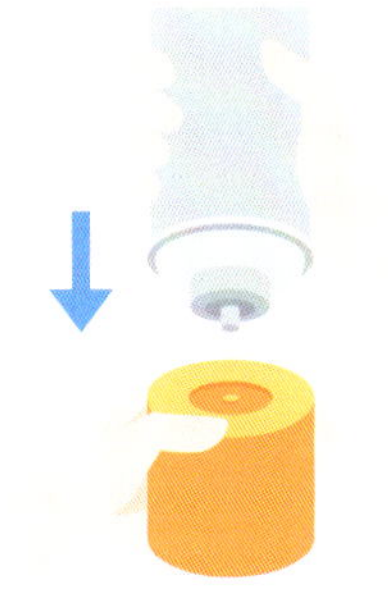

品質と安全性を保つための取り組み

化粧品メーカーは、薬機法や日本化粧品工業会の自主基準に加えて、各社独自のルールを設けるなど、**処方開発から製造に至るまでたくさんの試験や管理を行っています**。どのようにして化粧品の品質や安全性を保っているのか、具体的に見てみましょう。

《 化粧品に求められる品質 》

化粧品には、**すべての化粧品が必ずもっていなければならない**「**必要**品質」と、**その化粧品がもつすぐれた特性**としてメーカーが訴求する「**魅力**品質」があります。必要品質が低いと製品トラブルにつながります。

必要品質	❶安全性	皮膚刺激性、感作性、経口毒性、容器の破損などがないこと
	❷安定性	保管中や使用中に変質、変色、変臭、微生物汚染がないこと
魅力品質	❸使用性	使用感、使いやすさ、見た感じ、嗜好性が好ましいこと
	❹有用性	洗浄、保湿、収れん、保護、メイクアップなどの効用があること

《原料の安全性試験》

化粧品に新しい原料を使用する場合、原料の安全性試験を実施することがあります。ここでは開発段階においてチェックすることの多い**9項目**の安全性試験について説明します。

※薬用化粧品に新しい原料を使用する場合は、この9項目の安全性試験は必須項目です。加えて、製品を12カ月間連続使用する「ヒト長期投与（安全性）試験」も行われます

1 急性毒性（単回経口投与毒性）
誤飲・誤食した場合に急性毒性反応を起こす量や症状を予測する

2 皮膚一次刺激性
皮膚に**単回**接触させることで**紅斑**（こうはん）、**浮腫**（ふしゅ）**などの皮膚炎**が起こらないかどうかを確認

3 連続皮膚刺激性
皮膚に**連続回数**接触させることで**紅斑、浮腫などの皮膚炎**が起こらないかどうかを確認

4 感作性（かんさ）
アレルギー反応が出る可能性があるかどうかを確認

5 光毒性（ひかり）
光によって皮膚刺激性を起こすかどうかを確認

6 光感作性（ひかりかんさ）
光によってアレルギー反応が出る可能性があるかどうかを確認

7 眼刺激性（がんしげき）
目に入れてしまったときの刺激があるかどうかを確認

8 変異原性（遺伝毒性）
細胞の核や**遺伝子**に影響をおよぼして変異を起こさないかどうかを確認

9 ヒトパッチ（パッチテスト）
皮膚一次刺激性を起こさないかどうかを**ヒトで最終確認**

動物実験代替法

従来、原料の安全性試験には一部動物実験が行われてきました。現在では種々の**代替試験法**が数多く検討され、国際的なガイドラインとしてまとめられています。これらは日本の法規制にも反映されてガイダンスとして公表されており、その一部の方法については**医薬部外品の申請時にも使用が認められる**ようになってきています。

《製品の安全性試験》

原料の安全性を確認して開発した製品も、ヒトにおけるさまざまな試験によって最終的な安全性を確認します。**どのような試験が必要か統一された基準はなく**、自社製品の品質や安全性を高めるために**メーカーが独自の判断**で試験を行っています。テストで陰性を確認した製品には「〇〇テスト済み」などの表示がされることがあります。

パッチテスト

開発された製品を使用して**皮膚炎（かぶれ）が起こらないかを確認する**ために行う、最も一般的な試験です。サンプルを**ヒトの上腕や背中に貼りつけ**、**24時間後に**はがし、**1～2時間後と24時間後**の皮膚の反応を見て判定します。皮膚科専門医やトレーニングを受けた人の管理下で行うことが基本です。

※テストで陰性を確認した製品には「**パッチテスト済み**」、「**低刺激性**」などの表示がされることがあります

アレルギーテスト

累積刺激および感作試験（**RIPT**）ともよばれ、**繰り返し使用した場合の刺激性やアレルギーのリスクの有無を評価する**試験です。サンプルをヒトの上腕や背中に貼りつけて行う24時間の**パッチテスト**を一定期間繰り返し、2週間の休息期間を置いた後、再度パッチテストをして48時間後・96時間後の皮膚の反応を観察します。

※テストで陰性を確認した製品には「**アレルギーテスト済み**」、「**累積刺激テスト済み**」などの表示がされることがあります

スティンギングテスト

刺激を感じやすい"敏感肌"の被験者の頬に化粧品を塗布し、一定時間ごとに**かゆみ、ほてり、ヒリつきなどの、不快となる一過性の感覚刺激（スティンギング）を記録し、その結果を評価する**試験です。

※テストで陰性を確認した製品には「**スティンギングテスト済み**」、「**低刺激性**」などの表示がされることがあります

ノンコメドジェニックテスト

ニキビが生じにくいかをチェックする試験です。**ヒトの背中**にサンプルを一定期間繰り返し塗布し、角質をはがしてニキビのもととなる**マイクロコメド**（小さな毛穴の詰まり）が形成されているかどうかを確認します。

※テストで陰性を確認した製品には「**ノンコメドジェニックテスト済み**」、「**ニキビのもとになりにくい処方**」の表示がされることがあります

使用テスト

想定される使用条件のもとで、実際に**一定期間モニターの人に使用してもらう**試験です。「肌に異常がなかったか」という**安全性**以外にも、製品の使用に伴う問題がないか、**使用感**や**機能**が狙い通りであるかなども確認します。

「〇〇テスト済み」の表示があれば、絶対安全？

「〇〇テスト済み」の表示は、各企業が設定した高い安全性基準に基づいて試験が実施され、クリアした製品だけに表示されています。

企業での各種テスト時

OK！

すべての方がOKではない

体質や肌状態は人により異なるため、これらの試験は**すべての人に対し肌トラブルが起こらないことを保証するものではありません**が、敏感肌や過去に化粧品でアレルギーを起こしたなど、化粧品の使用に不安がある人は、製品選びの参考にすることができます。

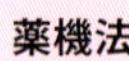

6 販売後も製品に対する責任があります 肌トラブルに関する法律

化粧品を使ったことで、重とくな肌トラブルが起こった場合、**消費者を守るためのPL法**、薬機法に基づき**製造販売業者に報告や回収などの対応を義務づけているGVP省令**などがあります。

製造物責任法(PL法)

消費者が製品の欠陥によって生命や財産に被害を被った場合に、**製造業者などに対して損害賠償を求めることができる**ことが定められた法律です。

※化粧品の品質に問題がなく、使用する人の**体質**や**体調で皮膚トラブル**が生じたり、**保管条件により品質に問題**が生じたりした場合は、PL法が適用されないことがあります

GVP省令(製造販売後の安全管理基準)

医薬部外品や(一般)化粧品の製造販売業者は、**自社の製品による重とくな健康被害の発生**や研究報告等を知ったときは、国の所管機関(独立行政法人医薬品医療機器総合機構:PMDA)に**報告し、必要に応じて自主回収することが義務**づけられています。

化粧品と肌トラブル

肌にトラブルが起きたとき、
化粧品が原因ということも考えられます。
その原因となるアイテムや成分、
未然に防ぐ方法などを
知っておきましょう。

7 化粧品と肌トラブル

肌トラブルにつながる原因を知っておこう

肌が荒れたり、赤みやブツブツができる理由としてさまざまなことが考えられますが、**化粧品による"かぶれ"**の可能性もあります。化粧品を使い始めてすぐに起こるケースやしばらくしてから症状が出始めるケースがあります。化粧品による"かぶれ"について学びましょう。

検定POINT "かぶれ"とは？

化粧品による皮膚のかぶれは「**接触皮膚炎**」とよばれ、主に2つの種類があります。1つは特定の成分に反応するアレルギー性のもので、もう1つはアレルギーの原因物質ではない成分による一定以上の刺激で発症するものです。

分類	原因	特徴
刺激性接触皮膚炎	**肌が触れたものの刺激**によるもの。**刺激のある**ものが一定量以上肌に触れることで起こる 〈例〉シャンプーや洗浄料の界面活性剤、ネイル化粧品の有機溶剤	皮膚が**一定の刺激（閾値）以上**と感じると、**はじめての接触で誰でも発症する**可能性がある。**体質**や**季節**の影響などで皮膚の**バリア機能**が低下すると、敏感になり起こりやすい。**触れた**部位だけに反応が起こる
アレルギー性接触皮膚炎	**体質からくるアレルギー**によるもの。一度アレルギー反応を起こした**特定の成分**が肌に触れると起こる 〈例〉永久染毛剤の酸化染料、洗い流し製品の防腐剤、ジェルネイル等のアクリル樹脂* ＊ジェルネイルによるかぶれについて詳しくは本書P162参照	肌の状態に関係なく、**特定の成分**に触れると24時間～数日経過した後**アレルギー反応が起こってしまう**。悪化すると**触れた部位だけでなく、その範囲を超えてまわりの肌にまで**影響を及ぼすことがある

「加水分解コムギ末(まつ)」が原因のアレルギー

「加水分解コムギ末」が配合された石けんを使用した人が、「小麦」を含む食品を食べた後にまぶたが腫れ、さらにその半数が**アナフィラキシーを発症**した事例があります。**皮膚から吸収された物質が原因で食物アレルギーが発症した**と考えられています。

※日本アレルギー学会や厚生労働省の報告結果より

石けん使用前

石けん使用後

赤みの原因はデトックス反応？

新しい化粧品を使って肌に赤みが生じたとき、「肌がよくなっていく過程で起こる好転反応」「悪いものがデトックスされている証拠」などと思ってしまうのは**大きな間違い**です。ヒリヒリしたり赤くなったりするのは、紛れもなく**皮膚が炎症を起こしている**状態。化粧品に含まれる成分に**かぶれ**たり、**アレルギー反応**を起こしたりしている可能性があるので、**直ちに水で洗い流し、使用を中止**しましょう。症状が気になる場合は、皮膚科専門医に相談しましょう。

赤みが治まらない場合は
皮膚科専門医に相談しよう！

《かぶれの部位から考えられる製品》

化粧品によるかぶれは、原因となる製品が触れた場所で発症することが多いため、かぶれが起こっている場所からある程度原因となる製品を推測することができます。

実際にどの製品で接触皮膚炎が多かったかチェックしてみて

製品	2019年の件数	2020年の件数
シャンプー	69 （19%）	36 （19%）
染毛剤	54 （15%）	26 （14%）
美容液	21 （6%）	16 （8%）
クリーム	10 （3%）	15 （8%）
化粧水	19 （5%）	14 （7%）
乳液	9 （3%）	12 （6%）
ファンデーション	17 （5%）	9 （5%）
日焼け止め	22 （6%）	7 （4%）

＊FJ, 51(2), 10-20(2023)引用

自分で化粧品による肌トラブルを未然に防ぐには？

これまで紹介してきた全成分表示や各種試験済みの表示は、あくまで化粧品を購入する際の1つの目安です。新しい化粧品を使用する前に、**自分の肌に合うかどうかは、実際にテストをして確かめることも大切**です。

化粧品が肌に合うかをチェックする繰り返し塗布テスト

肌が広範囲にかぶれることなく、わずかな部分で肌の反応を見ることができる方法です。

入浴時に、**二の腕の内側**などを石けんできれいに洗う

化粧水・美容液・クリームなどを**直径1cm程度の円形に少量ずつ並べて塗る**。シャンプーなどの洗浄料の場合は、実際に洗ってみる

30分ほど経過したら、肌に赤みやかゆみ、ブツブツなどの異常がないかをチェック

異常がなければ、洗ったり流したりせずにそのまま放置し、**朝と晩の2回塗布を1週間繰り返して観察する**。異常がなければ3週間程度継続して様子を見る

異常がなければ、フェイスラインなどの本来使用したい部位に使ってみる

30分ほど経過したら、フェイスラインに赤みやかゆみ、ブツブツなどの異常がないかをチェック

※塗布部にかゆみ、赤み、刺激感などの異常があった場合は、こすらずに、すぐに水でよく洗い流しましょう
※正確な判断が必要な場合には皮膚科専門医で行うパッチテストを受けましょう

敏感肌の人は特に、これから使おうとしている化粧品について自分で繰り返し塗布テストをすると安心だよ

《 新しい化粧品の試し方 》

いつ試す？

新しい化粧品を試すのに適しているのは以下のタイミングです。

●月経（生理）直後

月経直後は、**卵胞ホルモン（エストロゲン）の分泌が高まり**、ニキビができにくく肌が安定しやすい

●季節は秋

秋は、春の黄砂や花粉による炎症、夏の紫外線ダメージ、冬の乾燥など**肌トラブルの原因になるものが少なく**、ほかの季節と比べて肌が安定しやすい

なにから試す？

肌が敏感なときはラインを一気に切り替えたりせず、**1品ごとに2～3日ずつかけて**試しましょう。スキンケア化粧品は、クリームなどステップの**後ろ**で使うアイテムから切り替えるのがおすすめです。

春・夏・冬に
新しい化粧品を試すなら
この方法がおすすめだよ！

汚れたパフが肌トラブルの原因に？

化粧用のパフ、ブラシなどは**目に見えない汚れやほこり、雑菌が付着していて汚く、汚れたまま使い続けると肌トラブルを起こす**可能性があります。

特に敏感肌の人は、化粧用のパフ、スポンジなどを使う場合、**毎回きれいに洗浄してきちんと乾燥させてから使用することが必要**です。ブラシも使用後は毎回ティッシュなどで粉を払いましょう。

PART

05

化粧品の官能評価

化粧品選びには、配合成分など中身はもちろんのこと、
実際に使ったときの塗り心地や香り、見た目なども含めた、
心地よいかという感覚的な部分も大きなポイントです。
このパートでは、化粧品メーカーで行われている
こうした感覚的なものを五感を使って的確に評価する
「官能評価」についてご紹介します。

五感を使って的確に評価

化粧品の官能評価

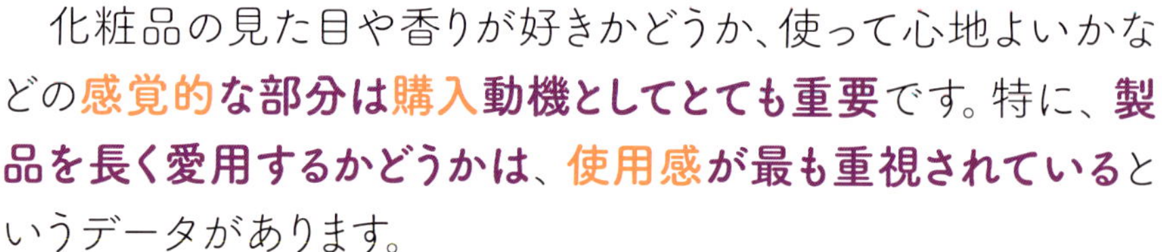

化粧品の見た目や香りが好きかどうか、使って心地よいかなどの**感覚的な部分は購入動機としてとても重要**です。特に、**製品を長く愛用するかどうかは、使用感が最も重視されている**というデータがあります。

〈 官能評価の定義 〉

人の五感（視覚、聴覚、嗅覚、味覚、触覚：体性感覚）によって事物を評価すること、およびその方法

※日本工業規格 JIS Z9080 、JIS Z8144

化粧品においては、その使用感や見た目などを客観的、かつ普遍的に評価し、他人と共有できるような言葉で表現すること

〈 官能評価が必要なタイミング 〉

製品を開発する段階

ターゲットとなる使用感を選定・確認するとき

製品を工場でつくる段階

開発で最終決定したサンプルと同じものが生産できているかどうかを確認するとき

製品をお客さまに伝える段階

製品をお客さまに説明するとき

〈 官能評価で必要な五感 〉

官能評価の対象となるのは**化粧品の中身**はもちろんのこと、**パッケージの形や音にまでおよびます**。

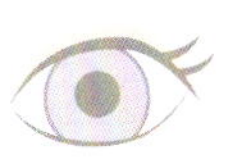

視覚  クリームの白さやツヤ、リップカラーの赤み、アイカラーやファンデーションの色、パッケージの見た目など

聴覚  コンパクトを開閉するときの音など

嗅覚 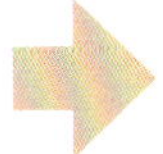  化粧品や香水、ヘアスタイリング料の香りなど

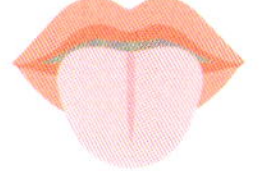

味覚  リップカラーの味、クレンジング料などが口に入ってしまったときに感じる苦みなど

触覚  化粧水の浸透感、クリームや乳液のしっとり感・伸び、容器の持ちやすさなど

機器では測定できない、人による官能評価

機器での評価は正確ですが、**官能評価は人の五感を使って複数の項目を同時に評価**し、製品が企画に合っているかなど**総合的な満足度を判断**することができます。
例えば、リップカラーの色は「色差計」という機器でも測定できますが、塗りやすさや発色、仕上がりの美しさなどは機器で測定することはできません。

実際の化粧品の製品開発や品質管理の場面では、**機器での評価と人での官能評価の両方**が取り入れられているよ

〈官能評価の注意点〉

官能評価をより客観的に行うためには、気温や湿度、明るさなどの環境や疲労によって感覚が左右されないよう、**評価する環境や基準を決めておくことが重要**です。

視覚 一定の明るさが必要

リップカラーの微妙な赤みの違いや、アイカラーやファンデーションの**色を評価するときには、一定の明るさ、輝度を保つ環境が必要**。室内で評価する場合、**色評価用蛍光灯（高演色蛍光灯）**のもとが望ましいです。

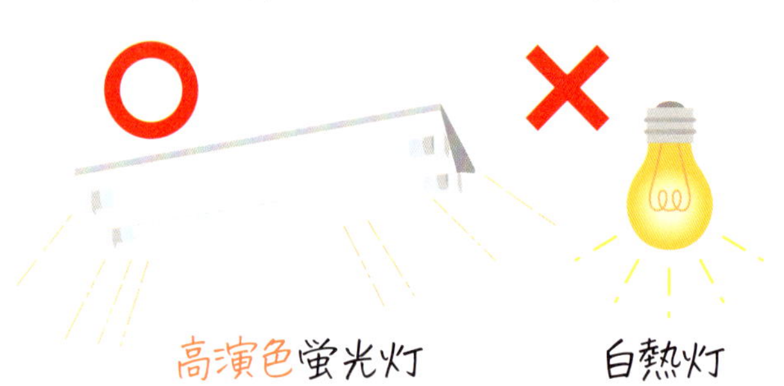

嗅覚 香りの評価は5個まで

嗅覚はそもそも疲労しやすい感覚のため、一度にたくさんの製品を評価することは避け、**5**個以下にしましょう。

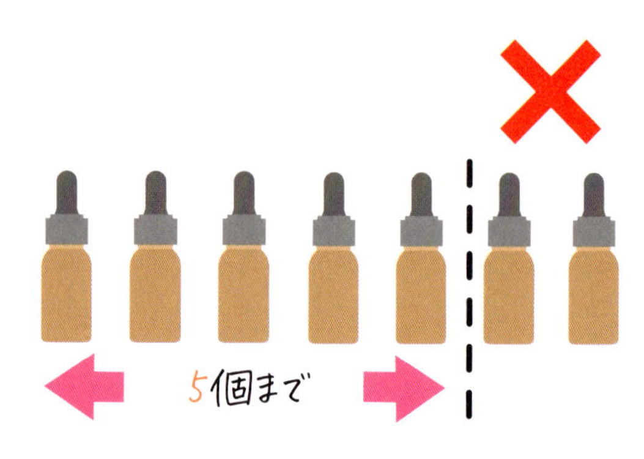

触覚 温度・湿度を一定にする

クリームや乳液、ジェル、リップカラーなどは温度によって、かたさや伸び具合などが大きく変化してしまうため、**感触を評価するためには、サンプルの温度管理に加えて、試験を行う部屋の温度・湿度をそろえておくことが重要**です。

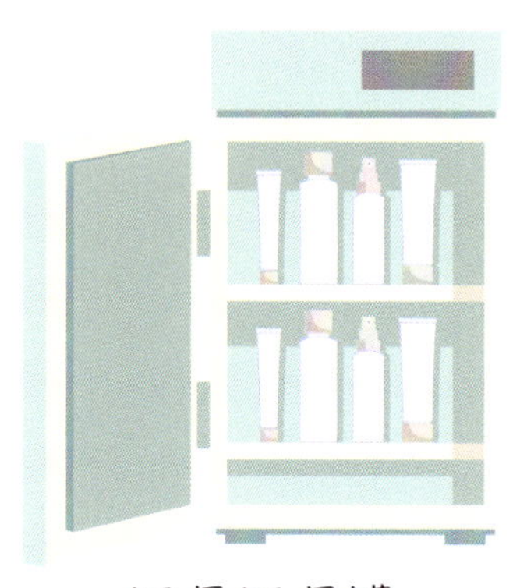

伝わりやすい「用語」

「わずかに」「やや」「とても」など、**尺度や強度、程度をあらわすために使われる用語**は個人差が大きく、評価結果に影響することがあります。そのためこれらの**用語**を使う場合は、**用語の強度や程度を理解**し、相手に**伝わりやすい表現をすることが大切**です。

官能評価の実施例

実際に、化粧水とリップカラーについてメーカーで行われている評価の例を紹介します。どのようなポイントで評価をしているのでしょうか。

例1 化粧水

化粧水では、**保湿や引き締め感といった機能面**だけでなく、**さっぱりやしっとりなどの使用感**が目的の品質になっているかを確認します。

評価の種類	化粧水の評価項目（例）
視覚評価	・出しやすさ　・色や濁り　・とろみ　など
触覚評価	・浸透感　・ベタつき　・柔軟感　・清涼感（爽快感）　・さっぱり感　・引き締め感　・肌へのなじみ　・しっとり感　など
嗅覚評価	香りの強さ　香りの質　香りの好み
総合評価	個人の嗜好性とブランドとしての価値をはかるもの（消費者調査やブランド調査に使用） 嫌い ⟷ 好き ふさわしくない ⟷ ふさわしい 不満足 ⟷ 満足

化粧水は水分が主体の処方系だから、乳液やクリームに比べて、肌の中に浸透していくような実感が重要な評価項目になることが多いよ

評価するタイミング

評価するタイミングも、評価項目により異なります。例えばベタつきは❶肌に伸ばしていく過程で手や指に感じるもの、❷肌になじませた後、肌に残っているものに対して感じるものがあり、どちらも心地よい感触ではないとされています。官能評価を行うときは、**どのタイミングでベタつきを感じているかもチェックすることが大切**です。

例2 リップスティック（口紅）

メイクアップ化粧品では、**使用感の評価とともに目視での色や仕上がりの評価が重要**です。リップスティックは、見た目の色やしっとり感、仕上がりのツヤという重要項目に加えて、飲んだり食べたりすることで落ちやすいことから**化粧もちの評価**も行う必要があります。

評価の種類	リップカラーの評価項目（例）
視覚評価	・唇へのつき ・唇へのつきの均一性 ・発色 ・外観色との差 ・カバー力（隠ぺい力） ・ツヤ ・光沢感 ・化粧もち ・クレンジングのしやすさ など
触覚評価	・かたさ ・塗りやすさ ・伸び（抵抗感） ・密着感 ・なじみ ・しっとり感 ・ベタつき ・他メイク製品との相性（リップライナー・リップグロスなど） など
嗅覚評価	・香りの強さ ・香りの質 ・香りの好み
総合評価	個人の嗜好性とブランドとしての価値をはかるもの （消費者調査やブランド調査に使用） 嫌い ⟷ 好き ふさわしくない ⟷ ふさわしい 不満足 ⟷ 満足

実際の使用順序に合わせて評価しよう

官能評価は、どのような化粧品でも**実際の使用順序に合わせて行うことが大切**です。

例えばリップスティックでは、項目①〜⑯の順に評価が行われています。

1. ふたの開けやすさ、音
2. 外観の形状、色、ツヤ
3. つき
4. 伸び（抵抗感）
5. 発色、外観色との差
6. 光沢感
7. カバー力（隠ぺい力）
8. ベタつき
9. 味（苦味など）
10. 仕上がりのツヤ
11. しっとり感（塗布時、経時）
12. 化粧もち（取れ・にじみなど）
13. におい（強さ、好み）
14. 高級感（上質感）
15. 満足度（ふさわしさ）
16. 総合評価

1級の試験問題は、2級からも必ず出題されます

1級と2級の違いは、難易度ではなく「分野」です。
1級を受験される方は2級テキストで内容を理解しておきましょう

2級
美容皮膚科学

1級
化粧品科学

美容皮膚科学に基づいて、肌悩みに合わせたスキンケア、メイクアップ、生活習慣美容、マッサージなど、トータルビューティーを学びます。

《2級の例題にチャレンジしてみよう!》

問題1

次のうち、NMF（天然保湿因子）に最も多く含まれる成分はどれか。適切なものを選べ。

1. コレステロール　**2.** 乳酸塩（乳酸ナトリウム）　**3.** アミノ酸　**4.** トリグリセリド

問題2

顔型が丸型の場合、顔をすっきり見せるためにはチークをどのように入れるのがよいとされているか。最も適切なものを選べ。

1. 頬骨の高い位置から口角に向かうように縦長に入れるとよい
2. 頬の中心に赤系の色みを丸く入れるとよい
3. 頬の低い位置に横長に入れるとよい
4. こめかみ～目尻の下にCカーブ状（Cゾーン）に入れるとよい

【解答】 問題1：**3**、問題2：**1**

2級の例題は解けましたか?

2級について
もっと知りたい方はこちらから

わたしの
シミに効く
美白成分ってどれ?

目の形（一重・
つり目・はなれ目など）に
合った似合うメイクって?

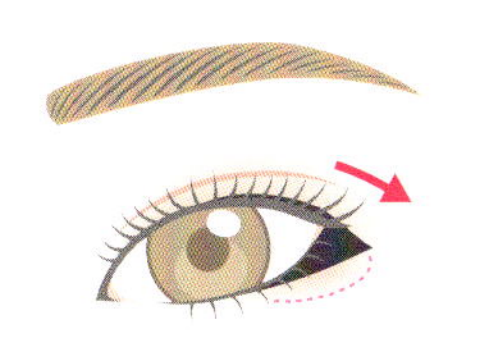

寝つきがよくない……
どうしたらいい?

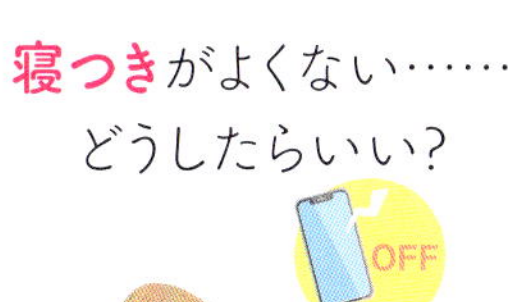

プロとして活躍できる4つの資格

スキルアップ・キャリアアップにも役立つ資格

日本化粧品検定特級 コスメコンシェルジュ

コスメライター

メイクカラーコンシェルジュ

コスメコンシェルジュインストラクター

4つの資格取得はオンライン完結◎

Web受講

Web試験

資格取得でなりたいわたしに！

日本化粧品検定協会では、検定・資格制度を通して、化粧品や美容のスペシャリストを育成しています。定期的に行っている検定試験で取得する日本化粧品検定3級～1級に加え、さらに知識を深め、活躍の場を広めるための実践的な知識が身につく4つの資格があります。この資格取得はオンラインで受講、受験ができるので、働きながらスキルアップ、キャリアアップを目指せます。

検定 ▶▶▶ **資格**

日本化粧品検定 1級

日本化粧品検定 2級

日本化粧品検定 準2級

日本化粧品検定 3級

プロとして活躍できる4つの資格

化粧品の専門家を目指すなら

日本化粧品検定特級
コスメコンシェルジュ※

※日本化粧品検定特級に合格した方には、コスメコンシェルジュ資格を授与します。

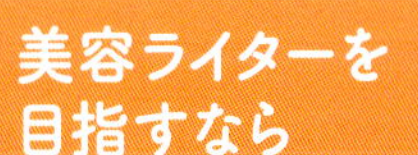
美容ライターを目指すなら

コスメライター

カラーアイテム選びを楽しむなら

メイクカラー
コンシェルジュ

美容講師業を目指すなら

コスメコンシェルジュ
インストラクター

1級合格者だけが目指せる最上位資格

日本化粧品検定特級
コスメコンシェルジュ®

化粧品の専門家を目指す～化粧品を提案する力を身につける～

化粧品の種類ごとの特徴を学ぶことで、肌悩みに合わせた化粧品を選び提案する「**化粧品の専門家**」としてのスキルを身につけられる、日本化粧品検定最上位資格です。

※資格取得には、当協会への入会が必要です

【特級で身につく5つのこと】

1
成分から
化粧品を
選び出せる

2
肌悩みから
化粧品を
選び出せるようになる

3
正しい情報を自分の
言葉で伝える提案力・
発信力がつけられる

4
薬機法など
仕事に活かせる
知識を
身につけられる

5
特級資格を活かした
キャリア設計が
描けるようになる

・こんな人におすすめ・

- 化粧品を自分で選べるようになりたい
- 化粧品成分のプロになりたい
- SNSなどで情報を発信したい
- 接客販売力を上げたい
- 友人や家族など人にアドバイスができるようになりたい
- 化粧品・美容業界で今の仕事に活かしたい
- 就職、転職、副業に活かしたい
- 仕事でキャリアアップしたい

＼ 化粧品の専門家としてさまざまなフィールドで活躍 ／

企業や個人での活動、キャリアアップ、新しい仕事へのチャレンジと
コスメコンシェルジュの活躍フィールド・キャリアパスは多岐に渡っています。

キャリアアップ

インフルエンサー
美容情報を発信し、美容系メディアでも活躍

美容部員
バッジをつけて接客。お客さまからの信頼を得て売り上げアップ

化粧品メーカー営業
化粧品知識がつき商談がスムーズに

ヘアメイク
技術のみでなく知識の専門性が認められ本の出版へ

化粧品開発
JCLA美容通信の内容を活かし企画書作成

個人で活躍

企業で活躍

さまざまなフィールドで活躍するコスメコンシェルジュ

従業員からオーナー
エステサロン開業。サロン一覧を掲載し、PRサポートを受ける

OLから起業
成分知識を活かしコスメブランドを設立

通販化粧品メーカー
通販カタログにコスメコンシェルジュとして登場。お客さまへ商品を紹介

美容メディアの編集者
就職・転職サポートを利用し憧れの職業へ

美容ライター
安心して任せられる知識があるので執筆依頼が増える

キャリアチェンジ

主婦から美容セミナー講師
空いている時間を活用し美容セミナーを主催

資格の取得方法

1ヵ月の速習カリキュラムで化粧品の専門家へと導きます。
学習も試験もオンライン完結！試験はテキストを見ながら解答できます。

1級合格 → 特級に申込 → 教材が自宅に届く → Web受講（4時間半） → Web試験 → 合格

1ヵ月

講座の詳細や資格取得の方法はこちらからCHECK!

ベーシックコース（基礎科）　アドバンスコース（応用科）

化粧品について"書く"専門家

コスメライター®

化粧品に関する専門的な記事が書けるWebライター

日本化粧品検定協会
コスメライター
資格認定証

薬機法を含む化粧品の正しい知識を持ち、SEO対策をしながら、発信力のあるライティングスキルを備えていることを認定する資格です。

※資格取得には、日本化粧品検定全級合格が必要です

【コスメライターで身につく3つのこと】

1
化粧品に特化した文章の書き方が身につく

2
SEOから法律、ルールまで、Webライティングに必要な知識が身につく

医薬品医療機器等法

3
美容業界の知識やライターとしての心得が身につく

・こんな人におすすめ・

- 美容ライターになりたい
- 発信力のあるSNS投稿をしたい
- ライターとしてキャリアアップしたい
- 在宅でできる仕事を始めたい
- プレスリリースなどで役立つ文章力を高めたい
- 薬機法の知識をさらに深めたい
- 副業を始めたい
- 化粧品の魅力を伝える表現力を身につけたい

資格詳細はこちら

ベーシックコース（基礎科） アドバンスコース（応用科）

メイクアップ化粧品の"色彩を見極める"専門家

メイクカラーコンシェルジュ®

色彩理論・パーソナルカラー理論を理解し メイクアップコスメのカラーを診断・分類ができる専門家

色彩理論やパーソナルカラー理論に加え、コスメの色彩に関する正しい知識を持ち、あらゆるメイクアップコスメのカラーを診断・分類できるスキルを備えていることを認定する資格です。

※資格取得には、当協会への入会が必要です

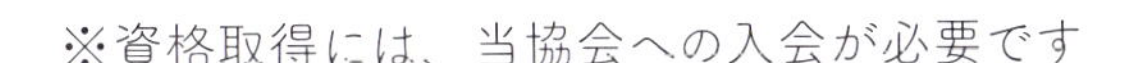

資格詳細はこちら

化粧品の知識を"教える"専門家

コスメコンシェルジュインストラクター

COSME CONCIERGE® INSTRUCTOR

日本化粧品検定の合格を目指す方を指導できる講師

日本化粧品検定協会認定講師として、スクールの講師、企業での研修、教室やセミナーの開講など、正しい化粧品や美容知識の教育活動を行うことができる資格です。

※資格取得には、日本化粧品検定全級合格が必要です

資格詳細はこちら

索引

※主な化粧品成分は
P254-269ページをごらんください

あ

か

さ

た

な

は

ま

や

ら

わ

参考にしよう！

主な化粧品成分

この本に掲載されている主な化粧品成分を中心に表にまとめました。成分名だけでなく、主な配合目的や由来も記載してありますので、わからない成分が出てきたら、この表を参考にしてください。

※表示名称は日本化粧品成分表示名称事典を参照しています
※一般化粧品の表示名称を記載しています。医薬部外品の表示名称と異なるものもあります

《水溶性成分》

分類	表示名称	慣用名または別名など	主な配合目的	主な由来または製法
水	水	精製水	基剤	水道水など
	ダマスクバラ花水	ローズ水	基剤。 皮膚をしっとりさせる。香りづけにも使用される	植物
	センチフォリアバラ花水			
	温泉水	―	基剤。皮膚をしっとりさせる	温泉
エタノール	エタノール	エチルアルコール、アルコール	清涼感・浸透感を与える。肌を引き締める。 防腐助剤（静菌）	合成、発酵
保湿剤	BG	1,3-ブチレングリコール	基剤。保湿。防腐助剤（静菌）	植物、合成
	グリセリン	―	基剤。保湿	植物、合成
増粘剤	カルボマー	カルボキシビニルポリマー	増粘。乳化の安定化や感触調整	合成

※各成分の主な配合目的は、一例です
※水やエタノール、保湿剤の一部は植物成分の抽出溶媒として使われることもあります

《油性成分》

分類	表示名称	慣用名または別名など	主な配合目的	主な由来または製法
炭化水素	スクワラン	―	基剤。エモリエント 肌になじみやすくクリームや乳液に使用	魚類（鮫肝油）、植物、合成
	ミネラルオイル	流動パラフィン、鉱物油	基剤。エモリエント さらっとした使用感でクリームや乳液に使用	石油
	パラフィン	パラフィンワックス	基剤。クリームや口紅の硬さ調整	石油
	ワセリン	―	基剤。エモリエント 皮膚表面からの水分蒸発を防ぐ。皮膚の保護	石油
高級アルコール	セタノール	セチルアルコール	基剤。乳化安定補助。クリームや乳液に使用	植物、動物
	ステアリルアルコール	―	基剤。乳化安定補助。クリームや乳液に使用	植物、動物
	セテアリルアルコール	セトステアリルアルコール	基剤。乳化安定補助。クリームや乳液に使用	植物、動物
	ベヘニルアルコール	―	基剤。乳化安定補助。クリームや乳液に使用	植物、動物
	イソステアリルアルコール	―	基剤。エモリエント	植物、動物
高級脂肪酸	ラウリン酸	―	石けん基剤（洗浄剤の泡立ち） 乳化（アルカリ成分との共存でクリームの硬さ調整）	動物、植物

分類	表示名称	慣用名または別名など	主な配合目的	主な由来または製法
高級脂肪酸	ミリスチン酸	—	石けん基剤（洗浄剤の泡立ち） 乳化（アルカリ成分との共存でクリームの硬さ調整）	動物、植物
	パルミチン酸	—	石けん基剤（洗浄剤の泡立ち） 乳化（アルカリ成分との共存でクリームの硬さ調整）	動物、植物
	ステアリン酸	—	石けん基剤（洗浄剤の泡立ち） 乳化（アルカリ成分との共存でクリームの硬さ調整）	動物、植物
	イソステアリン酸	—	基剤。エモリエント	動物、植物
油脂	オリーブ果実油	オリーブ油	エモリエント。オイルやクリームに使用	植物
	ツバキ種子油	ツバキ油	エモリエント。古くから毛髪用油として使用	植物
	水添ヒマシ油	—	基剤。ポイントメイクアップ化粧品の硬さ調整	植物
	マカデミア種子油	マカデミアナッツ油	エモリエント。感触調整	植物
	カカオ脂	カカオバター	エモリエント。感触調整	植物
	シア脂	シアバター	エモリエント。感触調整	植物
ロウ類（ワックス）	カルナウバロウ	カルナウバワックス	ポイントメイクアップ化粧品の硬さ調整	植物
	キャンデリラロウ	キャンデリラワックス	ポイントメイクアップ化粧品の硬さ調整	植物
	ホホバ種子油	ホホバ油	エモリエント。感触調整	植物
	ミツロウ	ビーズワックス、 サラシミツロウ	エモリエント。ポイントメイクアップ化粧品の硬さ調整	ハチの巣
	ラノリン	精製ラノリン	エモリエント。ポイントメイクアップ化粧品の硬さ調整	動物（羊毛）
エステル油	エチルヘキサン酸セチル	—	基剤。エモリエント 粘度が低くさっぱり感のある油。クレンジング料に使用	合成
	トリ（カプリル酸/カプリン酸）グリセリル	—	基剤。エモリエント ベタつき感が少なくさらっとした使用感	合成
	ミリスチン酸イソプロピル	—	基剤。エモリエント。ファンデーションや口紅に使用	合成
	リンゴ酸ジイソステアリル	—	基剤。エモリエント。メイクアップ化粧品に使用	合成
シリコーン	シクロペンタシロキサン	環状シリコーン	感触調整。揮発性がある。さらっとした使用感	合成
	ジメチコン	シリコーンオイル、 メチルポリシロキサン	感触調整。低粘度から高粘度までさまざまある 撥水性を与える。さらっとした使用感	合成

※各成分の主な配合目的は、一例です

《紫外線カット剤》

分類	表示名称	慣用名または別名など	主な配合目的	主な由来または製法
紫外線吸収剤	オクトクリレン	—	UV-B吸収による紫外線防御	合成
	ポリシリコーン-15	—	UV-B吸収による紫外線防御	合成
	メトキシケイヒ酸エチルヘキシル	パラメトキシケイ皮酸2-エチルヘキシル	UV-B吸収による紫外線防御	合成
	ジエチルアミノヒドロキシベンゾイル安息香酸ヘキシル	2-[4-(ジエチルアミノ)-2-ヒドロキシベンゾイル]安息香酸ヘキシルエステル	UV-A吸収による紫外線防御	合成
	t-ブチルメトキシジベンゾイルメタン	4-*tert*-ブチル-4′-メトキシジベンゾイルメタン	UV-A吸収による紫外線防御	合成
	ビスエチルヘキシルオキシフェノールメトキシフェニルトリアジン	—	UV-A＋UV-B吸収による紫外線防御	合成
	メチレンビスベンゾトリアゾリルテトラメチルブチルフェノール	—	UV-A＋UV-B吸収による紫外線防御	合成
紫外線散乱剤	酸化チタン	微粒子酸化チタン	UV-A＋UV-B散乱による紫外線防御	鉱物、合成
	酸化亜鉛	微粒子酸化亜鉛	UV-A＋UV-B散乱による紫外線防御	鉱物、合成

※各成分の主な配合目的は、一例です

《防腐剤・酸化防止剤》

分類	表示名称	慣用名または別名など	主な配合目的	主な由来または製法
防腐剤	安息香酸Na	安息香酸ナトリウム	防腐	植物、合成
	メチルパラベン	パラベン、パラオキシ安息香酸メチル	防腐	合成
	エチルパラベン	パラベン、パラオキシ安息香酸エチル	防腐	合成
	プロピルパラベン	パラベン、パラオキシ安息香酸プロピル	防腐	合成
	ブチルパラベン	パラベン、パラオキシ安息香酸ブチル	防腐	合成
	フェノキシエタノール	ー	防腐	合成
	ベンザルコニウムクロリド	塩化ベンザルコニウム	防腐。帯電防止	合成
	o-シメン-5-オール	イソプロピルメチルフェノール	防腐	合成
	ヒノキチオール	ー	防腐	植物
酸化防止剤	トコフェロール	天然ビタミンE、dl-α-トコフェロール	製品の酸化防止	植物、合成
	β-カロチン	β-カロテン	製品の酸化防止。着色	合成
	BHA	ブチルヒドロキシアニソール	製品の酸化防止	合成
	BHT	ジブチルヒドロキシトルエン	製品の酸化防止	合成

※各成分の主な配合目的は、一例です

《訴求成分》

乾燥対策

部[※1]	表示名称[※2]	慣用名または別名など	主な作用[※3]		主な由来または製法
			保湿	エモリエント	
●	米エキスNo.11	ライスパワー®No.11[※4]	● 皮膚水分保持能の改善 頭皮水分保持能の改善		発酵
ー	PCA PCA-Na	ピロリドンカルボン酸 ピロリドンカルボン酸ナトリウム	○		合成
ー	ヒアルロン酸Na	ー	○		微生物の産生物、鳥類(ニワトリのトサカ)
ー	アセチルヒアルロン酸Na	ー	○		微生物の産生物
ー	コンドロイチン硫酸Na	ー	○		魚類
ー	グルタミン酸Na	L-グルタミン酸ナトリウム	○		発酵(昆布)
ー	セリン、グリシン、ヒドロキシプロリンなど	アミノ酸	○		合成、発酵、天然
ー	ポリグルタミン酸	ー	○		発酵
ー	トレハロース	トレハロース液	○		発酵(でんぷん)
ー	ベタイン	トリメチルグリシン	○		植物、合成
ー	水溶性コラーゲン	コラーゲン	○		動物、魚類、鳥類
ー	ヘパリン類似物質[※5]	ー	○		合成(豚由来)
ー	セラミドEOP(セラミド1)、セラミドNP(セラミド3)など	セラミド		○	発酵

部※1	表示名称※2	慣用名または別名など	主な作用※3		主な由来または製法
			保湿	エモリエント	
ー	レシチン	ー		○	植物、卵黄
ー	スフィンゴ脂質	ー		○	動物
ー	コレステロール	ー		○	植物、動物、魚類
ー	ラウロイルグルタミン酸ジ(フィトステリル/オクチルドデシル)	ー		○	合成
ー	スクワラン	ー		○	魚類(鮫肝油)、植物、合成
ー	ホホバ種子油	ホホバ油		○	植物
ー	ワセリン	ー		○	石油

※1 乾燥対策の医薬部外品の有効成分として配合される成分に●をつけています
※2 医薬部外品の有効成分となりうる成分で●がついているものは、表示名称に医薬部外品表示名称を記載しています
※3 乾燥対策としての主な作用に○をつけています
※4 ライスパワーは勇心酒造株式会社の登録商標です
※5 ヘパリン類似物質は医薬部外品だけではなく、医薬品の有効成分としても使用されています

ニキビ対策

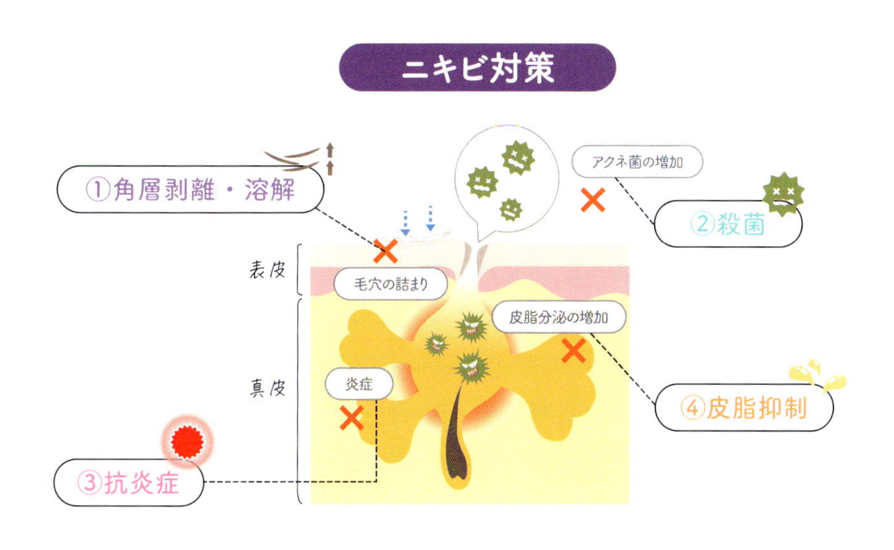

部※1	表示名称※2	慣用名または別名など	主な作用※3					主な由来または製法
			①角層剥離・溶解	②殺菌	③抗炎症	④皮脂抑制	その他	
●	サリチル酸	ー	○	○	○			合成、植物
●	イオウ	ー	○	○				鉱物
●	レゾルシン	ー	○	○				合成
●	イソプロピルメチルフェノール	IPMP		○				合成
●	塩化ベンザルコニウム	ー		○				合成
●	グリチルリチン酸ジカリウム	グリチルリチン酸2K			○			植物
●	アラントイン	ー			○			合成
●	塩酸ピリドキシン	ビタミンB_6				○		合成

部※1	表示名称※2	慣用名または別名など	主な作用※3					主な由来または製法
			①角層剥離・溶解	②殺菌	③抗炎症	④皮脂抑制	その他	
●	エストラジオール、エチニルエストラジオール など	エストラジオール誘導体				○		合成
―	グリコール酸	AHA	○					合成
―	アスコルビン酸	ビタミンC				○	○ 抗酸化	合成

※1「ニキビを防ぐ」医薬部外品の有効成分として配合される成分に●をつけています
※2 医薬部外品の有効成分となりうる成分で●がついているものは、表示名称に医薬部外品表示名称を記載しています
※3 ニキビ対策としての主な作用に○をつけています

肌荒れ対策

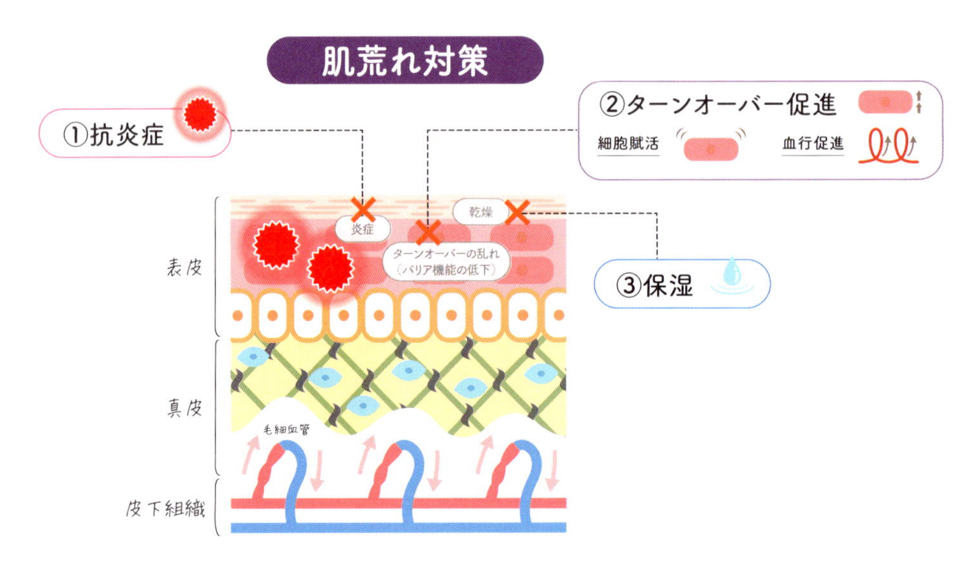

部※1	表示名称※2	慣用名または別名など	主な作用※3				主な由来または製法
			①抗炎症	②ターンオーバー促進 ②-1 細胞賦活	②ターンオーバー促進 ②-2 血行促進	③保湿	
●	グリチルリチン酸ジカリウム	グリチルリチン酸2K	○				植物
●	グリチルレチン酸ステアリル	―	○				植物
●	トラネキサム酸	―	○				合成
●	ヘパリン類似物質	―	○		○	○	合成
●	アラントイン	―	○	○			合成
●	D-パントテニルアルコール	パンテノール	○	○			合成
●	dl-α-トコフェリルリン酸ナトリウム	VEP-M、ビタミンE誘導体	○				合成
●	ニコチン酸アミド、ナイアシンアミド	―		○	○		合成
●	酢酸DL-α-トコフェロール	酢酸トコフェロール、ビタミンE誘導体			○		合成
●	尿素	―				○	合成

部[※1]	表示名称[※2]	慣用名または別名など	主な作用[※3]				主な由来または製法
			①抗炎症	②ターンオーバー促進 ②-1 細胞賦活	②-2 血行促進	③保湿	
●	米エキスNo.11	ライスパワー®No.11[※4]				● 皮膚水分保持能の改善、頭皮水分保持能の改善	発酵
ー	グアイアズレン	ー	○				植物

※1「肌荒れ、荒れ性を防ぐ」医薬部外品の有効成分として配合される成分に●をつけています
（米エキスNo.11は「水分保持能の改善」「頭皮水分保持能の改善」の医薬部外品の有効成分）
※2 医薬部外品の有効成分となりうる成分で●がついているものは、表示名称に医薬部外品表示名称を記載しています
※3 肌荒れ対策としての主な作用に○をつけています
※4 ライスパワーは勇心酒造株式会社の登録商標です

毛穴対策

部[※1]	表示名称	慣用名または別名など	主な作用[※2]					主な由来または製法
			皮脂抑制	角層剥離・溶解	細胞賦活	抗酸化	その他	
ー	米エキスNo.6	ライスパワー®No.6[※3]	●[※4]					発酵
ー	★シミ対策参照	ビタミンC誘導体	○					合成
ー	ジペプチド-15	グリシルグリシン					○ 細胞内のイオンバランスを整え、不飽和脂肪酸による肌への影響を防ぐ	合成
ー	パパイン	ー		○				植物、合成
ー	プロテアーゼ	蛋白分解酵素		○				植物、合成
ー	リパーゼ	ー		○ 角栓溶解				合成
ー	レチノール	ビタミンA			○			合成
ー	ユビキノン	コエンザイムQ10			○	○		合成

※1 毛穴に対する効能効果が認められた医薬部外品の有効成分はありません
※2 毛穴対策としての主な作用に○をつけています
※3 ライスパワーは勇心酒造株式会社の登録商標です
※4 米エキスNo.6は「皮脂分泌を抑制する」医薬部外品の有効成分

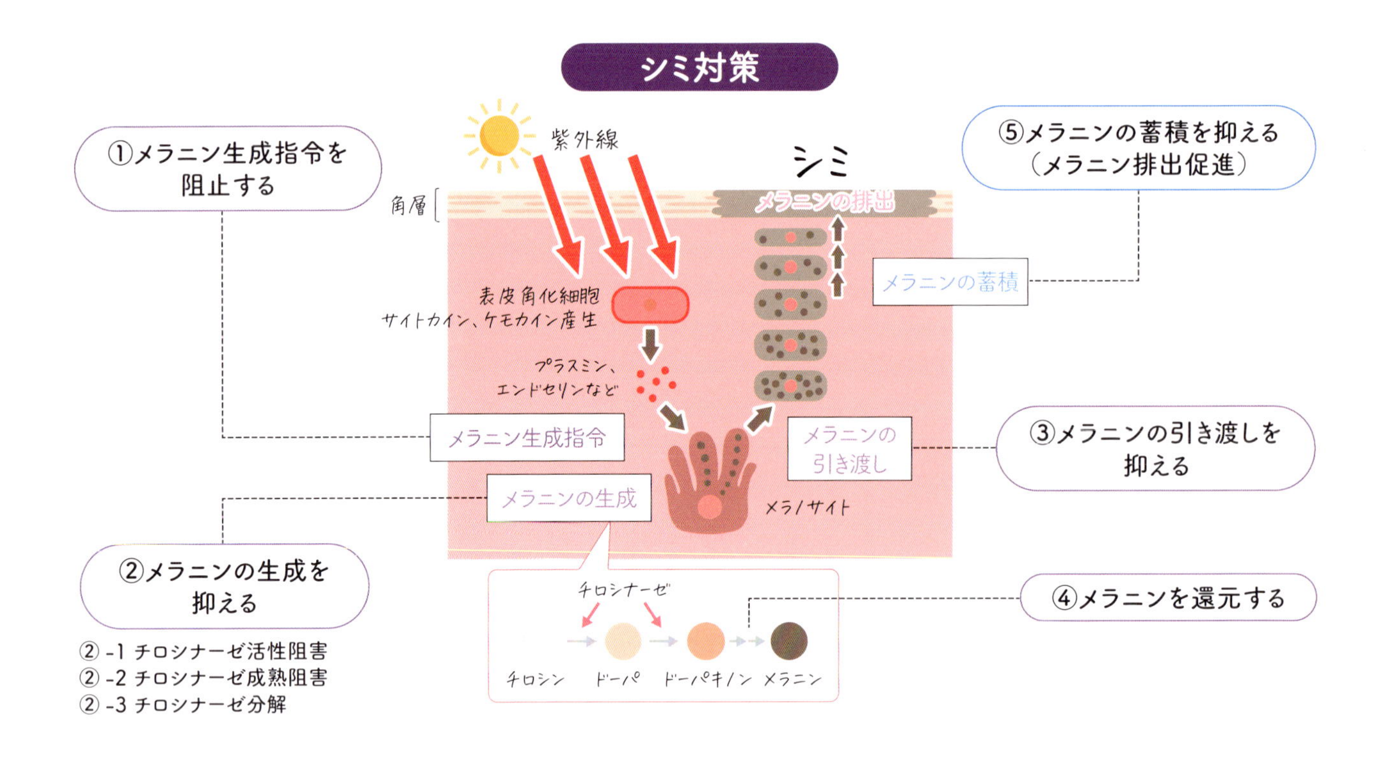

② -1 チロシナーゼ活性阻害
② -2 チロシナーゼ成熟阻害
② -3 チロシナーゼ分解

部※1			表示名称※2	慣用名または別名など	主な作用※3							主な由来または製法
					①メラニン生成指令阻止	②メラニンの生成を抑える			③メラニン引き渡し抑制	④メラニン還元	⑤メラニン蓄積抑制（排出促進）	
						②-1 チロシナーゼ活性阻害	②-2 チロシナーゼ成熟阻害	②-3 チロシナーゼ分解				
メラニンの生成を抑え、シミ・そばかすを防ぐ	●		トラネキサム酸	—	○							合成
	●		カモミラET	—	○							植物（ジャーマンカモミール）
	●		トラネキサム酸セチル塩酸塩	TXC	○							合成
	●		グリチルレチン酸ステアリルSW	—	○							合成
	●	水溶性	アスコルビン酸	ビタミンC		○				○		合成
	●	水溶性	L-アスコルビン酸2-グルコシド	ビタミンC誘導体、AA2G		○				○		合成
	●	水溶性	リン酸L-アスコルビルマグネシウム	ビタミンC誘導体、VC-PMG、APM		○				○		合成
	●	水溶性	L-アスコルビン酸リン酸エステルナトリウム	ビタミンC誘導体、VC-PNA、APS		○				○		合成
	●	水溶性	3-O-エチルアスコルビン酸	ビタミンC誘導体、VCエチル		○				○		合成
	—	水溶性	グリセリルアスコルビン酸	ビタミンC誘導体、VC-2G		○				○		合成
	●	脂溶性	テトラ2-ヘキシルデカン酸アスコルビル	ビタミンC誘導体、VC-IP		○				○		合成
	—	脂溶性	ジパルミチン酸アスコルビル	ビタミンC誘導体、ビタミンCパルミテート		○				○		合成
	—	水溶性＋脂溶性	パルミチン酸アスコルビルリン酸3Na	ビタミンC誘導体、APPS		○				○		合成
	—	水溶性＋脂溶性	カプリリル2-グリセリルアスコルビン酸	ビタミンC誘導体、GO-VC		○				○		合成

部※1		表示名称※2	慣用名または別名など	主な作用※3							主な由来または製法
				①メラニン生成指令阻止	②メラニンの生成を抑える			③メラニン引き渡し抑制	④メラニン還元	⑤メラニン蓄積抑制（排出促進）	
					②-1 チロシナーゼ活性阻害	②-2 チロシナーゼ成熟阻害	②-3 チロシナーゼ分解				
メラニンの生成を抑え、シミ・そばかすを防ぐ	●	アルブチン	β-アルブチン		○						合成（植物）
	●	コウジ酸	―		○						発酵
	●	エラグ酸	―		○						植物（タラの鞘）
	●	4-n-ブチルレゾルシン	ルシノール		○						植物（もみの木）
	●	4-メトキシサリチル酸カリウム塩	4MSK		○						合成
	●	5,5′-ジプロピル-ビフェニル-2,2′-ジオール	マグノリグナン			○					合成
	●	リノール酸S	リノール酸				○				植物
	●	ナイアシンアミド、ニコチン酸アミド	D-メラノ™					○			合成
メラニンの蓄積を抑え、シミ・そばかすを防ぐ	●	デクスパンテノールW	PCE-DP、m-ピクセノール							○	合成
	●	アデノシン一リン酸二ナトリウムOT	エナジーシグナルAMP							○	天然酵母
―		ハイドロキノン	―		○						合成

※1「メラニンの生成を抑え、シミ・そばかすを防ぐ」または「メラニンの蓄積を抑え、シミ・そばかすを防ぐ」医薬部外品の有効成分として配合される成分に●をつけています

※2 医薬部外品の有効成分となりうる成分で●がついているものは、表示名称に医薬部外品表示名称を記載しています

※3 シミ対策としての主な作用に○をつけています

くすみ対策

部※1	表示名称	慣用名または別名など	主な作用※2						主な由来または製法
			角質除去	保湿	血行促進	抗糖化	抗酸化※3	美白※4	
―	乳酸	AHA	○						発酵、合成
―	リンゴ酸	AHA	○						発酵、合成
―	パパイン	―	○						植物、合成
―	プロテアーゼ	蛋白質分解酵素	○						植物、合成
―	セラミドEOP（セラミド1）、セラミドNP（セラミド3） など	セラミド		○ エモリエント					発酵
―	ヒアルロン酸Na	ヒアルロン酸		○					微生物の産生物、鳥類（ニワトリのトサカ）
―	水溶性コラーゲン	コラーゲン		○					動物、魚類
―	セリン、プロリン、ヒドロキシプロリン など	アミノ酸		○					発酵
―	トウガラシ果実エキス	―			○				植物
―	酢酸トコフェロール	ビタミンE誘導体			○		○		合成
―	二酸化炭素（ガスとして）	―			○				合成
―	ゲットウ葉エキス	―				○			植物
―	ドクダミエキス	―				○			植物
―	ウメ果実エキス	―				○			植物
―	レンゲソウエキス	―				○			植物
―	フラーレン	―					○		合成
―	アスタキサンチン	―					○		甲殻類

部※1	表示名称	慣用名または別名など	主な作用※2						主な由来または製法
			角質除去	保湿	血行促進	抗糖化	抗酸化※3	美白※4	
ー	★シミ対策参照	ビタミンC誘導体						○※4	合成
ー	レチノール	ビタミンA	○ ターンオーバー促進						合成

※1 くすみに対する効能効果が認められた医薬部外品の有効成分はありません
※2 くすみ対策としての主な作用に○をつけています
※3 抗酸化：くすみの原因となるカルボニル化を防ぐことが期待できます
※4 美白：「メラニンの生成を抑え、シミ・そばかすを防ぐ」医薬部外品の有効成分

くま対策

部※1	表示名称	慣用名または別名など	主な作用※2				主な由来または製法
			美白※3	抗炎症	血行促進	細胞賦活	
ー	トラネキサム酸	ー	○※3	○			合成
ー	カモミラET	ー	○※3	○			植物（カモミール）
ー	★シミ対策参照	ビタミンC誘導体	○※3			○	合成
ー	カフェイン	ー			○		合成
ー	酢酸トコフェロール	ビタミンE誘導体			○		合成
ー	トウガラシ果実エキス	ー			○		植物
ー	ショウガ根茎エキス	ショウキョウチンキ			○		植物
ー	レチノール	ビタミンA				○	合成
ー	ナイアシンアミド、ニコチン酸アミド	ビタミンB_3	○※3			○	合成
ー	加水分解コラーゲン	ー				○	動物、魚類
ー	ヒト幹細胞順化培養液 など	ー				○	培養

※1 くまに対する効能効果が認められた医薬部外品の有効成分はありません
※2 くま対策としての主な作用に○をつけています
※3 美白：「メラニンの生成を抑え、シミ・そばかすを防ぐ」医薬部外品の有効成分

シワ対策

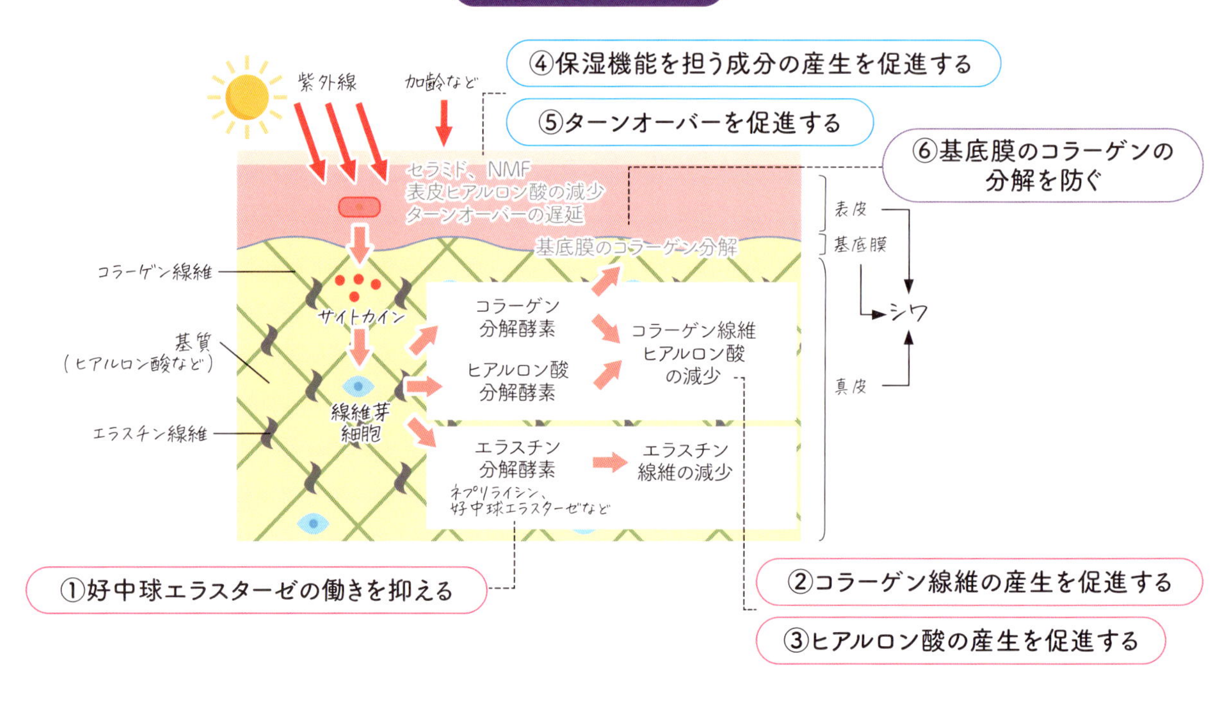

部※1	表示名称※2	慣用名または別名など	主な作用※3									主な由来または製法
			真皮			表皮		基底膜	保湿	細胞賦活	その他	
			①好中球エラスターゼ抑制	②コラーゲン線維産生促進	③ヒアルロン酸産生促進	④保湿機能を担う成分の産生促進	⑤ターンオーバー促進	⑥コラーゲン分解抑制				
●	三フッ化イソプロピルオキソプロピルアミノカルボニルピロリジンカルボニルメチルプロピルアミノカルボニルベンゾイルアミノ酢酸Na	ニールワン	○（コラーゲン線維、エラスチン線維分解抑制）									合成
●	レチノール	純粋レチノール		○	○	○表皮ヒアルロン酸産生促進	○					合成
●	ナイアシンアミド	ナイアシンアミド		○		○セラミド産生促進						合成
●	dl-α-トコフェリルリン酸ナトリウムM	VEP-M、ビタミンE誘導体				○表皮ヒアルロン酸、セラミド産生促進						合成
●	ライスパワーNo.11＋			○		○表皮ヒアルロン酸、セラミド、NMF産生促進		○				発酵
—	スクワラン	—							○エモリエント			魚類（鮫肝油）、植物、合成
—	ワセリン	—							○エモリエント			石油
—	セラミドEOP（セラミド1）、セラミドNP（セラミド3）など	セラミド							○エモリエント			発酵
—	★シミ対策参照	ビタミンC誘導体		○							○コラーゲン線維産生促進	合成
—	加水分解コラーゲン	コラーゲン							○			動物、魚類、発酵
—	ヒト幹細胞順化培養液など	—								○		培養
—	ジ酢酸ジペプチドジアミノブチロイルベンジルアミド	シンエイク									○シワ弛緩	合成
—	アセチルヘキサペプチド-8	アルジルリン									○シワ弛緩	合成
—	加水分解オクラ種子エキス	—									○シワ弛緩	植物

※1「シワを改善する」医薬部外品の有効成分として配合される成分に●をつけています
※2 医薬部外品の有効成分となりうる成分で●がついているものは、表示名称に医薬部外品表示名称を記載しています
※3 シワ・たるみ対策としての主な作用に○をつけています

抗酸化成分

部※	表示名称	慣用名または別名など	主な作用		主な由来または製法
			抗酸化	その他	
ー	★シミ対策参照	ビタミンC、 ビタミンC誘導体	○	○ 美白	合成
ー	酢酸トコフェロール	ビタミンE誘導体	○	○ 血行促進	合成
ー	コエンザイムQ10	CoQ10、ユビキノン	○		発酵、合成
ー	アスタキサンチン	ー	○		甲殻類
ー	チオクト酸	α-リポ酸	○		植物
ー	フラーレン	ー	○		合成

※ 抗酸化として効能効果が認められた医薬部外品の有効成分はありません

防臭・デオドラント

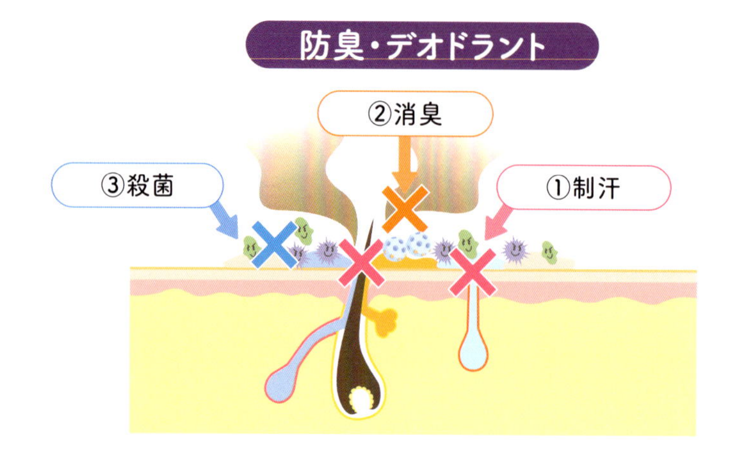

部※1	表示名称※2	慣用名または別名など	主な作用※3			主な由来または製法
			①制汗	②消臭	③殺菌	
●	クロルヒドロキシアルミニウム	ー	○			合成
●	パラフェノールスルホン酸亜鉛	ー	○			合成
●	酸化亜鉛	亜鉛華		○		鉱物、合成
●	イソプロピルメチルフェノール	ー			○	合成
●	塩化ベンザルコニウム	ー			○	合成
ー	銀含有アパタイト	ー			○	合成

※1 腋臭防止剤の有効成分として配合される成分に●をつけています
※2 医薬部外品の有効成分となりうる成分で●がついているものは、表示名称に医薬部外品表示名称を記載しています
※3 防臭の主な作用に○をつけています

育毛・養毛

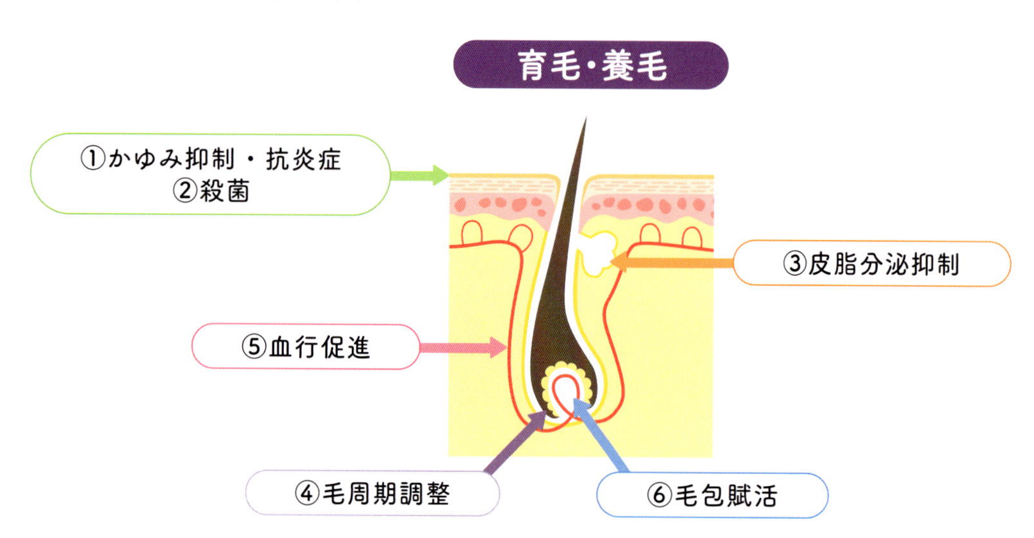

部※1	表示名称※2	慣用名または別名など	主な作用※3						主な由来または製法
			①かゆみ抑制・抗炎症	②殺菌（静菌）	③皮脂抑制	④毛周期調整	⑤血行促進	⑥毛包賦活	
●	アラントイン	ー	○						合成
●	グリチルリチン酸ジカリウム	グリチルリチン酸2K	○						植物、合成
●	β-グリチルレチン酸	ー	○						植物、合成
●	塩酸ジフェンヒドラミン	ー	○						合成
●	ジンクピリチオン液	ー		○					合成
●	ミコナゾール硝酸塩	ー		○					合成
●	ヒノキチオール	ー		○				○	植物
●	イソプロピルメチルフェノール	IPMP		○					合成
●	ピロクトンオラミン	オクトピロックス			○				合成
●	塩酸ピリドキシン	ビタミンB_6			○				合成
●	トランス-3,4'-ジメチル-3-ヒドロキシフラバノン	*t*-フラバノン				○			合成
●	6-ベンジルアミノプリン	サイトプリン				○			合成
●	センブリエキス	ー					○		植物
●	酢酸DL-α-トコフェロール、ニコチン酸dl-α-トコフェロール など	ビタミンE誘導体					○		合成
●	ニコチン酸アミド	ビタミンB_3					○		合成
●	セファランチン	ー					○		植物
●	ℓ-メントール	ー					○		植物、合成
●	トウガラシチンキ	ー					○		植物
●	ショウキョウチンキ	ー					○		植物
●	カンタリスチンキ	ー					○		植物
●	ペンタデカン酸グリセリド	PDG、ペンタデカン						○	合成
●	パントテニルエチルエーテル、D-パントテニルアルコール など	プロビタミンB_5誘導体						○	合成
●	ニンジンエキス	ー						○	植物
●	アデノシン	ー						○	合成

※1 育毛剤（養毛剤）または薬用化粧品（シャンプー・リンス）の有効成分として配合される成分に●をつけています
※2 医薬部外品の有効成分となりうる成分で●がついているものは、表示名称に医薬部外品表示名称を記載しています
※3 育毛・養毛としての主な作用に○をつけています

オーラルケア

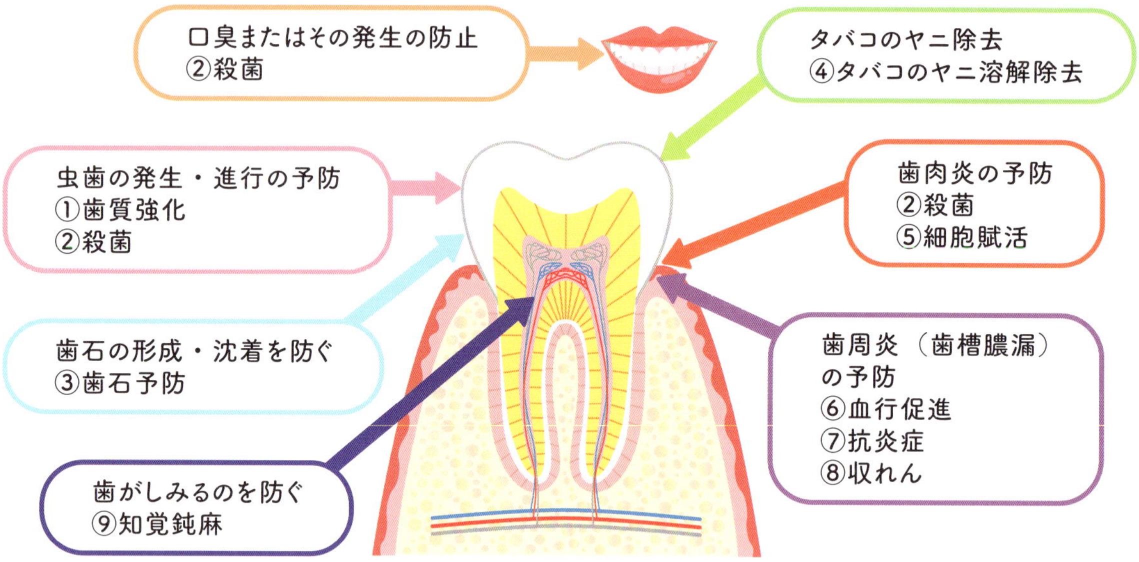

口臭またはその発生の防止
②殺菌

タバコのヤニ除去
④タバコのヤニ溶解除去

虫歯の発生・進行の予防
①歯質強化
②殺菌

歯肉炎の予防
②殺菌
⑤細胞賦活

歯石の形成・沈着を防ぐ
③歯石予防

歯周炎（歯槽膿漏）の予防
⑥血行促進
⑦抗炎症
⑧収れん

歯がしみるのを防ぐ
⑨知覚鈍麻

部※1		表示名称※2	慣用名または別名など	主な作用※3									主な由来または製法
				①歯質強化	②殺菌	③歯石予防	④タバコのヤニ溶解除去	⑤細胞賦活	⑥血行促進	⑦抗炎症	⑧収れん	⑨知覚鈍麻（どんま）	
虫歯の発生・進行の予防	●	フッ化ナトリウム	NaF、フッ化物	○									合成
	●	モノフルオロリン酸ナトリウム	MFP	○									合成
	●	イソプロピルメチルフェノール	IPMP		○								合成
	●	塩化セチルピリジニウム	CPC		○								合成
歯石の形成・沈着を防ぐ	●	ポリリン酸ナトリウム	—			○							合成
	●	ゼオライト	—			○							鉱物
口臭またはその発生の防止	●	塩化ベンゼトニウム	—		○								合成
	●	トリクロサン	—		○								合成
タバコのヤニ除去	●	ポリエチレングリコール	—				○						合成
	●	ポリビニルピロリドン	—				○						合成
歯肉炎の予防	●	イソプロピルメチルフェノール	IPMP		○								合成
	●	塩化セチルピリジニウム	—		○								合成
	●	トリクロサン	—		○								合成
	●	塩酸ピリドキシン	ビタミンB_6					○					合成
歯周炎（歯槽膿漏（しそうのうろう））の予防	●	酢酸DL-α-トコフェロール など	ビタミンE誘導体						○				合成
	●	グリチルレチン酸	—							○			合成
	●	塩化リゾチーム	—							○			動物（鶏の卵）
	●	ε-アミノカプロン酸	—							○			合成
	●	トラネキサム酸	—							○			合成
	●	アラントイン	—								○		合成
	●	塩化ナトリウム	塩								○		海水

部※1		表示名称※2	慣用名または別名など	主な作用※3									主な由来または製法
				①歯質強化	②殺菌	③歯石予防	④タバコのヤニ溶解除去	⑤細胞賦活	⑥血行促進	⑦抗炎症	⑧収れん	⑨知覚鈍麻	
歯がしみるのを防ぐ	●	硝酸カリウム	—									○	合成

※1 薬用歯磨き類の有効成分として配合される成分に●をつけています
※2 医薬部外品の有効成分となりうる成分で●がついているものは、表示名称に医薬部外品表示名称を記載しています
※3 薬用歯磨き類としての主な作用に○をつけています

フレグランス

精油の種類と主な効果

効果※	精油の種類
リラックス	ラベンダー、ジャスミン、ローズ
睡眠導入	オレンジ、シダーウッド、ローズウッド、コリアンダー、クラリーセージ
ダイエット（満腹中枢刺激による食欲抑制）	グレープフルーツ、ラズベリー、サイプレス、中国産のキンモクセイ（桂花）
美白（メラニン生成抑制）	ラブダナム
抗菌	タイム
鎮痛	ベルガモット、レモン、プチグレン、ユーカリ、ローズマリー、ジンジャー、バジル、サンダルウッド、ラベンダー

※かいだり塗布したりすることによる効果です　※報告されている精油の効果の一例です

よく使用される香料例

構成	天然香料	合成香料
トップノート	ベルガモット、オレンジ、レモン、ローズマリー、ラベンダー、ユーカリ、ペパーミント、ライム、プチグレン、マンダリン、コリアンダー、マジョラム、ガルバナム	リモネン、カンファー、オクタナール、酢酸リナリル、ローズオキシド、リナロール
ミドルノート（ハートノート）	ローズ、ゼラニウム、カモミール、イランイラン、クローブ、タイム、ネロリ	ターピオネール、ゲラニオール、シトロネロール、酢酸ゲラニル、酢酸シトロネリル、シトラール、オイゲノール、ヘディオン®、フェニルエチルアルコール
ベースノート（ラストノート）	シナモン、サンダルウッド、シダーウッド、オークモス、パチュリ、ベチバー、ラブダナム、ペルーバルサム	シス・ジャスモン、イオノン、ファルネソール、メチルイオノン、バニリン、クマリン、ヘリオトロピン、イソ・イー・スーパー®、リラール®、アンブロックス®、ムスク類

※ヘディオン、アンブロックスはフィルメニッヒ社、イソ・イー・スーパー、リラールはインターナショナル・フレーバー・アンド・フレグランス者の登録商標です

《旧表示指定成分（化粧品）》

分類	医薬品医療機器等法による成分名
防腐剤	安息香酸及びその塩類、イクタモール、イソプロピルメチルフェノール、ウンデシレン酸及びその塩類、ウンデシレン酸モノエタノールアミド、塩酸アルキルジアミノエチルグリシン、塩酸クロルヘキシジン、オルトフェニルフェノール、グルコン酸クロルヘキシジン、クレゾール、クロラミンT、クロルキシレノール、クロルクレゾール、クロルフェネシン、クロロブタノール、5-クロロ-2-メチル-4-イソチアゾリン-3-オン、サリチル酸及びその塩類、1,3-ジメチロール-5,5-ジメチルヒダントイン、臭化アルキルイソキノリニウム、臭化セチルトリメチルアンモニウム、臭化ドミフェン、ソルビン酸及びその塩類、チモール、チラム、デヒドロ酢酸及びその塩類、トリクロサン、トリクロロカルバニリド、パラオキシ安息香酸エステル、パラクロルフェノール、ハロカルバン、ピロガロール、フェノール、ヘキサクロロフェン、2-メチル-4-イソチアゾリン-3-オン、N,N″-メチレンビス[N′-(3-ヒドロキシメチル-2,5-ジオキソ-4-イミダゾリジニル)ウレア]（別名：イミダゾリジニルウレア）、レゾルシン
界面活性剤（帯電防止剤、殺菌剤）	塩化アルキルトリメチルアンモニウム、塩化ジステアリルジメチルアンモニウム、塩化ステアリルジメチルベンジルアンモニウム、塩化ステアリルトリメチルアンモニウム、塩化セチルトリメチルアンモニウム、塩化セチルピリジニウム、塩化ベンザルコニウム、塩化ベンゼトニウム、塩化ラウリルトリメチルアンモニウム
界面活性剤（乳化剤）	酢酸ポリオキシエチレンラノリンアルコール、セチル硫酸ナトリウム、ポリオキシエチレンラノリン、ポリオキシエチレンラノリンアルコール
界面活性剤（洗浄剤）	直鎖型アルキルベンゼンスルホン酸ナトリウム、ポリオキシエチレンラウリルエーテル硫酸塩類、ラウリル硫酸塩類、ラウロイルサルコシンナトリウム
毛根刺激	塩酸ジフェンヒドラミン、カンタリスチンキ、ショウキョウチンキ、トウガラシチンキ、ニコチン酸ベンジル、ノニル酸バニリルアミド
保湿剤	プロピレングリコール、ポリエチレングリコール（平均分子量が600以下の物）
皮膜形成剤	セラック、天然ゴムラテックス
粘着剤、皮膜形成剤	ロジン
香料の溶剤	ベンジルアルコール
中和剤	ジイソプロパノールアミン、ジエタノールアミン、トリイソプロパノールアミン、トリエタノールアミン
増粘剤	トラガント
抗炎症	グアイアズレン、グアイアズレンスルホン酸ナトリウム
収れん剤	パラフェノールスルホン酸亜鉛
紫外線吸収剤・安定化剤	オキシベンゾン、サリチル酸フェニル、シノキサート、パラアミノ安息香酸エステル、2-(2-ヒドロキシ-5-メチルフェニル)ベンゾトリアゾール
酵素類	塩化リゾチーム
酸化防止剤など	酢酸dl-α-トコフェロール
酸化防止剤	カテコール、ジブチルヒドロキシトルエン、dl-α-トコフェロール、ブチルヒドロキシアニソール、没食子酸プロピル
キレート剤	エデト酸及びその塩類
基剤（乳化安定）	ステアリルアルコール、セタノール
基剤（エモリエント剤）	酢酸ラノリン、酢酸ラノリンアルコール、セトステアリルアルコール、ミリスチン酸イソプロピル、ラノリン、液状ラノリン、還元ラノリン、硬質ラノリン、ラノリンアルコール、水素添加ラノリンアルコール、ラノリン脂肪酸イソプロピル、ラノリン脂肪酸ポリエチレングリコール
着色剤	医薬品等に使用することができるタール色素を定める省令（昭和41年厚生省令第30号）に掲げるタール色素
ホルモン	ホルモン
着香剤	香料

《表示指定成分（医薬部外品）》

分類	医薬品医療機器等法による成分名
防腐剤	安息香酸及びその塩類、ウンデシレン酸及びその塩類、ウンデシレン酸モノエタノールアミド、5-クロロ-2-メチル-4-イソチアゾリン-3-オン、ソルビン酸及びその塩類、デヒドロ酢酸及びその塩類、パラアミノ安息香酸エステル、パラオキシ安息香酸エステル、N·N"-メチレンビス〔N'-（3-ヒドロキシメチル-2·5-ジオキソ-4-イミダゾリジニル）ウレア〕（別名イミダゾリジニルウレア）
殺菌・防腐剤	イクタモール、イソプロピルメチルフェノール、塩化セチルピリジニウム、塩化ベンザルコニウム、塩化ベンゼトニウム、塩酸アルキルジアミノエチルグリシン、塩酸クロルヘキシジン、グルコン酸クロルヘキシジン、クレゾール、クロラミンT、クロルキシレノール、クロルクレゾール、クロルフェネシン、クロロブタノール、サリチル酸及びその塩類、1·3-ジメチロール-5·5-ジメチルヒダントイン（別名DMDMヒダントイン）、臭化アルキルイソキノリニウム、臭化ドミフェン、トリクロサン、トリクロロカルバニリド、チモール、チラム、パラアミノフェニルスルファミン酸、パラアミノフェノール及びその硫酸塩、パラクロルフェノール、ハロカルバン、フェノール、ヘキサクロロフェン、2-メチル-4-イソチアゾリン-3-オン、レゾルシン
殺菌剤・抗炎症	サリチル酸フェニル
界面活性剤（帯電防止剤）	塩化アルキルトリメチルアンモニウム、塩化ジステアリルジメチルアンモニウム、塩化ステアリルジメチルベンジルアンモニウム、塩化ステアリルトリメチルアンモニウム、塩化セチルトリメチルアンモニウム、臭化セチルトリメチルアンモニウム
界面活性剤（乳化剤）	塩化ラウリルトリメチルアンモニウム、酢酸ポリオキシエチレンラノリンアルコール、セチル硫酸ナトリウム、ポリオキシエチレンラノリン、ポリオキシエチレンラノリンアルコール、ラノリン脂肪酸ポリエチレングリコール
界面活性剤（洗浄剤）	直鎖型アルキルベンゼンスルホン酸ナトリウム、ポリオキシエチレンラウリルエーテル硫酸塩類、ラウリル硫酸塩類、ラウロイルサルコシンナトリウム
育毛成分など	塩酸ジフェンヒドラミン、カンタリスチンキ、ショウキョウチンキ、トウガラシチンキ、ニコチン酸ベンジル、ノニル酸バニリルアミド
染毛成分	2-アミノ-4-ニトロフェノール、2-アミノ-5-ニトロフェノール及びその硫酸塩、1-アミノ-4-メチルアミノアントラキノン、3·3'-イミノジフェノール、塩酸2·4-ジアミノフェノキシエタノール、塩酸2·4-ジアミノフェノール、オルトアミノフェノール及びその硫酸塩、オルトフェニルフェノール、カテコール、1·4-ジアミノアントラキノン、2·6-ジアミノピリジン、ジフェニルアミン、トルエン-2·5-ジアミン及びその塩類、トルエン-3·4-ジアミン、ニトロパラフェニレンジアミン及びその塩類、パラアミノオルトクレゾール、パラニトロオルトフェニレンジアミン及びその硫酸塩、パラフェニレンジアミン及びその塩類、パラメチルアミノフェノール及びその硫酸塩、ピクラミン酸及びそのナトリウム塩、N·N'-ビス(4-アミノフェニル)-2·5-ジアミノ-1·4-キノンジイミン（別名バンドロフスキーベース）、5-（2-ヒドロキシエチルアミノ）-2-メチルフェノール、2-ヒドロキシ-5-ニトロ-2·4-ジアミノアゾベンゼン-5-スルホン酸ナトリウム（別名クロムブラウンRH）、ピロガロール、N-フェニルパラフェニレンジアミン及びその塩類、メタアミノフェノール、メタフェニレンジアミン及びその塩類、硫酸2·2'-〔（4-アミノフェニル）イミノ〕ビスエタノール、硫酸オルトクロルパラフェニレンジアミン、硫酸4·4'-ジアミノジフェニルアミン、硫酸パラニトロメタフェニレンジアミン、硫酸メタアミノフェノール、N·N'-ビス（2·5-ジアミノフェニル）ベンゾキノンジイミド
保湿剤	プロピレングリコール、ポリエチレングリコール（平均分子量600以下のものに限る。）
皮膜形成剤	天然ゴムラテックス
結合剤・皮膜形成剤	ロジン
溶剤	ベンジルアルコール
アルカリ剤	ジイソプロパノールアミン、ジエタノールアミン、トリイソプロパノールアミン、トリエタノールアミン、モノエタノールアミン
増粘剤	トラガント
抗炎症	グアイアズレン、グアイアズレンスルホン酸ナトリウム
肌荒れ防止成分	酢酸-dl-α-トコフェロール
制汗成分	パラフェノールスルホン酸亜鉛
紫外線吸収剤・安定化剤	オキシベンゾン、シノキサート、2-（2-ヒドロキシ-5-メチルフェニル）ベンゾトリアゾール
酵素類	ウリカーゼ、塩化リゾチーム
酸化防止剤	ジブチルヒドロキシトルエン、dl-α-トコフェロール、ヒドロキノン、ブチルヒドロキシアニソール、没食子酸プロピル
キレート剤	エデト酸及びその塩類
還元剤	システイン及びその塩酸塩、チオグリコール酸及びその塩類、チオ乳酸塩類
基剤（乳化安定）	ステアリルアルコール、セタノール、セトステアリルアルコール
基剤（エモリエント剤）	酢酸ラノリン、酢酸ラノリンアルコール、ミリスチン酸イソプロピル、ラノリン、液状ラノリン、還元ラノリン、硬質ラノリン、ラノリンアルコール、水素添加ラノリンアルコール、ラノリン脂肪酸イソプロピル
着色剤	医薬品等に使用することができるタール色素を定める省令（昭和41年厚生省令第30号）別表第1、別表第2及び別表第3に掲げるタール色素
ホルモン	ホルモン

参考文献・資料

・新化粧品学　第2版（南山堂）
・最新化粧品科学　改訂増補（日本化粧品技術者会編，薬事日報社）
・香粧品科学（朝倉書店）
・化粧品事典（日本化粧品技術者会編，丸善出版）
・化粧品の有用性（日本化粧品技術者会編，薬事日報社）
・新化粧品ハンドブック（日光ケミカルズ株式会社 他）
・機能性化粧品の開発IV（シーエムシー出版）
・美容皮膚科学　改訂2版（日本美容皮膚科学会編，南山堂）
・皮膚をみる人たちのための化粧品知識（日本香粧品学会編，南山堂）
・Science of wave 改訂版（日本パーマネントウェーブ液工業組合技術委員会，新美容出版）
・理容・美容保健（公益社団法人日本理容美容教育センター）
・新ヘア・サイエンス　第2刷（日本毛髪科学協会）
・男性型および女性型脱毛症診療ガイドライン（男性型および女性型脱毛症診療ガイドライン作成委員会）
・美容皮膚科学事典　最新改訂版（中央書院）
・JNA テクニカルシステムベーシック　第2版（NPO 法人日本ネイリスト協会）
・香料の科学（講談社）
・エッセンス！フレーバー・フレグランス（三共出版）
・サプリメント活用事典（講談社）
・日本ヘルスケアサプリメント協会 コンプライアンスガイド
・粧技誌，23（4），316-319, 1990
・J. Invest. Dermatol., 48, 181-183, 1967
・J. Biol. Chem., 278（8），5718-5727, 2003
・J. Appl. Physiol., 102, 2158-2164, 2007
・高分子学会，高分子論文集，62（5），201-207, 2005
・日歯保存誌，48（2），272-277, 2005
・フッ化物配合歯磨剤の推奨される利用方法について（日本小児歯科学会，日本口腔衛生学会，日本歯科保存学会，日本老年歯科医学会）
・厚生労働省 Web サイト
・消費者庁 Web サイト
・文部科学省 Web サイト
・日本化粧品工業会　Web サイト
・日本歯磨工業会 Web サイト
・日本石鹸洗剤工業会 Web サイト
・日本ヘアカラー工業会 Web サイト
・日本臨床歯周病学会 Web サイト
・公益社団法人日本毛髪科学協会 Web サイト

本書の内容に関する注意事項

●化粧品の処方や特徴、イラストなどは、一般的な参考資料を元につくり一例を紹介しています。全ての商品の特徴などに当てはまるわけではありません。

●メイクアップ方法なども、一般的なものをベースにしています。各メーカーにより推奨している方法が異なる場合もあります。

●現時点での研究やデータなどを参考に制作しています。本書の内容に改訂があった場合、随時、日本化粧品検定協会ホームページ（https://cosme-ken.org/）でお知らせします。

●日本化粧品検定や本書は、化粧品について学ぶもので、化粧品の良し悪しを決めるものではありません。

●本書に記載されている内容は、一般的な事柄について記述したものであり、美容に関する知識の習得を目的としています。本書の知識のみで、診断や治療をすることは法律により禁じられています。また、肌トラブル等が起きた場合は、自己判断せず皮膚科専門医にご相談ください。

STAFF

本文イラスト／白いねこねこ
本文デザイン／秋吉佐弥佳、木村舞子（ナッティワークス）、桜田ゆかり、清水洋子、高松佳子、谷山佳乃（アドベックス 2）、二橋孝行、茂木祐一、山谷吉立
装丁／山谷吉立
キャラクターデザイン／いしいともこ
制作・総合監修／藤岡賢大（日本化粧品検定協会 理事兼顧問）
制作協力／日本化粧品検定協会
　原稿作成：小西さやか、根岸里歌、村上佳奈代、山田恵美子、川名真紀子、鈴木恵美子、工藤さゆり
　イラスト作成：喜多のりこ
DTP 制作／ローヤル企画、松田修尚（主婦の友社）
校正／文字工房燦光
編集協力／岩村優子、大井牧子、狩野啓子、小山まゆみ、高柳有里
編集／田中希
編集／西小路梨可、鵜澤みな子、大隅優子（主婦の友社）

おわりに

最後まで読んでくださり、ありがとうございます。

化粧品や美容に関する情報は、私が「日本化粧品検定」を立ち上げた頃よりも、さらに膨大になってあふれています。自分でも調べやすくなった一方で、信頼できるものにたどり着くことが困難になっているようにも感じています。

今回の改訂では3年間かけて、より専門性の高い医学博士や大学教授の方々に監修いただき、信頼性の高い情報にしました。さらに、法律関連を中心に最新情報にアップデートし、美容師国家試験などの美容の資格の内容に準拠し、よりわかりやすく学べるようにイラストでの解説を増やしました。

本書は、日本化粧品検定の受験対策テキストとしてだけではなく、スキンケア、メイクにとどまらず、ボディケア、ヘアケア、ネイルケアなどを網羅しているため、日々のお手入れや化粧品について疑問を感じたときに事典としても活用いただけます。

自分の化粧品選びはもちろんのこと、家族や友人、お客さまへの化粧品選びのアドバイスを行ったり、SNSで情報発信したりするための美容の基礎知識を学ぶ教科書として、さらには化粧品や美容業界で働く方々にとってのバイブルとして、役立てていただければ光栄です。

出版にあたり、協会立ち上げ当初から全範囲を監修してくださった伊藤建三先生をはじめ、監修してくださった先生方、伊藤誠先生をはじめアドバイス・サポートいただいた専門家の方々、田中希様をはじめ編集に尽力いただいた主婦の友社のみなさま、3年間かけて一緒に原稿を書き続けてくださった日本化粧品検定協会理事　藤岡賢大様をはじめ、顧問・スタッフのみなさん、関わってくださったすべての方に心から感謝いたします。

この本で、美容・コスメの悩みを解決するお手伝いができますように。

手に取ってくださった方々が、キレイになることで自信をもって、より素敵な毎日が過ごせますように。

一般社団法人　日本化粧品検定協会
代表理事 **小西さやか**

小西さやか　一般社団法人日本化粧品検定協会®代表理事

ボランティア活動として、Web サイトから無料で受験できる日本化粧品検定3級を立ち上げる。その後、主催する「日本化粧品検定」の1級と2級は文部科学省後援事業となり、現在、累計受験者数は150万人を突破している。北海道文教大学客員教授、東京農業大学客員准教授、日本薬科大学 招聘准教授、更年期と加齢のヘルスケア学会などの幹事、協会顧問・理事を歴任。化学修士(サイエンティスト)としての科学的視点から美容 コスメを評価できるスペシャリスト、コスメコンシェルジュ®として活躍中。著書は『美容成分キャラ図鑑』(西東社)、『「私に本当に合う化粧品」の選び方事典』(主婦の友社)など13冊、累計70万部を超える。

小西さやかインスタグラム
@cosmeconcierge

［内容・検定に関するお問い合わせ先　一般社団法人日本化粧品検定協会®］
info@cosme-ken.org

日本化粧品検定協会®
ホームページ
https://cosme-ken.org/

公式インスタグラム
@cosmeken

公式 X
@cosme_kentei

公式 tiktok
@cosmekentei

コスメの TERACOYA
https://cosme-ken.org/teracoya/

大きくなって読みやすい！！
日本化粧品検定　1級対策テキスト　コスメの教科書　拡大版

2025年1月20日　第1刷発行

著者　一般社団法人日本化粧品検定協会®
発行者　大宮敏靖
発行所　株式会社主婦の友社
〒141-0021　東京都品川区上大崎 3-1-1 目黒セントラルスクエア
電話 03-5280-7537（内容・不良品等のお問い合わせ）049-259-1236（販売）
印刷所　大日本印刷株式会社

 ISBN978-4-07-460753-2

■本のご注文は、お近くの書店または主婦の友社コールセンター（電話0120-916-892）まで。
＊お問い合わせ受付時間　月~金（祝日を除く）10:00～16:00
＊個人のお客さまからよくある質問のご案内　https://shufunotomo.co.jp/faq/

Chapter 3 スクリプトの基本をマスターしよう

Chapter 4 ピンボールゲームをつくろう

CONTENTS

ご注意

ご購入・ご利用の前に必ずお読みください。

●本書に記載されている内容は情報の提供のみを目的としております。本書の利用は、必ずお客様ご自身の責任と判断によって行ってください。これらの情報の利用結果について、著者および技術評論社はいかなる責任も負いません。あらかじめ、ご了承ください。

●本書には2019年2月末日の時点での最新情報を掲載しておりますので、ご利用時には一部変更されている場合もあります。また、本書掲載のサンプルゲームは、下記の環境で作成および動作検証を行っております。

OS	macOS / Windows 10
Unity	パーソナル　2018.3.0f2
Visual Studio	Visual Studio Community 2017

上記以外の環境をお使いの場合、操作方法・画面・プログラムの動作などが異なる場合があります。あらかじめご了承ください。

●本書で使用しているサンプルプロジェクトは以下URLよりダウンロードできます。
https://gihyo.jp/book/2019/978-4-297-10378-1/support

利用方法
①ダウンロードしたzipファイルを展開します。
②Unityを開き、右上の Open というボタンを押してください。
③ダウンロードしたプロジェクトフォルダを選択してください。

Chapter

1

Unityについて知ろう

本章では、Unity (ユニティ) がどのようなものであるかや、Unityでゲーム作りを行うための開発環境の整え方やUnityの画面の見方について解説していきます。

はじめて見るときには難しそうに思う方もいらっしゃるかもしれませんが、慣れてしまえばとても使いやすいゲームエンジンです。楽しみながらUnityを知っていきましょう！

Unity とは

Unity は一体どのようなツールなのか？ ここでは Unity の特徴を理解しましょう。

1-1-1 Unityとは

Unity とはユニティ・テクノロジーズが開発している、無料でも使えるゲーム開発での世界シェア1位のゲームエンジンです。オブジェクト（キャラクターやステージ等）の配置などを視覚的に作業を進めることができ、一気にゲームづくりのハードルが下がりました。簡単なゲームであればノンプログラミングで作成可能です。Windows、mac OS のどちらにも対応しておりますが、iOS 向けのアプリをリリースしたい場合にはmac OS が必要です。また、プログラミング言語にはC# が採用されています。本書では、mac OS での操作方法をメインに解説し、Windows の場合の操作方法を () で補足しています。

図1.1 ▶ Unityプラン

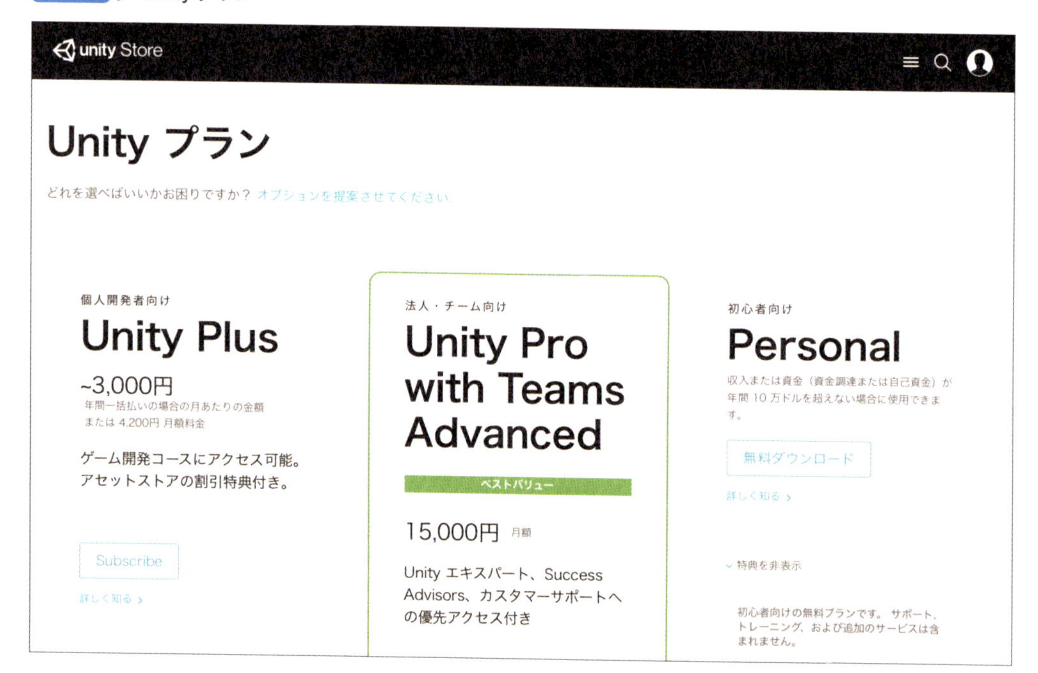

1-1-2 Unityは何ができるの？

マルチプラットフォーム対応しているため、Unityを使うと、PCだけでなく、iOS、Android、XboxやPS4のゲームもつくれます。アクションやスクロールゲームのような2Dゲームも、本格的なシューティングゲームなどの3Dゲームもつくれます。話題のVR、ARアプリをつくることもできます。

マルチプラットフォーム対応や、初心者でもゲームづくりが簡単な視覚的に操作可能なUI、影や重力を計算してくれる物理エンジン、さらにそれを無料から使えるという時点でも十分凄いのですが、さらにUnityにはAsset Store（アセットストア）という強力な機能があります。

1-1-3 Asset Storeとは

3Dゲームをつくる場合、登場するキャラクターや武器やステージなどの3Dモデルが必要となります。通常、モデリングという作業を経て3Dモデルをつくり、更に必要な場合はその3Dモデルの動きのアニメーションも作成する必要があります。また、ゲーム開発には音やエフェクトが必要となることも多いです。

Unityではこれらを自分で作成しなくても、他のユーザーがつくった資産（アセット）を使えるAsset Storeという仕組みがあります。Asset Storeに公開されているキャラクターやオーディオ、スクリプトなど様々な素材を使うことができるのです。なお、Asset Storeには無料のものと有料のものがあります。見ているだけでも楽しめます。

図1.2 ▶ Asset Store

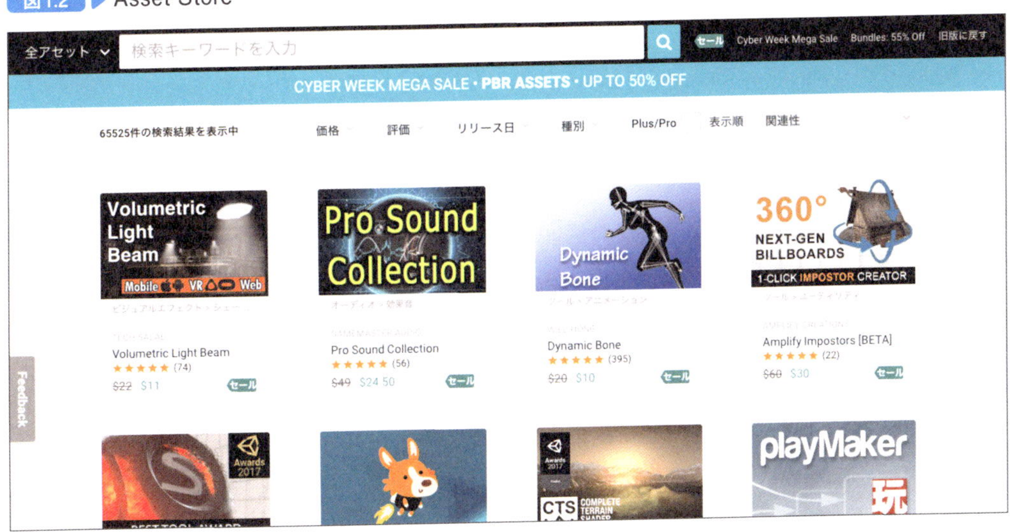

1-2 ゲームづくりの基本を理解しよう

ここでは大まかにゲームづくりの流れについて説明します。Unity に限った話ではありませんが企画→実装→テストの流れでゲームを作成していきます。

1-2-1 ゲームの企画や計画をつくる

好きなゲームや人気のゲームなどをいくつか思い浮かべてみてください。パズルゲームや、シューティングゲーム、スポーツゲーム、アクションゲームにロールプレングなど様々なジャンルのゲームがありますよね。最初は単純に、自分がどういう時に楽しいと感じるかを考えてみて、つくってみたいゲームを考えてみてください。

図1.3 ▶ Unityで開発されたゲーム

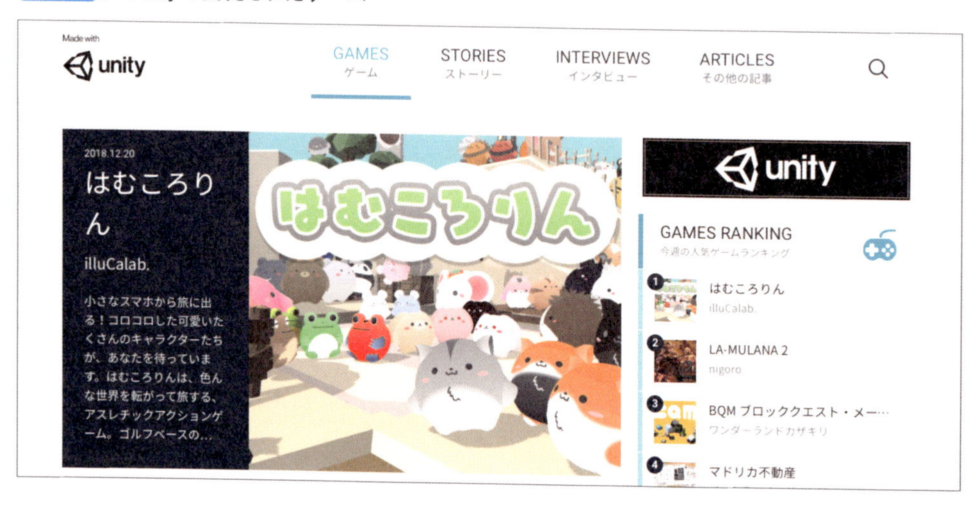

次に、今から自分がつくろうとしているものは、こんなにおもしろいんだぞ！ということを他の人に提案するために、企画書というものをつくります。一緒にゲームをつくっていく人たちや協力してくれるメンバーに企画をシェアします。ひとりでつくる場合、友達や家族に見せてみてもいいかもしれません。そしてそのあとに実際の現場では、設計書となる仕様書というものをつくります。事前にあらゆる場面を想定しておくことで事前にトラブルを防ぎ、スムーズに開発することができます。

そして、いつまでにここまでつくるというスケジュールを組みます。目標と同じで、なるべく細かく具体的に計画することがポイントです。ダイエットに例えると、半年で6kg痩せるぞ！という目標よりも１ヶ月で1kgづつ痩せていくぞ！という目標の方が達成されやすいイメージと同じです。

なお、ひとりでつくるときは最初はなるべく簡単なゲームをつくるようにしましょう。ひとりでゲームをつくるにあたり、いきなり壮大なゲームを制作することはおすすめしません。まずは最後までやりきることがとても大切です。

1-2-2 実際にゲームを制作する

企画や設計書やスケジュールが完成したら、いよいよ手を動かしてつくっていきます。デザインやプログラミングをしていきます。デザインについてですが、拘りすぎて時間がかかりすぎてしまっては開発が進まないので、あくまで最初の目的は最後までつくりきることであることを意識しましょう。プログラミングも最初は、わからないことだらけでつまずくこともあると思います。あきらめずに完成まで頑張りましょう。達成したときはプログラマーならではの喜びを感じることができると思います。

図1.4 ▶ 本書で作成するゲームの例

1-2-3 テストをする

無事にゲームをつくり終えたら必ずテストをします。「デバッグ」という作業です。プログラムのバグを見つけ、取り除くことです。例えばボスに必殺技が当たったのに、ボスの体力が１も減らなかったら嫌ですよね（笑）。そして、こういったあらゆるケースを洗い出し、テスト仕様書を作ります。このテスト仕様書に沿って、チェックをしていき、プログラムのバグがあったところは修正します。

完成したら周りの人たちに遊んでもらい、意見を聞きましょう。

1-3 開発環境を整えよう

ここではUnityのダウンロード方法とWindows／macOSへのインストール方法を解説します。

1-3-1 Unityをダウンロードする

Unityは以下の公式サイトからインストーラーを入手できます。なお初心者向けの無料のパーソナルプランは、収入または資金（資金調達または自己資金）が年間10万ドルを超えない場合に使用できます。

Unityをダウンロードするには、以下のWebページにアクセスします。[無料ダウンロード]をクリックして、ダウンロードとインストールが開始します。

https://store.unity.com/ja/products/unity-personal

図1.5 ▶ 公式サイト　Unityプラン パーソナル

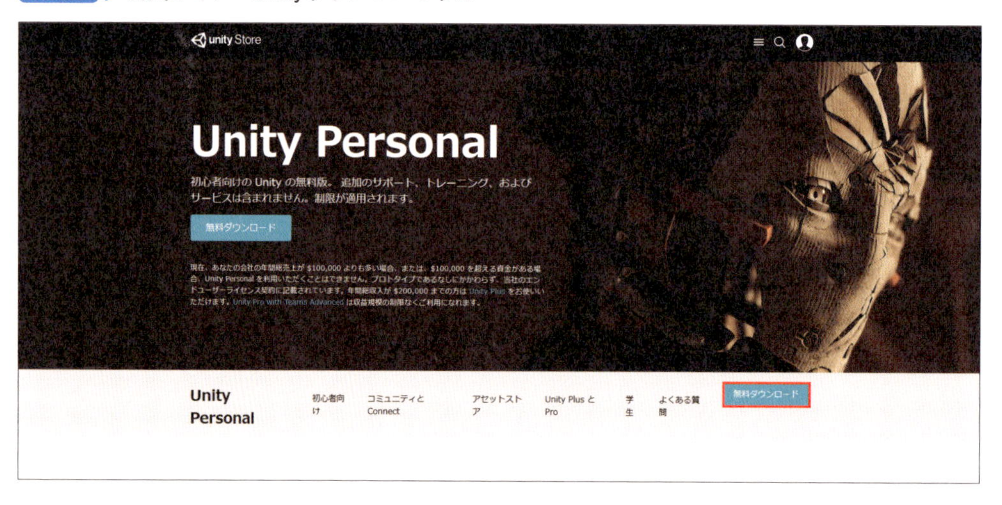

本書では、先にmacOS版のインストール方法を1-3-2で解説したあと、Windows版のインストール方法を1-3-3で解説します。お使いの環境によって読み進めてください。

1-3-2 macOSにUnityをインストールする

ここでは公式サイトからダウンロードしたインストーラーをもとに、macOSのUnity環境の構築方法を解説します。

1 インストーラーのダウンロード

ダウンロードページが表示されたら、利用規約を確認し、[条件に同意する]のチェックボックスにチェックを付け、[Mac OS X 用のインストーラーをダウンロードする]をクリックしてください。インストーラーがダウンロードされます。

図1.6 ▶ Unityのインストーラー

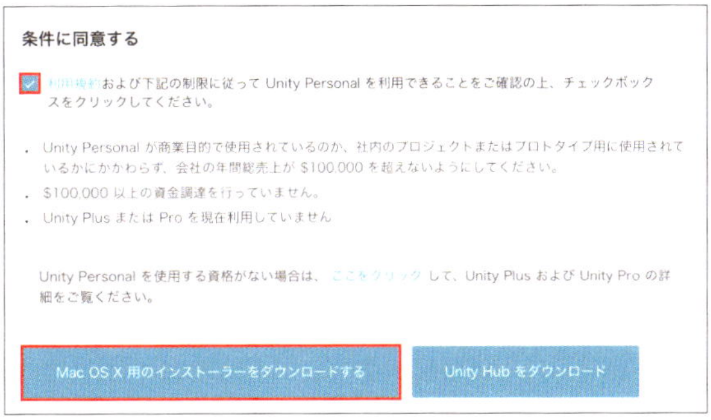

条件に同意する

利用規約および下記の制限に従って Unity Personal を利用できることをご確認の上、チェックボックスをクリックしてください。

- Unity Personal が商業目的で使用されているのか、社内のプロジェクトまたはプロトタイプ用に使用されているかにかかわらず、会社の年間総売上が $100,000 を超えないようにしてください。
- $100,000 以上の資金調達を行っていません。
- Unity Plus または Pro を現在利用していません

Unity Personal を使用する資格がない場合は、ここをクリック して、Unity Plus および Unity Pro の詳細をご覧ください。

Mac OS X 用のインストーラーをダウンロードする　Unity Hub をダウンロード

2 ファイルの実行

ダウンロードしたファイルをダブルクリックして実行すると、インストーラーが表示されるので、[Unity Download Assistant.app]をダブルクリックしましょう。

図1.7 ▶ Unity Download Assistant

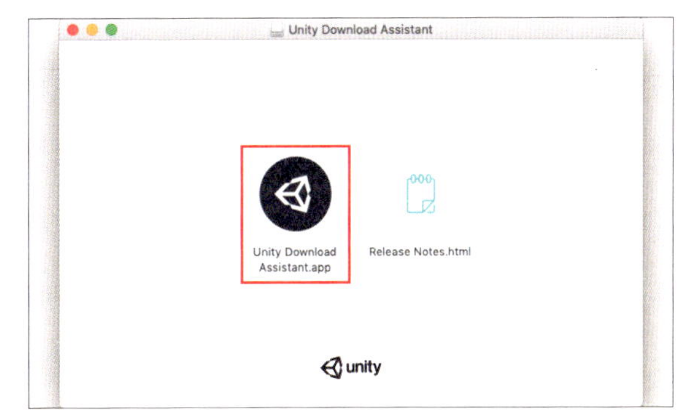

3 インストールの開始

「"Unity Download Assistant.app"はインターネットからダウンロードされたアプリケーションです。開いてもよろしいですか？」というダイアログが表示されたら、[開く]ボタンをクリックします。インストーラーが起動したら、[Continue]ボタンをクリックして先に進みます。

図1.8 ▶ Download And Install Unity画面

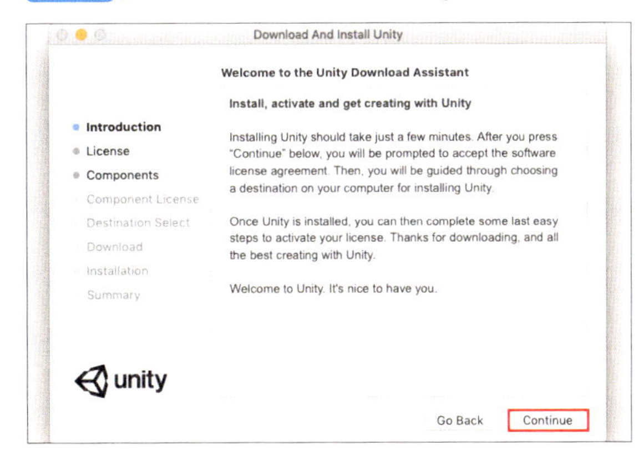

4 ライセンスの確認

ライセンス文を確認後[Continue]をクリックし(❶)、[Agree]をクリックします(❷)。

図1.9 ▶ ライセンスの確認画面

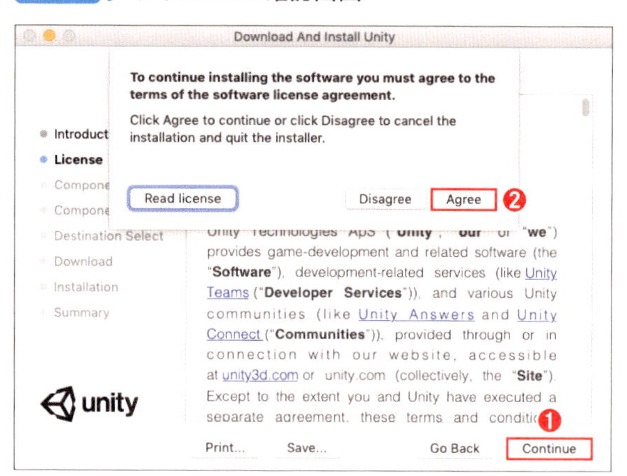

5 コンポーネントの選択

Unityは本体以外にインストール時に必要なコンポーネントを選んでインストールすることができます。今回はUnityの本体だけでなく、「Android Build Support」と「iOS Build Support」「Visual Studio for Mac」にもチェックをつけ(❶)、[Continue]をクリックして先に進みます(❷)。

図1.10 ▶ コンポーネントの選択画面

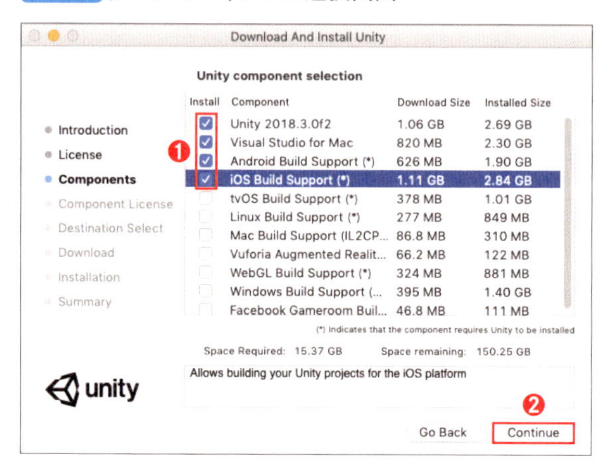

6 エンドユーザーライセンスの確認

「Visual Studio for Mac」と「Mono」のユーザーライセンスを確認後、[Continue]をクリックして先に進みます。

図1.11 ▶ エンドユーザーライセンスの確認画面

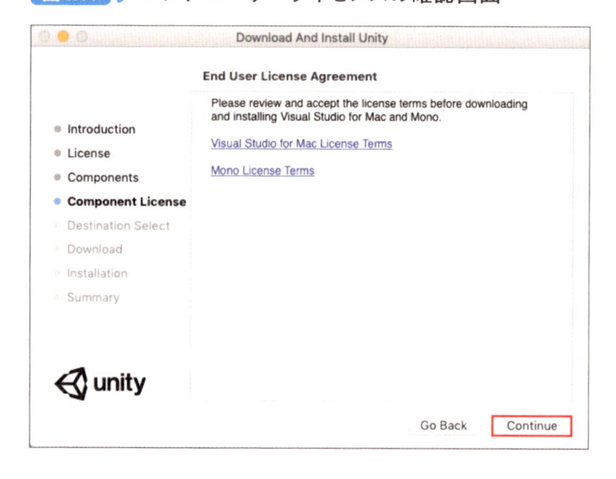

7 ライセンス同意の確認

確認画面で、[Agree] をクリックします。

図1.12 ▶ ライセンス同意の確認画面

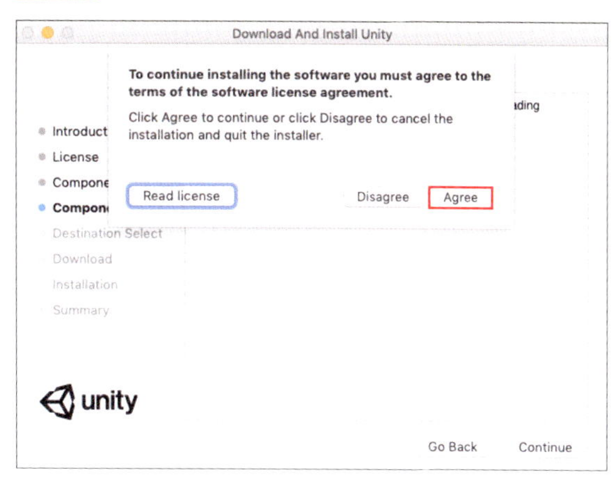

8 インストール先の選択

インストール先の選択画面が表示されます。通常は「Macintosh HD」が選択されているので、[Continue] をクリックして先に進みます。インストール先を変更したい場合は [Advanced] から変更することもできます。

図1.13 ▶ インストール先の選択画面

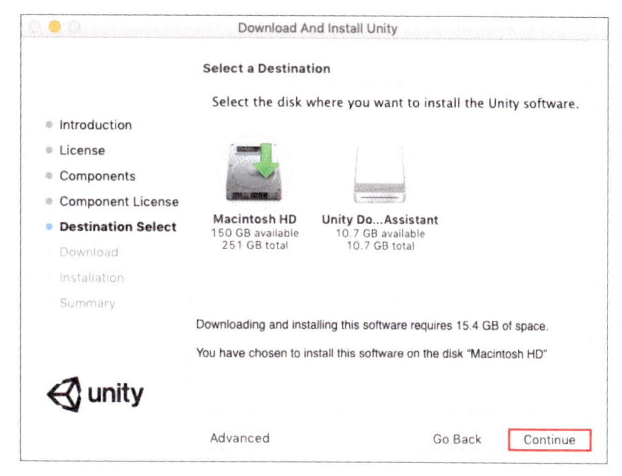

9 インストールの完了

インストールが完了すると、完了画面が起動します。「Launch Unity」にチェックがついている場合、[Close] をクリックするとUnityが起動します。アカウントの作成画面が表示されたら、P.19の手順に進みます。

図1.14 ▶ インストール完了画面

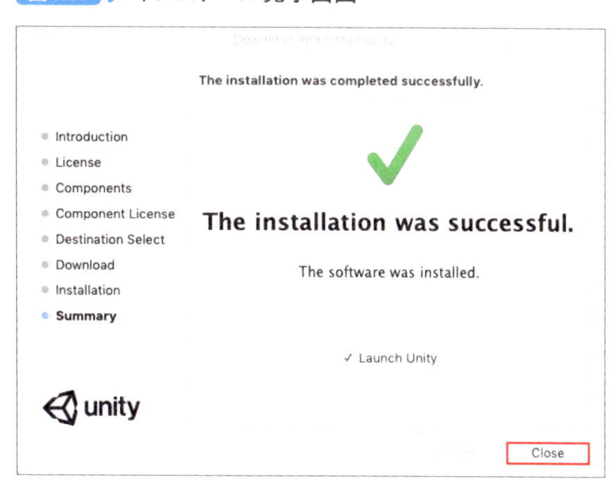

1-3-3 WindowsにUnityをインストールする

ここでは公式サイトからダウンロードしたインストーラーを元にWindowsのUnity環境の構築の仕方を解説します。

1 インストーラーのダウンロード

ダウンロードページが表示されたら、利用規約を確認し、「条件に同意する」のチェックボックスにチェックを付け(❶)、[Windows用のインストーラーをダウンロードする]をクリックしてください。インストーラーがダウンロードされます。

図1.15 ▶ Unityのインストーラー

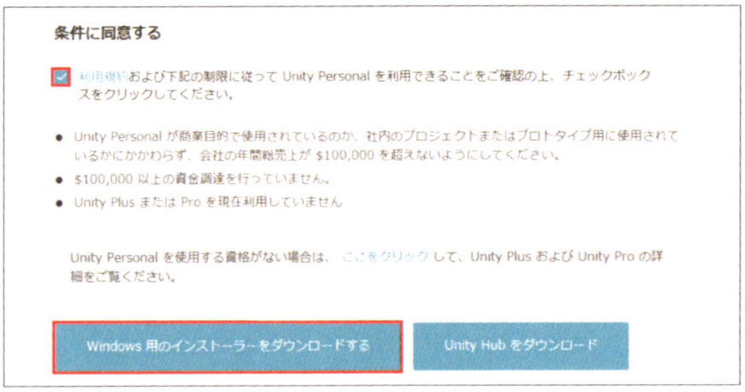

条件に同意する

利用規約および下記の制限に従って Unity Personal を利用できることをご確認の上、チェックボックスをクリックしてください。

- Unity Personal が商業目的で使用されているのか、社内のプロジェクトまたはプロトタイプ用に使用されているかにかかわらず、会社の年間総売上が $100,000 を超えないようにしてください。
- $100,000 以上の資金調達を行っていません。
- Unity Plus または Pro を現在利用していません

Unity Personal を使用する資格がない場合は、ここをクリックして、Unity Plus および Unity Pro の詳細をご覧ください。

Windows 用のインストーラーをダウンロードする　Unity Hub をダウンロード

2 ファイルの実行

[実行]をクリックします。

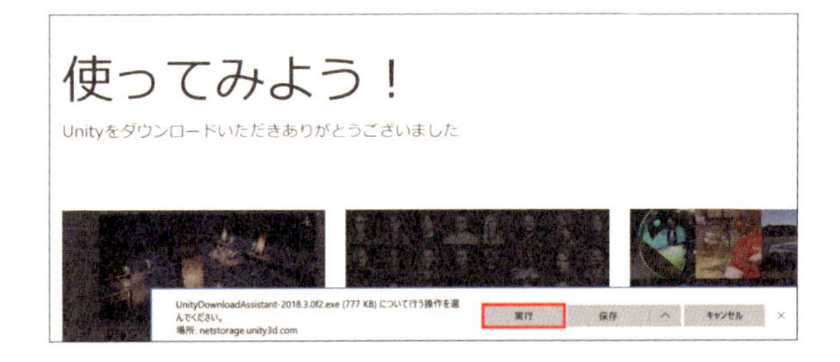

図1.16 ▶ インストーラーの実行

3 インストールの開始

[Next]ボタンをクリックして先に進みます。

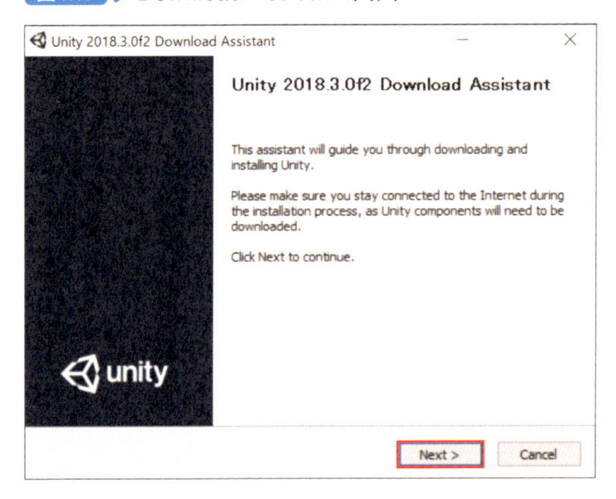

図1.17 ▶ Download Assistant画面

4 ライセンスの確認

ライセンス文を確認後、「I accept the terms of the Licence Agreement」にチェックをつけ（❶）、[Next] ボタンをクリックします（❷）。

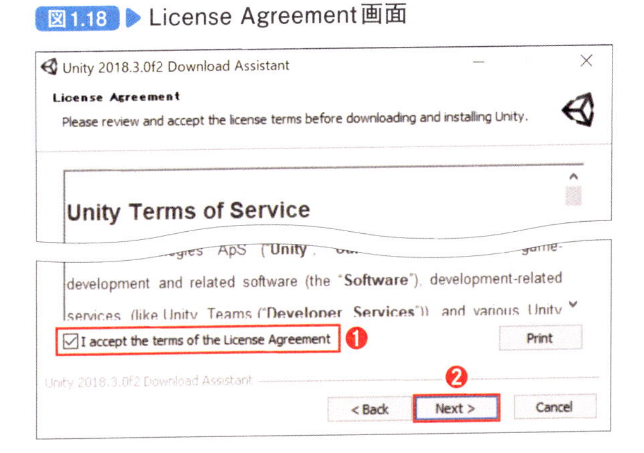

図1.18 ▶ License Agreement画面

5 コンポーネントの選択

Unityの本体だけでなく、必要なコンポーネントを選んでインストールすることができます。今回は「Android Build Support」と「iOS Build Support」「Microsoft Visual Studio Community 2017」にチェックをつけ（❶）、[Next] をクリックして先に進みます（❷）。

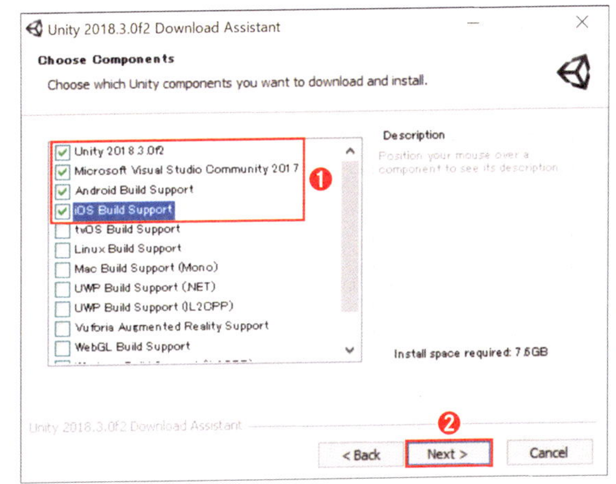

図1.19 ▶ コンポーネントの選択画面

6 インストール先の選択

[Next] をクリックして先に進みます。なお、インストール先を変更したい場合は、[Browse] をクリックして任意のフォルダを選択します。

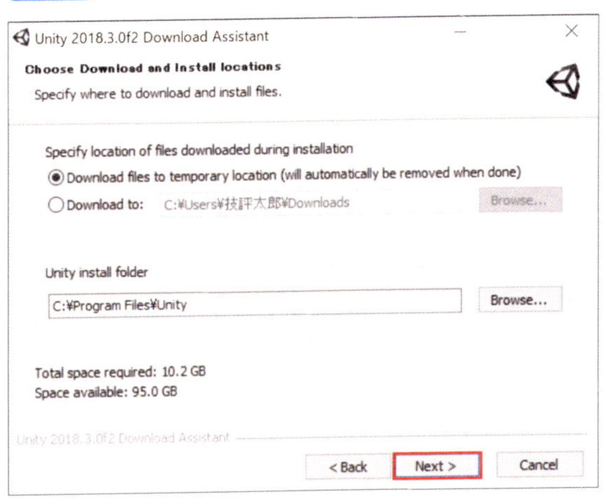

図1.20 ▶ インストール先の選択画面

7 ライセンスの確認

「Visual Studio 2017 Community」のライセンスを確認後、「I accept the terms of the Licence Agreement」にチェックを付け(❶)、[Next] をクリックして先に進みます(❷)。

図1.21 ▶ ライセンスの確認画面

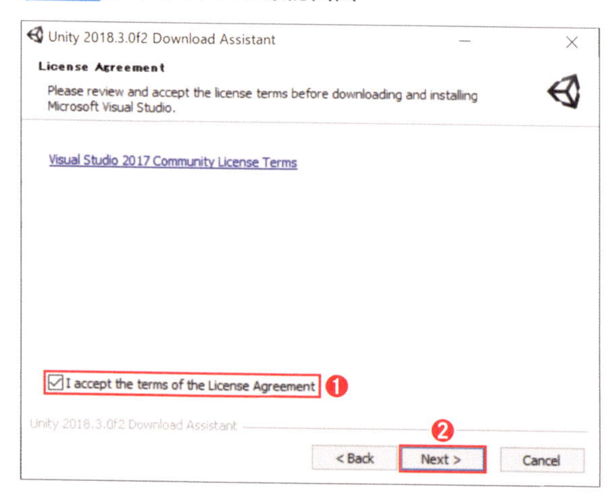

8 インストールの完了

インストールが完了すると、完了画面が表示されます。[Finish] をクリックします。

図1.22 ▶ インストール完了

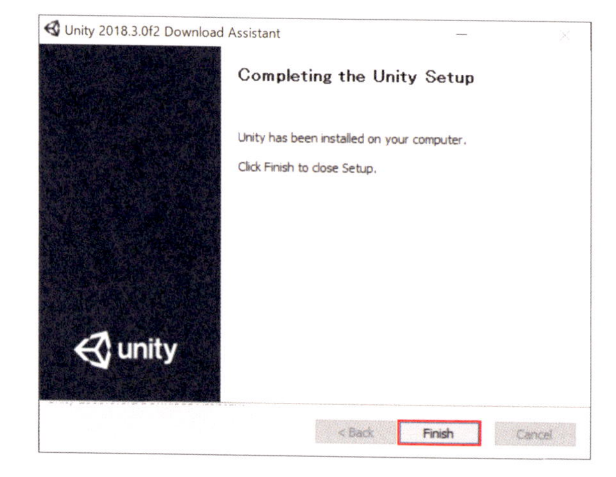

Unity の画面を確認しよう

Unity を利用するには Unity アカウント（Unity ID）と呼ばれるユーザー ID を作成する必要があります。ここでは Unity のアカウントを作成し、Unity の画面構成を見ていきましょう。

1-4-1 Unityアカウントの作成

Unity IDはUnityを起動した際の画面から作成できます。

1 Unityの起動

Unityを起動し、「Sign into your Unity ID」の下の［create one］をクリックします。

図1.23 ▶ Unityの起動画面

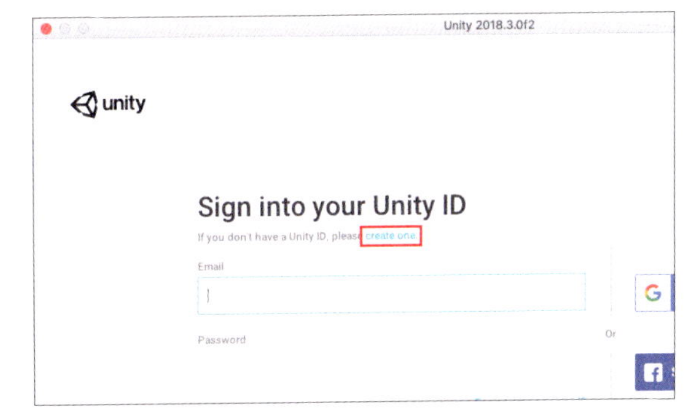

2 アカウントの登録

ユーザー情報を登録する画面が表示されたら、表1.1に示すアカウント登録に必要な情報を入力して（❶）、「I agree to the Unity Terms of Use and Privacy Policy」にチェックを付けて（❷）、［Create a Unity ID］ボタンをクリックします（❸）。

図1.24 ▶ ユーザー情報の登録

表1.1 ▶ ユーザー登録に必要な情報

項目名	説明
Email	ログインや、Unity からのお知らせを受け取るメールアドレス
Password	ログイン時に使用するパスワード
Username	コミュニティ等で使用するユーザー名。他のユーザーと重複しない名前をつける必要があります。登録後は変更できません
Full Name	氏名

3 登録内容の確認

先ほど登録で使用したメールアドレスへUnityからメールが届いていますので、メールの[Link to confirm email]リンクをクリックしてブラウザを開きます。

図1.25 ▶ 登録内容の確認メール

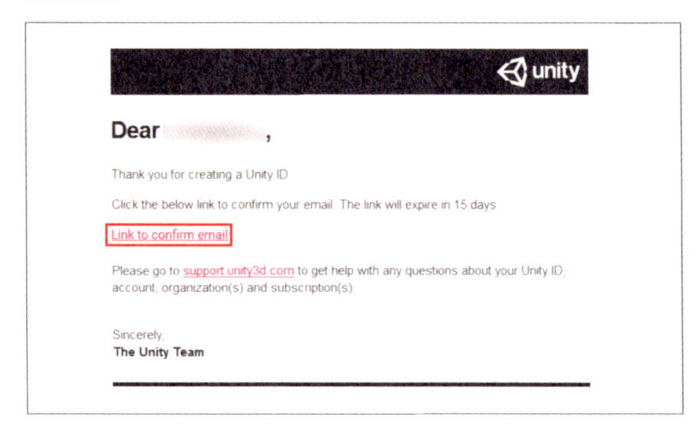

4 サインイン

先ほど登録したメールアドレスとパスワードを入力し(❶)、[Sign in]をクリックします(❷)。

図1.26 ▶ サインイン画面

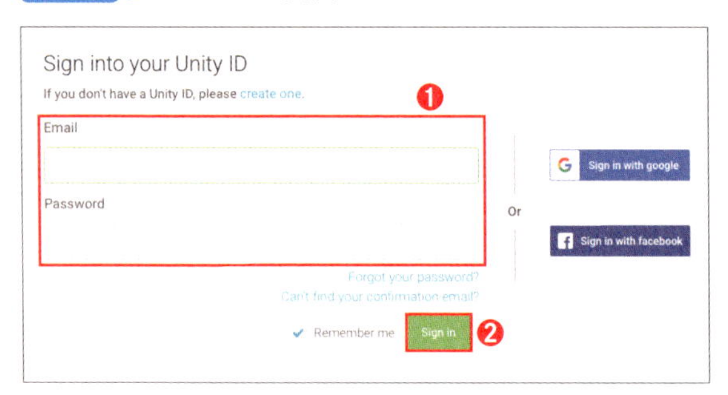

5 ログイン

再度、アカウントの作成画面に戻って、[Continue]ボタンをクリックします。

図1.27 ▶ ログイン画面

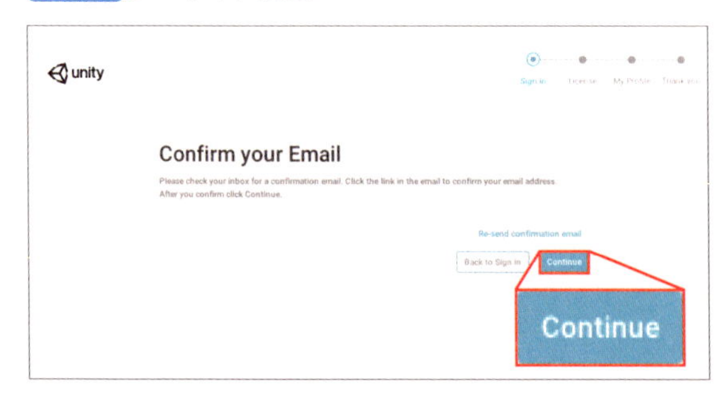

6 ライセンスの選択

「Unity Personal」を選択し（❶）、[Next] をクリックします（❷）。

図1.28 ▶ ライセンスの選択画面

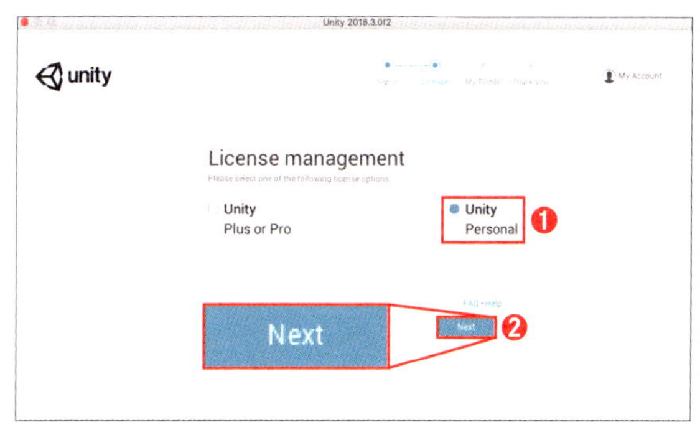

7 利用目的の確認

利用目的に関する確認画面が表示されたら、今回は学習用途で利用するので、「I don't use Unity in a professional capacity」を選択して（❶）、[Next] をクリックします（❷）。

図1.29 ▶ 利用目的の確認画面

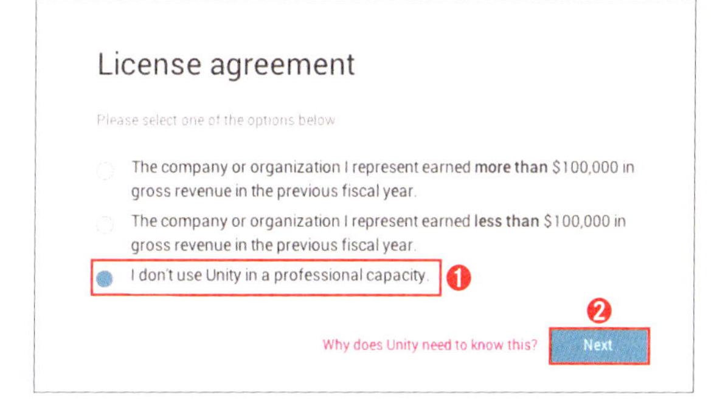

8 アンケートへの回答

アンケート画面が表示されるので、各項目に回答して、[OK] をクリックします。

図1.30 ▶ アンケート画面

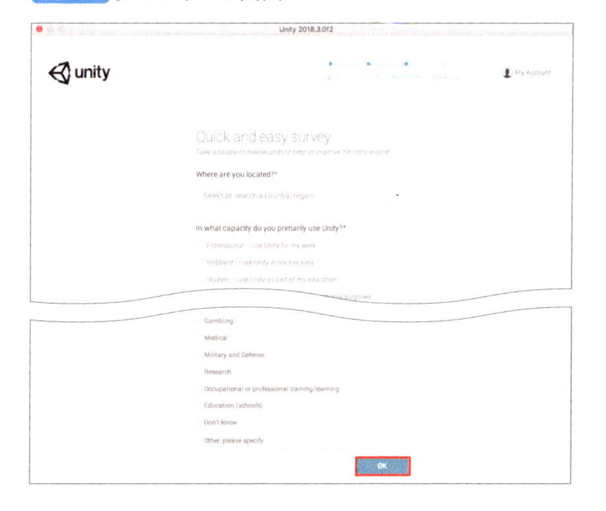

9 ログインの完了

ログインが完了しました。[Start Using Unity] をクリックします。

図1.31 ▶ 初回ログインの完了画面

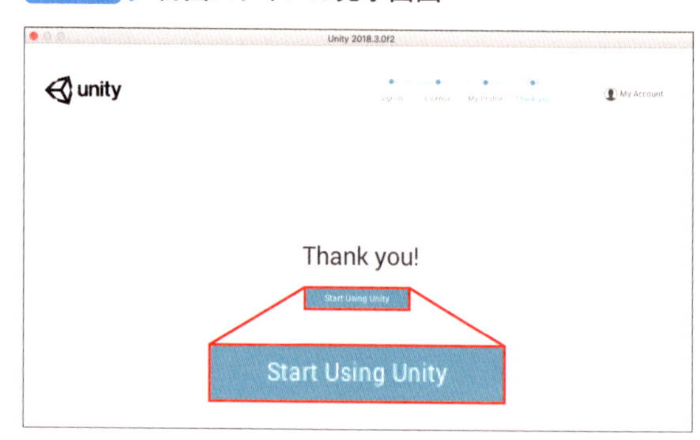

10 プロジェクトをつくる

はじめてUnityにログインすると、右のような画面が表示されます。Unityでアプリケーションを開発するにはゲーム全体のプロジェクトの作成からはじまります。[New Project] または画面上部の [New] アイコンをクリックしてください。

図1.32 ▶ プロジェクト選択画面

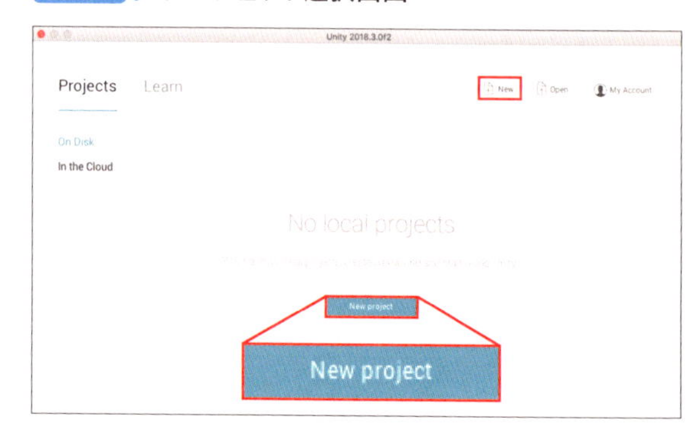

11 プロジェクト名の設定

図1.33の「Project name」にプロジェクト名を入力し、「Location」にプロジェクトの保存先を選択します。なお、不具合が起きないように、基本的にプロジェクト名にはアルファベットをつける習慣をつけておくと良いでしょう。また、保存先であるLocationは、自分でわかりやすいパスを選択しておくと良いでしょう。また、本書では3Dゲームを作成していきますので、「Templete」で [3D] を選択後 (❶)、[Create project] ボタンをクリックします (❷)。

図1.33 ▶ プロジェクト作成画面

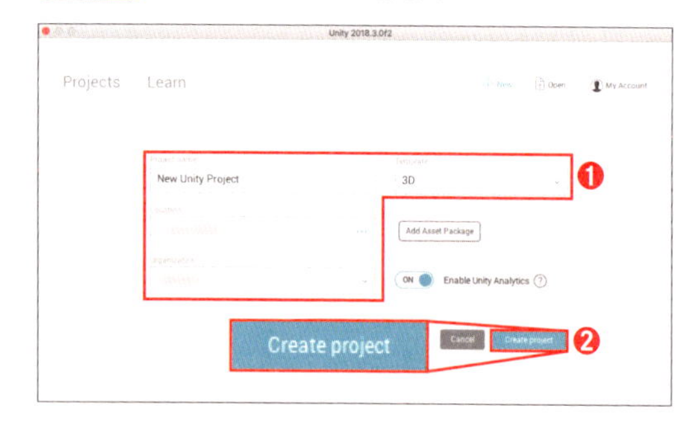

無事にプロジェクトが作成されたと思います(図1.34)。ここではUnityの画面を確認していきます。

図1.34 ▶ Unityの画面構成

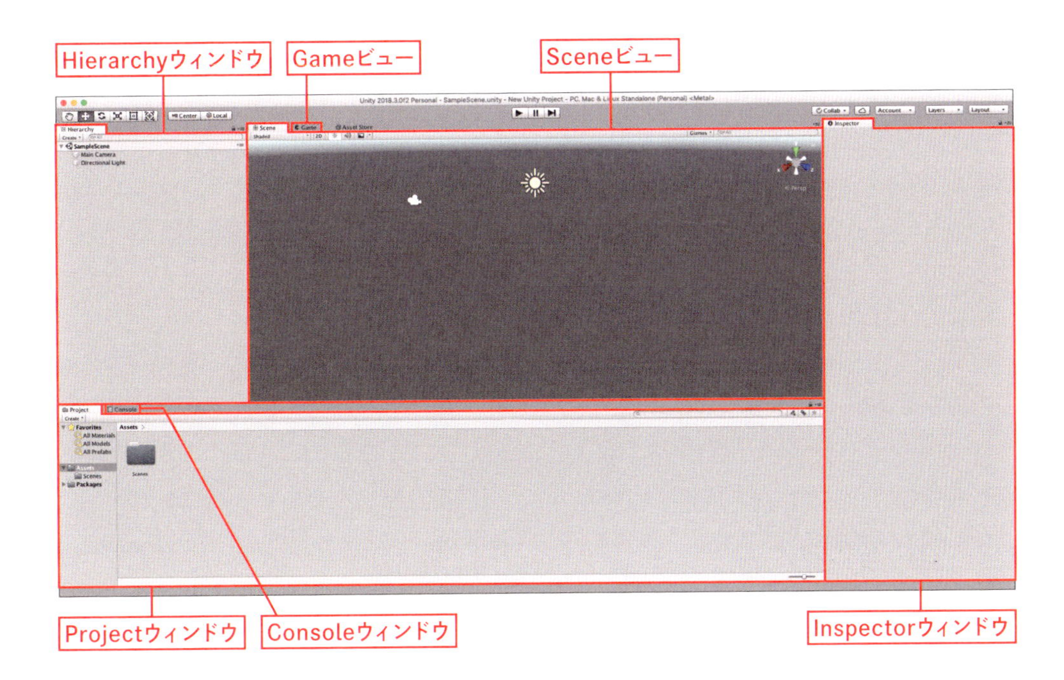

Sceneビュー

Scene(シーン)ビューは、真ん中の大きな画面です。ここでGameObject(キャラクターやステージ、アイテムなどの素材)の配置を行い、シーンを作成していきます。シーンとはゲームを構成する場面です。なお、ゲーム開始時のタイトル画面と実際にプレイするゲーム画面は、基本的に別のシーンで作成します。

Gameビュー

Game(ゲーム)ビューでは、実際にゲームをプレイした時のカメラから見たゲーム画面を確認できます。SceneビューとGameビューは上部のタブで切り替えることができます。

Hierarchyウィンドウ

Hierarchy(ヒエラルキー)ウィンドウには、Sceneビューに配置されているGameObjectの一覧が表示されています。ここに素材を追加することでゲーム内で使うことができます。

Projectウィンドウ

Project(プロジェクト)ウィンドウでは、ゲーム全体で使う素材を管理します。Hierarchyウィンドウにはシーンごとのgameobjectが表示されるのに対し、Projectウィンドウではゲーム全体の要素を確認できます。各シーンの切り替えもこちらで行います。フォルダーやスクリプトの追加もできます。

Consoleウィンドウ

Console(コンソール)ウィンドウには、警告やエラーやデバッグログが表示されます。ゲームのPlayボタンをクリックしたのに実行されない場合や、突然処理がとまってしまった場合などはこちらを確認します。デバッグ時の確認でもConsoleウィンドウを使います。上部のタブをクリックしてProjectウィンドウから切り換えることで、Consoleウィンドウは使用することができます。

Inspectorウィンドウ

Inspector(インスペクター)ウィンドウでは、選択されているGameObjectの設定や要素の表示、編集を行うことができます。Sceneビューに配置したGameObjectの位置や角度、大きさなど様々な設定を変更することができます。

Chapter

2

玉転がしゲームをつくろう

Unityをインストールしたら、早速開発にとりかかってみましょう。玉転がしゲームをつくりながら、Unityの簡単な機能の使い方やオブジェクトの配置の仕方、ゲームの世界を映し出すカメラの設定等を覚えていきましょう。

2-1 開発にとりかかろう

開発というと、ソースコードをたくさん書いて、なんだか難しそうなイメージを持っている方もいらっしゃると思います。しかし、Unityならコーディングを一切行わなくても、簡単なゲームであればつくれてしまうのです。

2-1-1 プロジェクトの作成

さっそく開発にとりかかりましょう。まずはゲームのプロジェクトを作成し、楽しみながらゲーム開発をはじめていきましょう。

1 新規プロジェクトを作成

パソコンのデスクトップでUnityのアイコンをダブルクリックし、Unityを起動させると、図2.1のような画面が表示されます。[Projects]が選択されていることを確認し❶、右上の[New]をクリックします❷。

図2.1 ▶ プロジェクトの作成

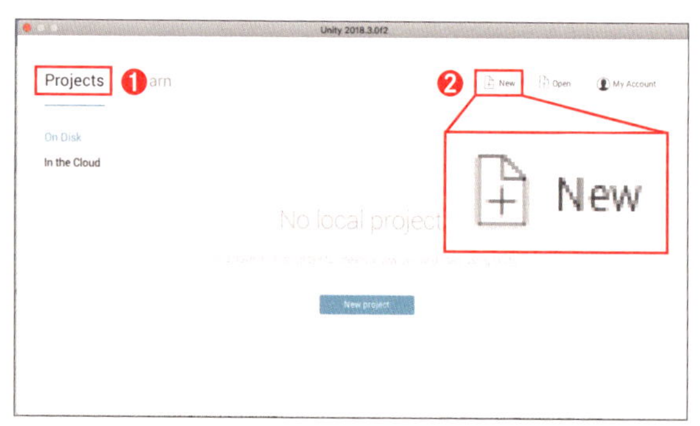

2 プロジェクト名の設定

次にプロジェクト名と保存先を選択します。今回は玉転がしゲームなので「RollingBall」と入力します(❶)。入力が完了したら、[Create project]をクリックしましょう(❷)。

図2.2 ▶ 新規プロジェクトの作成画面

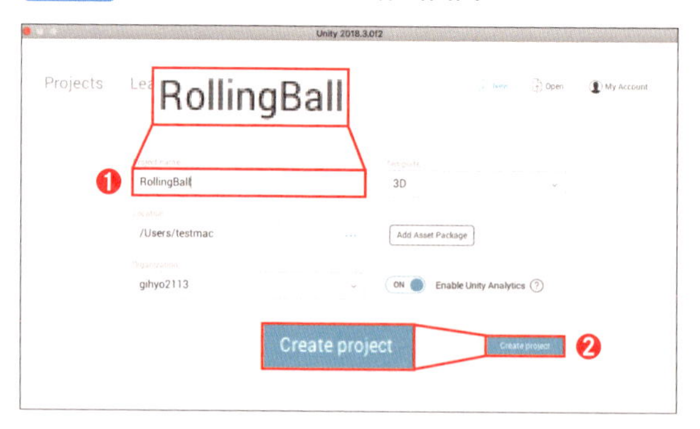

無事にプロジェクトが作成されたかと思います。この何もない画面に、これからいろいろなものをつくっていくと思うと、なんだかワクワクしてきますね！

図2.3 ▶ プロジェクトが作成された

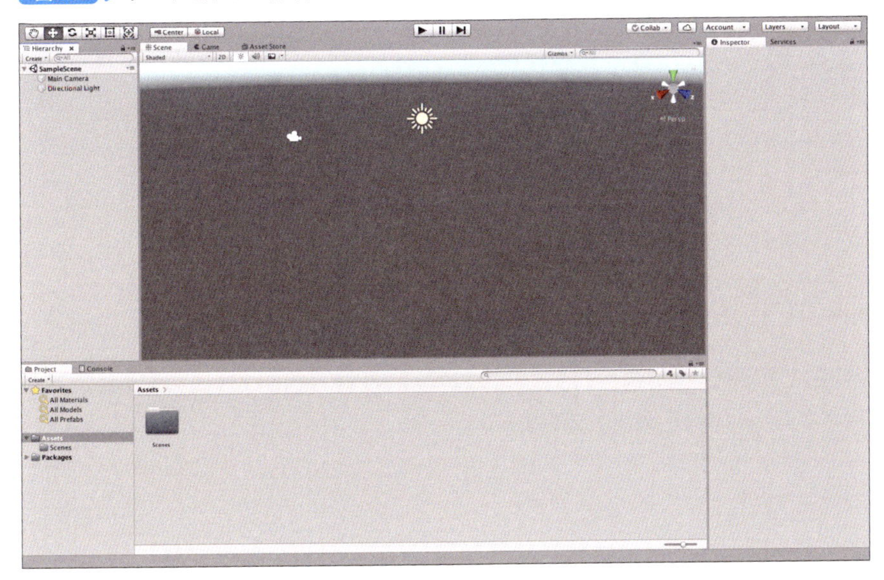

2-1-2 シーン名の設定

プロジェクトの中には複数のScene（シーン）を保存することができます。例えば世の中の多くのゲームが、タイトル画面とステージ選択画面、ゲーム画面のように、同じゲームの中でもいろいろなシーンに分けることができると思います。そのように各シーンをそれぞれつくり、ゲームを開発していきます。ここではまず「main」というシーン名で保存してみましょう。また、開発中はマメに保存するようにしてください。

1 シーンを作成する

上部メニューより、[File]→[Save As]を選択し、シーン名（ここでは「main」）と保存先（ここでは「Assets」）を指定して（❶）、[Save]（Windowsの場合は[保存]）をクリックしてください（❷）。

図2.4 ▶ シーンの作成

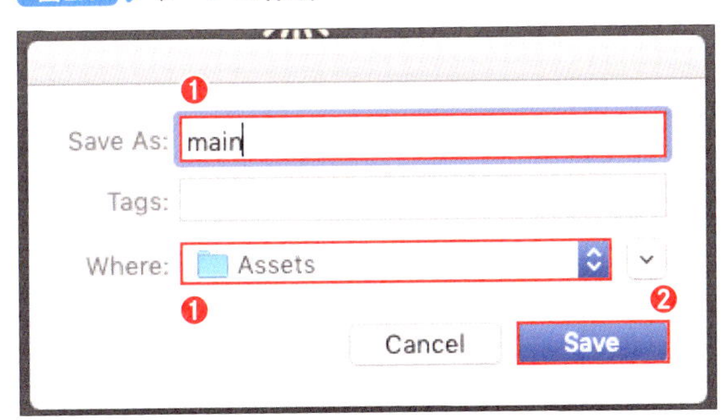

2 シーンが作成された

画面下のProjectウィンドウのAssetsフォルダに、シーンを意味するアイコンが追加されたはずです。アイコンの下には、さきほどつけたシーン名（ここでは「main」）が表示されます。

図2.5 ▶ Assetsフォルダ

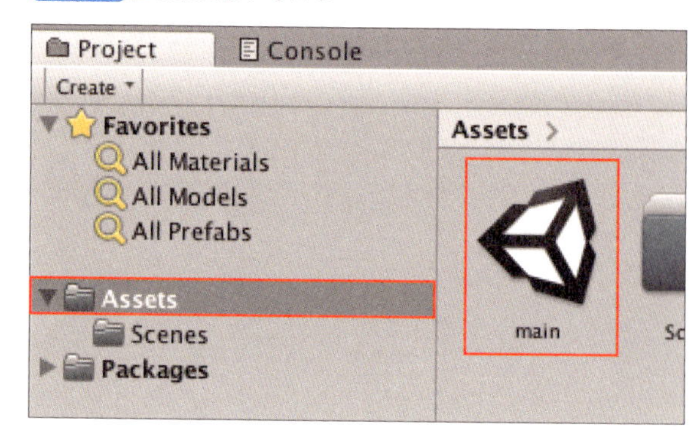

2-1-3 シーンギズモについて

Sceneビューの右上を確認してみてください。カメラの視野角と投影モードの素早い変更が可能な「シーンギズモ」と呼ばれる機能があります。

図2.6 ▶ シーンギズモ

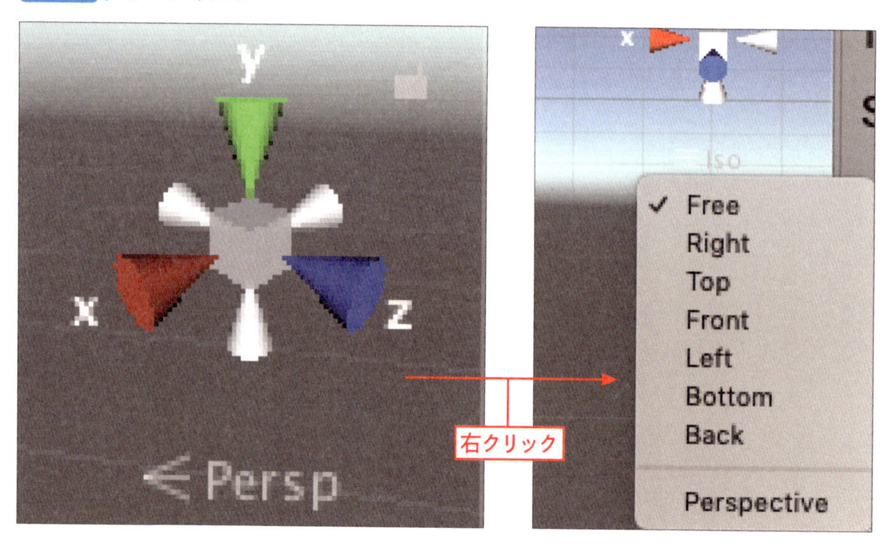

アームにはX、Y、Zとラベルがついています。それぞれをクリックすると、カメラの向きが各方向に変わります。Right、Top、Front、Left、Bottom、Backの種類があり、これらはシーンギズモを右クリックすることでも変更できます。元に戻す時には右クリックして、[Free]を選択してください。なお、画面左上のをクリックし、option（WindowsはAlt）キーを押しながら、シーンギズモの下をドラッグして調整すると、最初に表示された状態にすることもできます。

また、中央の立方体をクリックすると、Perspective（透視投影）のオンとオフを切り替えることができます。Perspectiveをオフに切り替えることにより平行投影カメラに変更することができます。

そのほか、右上の鍵アイコンをクリックすると、Sceneビューの回転を無効化することもできます。なお、2Dモードの場合、SceneビューはXとYのみとなりますので、シーンギズモは表示されません。

図2.7 ▶ 2DモードのSceneビュー

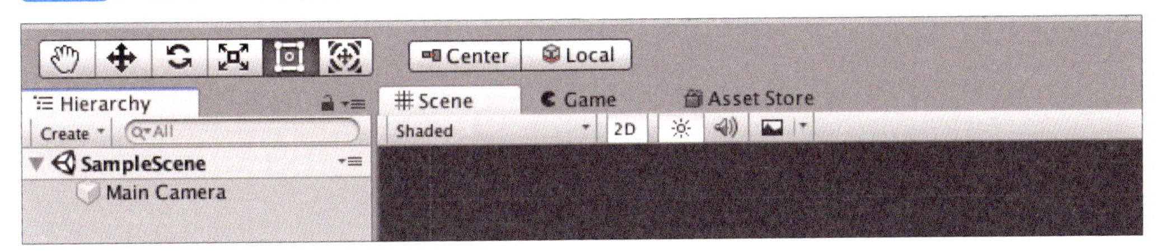

2

メモ　保存と既存のプロジェクトを開く方法

作業がひと段落したり、その日の開発の目処がたったらプロジェクトを保存します。上部メニューより、[File]→[Save Project]を選択し、プロジェクトを保存してください。

また、他のプロジェクトを開く際は、上部メニューより[File]→[Open Project]を選択し、対象のプロジェクトを開いて下さい。

図2.A ▶ プロジェクトを保存／開く

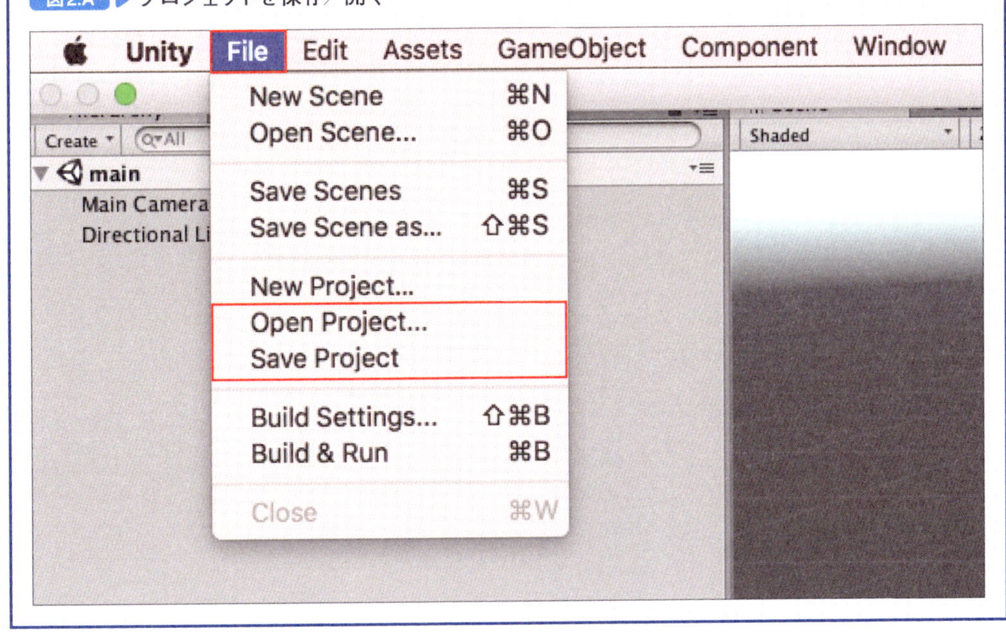

2-2 床をつくろう

まずはステージの床をつくっていきましょう。最初は、Unity でゲームを開発していくにあたり重要な Hierarchy（ヒエラルキー）ウィンドウについて説明します。

2-2-1 Hierarchy ウィンドウとは

Hierarchy ウィンドウでは、現在のシーンにおける各オブジェクトが表示されます。また、ゲーム内にオブジェクトを配置した場合、それらの名前などはシーン上には表示されませんが、Hierarchy ウィンドウでは名前を確認・変更したり、設定を変更したりすることもできます。

図2.8 ▶ Hierarchy ウィンドウ

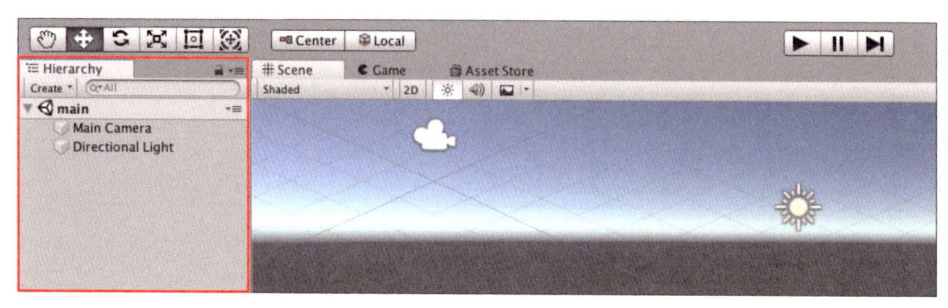

初期の状態では、図2.9のように「Main Camera」と「Directional Light」のみが配置されています。ここにオブジェクトを追加していき、管理します。

図2.9 ▶ Main Camera と Directional Light

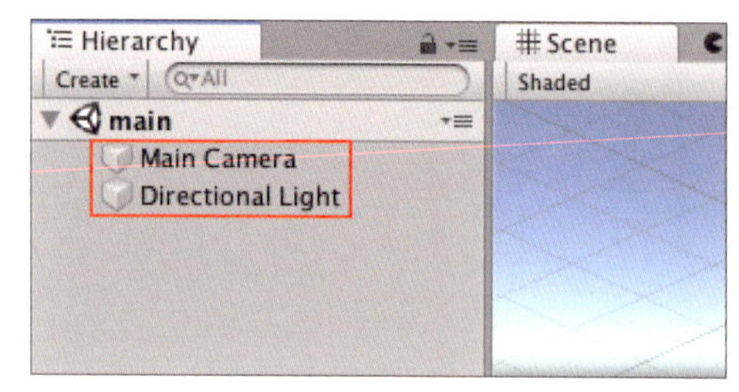

また、「main」シーンの左に三角形のアイコン▼があります。ここをクリックすると、「Main Camera」と「Directional Light」が非表示になります。

図2.10 ▶ オブジェクトを非表示にする

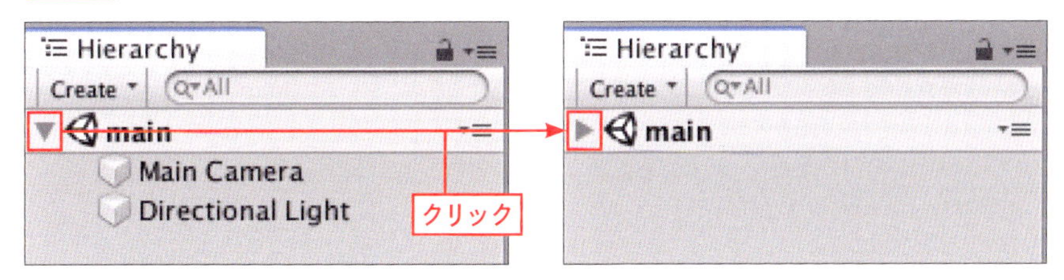

これはオブジェクトの親子関係を意味します。この場合、「main」シーンが親オブジェクトにあたり、「Main Camera」と「Directional Light」は子オブジェクトにあたります。

親子関係を入れ替えたり、順番を上下に入れ替えたいときは、オブジェクトを任意の位置にドラッグ&ドロップします。

図2.11 ▶ オブジェクトを入れ替える

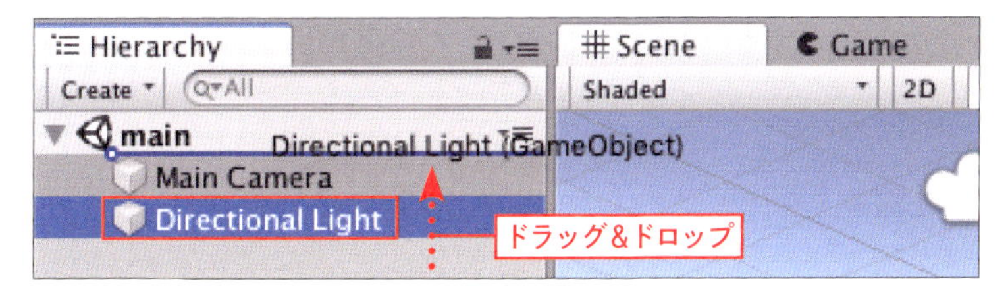

2-2-2 オブジェクトの追加

ここからは実際にゲームに必要なオブジェクトを追加していきます。

1 オブジェクトを追加する

Hierarchyウィンドウの[Create]をクリックし(❶)、[3D Object]→[Cube]の順にクリックしましょう(❷)。

図2.12 ▶ Cubeを追加する

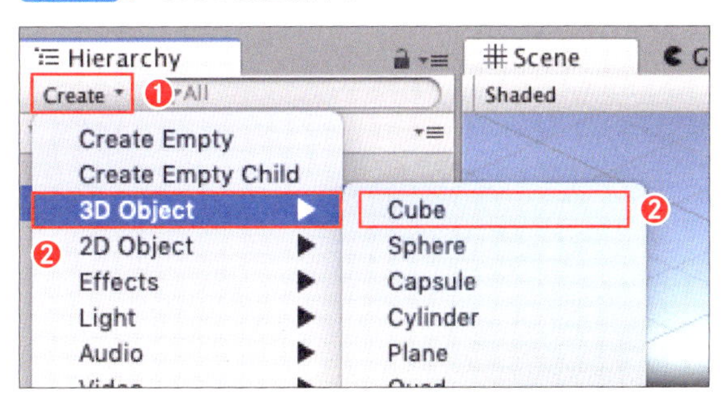

2 オブジェクトが追加された

すると、画面上にCubeのオブジェクトが追加されます。

図2.13 ▶ Cubeのオブジェクト

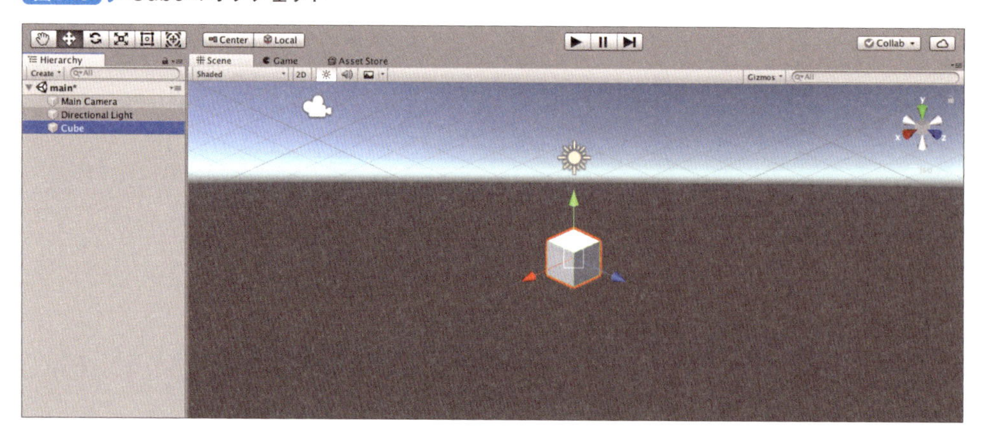

2-2-3 名前の変更

追加したオブジェクトの名前を変更してみましょう。

1 変更するオブジェクトを選択する

Hierarchyウィンドウの[Cube]を右クリックし(❶)、[Rename]をクリックしましょう(❷)。

図2.14 ▶ 名前を変更する

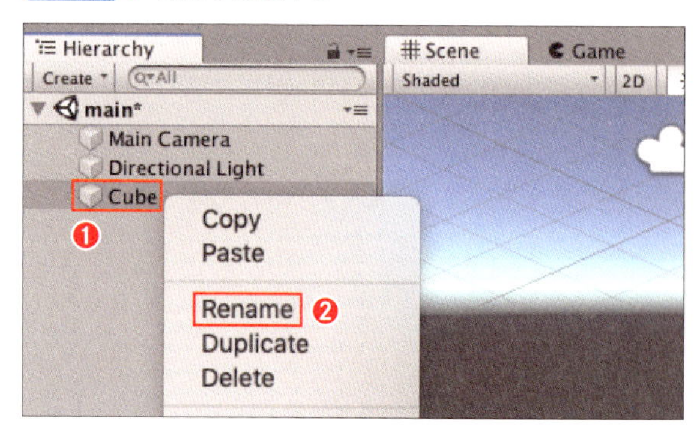

2 名前を変更する

すると、編集可能な状態になります。

図2.15 ▶ 名前の入力

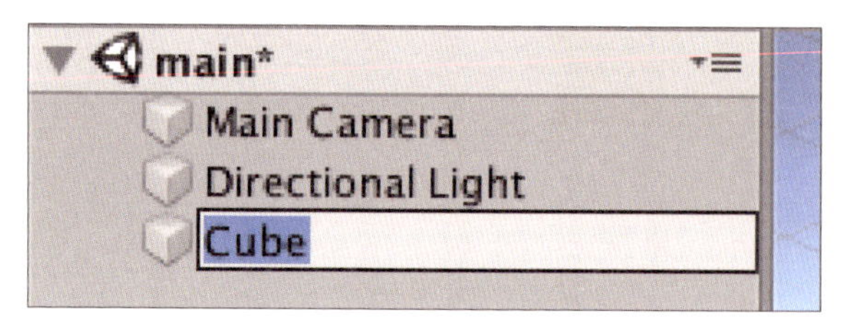

3 名前が変更された

ここでは床をつくるので、「Floor」と入力し、return（Windowsの場合はEnter）キーを押して確定します。

図2.16 ▶ 名前が変更された

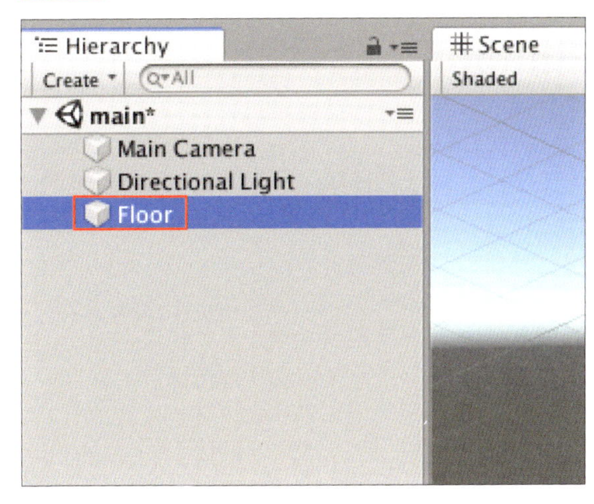

2-2-4 Inspectorウィンドウとは

画面の右側にあるのはInspectorウィンドウと呼ばれるものです。ここでは、選択されているオブジェクトの設定や要素を確認したり、編集したりする事ができます。

図2.17 ▶ Inspectorウィンドウ

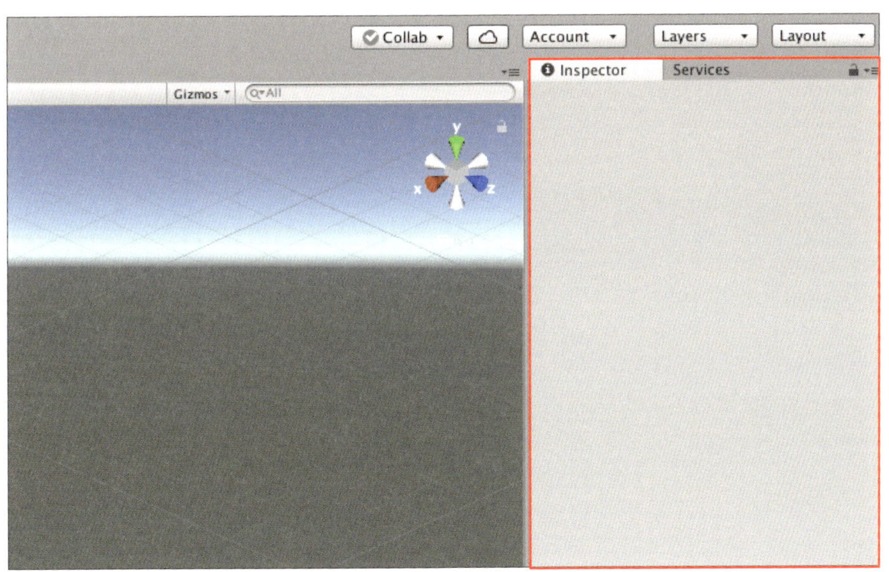

試しにHierarchyウィンドウで[Main Camera]を選択してみましょう。すると、InspectorウィンドウにはMainCameraの設定が表示されます。

図2.18 ▶ Main CameraのInspectorウィンドウ

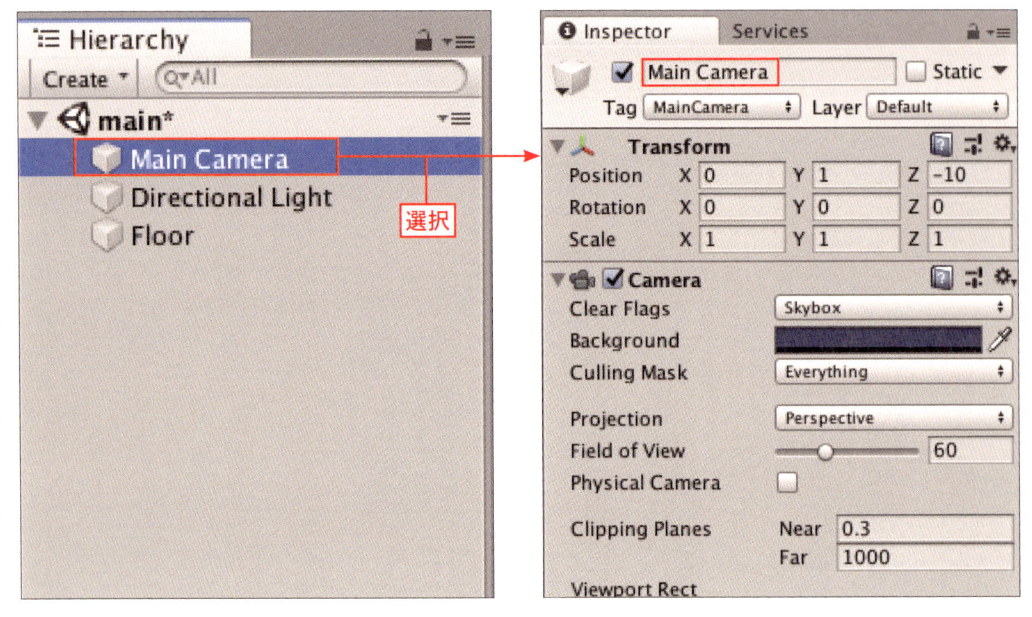

では、次に先ほど名前を変えた［Floor］を選択してください。

図2.19 ▶ FloorのInspectorウィンドウ

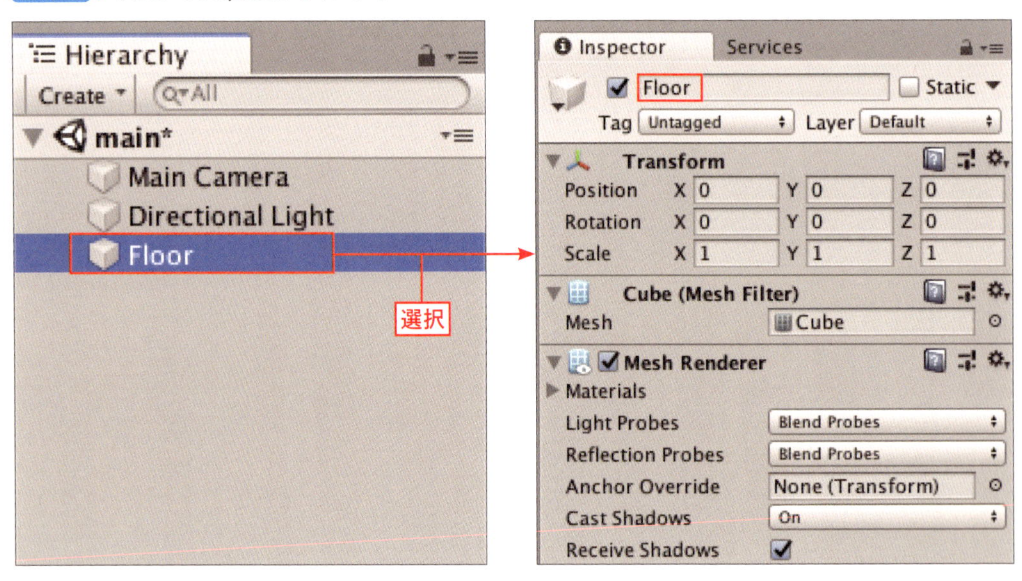

今度はFloorの設定や要素が表示されました。このように各オブジェクトの設定や要素を確認したり、編集したい時にInspectorウィンドウを使います。

2-2-5 オブジェクトの位置や形状の変更

追加したオブジェクトの位置と大きさを変更して、床らしい見た目にしていきます。

1 Positionの変更

床の位置を変更したいときは、InspectorウィンドウのTransformのPositionを変更します。X座標、Y座標、Z座標の値を変更することでオブジェクトの位置が変更します。ここでは、シーンの中心に置いてみましょう。TransformのPositionのX、Y、Zの値を「0」に変更します。シーン上のFloorの位置が変わります。

図2.20 ▶ Positionの値の変更

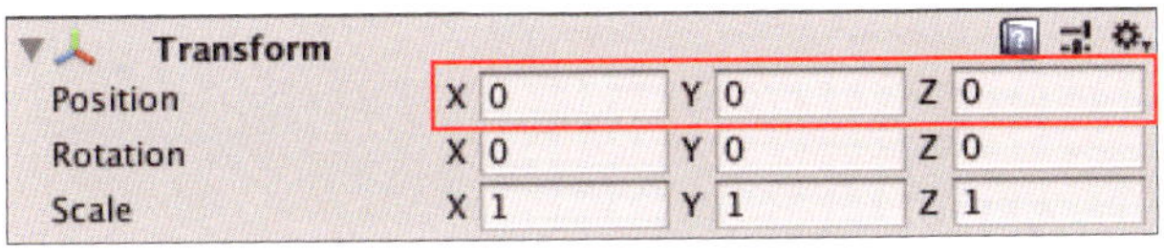

Transform			
Position	X 0	Y 0	Z 0
Rotation	X 0	Y 0	Z 0
Scale	X 1	Y 1	Z 1

2 Scaleの変更

今度はFloorオブジェクトを床のように平らな形に変更したいと思います。InspectorウィンドウのScaleを変更します。[Floor] が選択されている状態で、InspectorウィンドウのTransformのScaleのX、Y、Zの値を「10」、「0.1」、「10」に変更してください。

図2.21 ▶ Scaleの値の変更

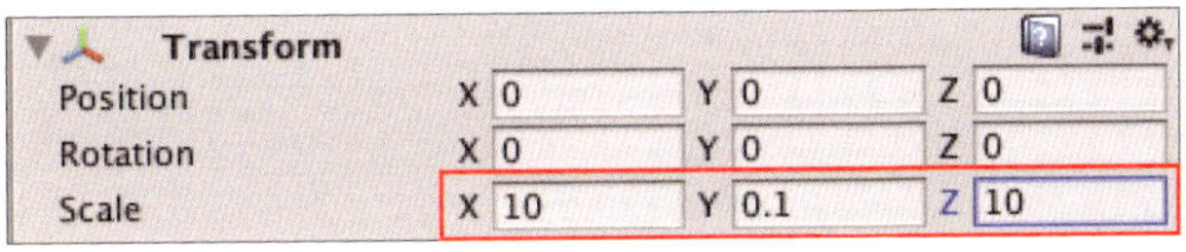

Transform			
Position	X 0	Y 0	Z 0
Rotation	X 0	Y 0	Z 0
Scale	X 10	Y 0.1	Z 10

3 Hierarchyウィンドウからオブジェクトを確認

[Floor] が選択されていなかったら、Hierarchyウィンドウで [Floor] をダブルクリックしてください。Floorが床のような見た目になっていることがわかります。

図2.22 ▶ Floorの完成形

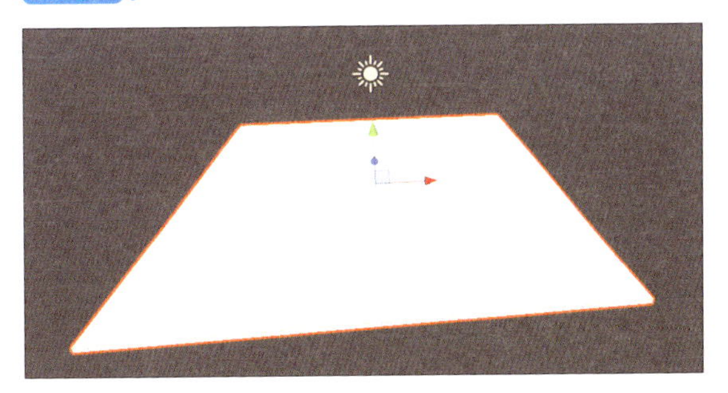

2-3 壁をつくろう

床ができましたので、次は壁をつくっていきましょう。壁は複数必要ですので、今回はその際に便利な方法を紹介します。

2-3-1 壁の作成

ここでは左側の壁を作成していきます。

1 オブジェクト(左の壁)の追加、名前の変更

Floorをつくった時と同じように、Hierarchyウィンドウの[Create]をクリックし(❶)、[3D Object]→[Cube]の順にクリックします。次に、[Cube]の上で右クリックし、[Rename]をクリックして、名前を「Wall1」とします(❷)。

図2.23 ▶ オブジェクトを追加する

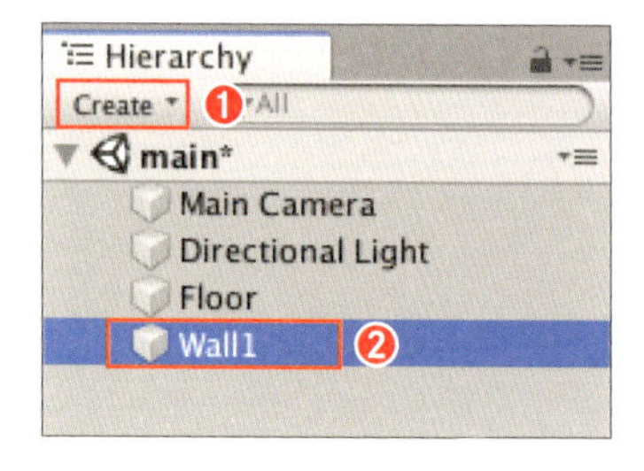

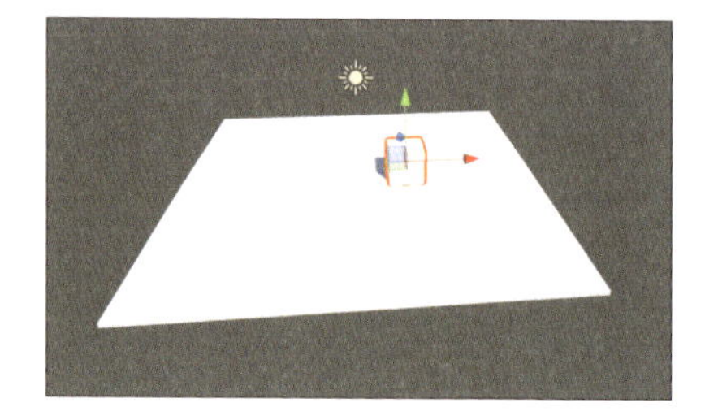

2 PositionとScaleの変更

Hierarchyウィンドウで、[Wall1]を選択し、InspectorウィンドウのTransformを調整します。まずは、位置を変更します。PositionのX、Y、Zの値を「-5」、「1」、「0」に変更します(❶)。次に大きさを変更します。同じくScaleのX、Y、Zの値を「0.1」、「2」、「10」に変更してください(❷)。

図2.24 ▶ Wall1のInspectorウィンドウ

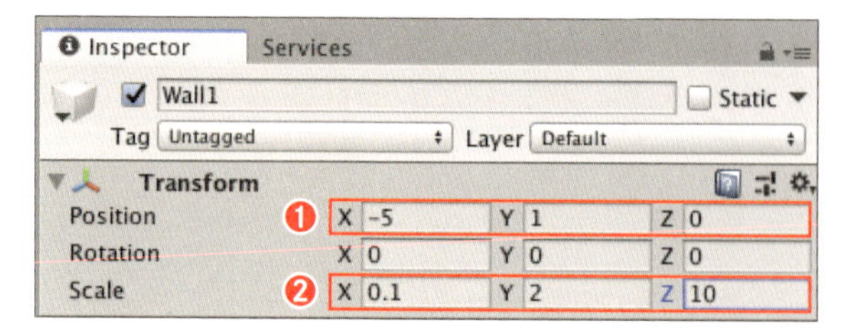

3 Hierarchyウィンドウでオブジェクトを確認

Hierarchyウィンドウで[Wall1]をダブルクリックして確認してください。

図2.25 ▶ 左側の壁

2-3-2 壁の複製

2-3-1でつくった壁を複製して、他の壁もつくっていきます。オブジェクトを増やす便利な方法に、オブジェクトの複製があります。

1 オブジェクトの複製

左の壁ができましたので、右の壁もつくっていきましょう。
[Wall1]の上で右クリックし(❶)、[Duplicate]をクリックしてください(❷)。

図2.26 ▶ Wall1の複製

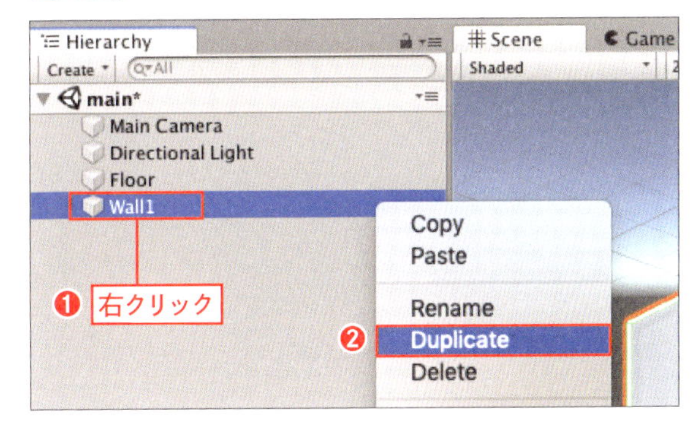

2 名前の変更

複製された「Wall1 (1)」というオブジェクトがあります。「Wall2」と名前を変更します。

図2.27 ▶ Wall2に名前を変更

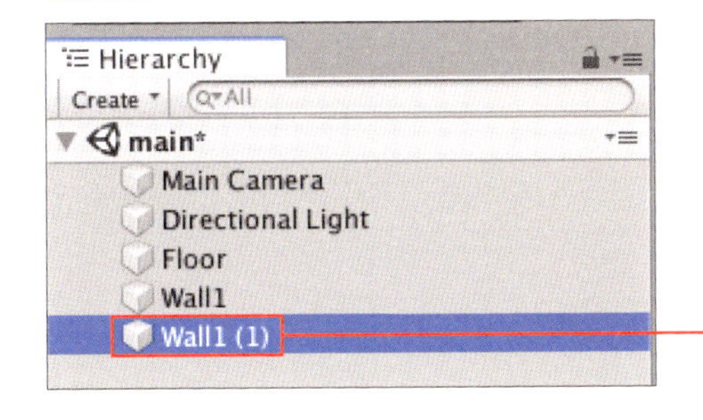

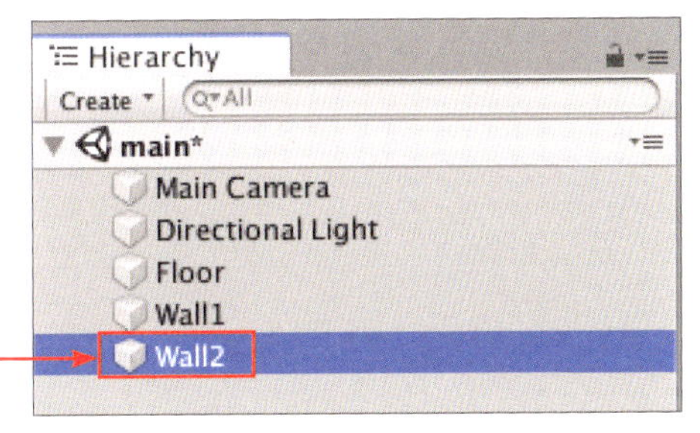

3 Positionの変更

[Wall2] を選択し、InspectorウィンドウのTransformで調整します。PositionのX、Y、Zの値を「5」、「1」、「0」に変更します。

図2.28 ▶ 右側の壁

4 オブジェクト(奥の壁)の追加、名前の変更

右の壁と同じ要領で奥の壁をつくっていきましょう。[Wall2] の上で右クリックし、[Duplicate]をクリックします(❶)。名前は「Wall3」に変えておきましょう(❷)。

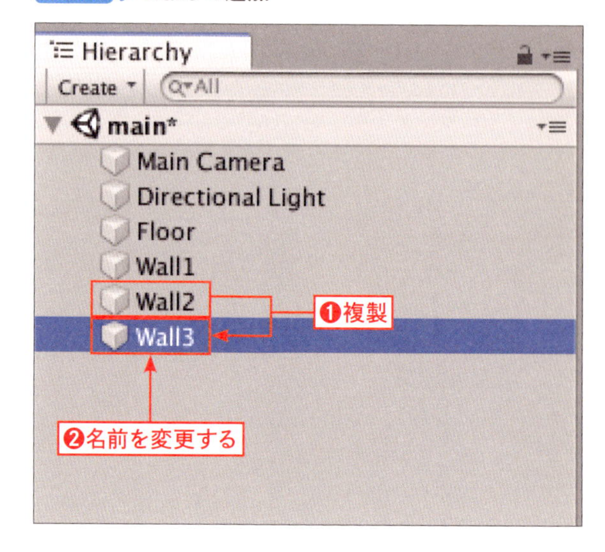

図2.29 ▶ Wall3の追加

5 PositionとRotationの変更

Hierarchyウィンドウで [Wall3] を選択し、InspectorウィンドウのTransformで調整します。PositionのX、Y、Zの値を「0」、「1」、「5」に変更し、位置を変えます(❶)。RotationのX、Y、Zの値は「0」、「90」、「0」に変更し、壁をY軸方向に90°回転させます(❷)。

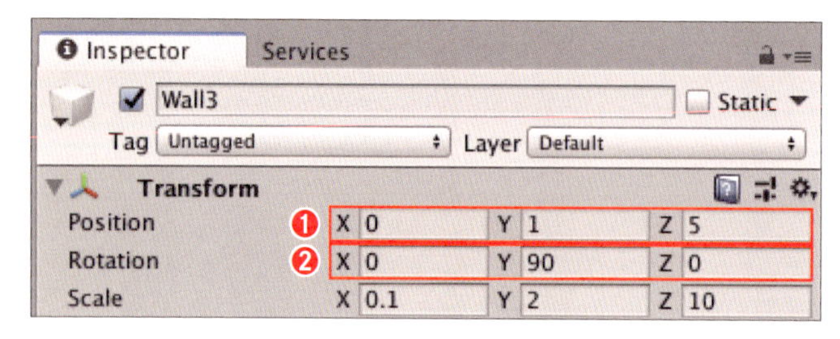

図2.30 ▶ Wall3のInspectorウィンドウ

6 壁の完成

箱のようなものができあがりました。

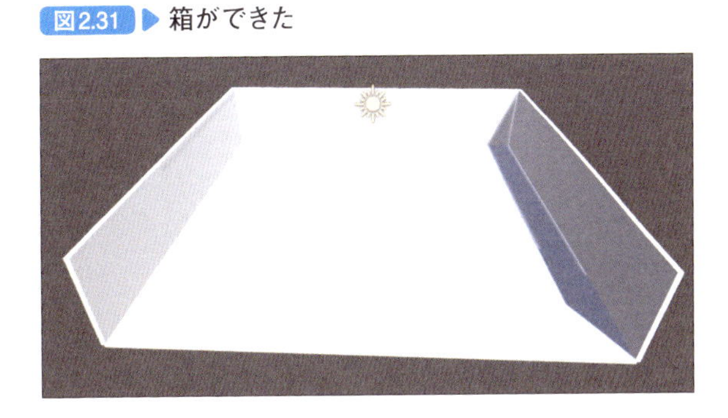

図2.31 ▶ 箱ができた

2-3-3 SceneビューとGameビューとは

ここまで配置したオブジェクトの確認等は、Sceneビューで行ってきました。実際にゲームではどうなるか見てましょう。[Game]タブをクリックし、Gameビューを確認します。

図2.32 ▶ Gameタブ

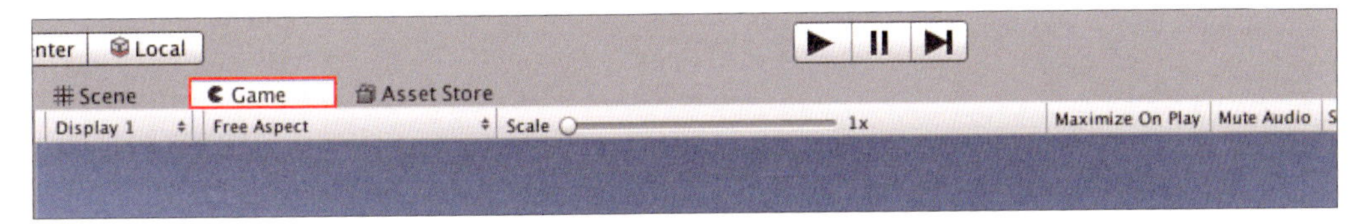

するとこれまでとは違う、Gameビューが確認できたかと思います。

図2.33 ▶ Gameビュー

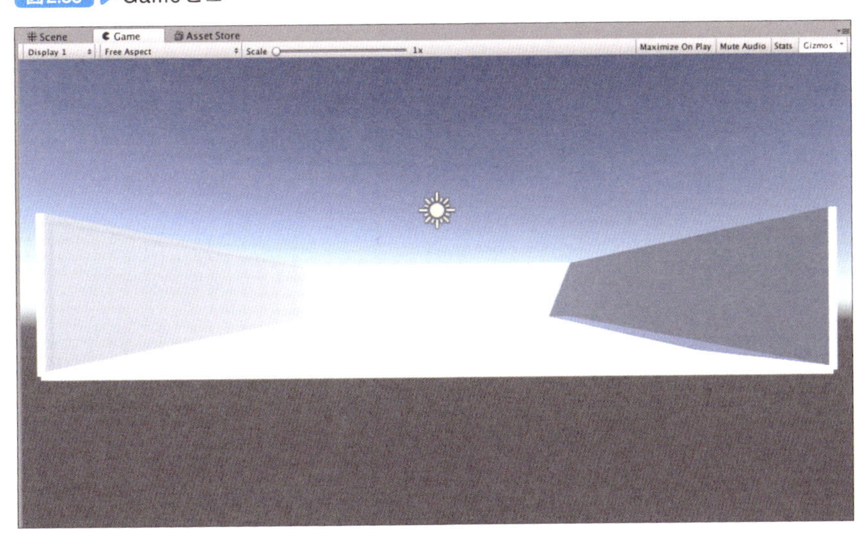

しかしこのままでは全体が見渡せず、視認性が良くありませんので、MainCameraの位置や角度を調整する必要があります。また、Main Cameraがどのように写しているかの確認は、Sceneビューでも可能です。Sceneビューに切り替えて、Hierarchyウィンドウで[Main Camera]を選択すると、Sceneビューの右下にCamera Previewが表示されます。

図2.34 ▶ Camera Preview

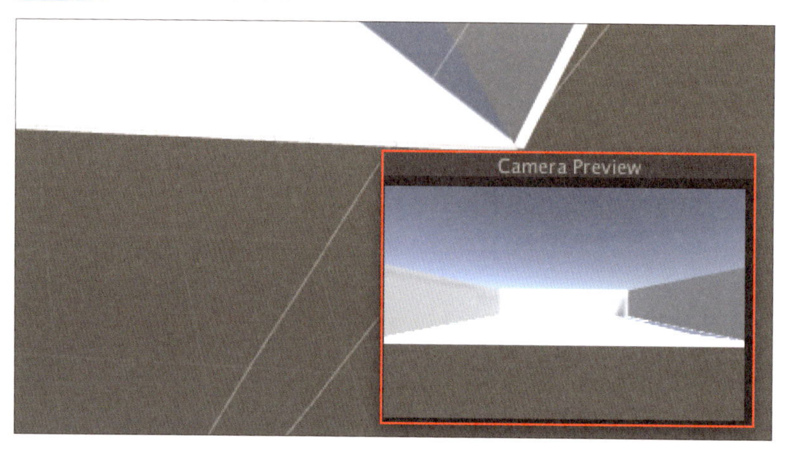

表示されない時は、[Gizmos]の右の▼をクリックし(❶)、[Camera]にチェックをつけてください(❷)。

図2.35 ▶ Cameraのチェック

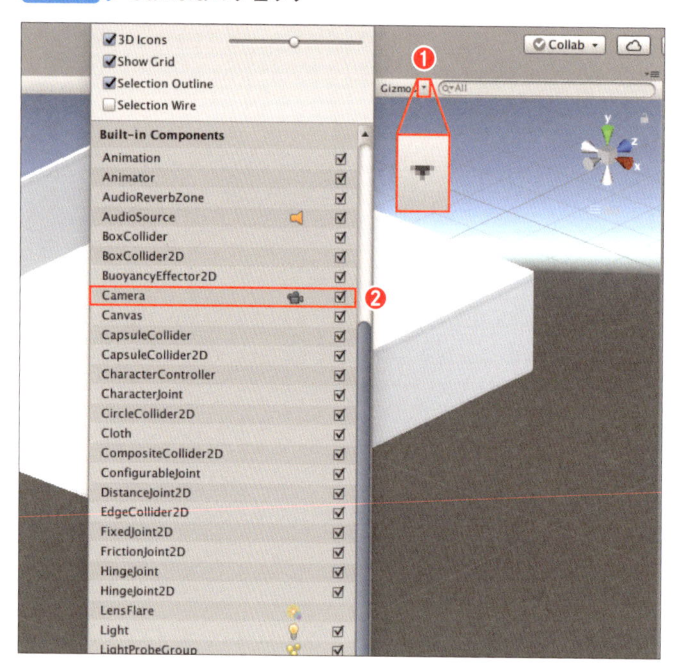

2-4 坂をつくろう

ここでは、玉転がしゲームに必要な坂をつくります。玉を転がすには傾いている坂や玉が通るコースが必要です。まずは坂をつくってから玉をつくっていきましょう。

2-4-1 空のオブジェクトの作成

これまでにつくったオブジェクトは、Floor、Wall1、Wall2、Wall3があります。これらをひとつのオブジェクトにまとめてみましょう。

2

1 空のオブジェクトを追加する

まずは空のオブジェクトを作成します。Hierarchyウィンドウの[Create]をクリックして(❶)、[Create Empty]をクリックしてください(❷)。

図2.36 ▶ Create Emptyを選択

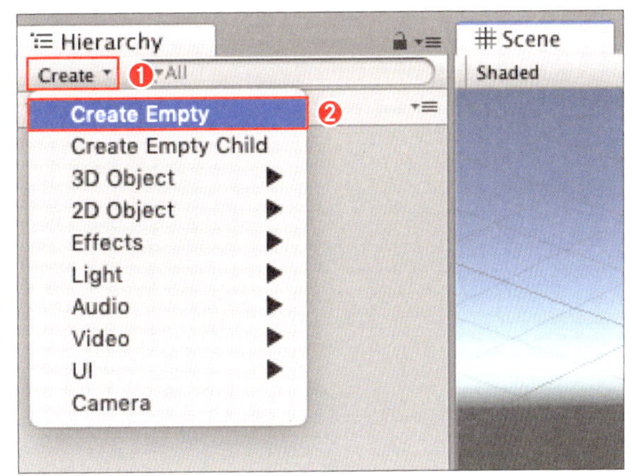

2 空のオブジェクトが追加された

「GameObject」という空のオブジェクトが追加されます。Sceneビューには空のオブジェクトが置かれています。

図2.37 ▶ GameObjectが追加された

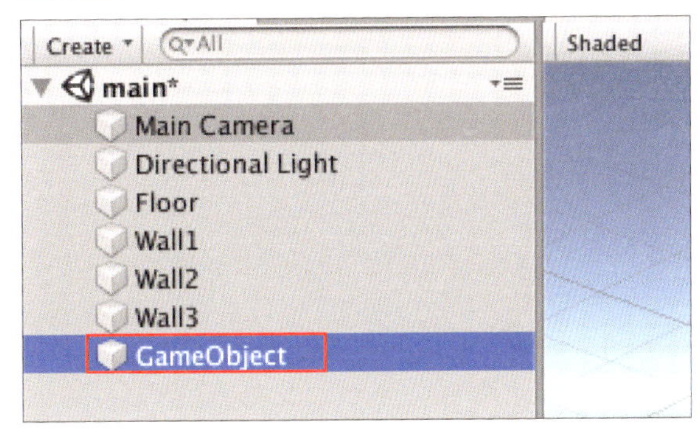

3 オブジェクトの位置を調整する

[GameObject] を選択して、Inspectoウィンドウの Transform を調整します。Position の X、Y、Z の値を「0」、「0」、「0」に変更しておきましょう。

図2.38 ▶ GameObjectのInspectorウィンドウ

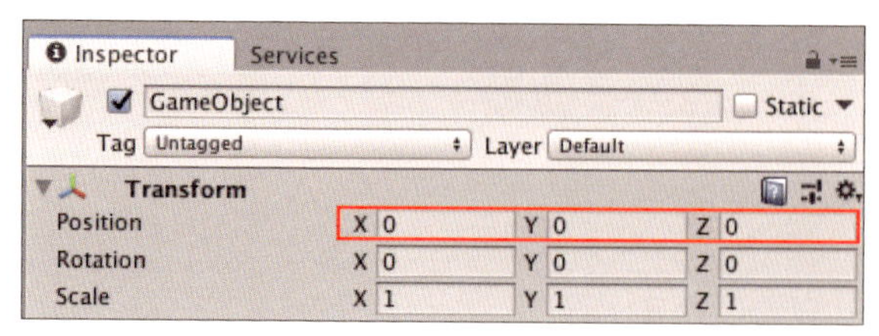

4 名前を変更する

作成したオブジェクトの名前は、Inspectorウィンドウでも変更できます。Hierarchyウィンドウの[GameObject] を選択し、Inspectorウィンドウで GameObjectを「Stage」に変更しておきます。

図2.39 ▶ 名前の変更

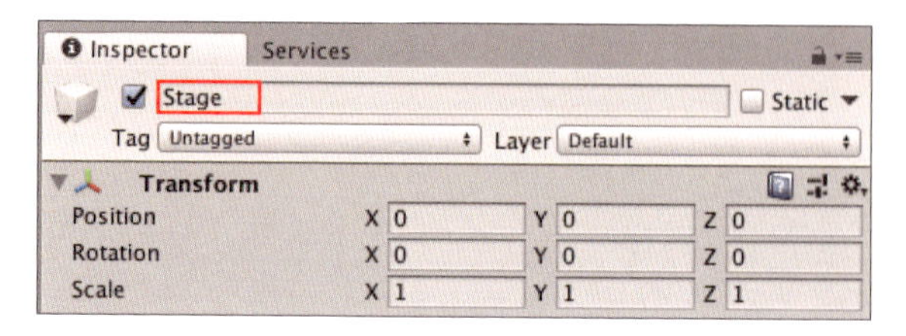

2-4-2 オブジェクトの親子関係

さきほど作成したStageオブジェクトは、これまでにつくったオブジェクトをひとまとめにするためのものでした。早速やってみましょう。

1 オブジェクトをまとめる

[Floor]、[Wall1]、[Wall2]、[Wall3] を command（Windowsは Ctrl キー）を押しながらクリックしてください（❶）。そうすると、オブジェクトがまとめて選択されるので、そのままStageにドラッグ＆ドロップしてください（❷）。

図2.40 ▶ Stageにまとめる

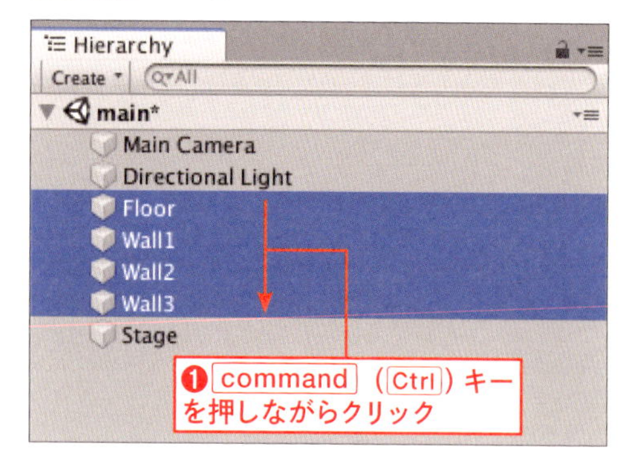

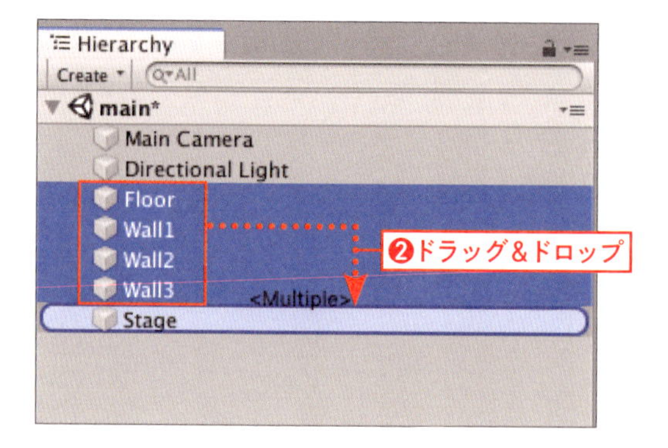

2 オブジェクトがまとめられた

Stageオブジェクトの下に各オブジェクトが入りました。Stageの左の▼をクリックすると、各オブジェクトが隠れます。2-2-1と同様に、これはオブジェクトの親子関係を意味しています。この場合はStageが親オブジェクトとなります。

図2.41 ▶ オブジェクトの非表示

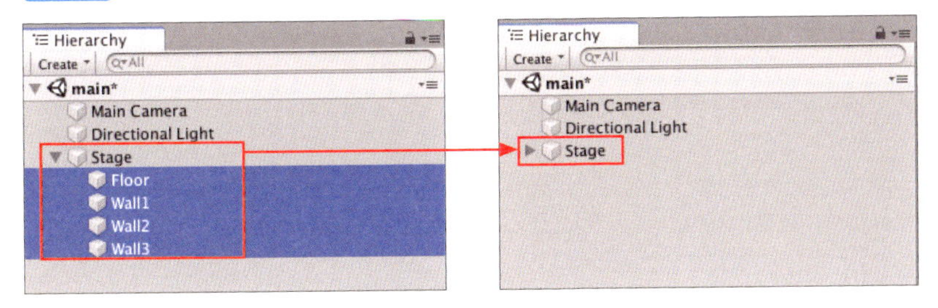

2-4-3 RotationとScale

RotationとScaleの値を設定すると、床に傾きをつけることができます。

1 Transformを調整する

[Stage]を選択し、InspectorウィンドウのTransformを調整します。傾きをつけるためにRotationのXの値には「-15」を(❶)、坂を長くするためにScaleのZの値には「1.5」を入力してください(❷)。

図2.42 ▶ StageのInspectorウィンドウ

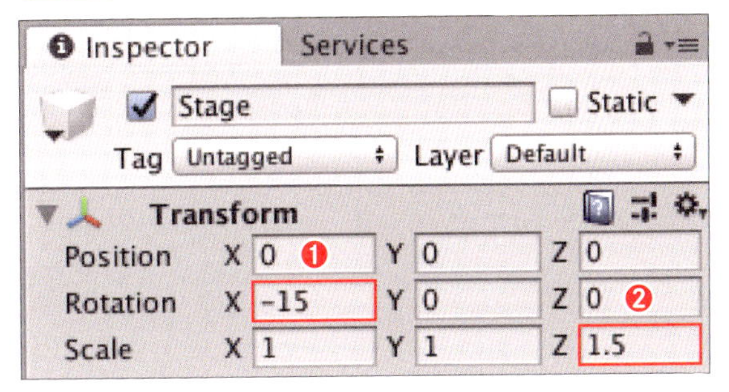

2 床が傾いた

今にも玉が転がり出しそうな坂になりました。

図2.43 ▶ 坂になった

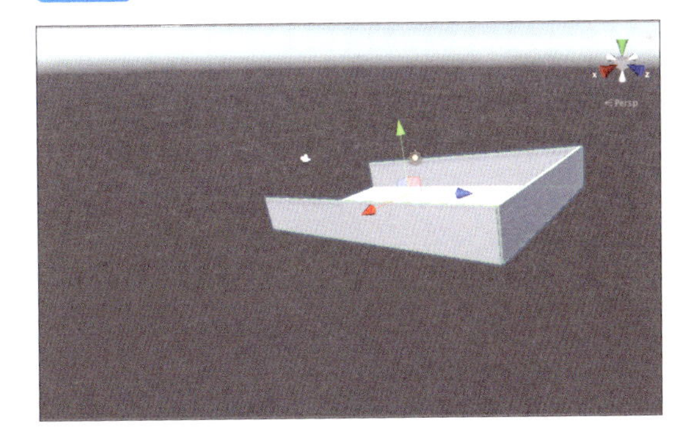

2-4-4 スロープの追加

今度は玉が転がすためのスロープを追加していきます。

1 オブジェクト(スロープ)の追加、名前の変更

Hierarchyウィンドウの[Create]から[3D Object]の[Cube]を選択し(❶)、Stageの子オブジェクトに移動して、名前を「Slope1」とします(❷)。

図2.44 ▶ Slope1

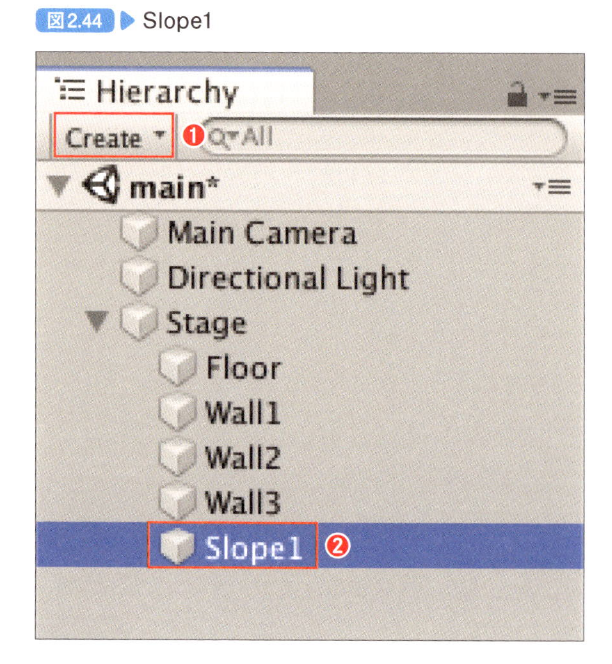

2 PositionとRotation、Scaleの変更

Hierarchyウィンドウで[Slope1]を選択し、InspectorウィンドウのTransformで調整します。PositionのX、Y、Zの値を「-1」、「0.5」、「2」に変更します。RotationのX、Y、Zの値を「0」、「9」、「0」に、ScaleのX、Y、Zの値は「8」、「1」、「0.1」にしましょう。

図2.45 ▶ Slope1のInspectorウィンドウ

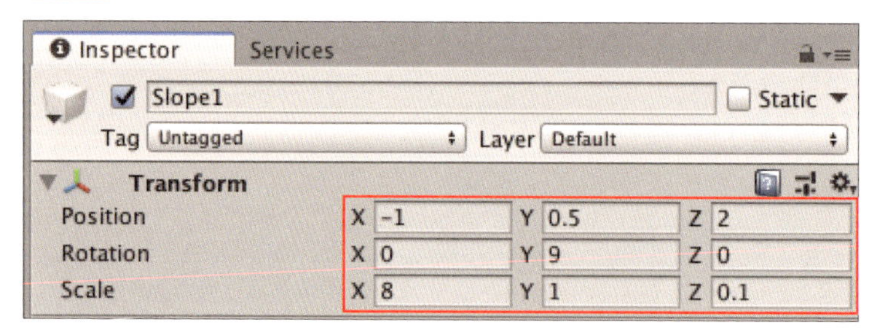

3 オブジェクトの複製

坂を3つつくりたいので、Slope1をふたつ複製し、名前を「Slope2」、「Slope3」と変更します。

4 PositionとRotation、Scaleの変更

Slope2のTransformでPositionのX、Y、Zの値を「1」、「0.5」、「-0.5」に変更します。次に、RotationのX、Y、Zの値を「0」、「−9」、「0」にしましょう。そして、Slope3のTransformのPositionのX、Y、Zの値を「-1」、「0.5」、「-3」に変更します。図2.46のようになったでしょうか。

図2.46 ▶ Slope2とSlope3

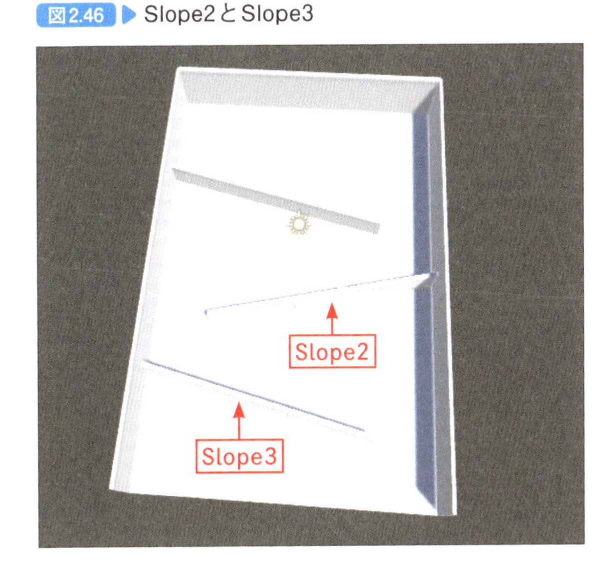

2-4-5 ゴールの追加

玉が到着する箱型のゴールを追加していきます。

1 オブジェクト(ゴール)の追加、名前の変更

Stageと同じように空のオブジェクトを追加しましょう。Hierarchyウィンドウの[Create]から[Create Empty]を選択し(❶)、名前は「Goal」としましょう(❷)。

図2.47 ▶ Goalの追加

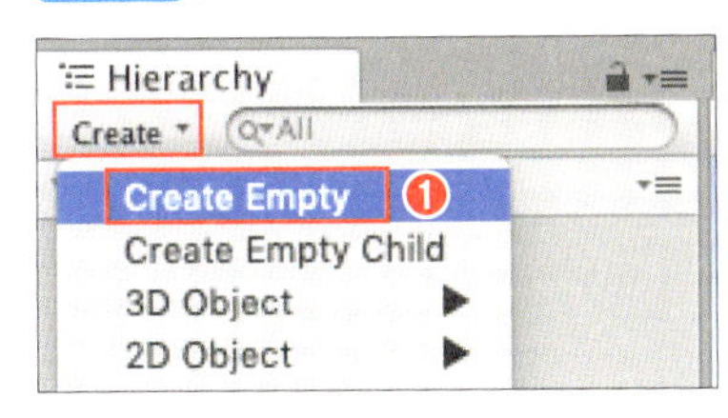

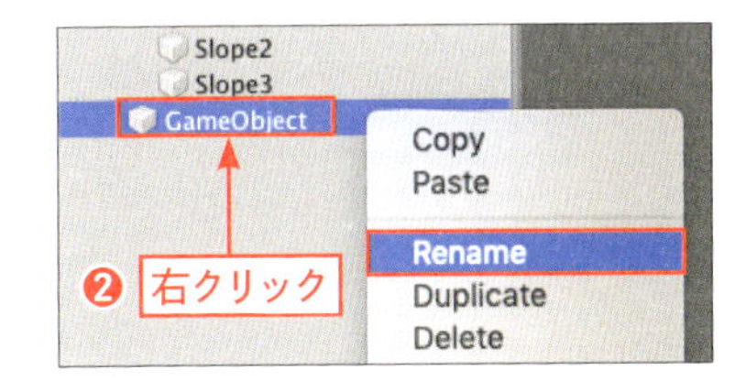

2 Positionの変更

空のオブジェクトGoalの位置を決めます。GoalのTransformでPositionのX、Y、Zの値を「4」、「-3」、「-8」に変更します。

図2.48 ▶ GoalのInspectorウィンドウ

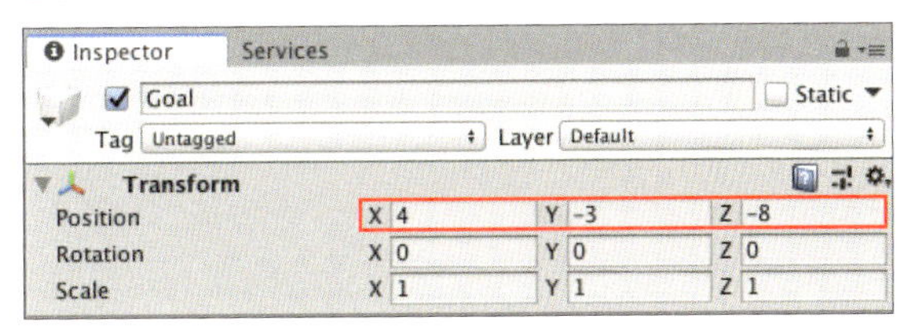

3 子オブジェクトの設定

Hierarchyウィンドウの[Create]から[3D Object]の[Cube]を選択し、Goalの子オブジェクトに移動して、名前を「Floor」とします(❶)。InspectorウィンドウのTransformでPositionのX、Y、Zの値を「0」、「0」、「0」にし(❷)、ScaleのX、Y、Zの値は「2」、「0.1」、「2」にします(❸)。

図2.49 ▶ Floorの追加

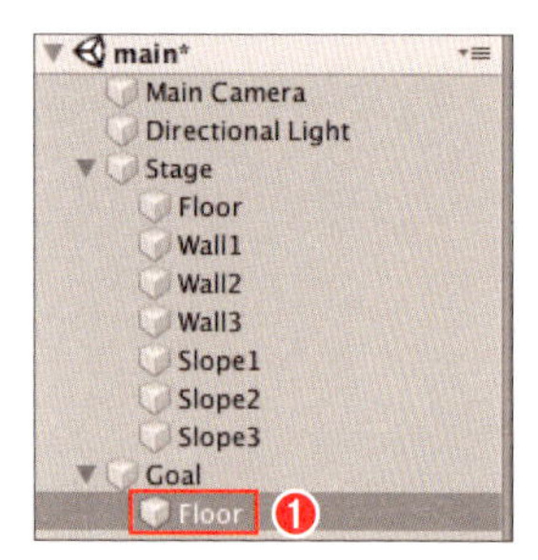

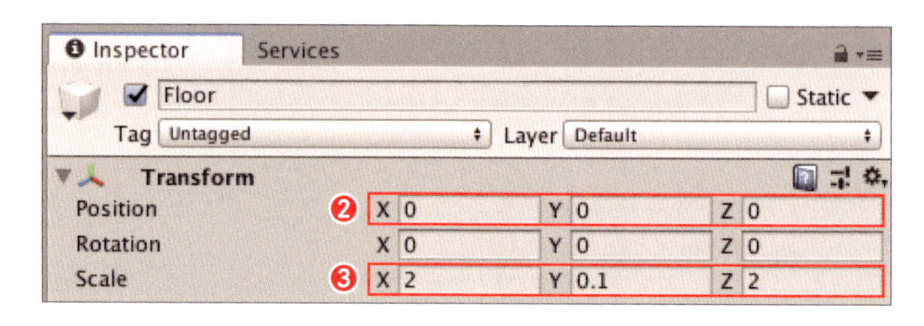

4 左側の壁を作成する

左側の壁をつくります。[Create]から[3D Object]の[Cube]を選択し、Goalの子オブジェクトとして扱います。名前は「Wall1」にします。PositionのX、Y、Zの値を「-1」、「0.5」、「0」に変更し、RotationのX、Y、Zの値を「0」、「0」、「90」に、ScaleのX、Y、Zの値は「1」、「0.1」、「2」にします。

図2.50 ▶ Wall1のInspectorウィンドウ

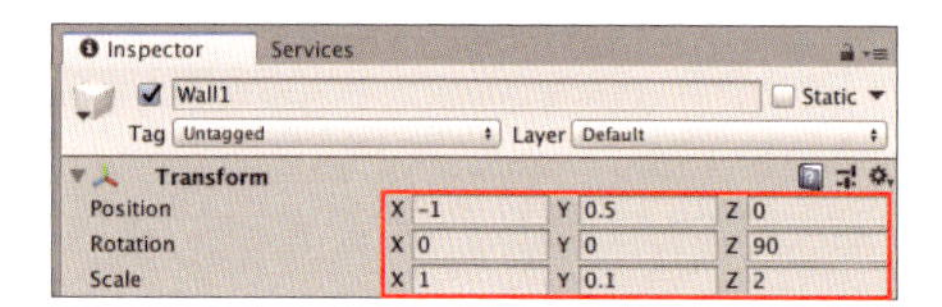

5 右側の壁を作成する

Stageと同じように、HierarchyウィンドウでWall1を複製して、「Wall2」をつくります。InspectorウィンドウでPositionのXの値を「1」に変更すれば、右側の壁もできあがりです。

図2.51 ▶ Wall2のInspectorウィンドウ

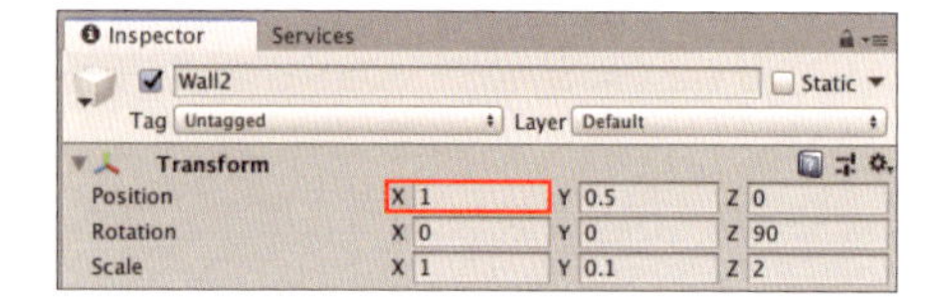

6 手前の壁を作成する

次に手前の壁をつくります。Wall2を複製し、「Wall3」とします。PositionのX、Y、Zの値を「0」、「0.5」、「-1」に変更し、RotationのX、Y、Zの値を「0」、「90」、「90」にします。

図2.52 ▶ Wall3のInspectorウィンドウ

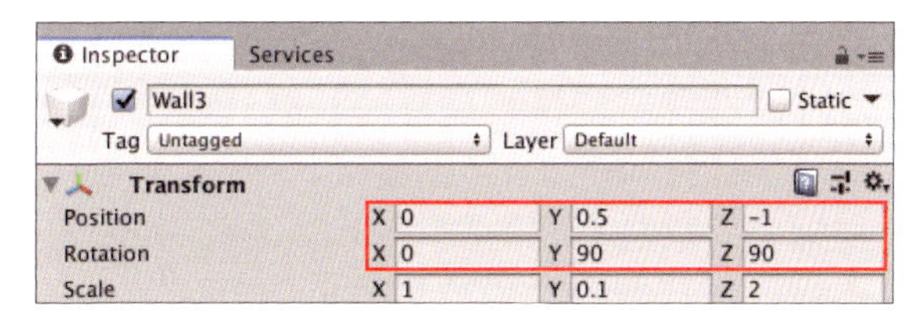

7 奥の壁を作成する

最後に奥の壁です。Wall3を複製し、「Wall4」と名前を変えて、PositionのZの値を「1」にすればゴールの完成です。

図2.53 ▶ Wall4のInspectorウィンドウ

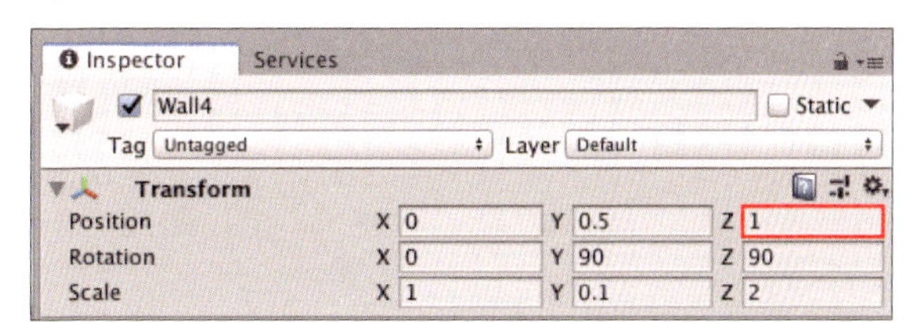

メモ X軸、Y軸、Z軸について

3Dと聞くと何を思い浮かべますか？何かが飛び出してきそうな画面や3Dメガネなどでしょうか。そもそも2Dや3DのDって何なのでしょうか。このDはDimensionという英単語の頭文字をとったもので、次元という意味で使われています。

2次元・・・横軸（X軸）と縦軸（Y軸）の平面の世界
3次元・・・横軸（X軸）と縦軸（Y軸）と奥行き（Z軸）の立体の世界

図2.B ▶ X軸、Y軸、Z軸

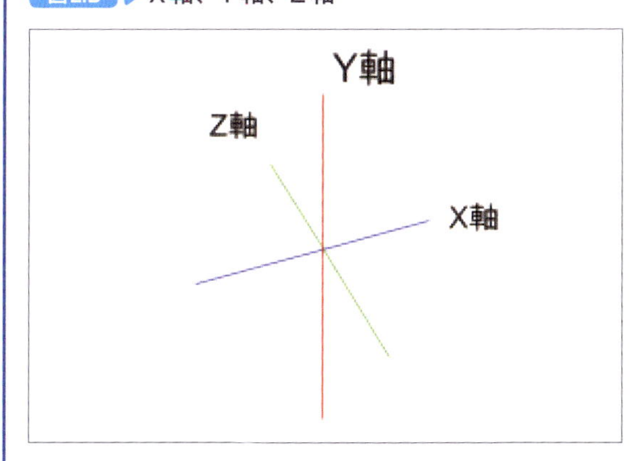

ゲームで例えるならば、マリオのようなゲームは横と縦しかありませんので、2Dゲームとなります。また、モンスターハンターのような横と縦に加え奥行きがあるゲームは3Dゲームとなります。

3Dゲームのイメージが強いUnityですが、2Dゲームもつくることができます。

玉をつくろう

いよいよステージが完成しましたので、今度は玉をつくっていきます。

2-5-1 玉をつくる

今度はスロープを転がる玉を追加していきます。

1 オブジェクト(玉)の追加、名前の変更

Hierarchyウィンドウの[Create]から[3D Object]→[Sphere]を選択し(❶)、名前を「Ball」とします(❷)。

図2.54 ▶ Ballの追加

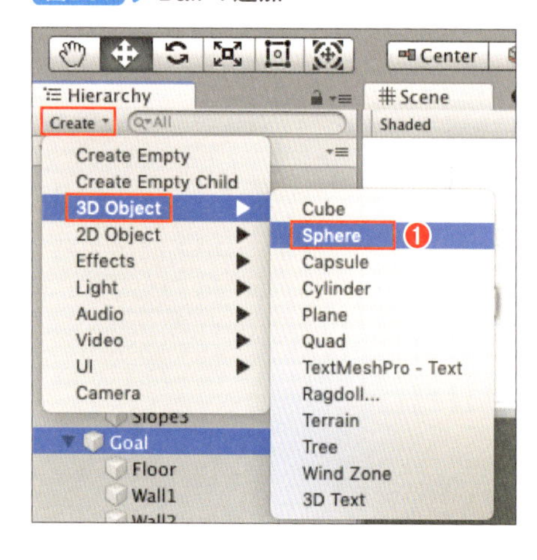

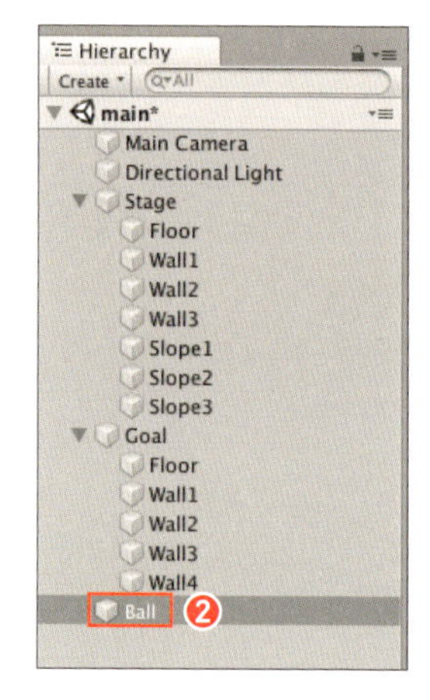

2 Positionの調整

玉のスタート位置を変更します。Ballを選択し、InspectorウィンドウのTransformで調整します。PositionのX、Y、Zの値を「-4」、「5」、「5」に変更します。

図2.55 ▶ BallのInspectorウィンドウ

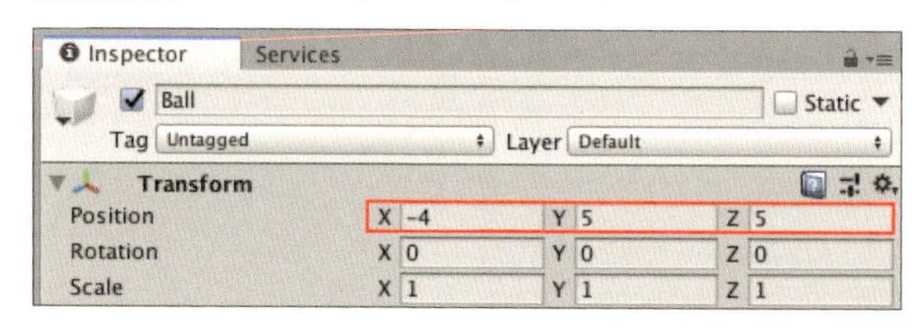

2-5-2 重力の設定

ステージもゴールも玉も揃いましたね。ではさっそく一度プレイしてみましょう。Sceneビューの上部にある一番左のPlayボタンをクリックしましょう。

図2.56 ▶ ゲームの再生

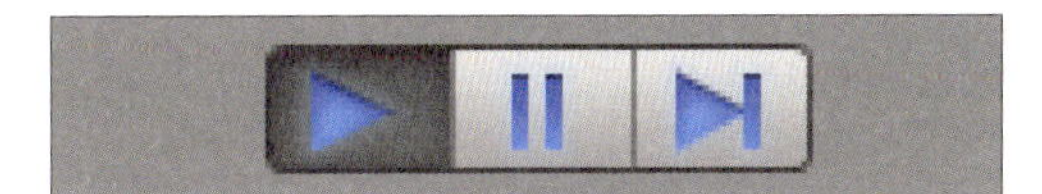

表2.1 ▶ 上部のボタン

位置	ボタン	機能
左	Play ボタン	ゲーム再生
中	Pause ボタン	再生中のゲームの一時停止
右	Step ボタン	再生中のゲームを 1 コマづつ送る

ではさっそくゲームスタート！
あれ、何も起きません。もう少し待ってみるとしましょう。

図2.57 ▶ 何も起きない

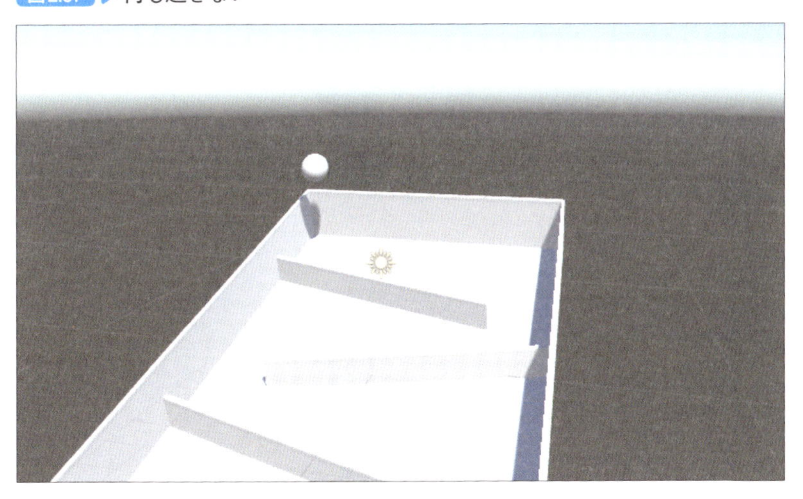

まったく玉が落ちて来ません。「なんで？普通玉は下に落ちてくるのに。思った通り動かないよ」と思われた方も多いと思います。そこなんです。普通というのはあくまで私たちが生きているこの世界の話であって、プログラムの世界では違います。そしてプログラムは思った通りには動きません。書いたとおりに動くのです。

図2.58 ▶ 玉は落ちてこない

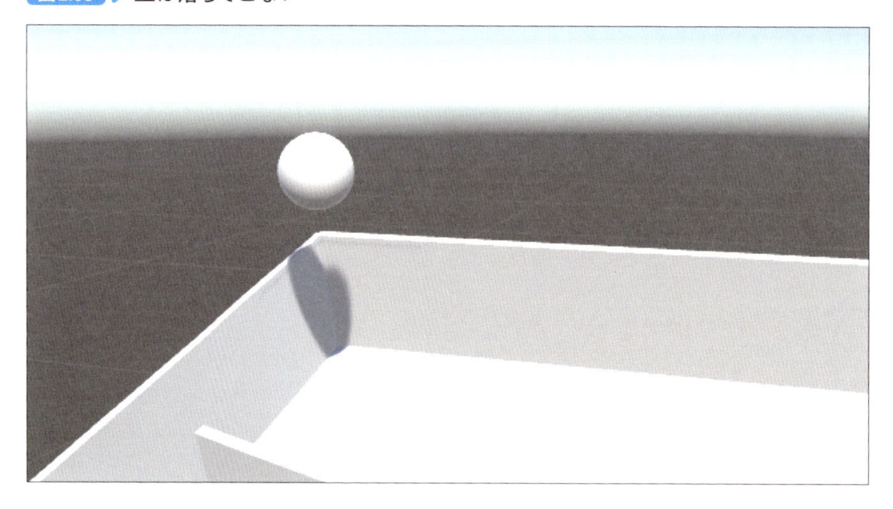

では、玉に重力を与えてみましょう。ここからがUnityの本領発揮です。

1 Rigidbodyの追加

Rigidbody（リジッドボディ）を追加することで、オブジェクトに重力を与えることができます。Hierarchyウィンドウで[Ball]を選択し（❶）、画面上部のメニューの[Component]→[Physics]→[Rigidbody]を選択します（❷）。

図2.59 ▶ Rigidbodyの追加

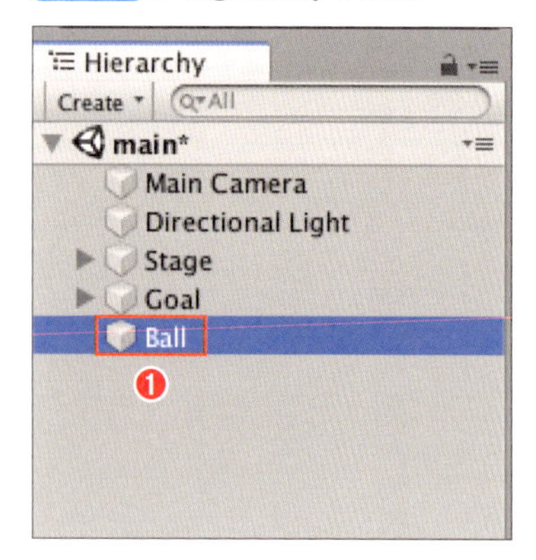

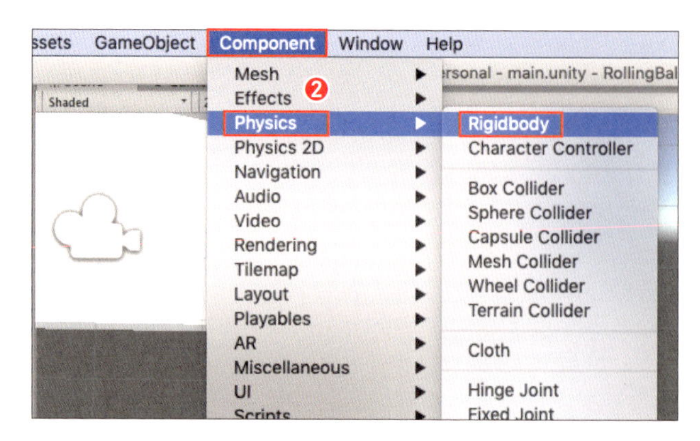

2 Rigidbodyについて

Inspectorウィンドウに Rigidbodyが追加されたと思います。

図2.60 ▶ BallのInspectorウィンドウ

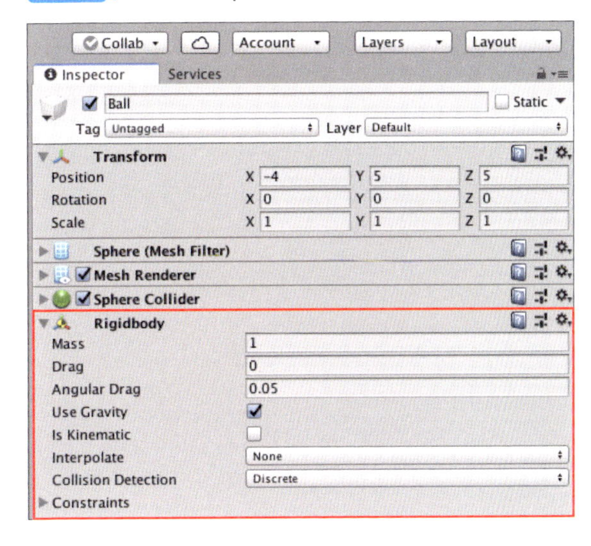

ここでは簡単に解説します。

表2.2 ▶ Rigidbodyの機能

パラメータ	説明
Mass	オブジェクトの質量（Kg単位）
Drag	オブジェクトが移動するときの空気抵抗。0は空気抵抗なし
Angular Drag	オブジェクトが回転するときの空気抵抗。0は空気抵抗なし
Use Gravity	重力をかけるか否か
Is Kinematic	有効にすると物理エンジンが無効となる。動作させる際は直接Transformを操作する
Interpolate	Transformのスムージングの設定。動きがぎこちないときに調整する
Collision Detection	高速で動くオブジェクトが衝突を検知せずにすり抜けることを防ぐ
Constraints	Rigidbodyの動きに関する制限

3 プレイしてみよう

では、再度Playボタンをクリックしてプレイしてみましょう。今度は玉が転がっていくと思います。

図2.61 ▶ 玉が転がっている

2-5-3 動きの調整

　このままではのっしりと動いていて、玉転がしゲームの爽快感がありません。では今度は玉と坂の摩擦や反発を調整してみましょう。

1 Physic Materialの追加

Projectウィンドウで[Create]→[Physic Material]を選択します。

図2.62 ▶ Physic Materialを追加する

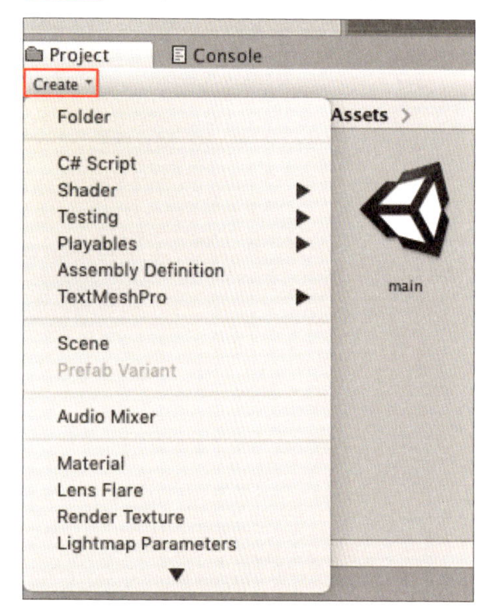

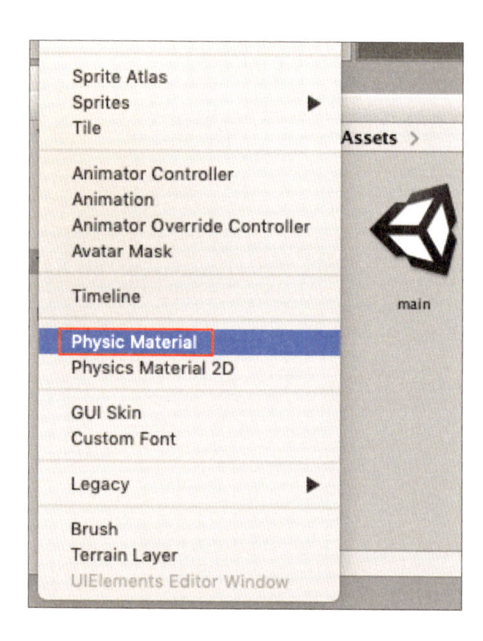

2 名前の変更

「New Physic Material」が追加されます。ここでは名前を「PhysicMaterial」としておきます。

図2.63 ▶ 名前を変更する

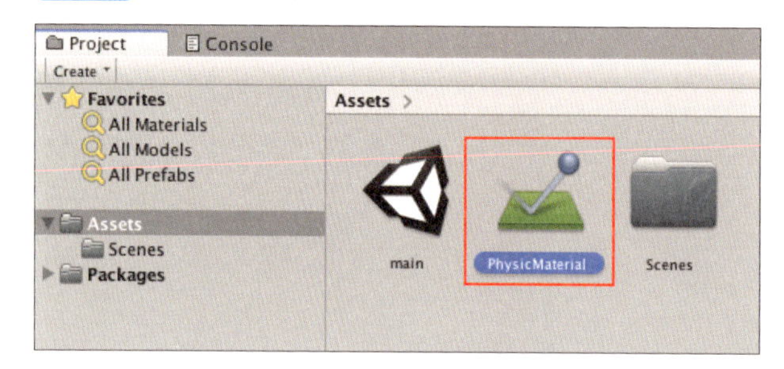

3 パラメータの調整

PhysicMaterialのInspectorウィンドウを表2.3のように調整します。

図2.64 ▶ Physic MaterialのInspectorウィンドウ

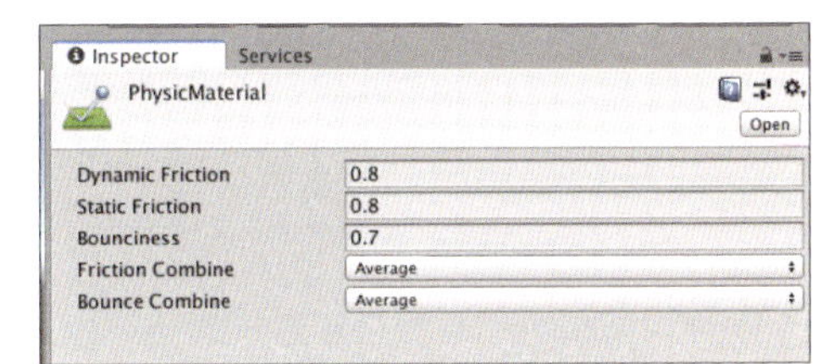

表2.3 ▶ パラメータの値

パラメータ	説明
Dynamic Friction	0.8
Static Friction	0.8
Bounciness	0.7
Friction Combine	Average
Bounce Combine	Average

コラム パラメータについて

PhysicMaterialのパラメータの意味について簡単に解説します。表2.Aを確認してみましょう。

表2.A ▶ Physic Materialのパラメータ

パラメータ	説明
Dynamic Friction	移動しているオブジェクトに対する摩擦。0に近いほど滑りやすく、1に近いほど滑りにくい
Static Friction	静止しているオブジェクトに対する摩擦。0に近いほど滑りやすく、1に近いほど滑りにくい
Bounciness	反発係数。0だと全く反発せず、1に近いほど強く反発する
Friction Combine	衝突するオブジェクト間の摩擦係数の計算方法 ・Average　2つのオブジェクトの係数を平均化する ・Minimum　係数の小さい方のオブジェクトに従う ・Maximum　係数の大きい方のオブジェクトに従う ・Multiply　2つの係数を乗算
Bounce Combine	衝突するオブジェクト間の反発係数

4 Ballを選択

Hierarchyウィンドウより[Ball]を選択してください。

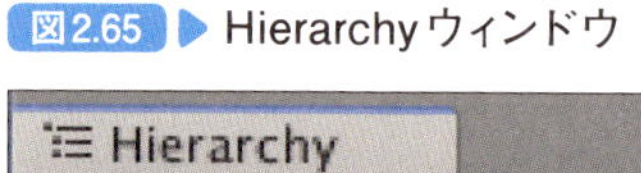

図2.65 ▶ Hierarchyウィンドウ

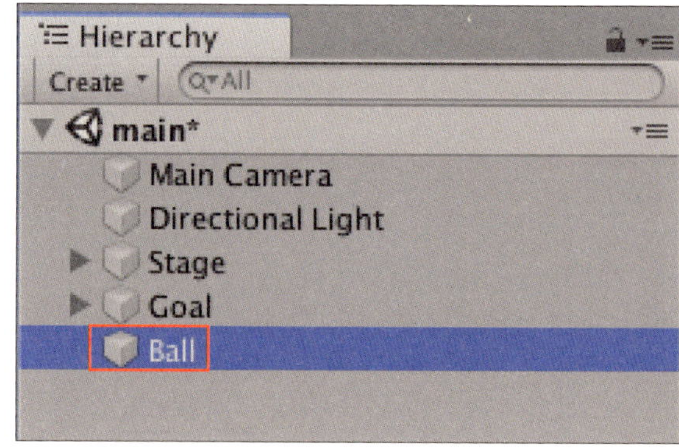

5 PhysicMaterialを適用

InspectorウィンドウでSphere ColliderのMaterialにPhysicMaterialを適用します。Materialの項目の右側のボタンをクリックし(❶)、表示されたSelect PhysicMaterialウィンドウで[PhysicMaterial]を選択してください(❷)。

図2.66 ▶ BallのInspectorウィンドウ

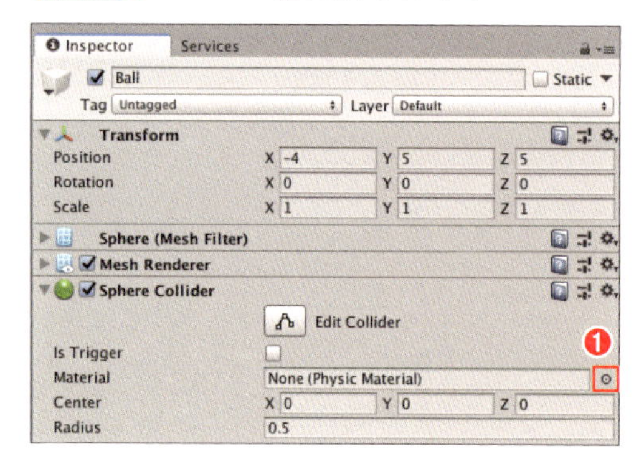

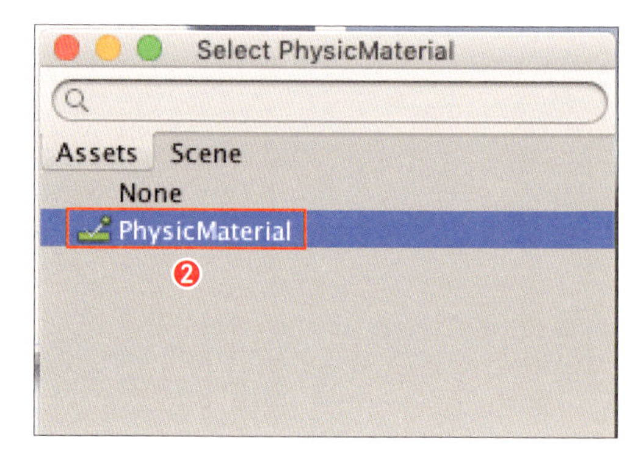

これでBallのMaterialにPhysicMaterialが適用されました。

図2.67 ▶ PhysicMaterialが適用された

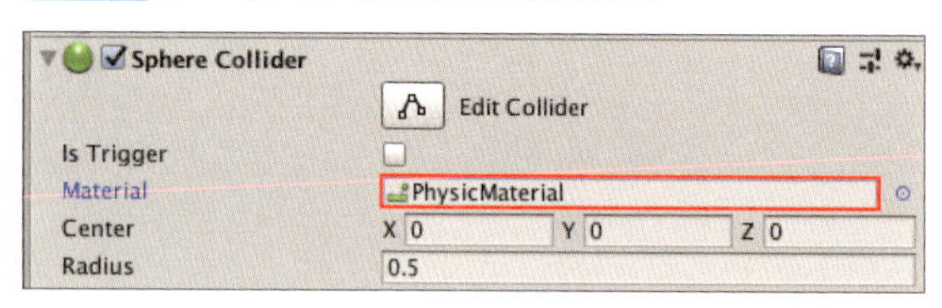

では、もう一度プレイしてみましょう。少し玉らしい動きになったのではないでしょうか。

2-5-4 色をつける

現状ですと真っ白で味気ないですよね。

図2.68 ▶ 現状のゲーム

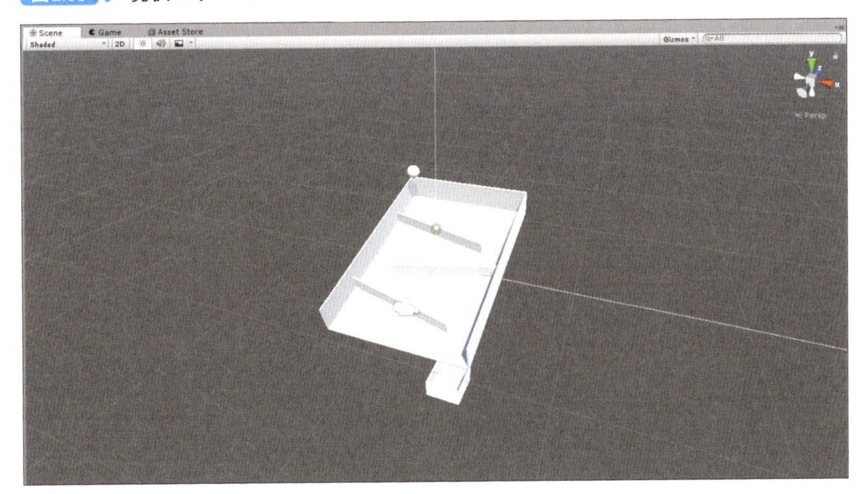

2

玉の色

まずは玉から色をつけていきましょう。

1 Materialを追加

Projectウィンドウの[Create]→[Material]を選択します。

図2.69 ▶ Materialの追加

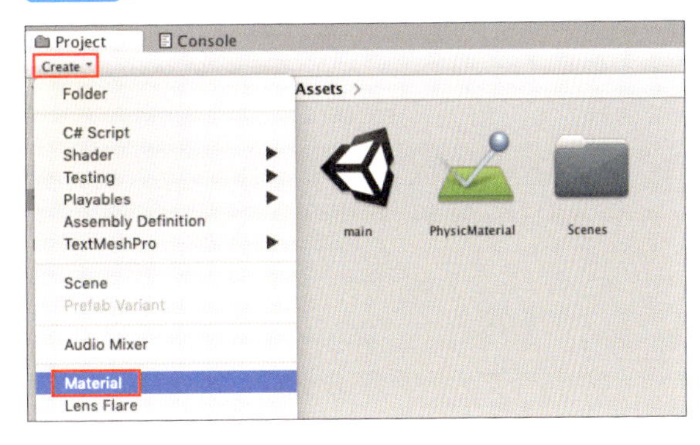

2 名前の変更

Assetsフォルダに「New Material」が追加されたと思います。名前は「BallMaterial」としておきます。

図2.70 ▶ BallMaterial

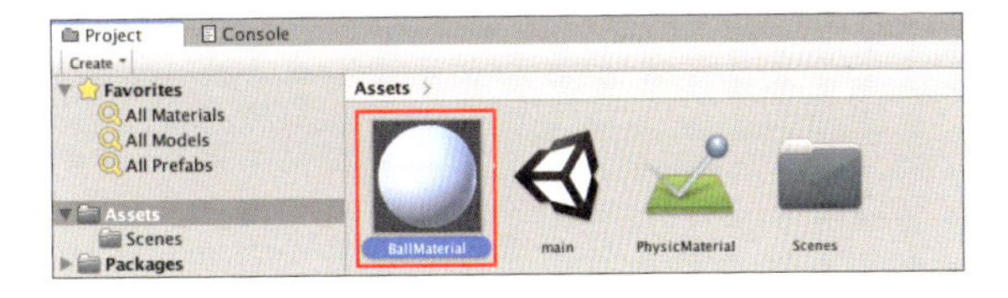

3 パラメーターの調整

MaterialのInspectorウィンドウでMainColorの色を変えてみます。Albedoの項目の右側の白い部分をクリックすると(❶)、Colorウィンドウが表示されるので、ここで色を選択してください。下部のHexadecimalにカラーコードを記入して色を指定することもできます。ここでは「CACACA」を指定します(❷)。

図2.71 ▶ 色の選択

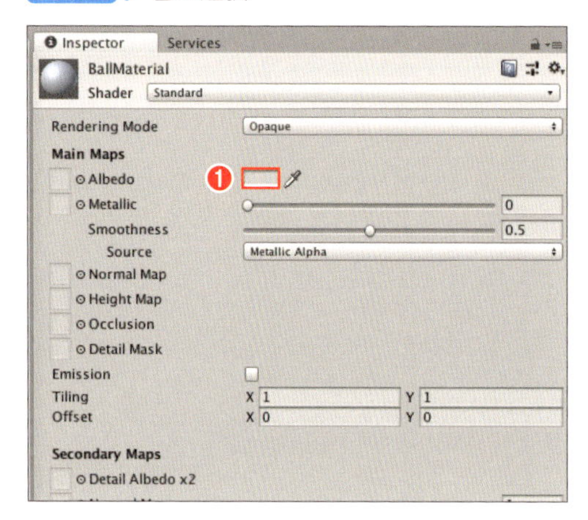

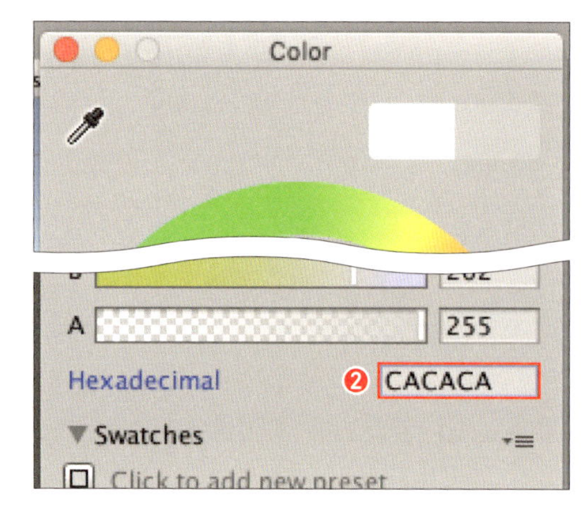

4 Ballに設定

AssetsフォルダのBallMaterialをHierarchyウィンドウのBallにドラッグ&ドロップすると、BallにBallMaterialが適用されます。

図2.72 ▶ BallMaterialの適用

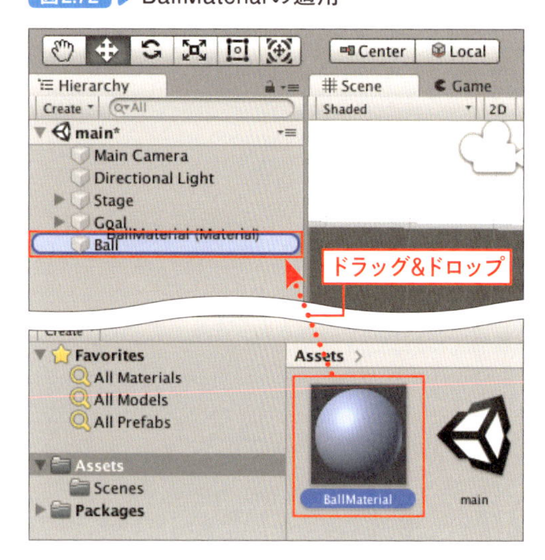

5 質感の調整

次に、MetallicとSmoothnessの値をそれぞれ「0.6」にしてみてください。金属的な質感になり、より玉らしくなったのではないでしょうか。

図2.73 ▶ MetallicとSmoothness

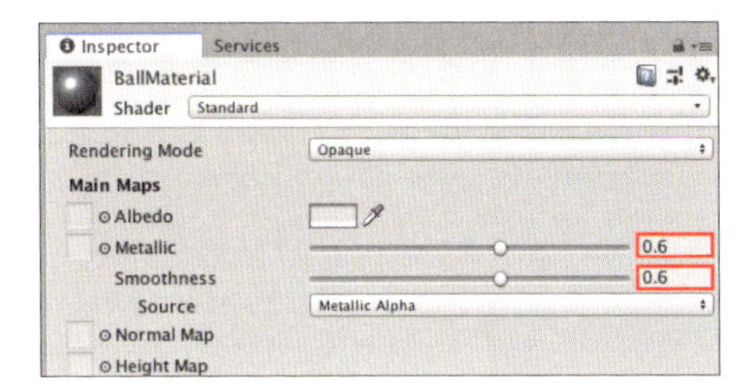

Stageの色

同じようにStageにも色をつけてしまいましょう。

1 WoodMaterialの準備

木材のように見えるマテリアルをつくります。まず、Projectウィンドウから[Create]→[Material]とクリックし、名前は「WoodMaterial」とします。Inspectorウィンドウのパラメーターは Metallic、Smoothness共に「0」にし(❶)、Hexadecimalは「98752A」にします(❷)。

図2.74 ▶ WoodMaterialの設定

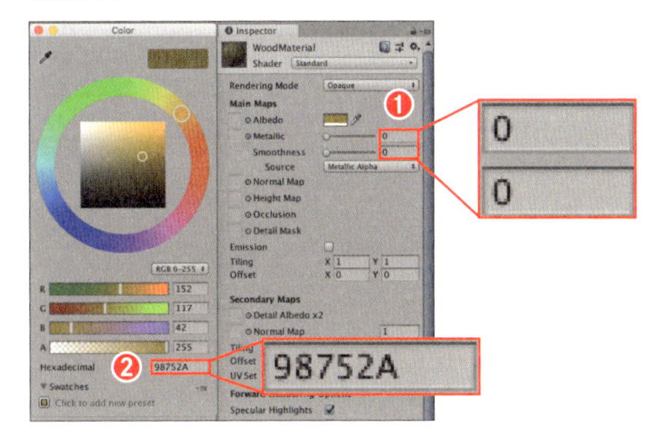

2 WoodMaterialの適用

先ほどと同じように、AssetsのWoodMaterialをHierarchyウィンドウのStageのFloor、Wall1、Wall2、Wall3にそれぞれドラッグ&ドロップしてください。

図2.75 ▶ WoodMaterialを適用する

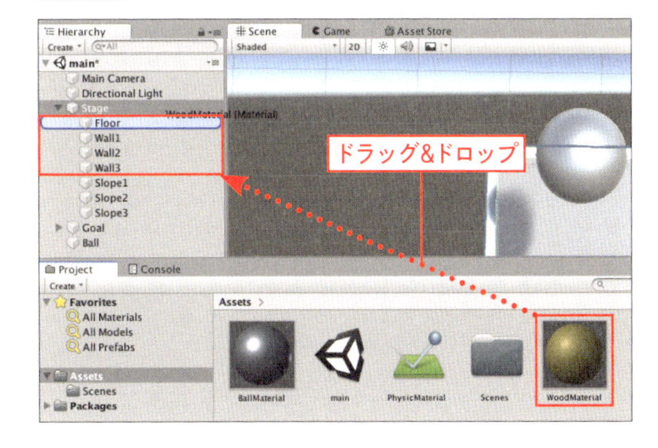

残りの部分の色

残りのSlope1、Slope2、Slope3とGoalは、Ballと同じように金属的にしてしまいましょう。Assetsフォルダの BallMaterialを、Hierarchyウィンドウの Stageの Slope1、Slope2、Slope3、そしてGoalのFloor、Wall1、Wall2、Wall3、Wall4にドラッグ&ドロップしてください。

図2.76 ▶ BallMaterialの適用

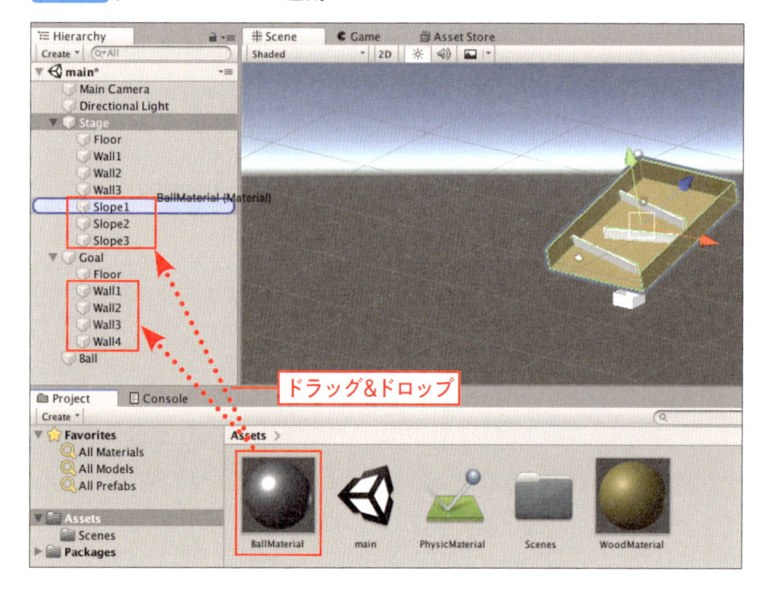

このように同じマテリアルを異なるオブジェクトに適用できるので、とても便利です。また、Assetsフォルダのマテリアルの設定を変更すると、そのマテリアルが適用されている全てのオブジェクトの色を一括で変更できます。

図2.77 ▶ 色が設定されている

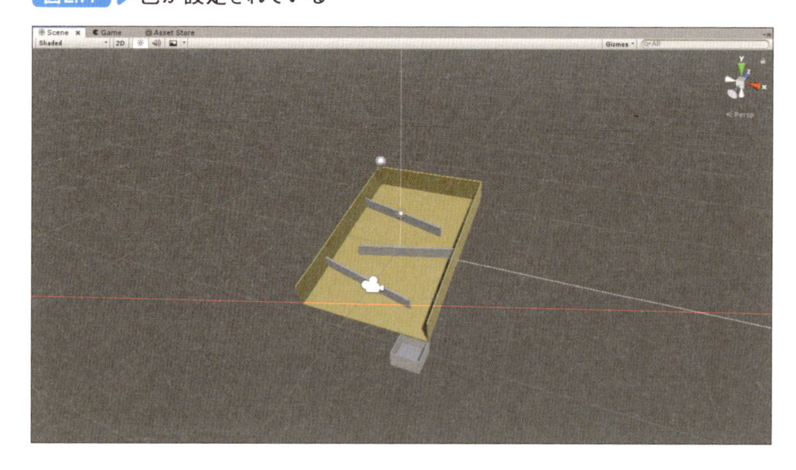

Main Camera を調整しよう

Game ビューには実際にゲームで映し出される画面が表示されます。うまく Game ビューで表示されない場合は、メインカメラで映す範囲を調整しましょう。

2-6-1 Main Cameraの調整

Main Camera を調整してみましょう。

1 Main Cameraの選択

まず、Hierarchy ウィンドウで[Main Camera] を選択してください。

図2.78 ▶ MainCameraの選択

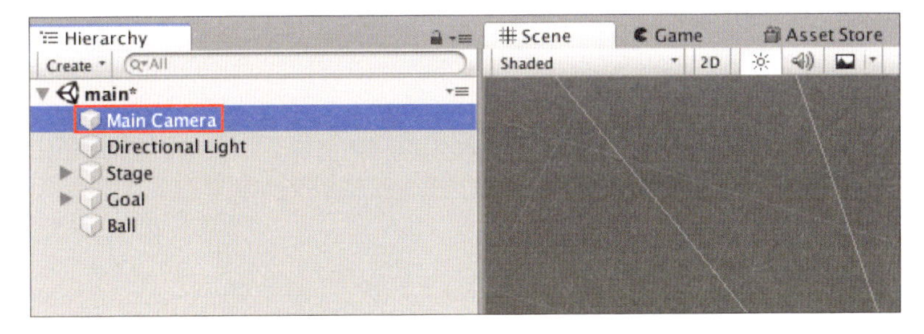

2 Transformの変更

Position のX、Y、Zの値を「5」、「8」、「-15」、Rotation のX、Y、Zの値を「35」、「-20」、「0」、Scale のX、Y、Zの値を「1」、「1」、「1」に変更します。

図2.79 ▶ MainCameraの Inspectorウィンドウ

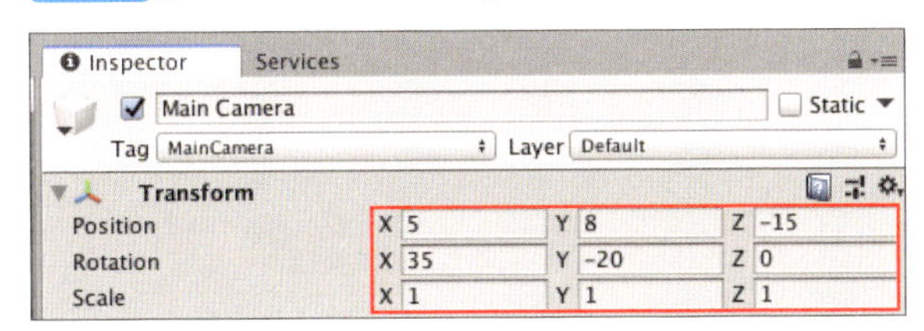

全体が映るようになりました。微調整をしたい方は好みの値にパラメータを設定してみてください。

図2.80 ▶ Gameビュー

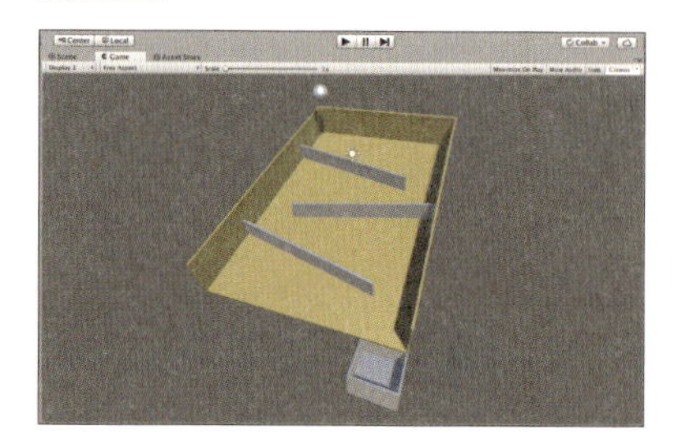

コラム Unityの画面分割

複数プレイで行う画面が分かれているゲームで遊んだことがある方も多いと思います。Unityではそういったゲームをつくるときはどうすればいいのでしょうか。

ここではレースゲームの様に上下に分割されたカメラの構成にしていきましょう。

Hierarchyウィンドウにて[Main Camera]を選択します。InspectorウィンドウのViewport Rectを調整します。X:左 0　右 1、Y:下 0　上 1となります。

Main Cameraには1P用のカメラを設定してみましょう。Viwport Rectを図2.Cのように変更します。

図2.C ▶ Viewport Rect

Viewport Rect　X 0　Y 0.5　W 1　H 0.5

そしてGameビューに切り替えると、図2.Dのように画面が変わっていると思います。

図2.D ▶ Gameビューが分割された

次に2P用のカメラをつくります。Hierarchyウィンドウにて[Create]→[Camera]を選択し、InspectorウィンドウにてViewport Rectを図2.Eのように設定します。

図2.E ▶ Viewport Rect

Viewport Rect　X 0　Y 0　W 1　H 0.5

すると、Gameビューが図2.Fのようになります。

図2.F ▶ 2Pの画面が表示された

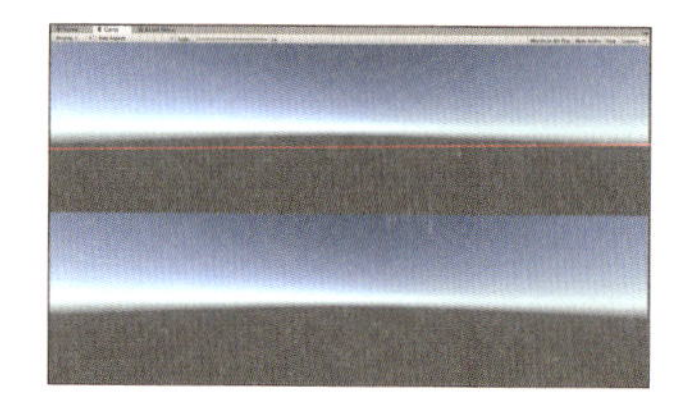

ゲームを作る際はTransoformなどを調整し、ゲームにあった設定をしましょう。

2-7 文字を追加しよう

ゲームの画面上に文字を表示したい場合は、UI の Text オブジェクトを使います。

2-7-1 Textを追加

ゲーム上に映し出す文字を追加します。

1 Textの追加

Hierarchyウィンドウの[Create]→[UI]→[Text]をクリックします。

図2.81 ▶ Textの追加

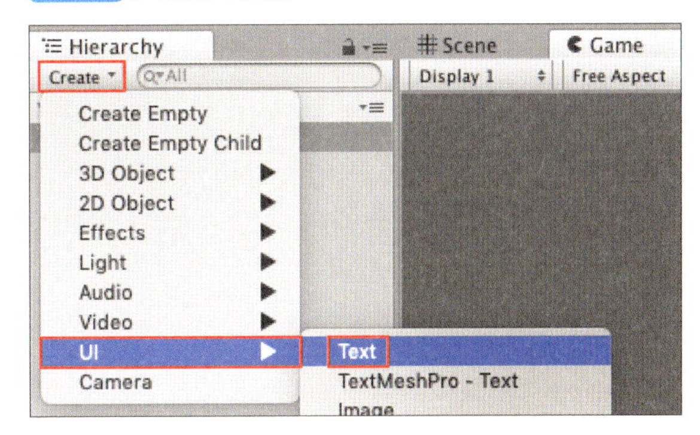

2 CanvasとEventSystemが追加

HierarchyウィンドウにCanvasとEventSystemが追加されました。また、CanvasにはTextが子オブジェクトとして作成されています。

図2.82 ▶ Hierarchyウィンドウ

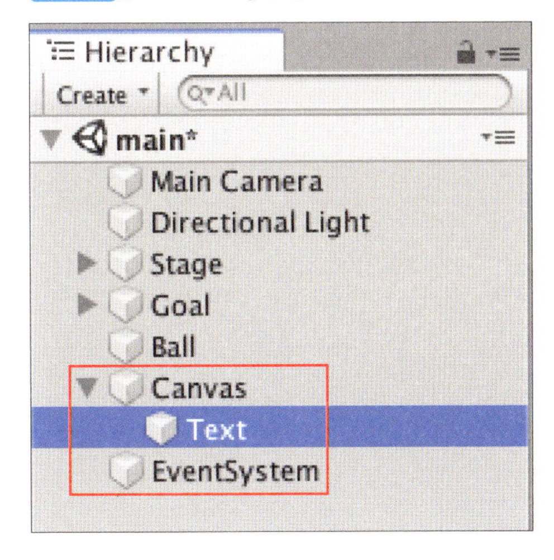

2-7-2 Textを編集

では、ゲームのタイトルを載せてみましょう。HierarchyウィンドウのCanvasに含まれている[Text]を選択し、InspectorウィンドウのText (Script)を編集します。

図2.83 ▶ Text (Script)

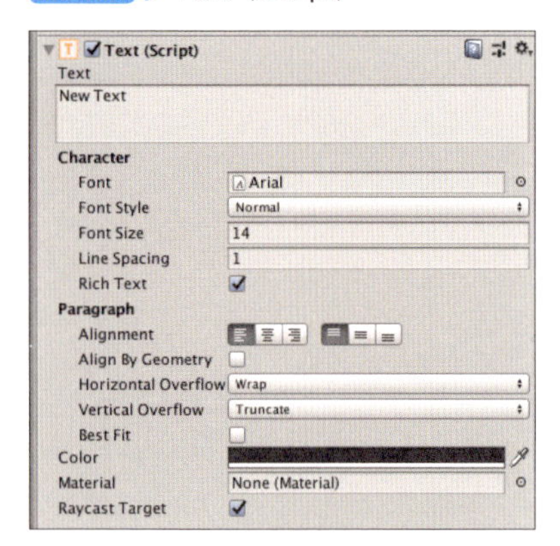

1 Textの変更

Textを「New Text」を「玉転がしゲーム」と変えてみましょう。

図2.84 ▶ Textを変更する

2 Textの確認

ゲームをプレイしてみると、Gameビュー内にTextが確認できると思います。

図2.85 ▶ Gameビュー

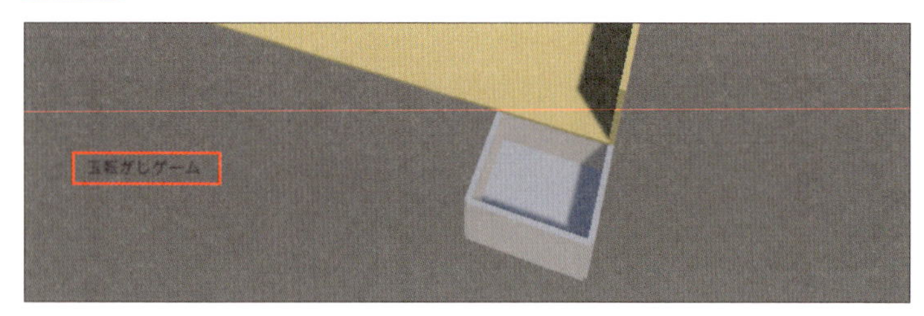

2-7-3 Textの色を変更

　このままでは見づらいので、色を変えましょう。TextのInspectorウィンドウのText(Script)にあるColorを変更します。

1 Colorウィンドウを表示

Colorの横の黒い色の部分をクリックすると、Colorウィンドウが表示されます。

図2.86 ▶ Color画面

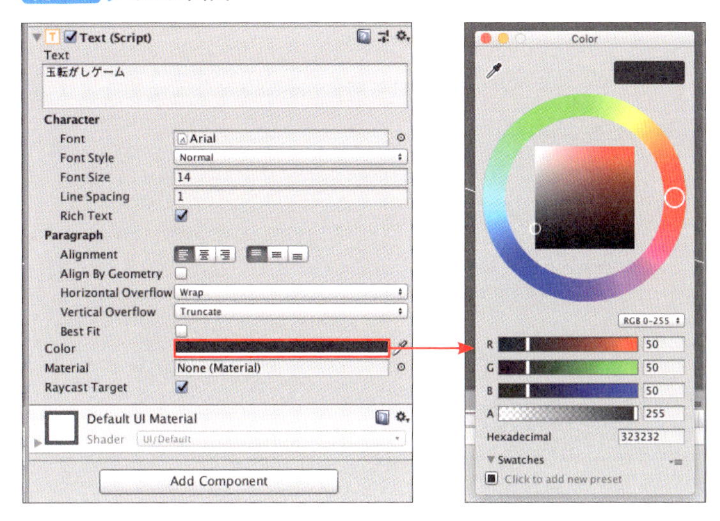

2 色の指定

今回は黄色にしてみましょう。Hexadecimalに「FFFF00」と入力するか、R,G,B,Aに「255」、「255」、「0」、「255」と入力していただければ、黄色に色は変わります。

図2.87 ▶ 色を指定する

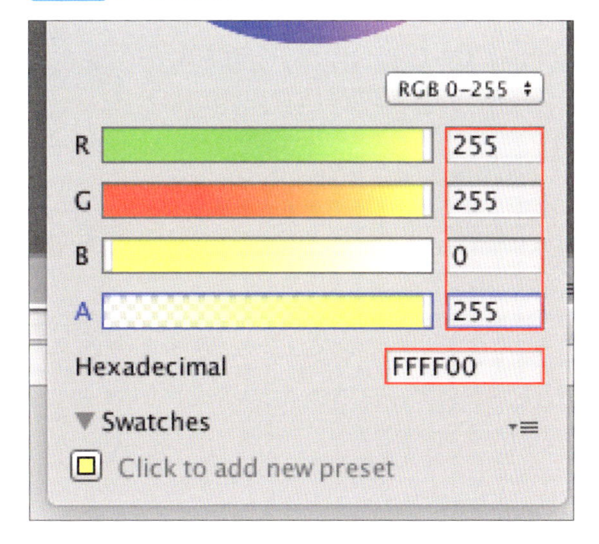

3 Textの確認

ゲームをプレイすると、Textの色が黄色になっているのがわかります。

図2.88 ▶ GameビューのText

2-7-4 Textの大きさを編集

このままでは文字がまだ小さいので、Textを大きくします。

1 Font Sizeの変更

Hierarchyウィンドウで[Text]を選択し、InspectorのCharacterにあるFont Sizeを「14」から「30」に変更します。

図2.89 ▶ Font Size

Character	
Font	Arial
Font Style	Normal
Font Size	30
Line Spacing	1
Rich Text	✔

2 Textの確認

文字が大きくなるどころか、文字が見えなくなってしまいました。実はこれはTextを配置するRectTransformのWidthとHeight（文字の周りに見える白い枠）より文字の方が大きくなってしまっているからです。

図2.90 ▶ 文字が見えなくなった

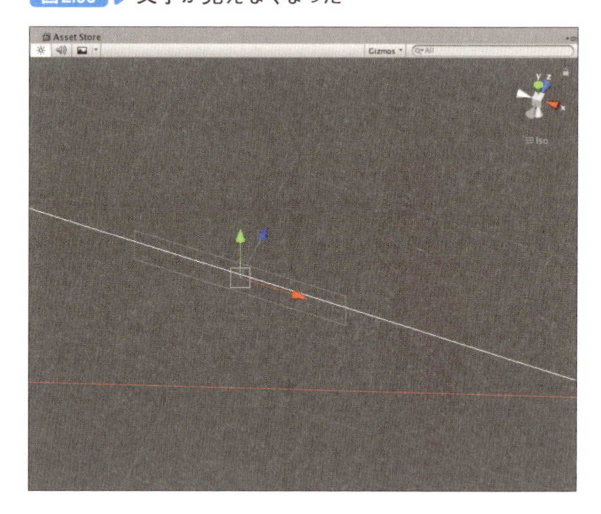

3 WidthとHeightを変更

Inspectorウィンドウから、RectTransformのWidthを「160」から「240」、Heightを「30」から「40」にしてみましょう。なお、RectTransformにつきましては詳しくは後述します（次ページのコラムを参照）。

図2.91 ▶ RectTransform

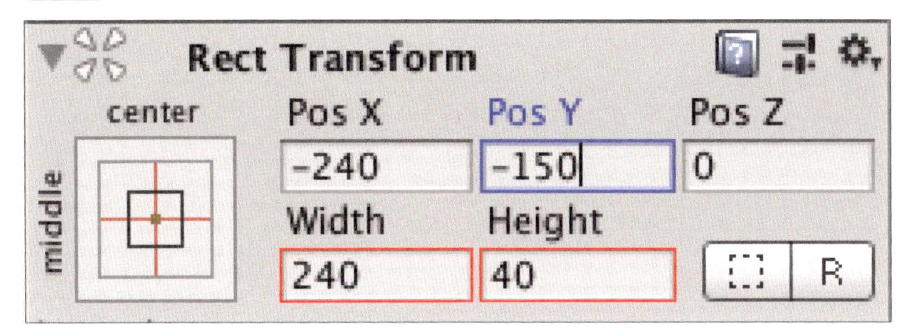

4 Textの確認

では、いつものようにゲームをプレイしてみましょう。文字の大きさのバランスがかなりよくなりました。

図2.92 ▶ 文字が大きくなった

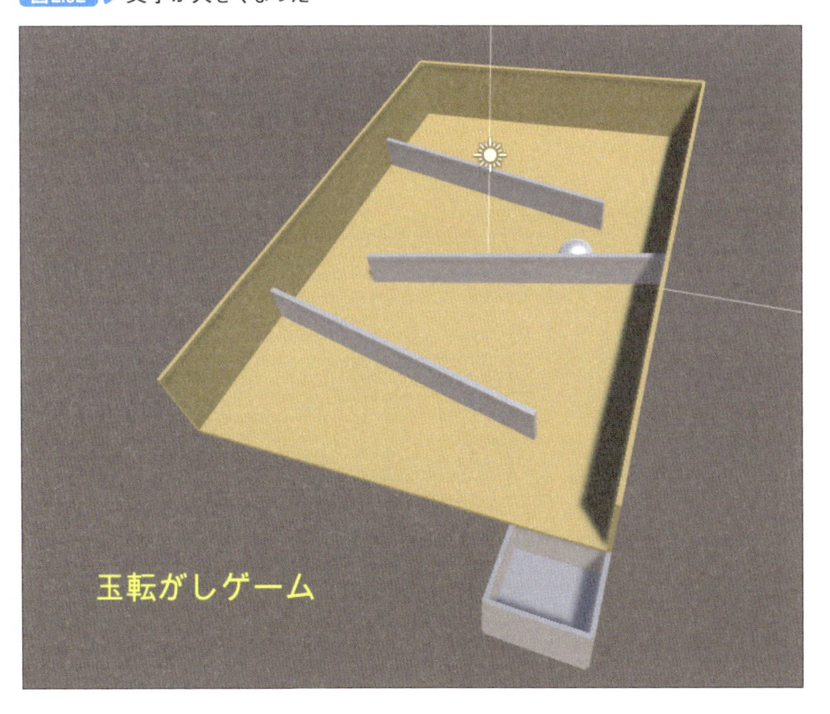

メモ Rect Transformについて

今回はTextのInspectorウィンドウにある、UIの位置や大きさを決めるRectTransformについてです。

図2.G ▶ RectTransform

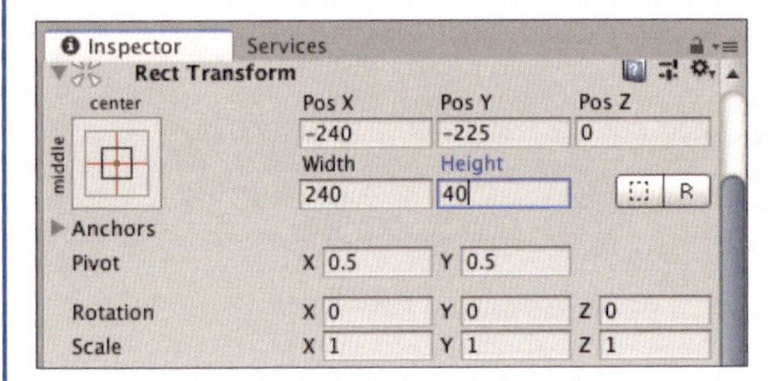

RectTransformは2-7でテキストを作成したように、2Dのレイアウトで使用するものとなります。Rectとはrectangleの略称で日本語で長方形や矩形（くけい）を意味します。つまり、RectTransformはUI要素が配置できる四角ともいえます。

では、プロパティーについて説明します。

表2.B ▶ Rect Transform

プロパティ			説明
PosX,PosY,PosZ			アンカーと相対的なピボットポイントの矩形の位置
Width,Height			矩形の幅と高さ
Anchors	Min	X	アンカーポイントの左側。親の四角のサイズを分母とし、0～1の間で調整
		Y	アンカーポイントの下側。親の四角のサイズを分母とし、0～1の間で調整
	Max	X	アンカーポイントの右側。親の四角のサイズを分母とし、0～1の間で調整
		Y	アンカーポイントの上側。親の四角のサイズを分母とし、0～1の間で調整
Pivot			枢軸や中心を示す。回転する際の中心となるピボットポイントの位置。自身のサイズを分母とし、X、Yそれぞれ0～1の間で調整
Rotation			Pivotで定めたピボットポイントのX,Y,Z軸に沿った回転角
Scale			オブジェクトのスケール。例えばテキストを配置した場合、WidthやHeightと異なり、矩形だけでなくテキスト自体も大きくなる

2-8 ライトを調整しよう

ライトの設定により、光のあたり加減や色を調整します。

2-8-1 光のあたり加減の調整

Hierarchyウィンドウから[Create]→[Light]を見てみると、Lightにも様々な種類があるのがわかります。その中で、今回はDirectional Light（ディレクショナルライト）を使用します。Directional Lightはシーン全体を遥か遠くから照らす太陽光のようなイメージです。Directional Lightは新しいシーンを追加するとデフォルトで含まれています。

図2.93 ▶ Lightの種類

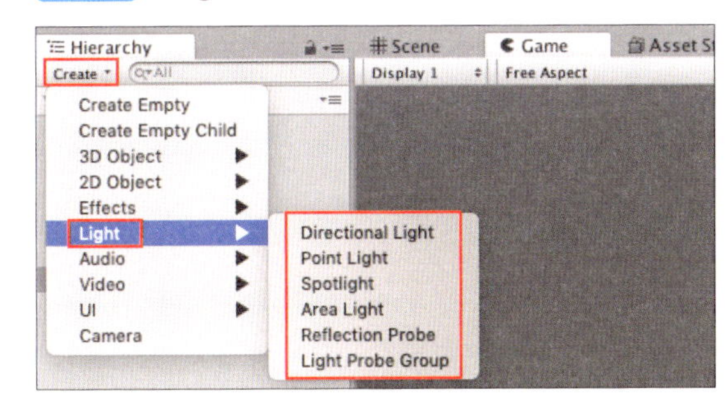

ではDirectional Lightの調整方法についてです。

1 Directional Lightの選択

まず、Hierarchyウィンドウから[Directional Light]を選択してください。

図2.94 ▶ Directional Lightを選択

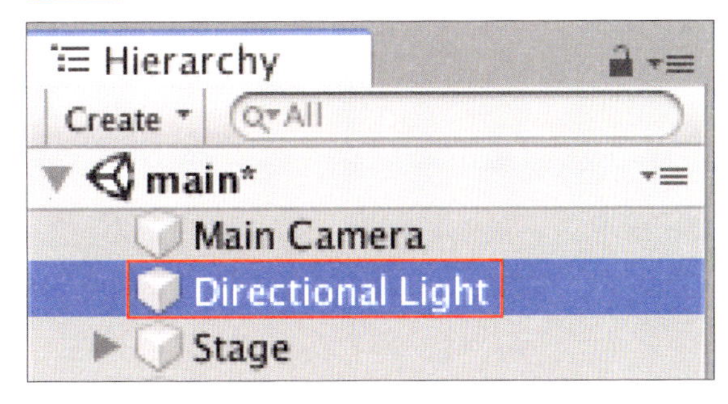

2 Rotationの変更

Inspectorウィンドウを見てみましょう。Directional Lightにおいて重要なのはRotationです。X、Y、Zの値を調整して光のあたり加減を調整してみましょう。

3 光の色の変更

また、Lightの[Color]を選択し、光の色を変更する事ができます。太陽でいうなら昼や夕焼けを演出することができます。

図2.95 ▶ Directional LightのInspectorウィンドウ

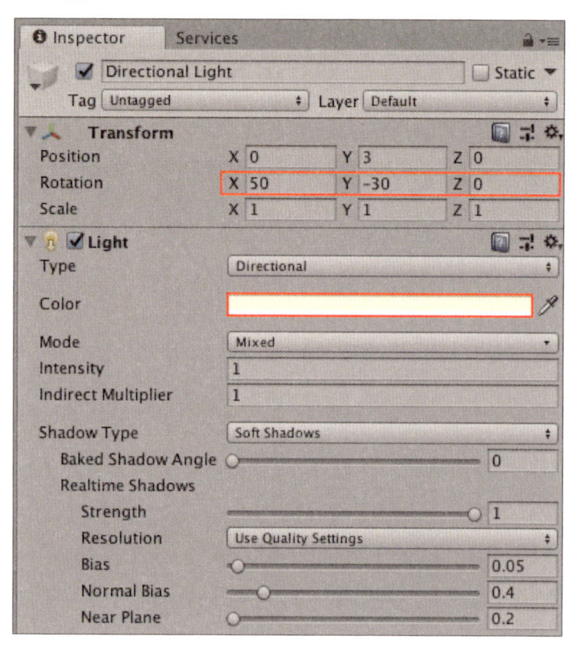

2-8-2 完成!!

玉転がしゲームが完成しました。Playボタンをクリックすると、上の方から玉が坂道を転がっていきます。

図2.96 ▶ 玉転がしゲームが完成

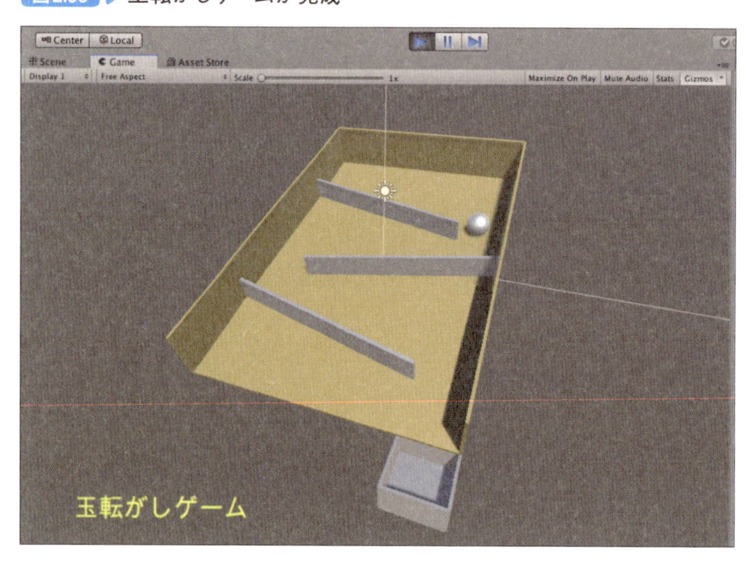

Chapter
3

スクリプトの基本をマスターしよう

パソコンに、人間がわかる言葉で指示を出すことをプログラミングといいます。プログラムを記した指示書である「スクリプト」をパソコンが読み込むことで、そのプログラムが実行されます。

では、どのように書けばパソコンは指示を理解できるのでしょうか。Chapter3では、プログラミングの基本的なルールや方法を学んでいきましょう。

3-1 スクリプトの基礎知識

Chapter4 以降では、ゲームをつくるためにスクリプトを書かなければならない場面が出てきます。ここでは、Unity でスクリプトを書くために利用する C# というプログラミング言語について、簡単に解説します。

3-1-1 スクリプトとは

スクリプトとはプログラムの事をいいます。プログラムは人間がわかる言語を使い、パソコンに、解釈できるように指示をします。そのことを「プログラミング」といいます。

図3.1 ▶ スクリプトの指示

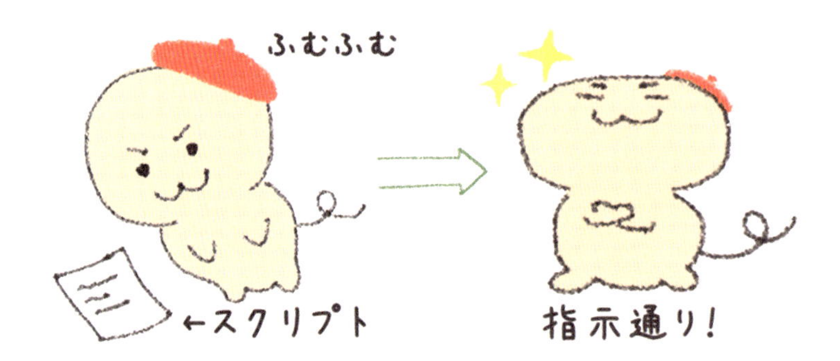

3-1-2 C#とは

Unityではプログラミング言語のC#を使います。C#はマイクロソフト社が開発したプログラミング言語で、C++やJavaに近いプログラミング言語です。リリースは2002年で、有名なCやJava、PHPより最近の言語となります。C #はJavaと同じく、デスクトップアプリ、ウェブアプリ、スマホアプリの開発に利用することができます。インタープリタ型とも言われるスクリプト言語であるPHPやJavaScript、Python、Ruby等に対して、C#はコンパイル言語といいます。

図3.2 ▶ プログラミング言語の種類

スクリプト言語は、書いたものをすぐに実行できるが、実行速度が遅いという点と、小規模開発向けという特徴があります。

コンパイル言語は、コンパイル（コンピューターが理解できるようにプログラミング言語を機械語に翻訳すること）してから実行するのですぐには実行できないものの、実行速度は高速という点と、大規模開発向けという点が特徴としてあります。C#の他にはJavaやC、C++が有名です(注1)。

C#は、Windows 7以降のOSに組み込まれている「.NET Framework」という実行環境上で動作します。では、Windowsに組み込まれている「.NET Framework」がプログラムの実行に必要なら、Macでは動かないのでしょうか。そんなことはありません。Xamarin社が開発した「MONO」という環境でMacやLinux上でも動作が可能となっております。なお、本書ではMacの場合は「MonoDevelop」という開発環境で開発していきます。

注1　厳密にはC#やJavaは一度中間言語に変換し、その中間言語をインタープリタで変換しながら実行していきます。

3-2 C# の基本をマスターしよう

ここでは、Unity で C# をどのように利用するのかを学習します。変数や演算などの基本的な文法を解説しながら、Unity でスクリプトを書くための基本について学習します。

3-2-1 変数とは

変数とは、変わることがあるデータをいれておける不定の箱のようなものです。

例えば、ゲームで体力を表すHP(ヒットポイント)があります。これから勇者が魔王と戦おうとしています。戦闘前のHPは100ありました。しかし、戦闘中に魔王の強烈な一撃があたり、勇者のHPは40まで減ってしまいました。これではいけないと勇者は回復アイテムの薬草を使いました。すると、HPは30増え、70になりました。

上記のHPはまさに変数です。ではこの戦闘をプログラミングで書くとどうなるのでしょうか。

戦闘前のHP

まずは、戦闘前のHPをプログラムで表してみましょう。

```
1  int hp;      // 変数の宣言
2  hp = 100;   // 変数の代入
```

プログラムでは、変数を利用する際に1行目に示すように変数の宣言が必要です。intというのは、変数がどんな値を扱うかを示す「データ型」というものです。intは符号付整数を示すので、hpは整数を扱う変数であることを意味します。

// 以降の文字列は「コメント」です。プログラムの内容を説明するために使用します。プログラムを実行する際には無視されるので、自由に書くことができます。

なお、C#の場合、一般的なルールとして変数は小文字で表しますので、覚えておくと良いでしょう(これを「命名規則」といいます)。

次にHPの初期値が100なので2行目でコンピューターに「初期値が100ですよ。変数hpに100という値を格納しますよ」と教えています。これを「変数の代入」と呼びます。

上記2行のプログラムは以下のように1行に書き換え、変数の宣言と同時に値を格納することもできます(これを「初期化」といいます)。

```
1  int hp = 100; //初期化
```

戦闘中、魔王に攻撃を受けた時のHP

魔王の攻撃を受けたので、勇者は60のダメージを受けてしまいました。勇者のHPから60減算します。つまり、以下のような計算式になります。

HP = HP - 60 //減算

これをC#のプログラムで表すと以下のようになります。

```
1  hp -= 60;  //デクリメントと言います
```

演算子の -= はhpにもともと入っている値の100から右辺の60を減算します。この方法は加算にも使えます。

回復アイテムの薬草を使った時のHP

現在のHPは40となってしまった勇者は回復アイテムの薬草を使い、体力を30回復しました。つまり以下のような計算式になります。

HP = HP + 30 //加算

これをC#のプログラムで表すと以下のようになります。

```
1  hp += 30;  //インクリメントと言います
```

+=は「インクリメント」といい、左辺に右辺を加算した値を、左辺に格納します。最終的にhpというint(符号付整数)型の変数には70が格納されています。

3-2-2 基本的な演算子

上記で利用した+や-の記号を「演算子」といいます。ここでは、よく使う基本的な演算子を見てみましょう。

算術演算子

+、-、*、/を「算術演算子」といいます。+、-、*、/を利用して、演算子の左右にある数値の計算を行うことができます(表3.1)。

表3.1 ▶ 算術演算子

演算方法	演算子	記述例	結果
加算（足し算）	+	3 + 4	7
減算（引き算）	-	10 - 3	7
乗算（掛け算）	*	2 * 5	10
除算（割り算）	/	6 / 2	3
剰余（割り算の余り）	%	7 % 3	1

比較演算子

演算子の左右の値を比較するための演算子のことを、「比較演算子」といいます。変数の値によって処理を書き換える時などに利用します。例えば、先ほどの勇者の体力を示す変数hpが10以下になったときに緑色のHPメーターを赤色にしたい場合などにも使えます。結果はbool型のtrue(真)かfalse(偽)を返します。

表3.2 ▶ 比較演算子

比較方法	演算子	記述例	結果
より多い	>	2 > 1	true
より少ない	<	5 < 5	false
以上	>=	7 >= 8	false
以下	<=	9 <= 9	true

等値演算子

演算子の左右の値を比較し、等しいかまたは等しくないかを判別するための演算子を、「等値演算子」といいます。結果はbool型のtrueまたはfalseを返します。文字列であるstring型の値も比較できます。

表3.3 ▶ 等値演算子

比較方法	演算子	記述例	結果
等しい	==	10 == 10	true
等しくない	!=	"a" != "b"	true

3-2-3 データ型について理解する

C#には様々な型があります。先程int型は符号付整数と説明しました。符号付の場合、正負の区別を行います。つまり符号付の場合はマイナスの値を扱うことができます。bool(ブール)型、float (フロート) 型、int (イント) 型、string (ストリング) 型はよく使いますので覚えておきましょう。

表3.4 ▶ データ型の種類

データ型	意味	ビット	範囲
bool	真偽値	8	true または false
byte	符号なし整数	8	0 ～ 255
sbyte	符号付き整数	8	-128 ～ 127
char	Unicode 文字	16	Unicode 16 ビット文字（U+0000 ～ U+FFFF）
decimal	10 進数型	128	$\pm 1.0 \times 10^{-28}$ ～ $\pm 7.9^{228} \times 10^{28}$
double	倍精度浮動小数点	64	$\pm 5.0 \times 10^{-324}$ ～ $\pm 1.7 \times 10^{308}$
float	単精度浮動小数点	32	$\pm 1.5 \times 10^{-45}$ ～ $\pm 3.4 \times 10^{38}$
int	符号付き整数	32	-2,147,483,648 ～ 2,147,483,647
uint	符号なし整数	32	0 ～ 4,294,967,295
long	符号付き整数	64	-9,223,372,036,854,775,808 ～ 9,223,372,036,854,775,807
ulong	符号なし整数	64	0 ～ 18,446,744,073,709,551,615
object	すべての型の基本型		
short	符号付き整数	16	-32,768 ～ 32,767
ushort	符号なし整数	16	0 ～ 65,535
string	文字列		

3-2-4 文字を表示してみる

実際にUnityで文字を表示してみましょう。Unityで新しいプロジェクトをP.26～27を参考にして作成してください。

1 文字を追加する

上部メニューから[GameObject] → [UI] → [Text] と選択してください。

図3.3 ▶ Textの追加

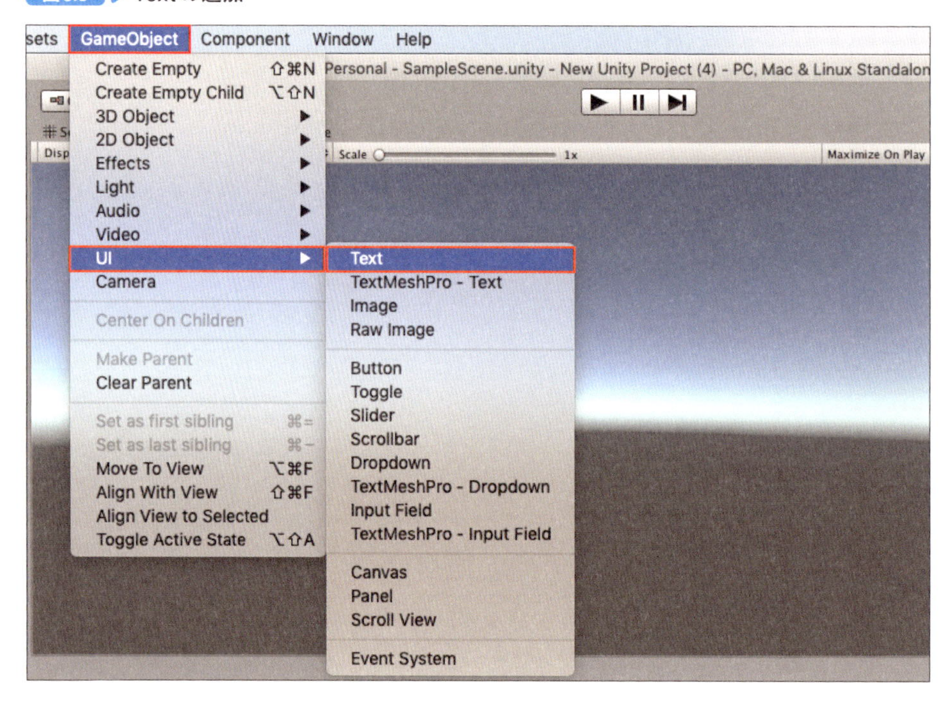

すると、Hierarchyウィンドウに Canvasが追加されたと思います。

図3.4 ▶ Canvasが追加された

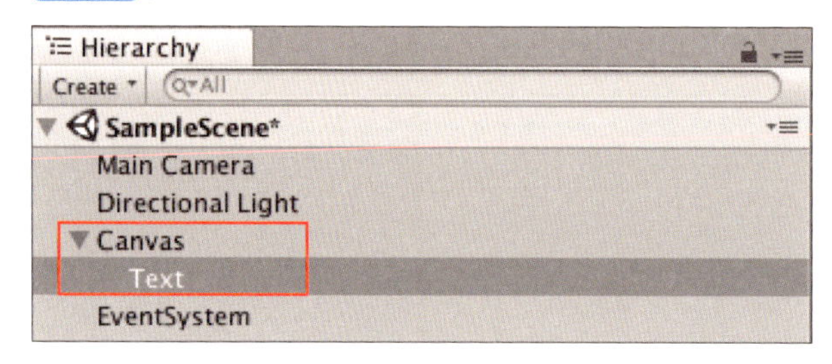

Hierarchyウィンドウで[Text]をダブルクリックすると、Sceneビューに文字が現れます。Inspectorウィンドウの Text(Script)というComponentから文字の大きさや色を変えることができます。

図3.5 ▶ 文字が現れた

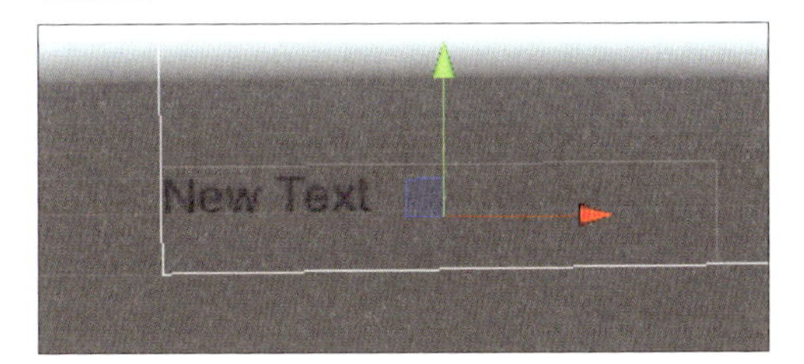

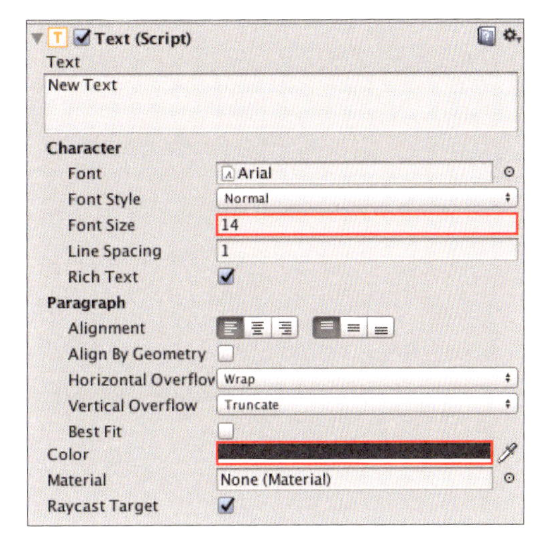

2 スクリプトを作成する

今回はスクリプトから文字を変えていきます。Inspectorウィンドウの一番下の[Add Component]をクリックし、表示されるリストから[New script]を選択してください。名前は「testText」などとし、[Create and Add]をクリックしましょう。Inspectorウィンドウに追加されます。

図3.6 ▶ Scriptの作成

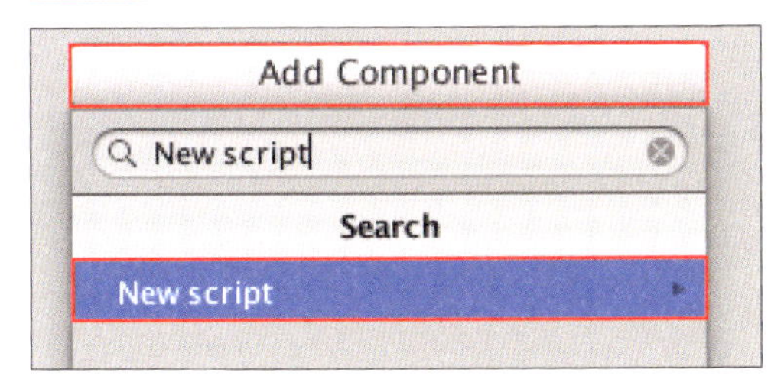

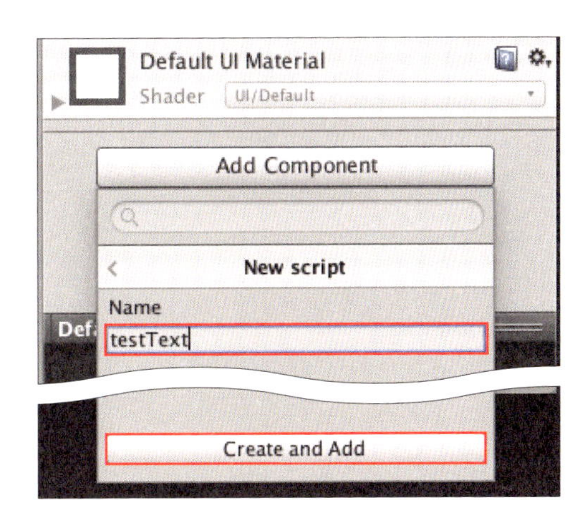

3 エディターを起動する

Assetsに加わった[testText]をダブルクリックしてエディターを開きましょう。

図3.7 ▶ エディターの起動

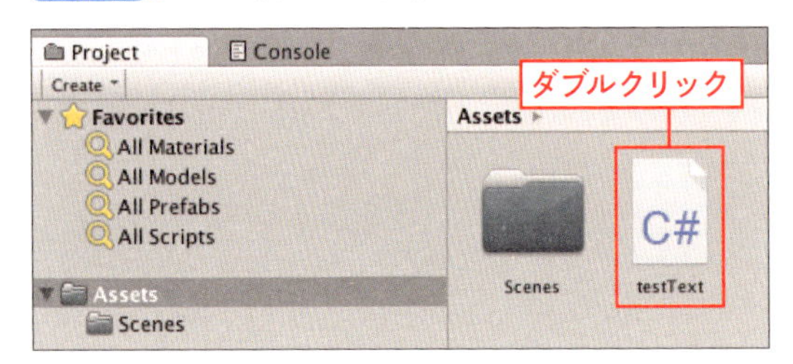

すると、「Visual Studio Community」が起動し、図3.8のようなコードエディター画面が立ち上がります。Visual Studio Communityの更新画面が表示されたら、更新プログラムのインストールは後からでも可能なので、ここでは[閉じる]をクリックして、画面を閉じておきましょう。

図3.8 ▶ Visual Studioコードエディター

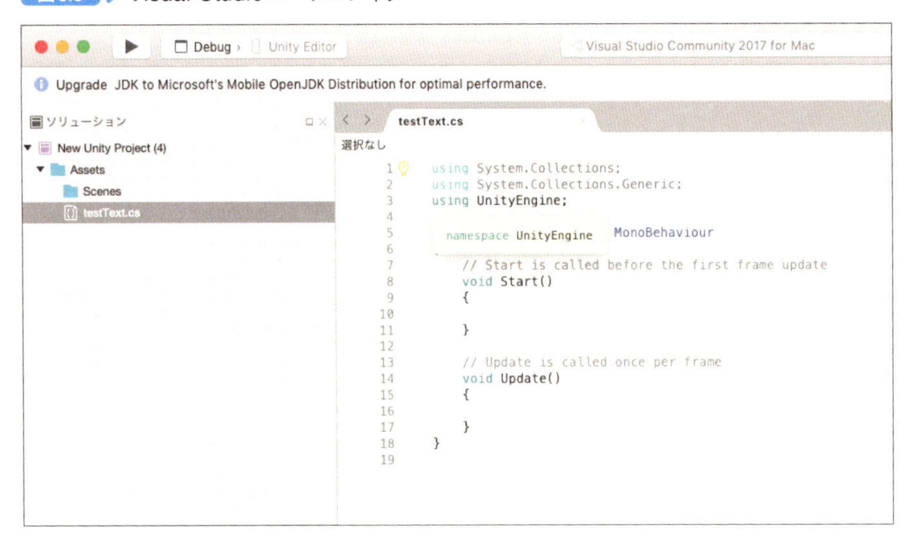

4 スクリプトを編集する

ゲームスタート時にGAME STARTと表示するようにプログラムしましょう。手順3で起動したエディターの4行目と、11行目にプログラムを追加し、ゲーム開始時にテキストが変わるようにしましょう。

```
1  using System.Collections;
2  using System.Collections.Generic;
3  using UnityEngine;
4  using UnityEngine.UI;
5
6  public class testText : MonoBehaviour
7  {
8      // Start is called before the first frame update
9      void Start()
10     {
11         this.GetComponent<Text>().text = "GAME START";
12     }
13
14     // Update is called once per frame
15     void Update()
16     {
17
18     }
19 }
```


5 スクリプトを実行する

プログラムが追加できたら、Visual Studio Communityのメニューから[ファイル]→[保存]の順にクリックして、ファイルを保存します。
Unityの画面に戻って、Playボタンをクリックしてみましょう。先ほどまでNewTextとあった箇所が「GAME START」に変わっているのがわかります。

図3.9 ▶「GAME START」と表示

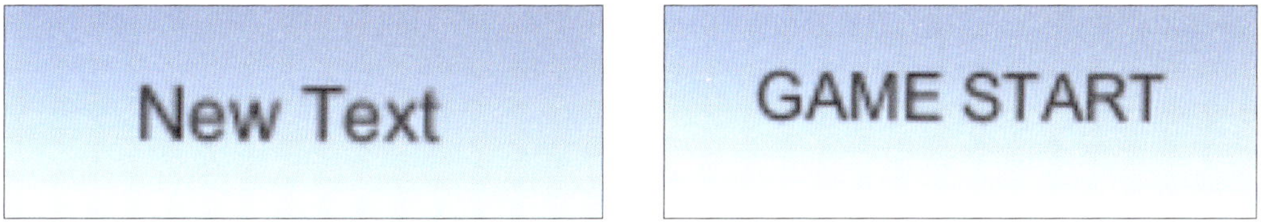

New Text

GAME START

3-2-5 便利なプログラムを利用する

3-2-4で文字を変更するプログラムを書いた時、最初から色々書いてありましたね。先ほどはvoid Start(){}の中にテキストを変更するプログラムを書きました。

このvoid Start()やvoid Update()は「メソッド」といい、実行させたいプログラムの処理を書きます(「メンバ関数」ともいいます)。なお、voidは返す型は指定しないという意味です。Start()

にはクラスが生成された直後に呼び出される処理を、Update()には更新される処理を書きます。

なお、通常、弾を撃ったりなどゲーム内の動作処理は、毎秒30回〜60回（これを「フレームレート」といいます）といった頻度で動作の更新や描画が繰り返されています。この1回あたりの動作や描画の更新を「フレーム」と呼びます。Unityではこのフレーム毎にどのような処理を行うかをUpdateメソッドに記述していきます。

文字をつくるメソッドをつくってみましょう。なお、11行目は以下のように変更しておきましょう（❶）。

```
1  using System.Collections;
2  using System.Collections.Generic;
3  using UnityEngine;
4  using UnityEngine.UI;
5
6  public class testText : MonoBehaviour
7  {
8      // Start is called before the first frame update
9      void Start()
10     {                                              ❶
11         this.GetComponent<Text>().text = GetText("Hello,","World");
12     }
13
14     // Update is called once per frame
15     void Update()
16     {
17
18     }
19
20     string GetText(string a, string b)
21     {
22         string answer = a + b;                 ❷
23         return answer;
24     }
25 }
```

まず、Updateの下（20〜24行目）にGetTextという文字を組み合わせるメソッドを作成します。返り値は文字にしたいのでstringを指定し、GetText(string a, string b)というメソッドを作ります。

メソッドGetTextで文字列連結を行い、aとbがくっつき、answerとして"Hello,World"が返ってくれば、表示が変わります（❷）。

プログラムが追加できたら、Visual Studio Communityのメニューから［ファイル］→［保存］の順にクリックして、ファイルを保存します。Unityの画面に戻って、Playボタンをクリックして実行します。

図3.10 ▶ Hello,World

3-2-6 クラスとは

さて、先ほどメソッドを作成しましたが、Start()の上（6行目）に

```
6  public class testText : MonoBehavior
```

とあったと思います。実はこれは「クラス」と呼ばれるものです。

クラスとは一言でいうと設計図です。クラスを元につくりだされた実体のことを「インスタンス」といいます。モンスターを例にみてみましょう。

図3.11 ▶ スライムによる例

スライムA

HP:10
攻撃：体当たり
（ダメージ:2）
逃げる

スライムB

HP:20
攻撃：毒を吐く
（ダメージ:5）
逃げる

スライムC

HP:50
攻撃：火炎魔法
（ダメージ:20）
逃げる

3匹のスライムがいます。この3匹の同じところや違うところはなんでしょうか。

同じところや違うところがはっきりしているのに、それぞれを0からつくるのは大変ですよね。また、スライムの大きさや目のデザインを変更したい時に、それぞれを調整するのもとても大変ですよね。では同じところをみてみましょう。

まず、スライムに関する情報です。目や口などの形、大きさは同じですよね。これら「データ」をクラスの「フィールド」または「メンバ変数」といいます。

次に逃げるという行動があるのも共通点ですね。この「ふるまい」をクラスの「メソッド」または「メンバ関数」といいます。

では、それぞれのもととなるものをつくっておき、共通部分に変更があった際は、それを調整したほうが効率もいいしミスもなく、便利だと思いませんか？それがクラスです。設計図なので実体はありませんが、インスタンス（実体）はクラス（設計図）からつくられますので、バグを修正したい時などはクラスを変更すればいいのです。

図3.12 ▶ スライムクラス

ものすごくざっくり言うと、このような方法や考え方を「オブジェクト指向（しこう）」といいます。オブジェクトというモノをつくり、相互に操作するという手法や考え方です。つまり、システムをオブジェクト同士の相互作用とみなすということです。オブジェクト指向の三大要素には「継承」「カプセル化」「ポリモーフィズム」があります。興味のある方は調べてみるといいでしょう。

Chapter
4

ピンボールゲームをつくろう

Chapter4では、ボールを発射し、そのボールを落とさないようにフリッパーを弾いて遊ぶ「ピンボールゲーム」をつくります。

Chapter3で学んだスクリプトを実際にプログラミングし、ゲームをつくっていきましょう。

ピンボールの台をつくろう

ここではピンボールゲームをつくっていきます。2-1 を参考に [File] → [New Project] をクリックし、Project Name は「Pinball」、シーン名を「main」としておきましょう。

4-1-1 土台をつくる

最初にピンボール台の土台をCubeを使って作成します。

1 Cubeの作成

Hierarchy ウィンドウの[Create]→[3D Object]→[Cube]を選択してください。土台のもととなるCubeができます。

図4.1 ▶ 土台の作成

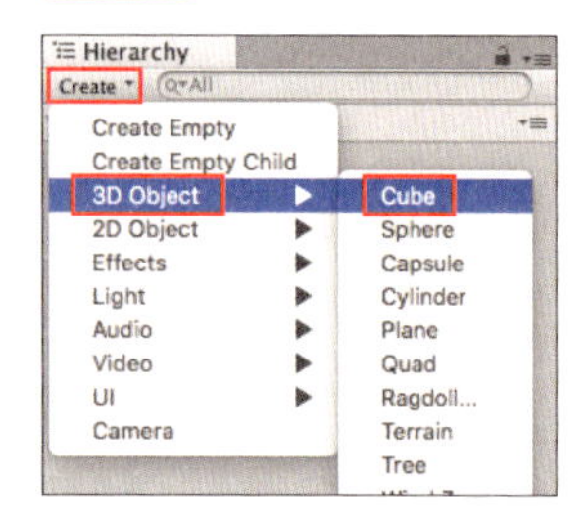

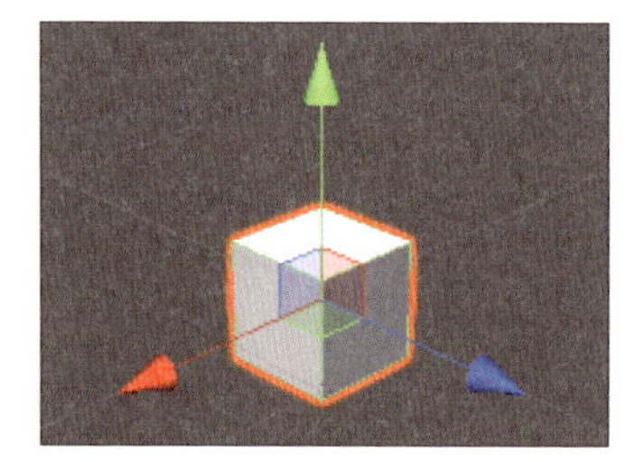

2 名前の変更

Inspector ウィンドウに表示される「Cube」を「Base」に変更し（❶）、Transformの値を変更します（❷）。

図4.2 ▶ 名前とTransformの変更

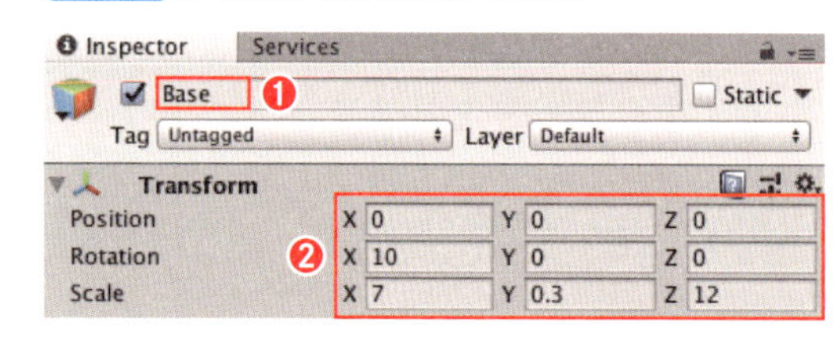

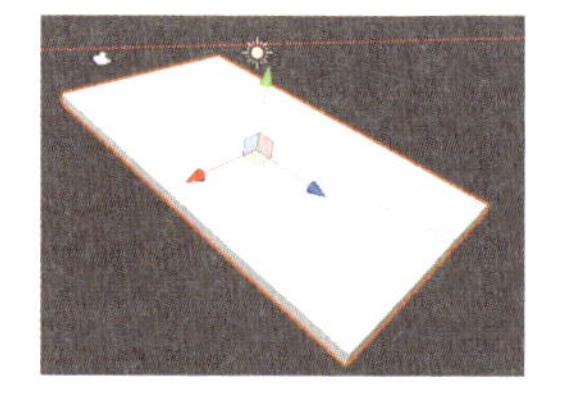

4-1-2 土台を木目調にする

土台を木目調に自分で作成するのは大変です。そこで1章でも説明したAsset Storeを利用してみましょう。今回は「Yughues Free Wooden Floor Materials」の素材をお借りして作成します。

1 素材のダウンロード

[Window]→[Asset Store]を選択し、表示された検索ボックスに「Yughues Free Wooden Floor Materials」と入力して、ダウンロードします。

図4.3 ▶ Asset Storeの表示

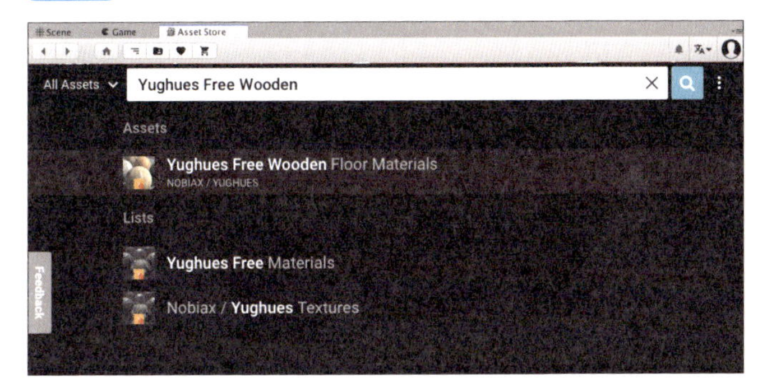

2 素材のインポート

ダウンロードが完了したら、[Import]をクリックしましょう(❶)。すると、「Yughues Free Wooden Floor Materials」フォルダに含まれているパッケージが表示されます。必要なものを選択し(ここでは台用に「Wooden floor 01」、枠用に「Wooden floor 02」の素材を使いたいので、それ以外の素材はチェックを外します)(❷)、[Import]をクリックします(❸)。

図4.4 ▶ Wooden Floor

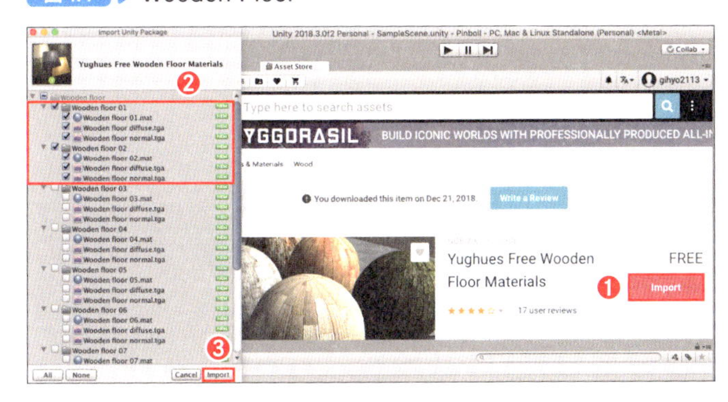

3 Assetsフォルダを確認

インポートが完了すると、ProjectウィンドウのAssetsフォルダにWooden floorが追加されます。

図4.5 ▶ Assetsに追加された

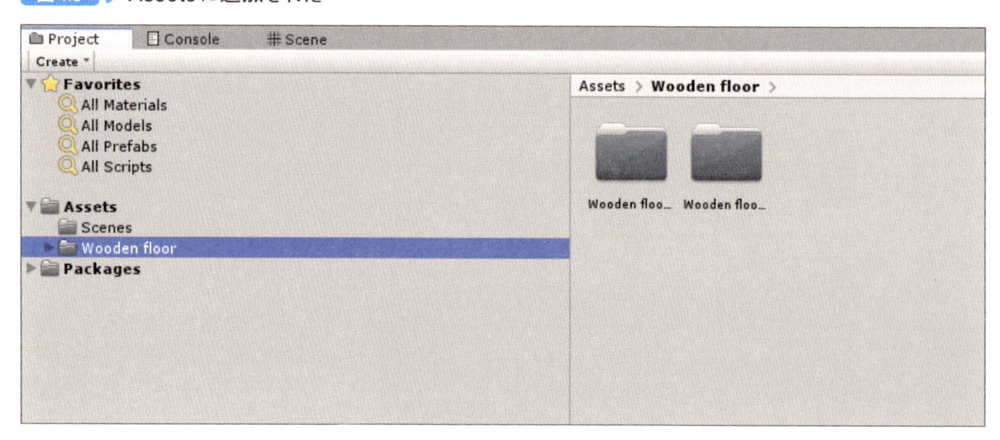

4 素材の反映

[Assets]→[Wooden floor]→[Wooden floor 01]を選択し、Wooden floor 01.matをHierarchyウィンドウまたはSceneビューのBaseにドラッグ＆ドロップしてみましょう。

図4.6 ▶ 木目調に変更

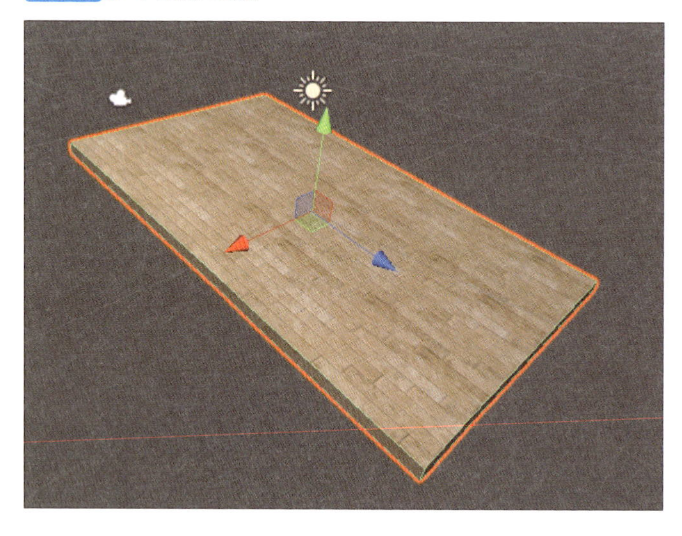

土台が木目調に変わりました。

4-1-3 外枠をつくる

次にピンボール台の外枠をつくっていきます。

1 枠の作成

Hierarchyウィンドウの[Base]の上で右クリックし、[3DObject]→[Cube]をクリックしてください。

図4.7 ▶ Cubeの追加

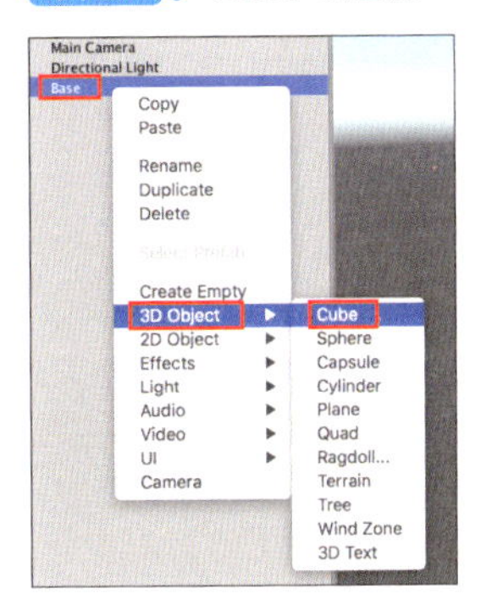

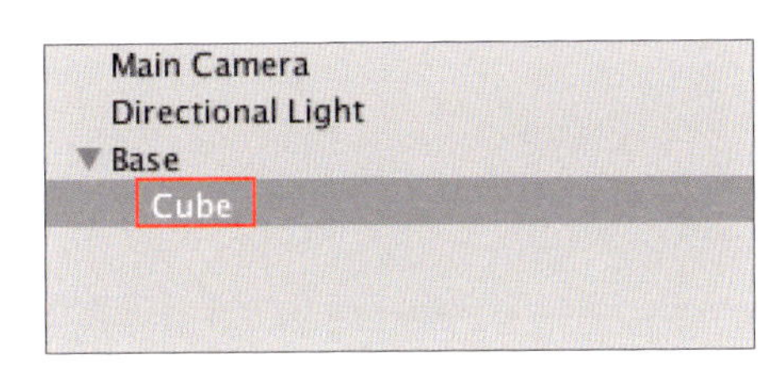

2 名前の変更とPositionの変更

Baseの下の階層にCubeができました。名前を「Wall」に変更し(❶)、Inspectorウィンドウの Transform でPositionのYの値に「3」と入力してみてください(❷)。

図4.8 ▶ 名前とPositionの変更

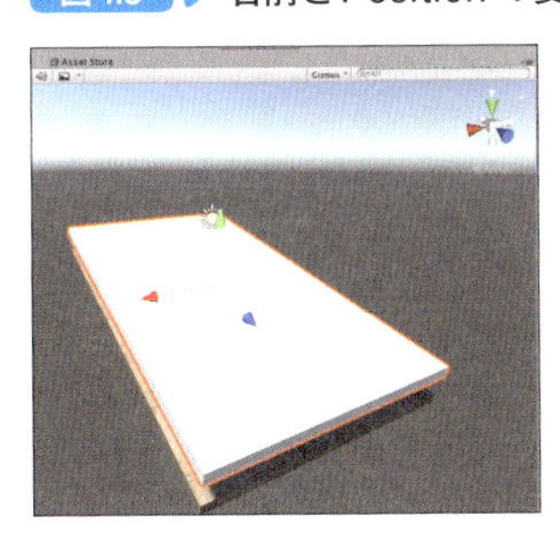

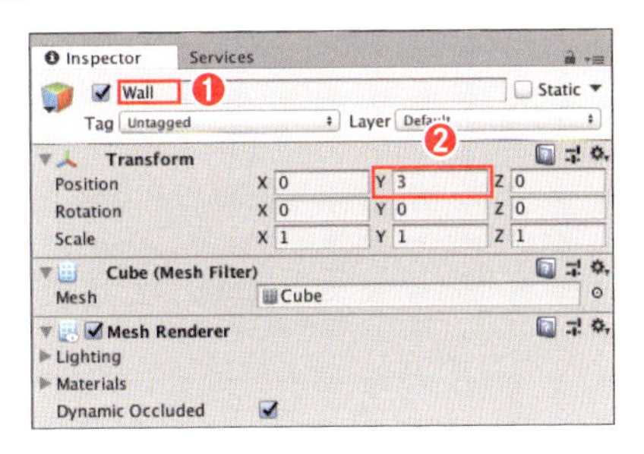

Scaleが「1」、「1」、「1」なのにBaseと同じ形をしているのがわかります。Rotationもいじっていないのに角度がついていますよね。一瞬あれ？と思ってしまったかと思います。実はBaseの下の階層にWallが入っていることによって、Transformの値は相対的になっています。つまりBaseからみた値になっています。

3 Transformの調整

以下のようにWallのTransformの値を変更します。

図4.9 ▶ Transformの値の変更

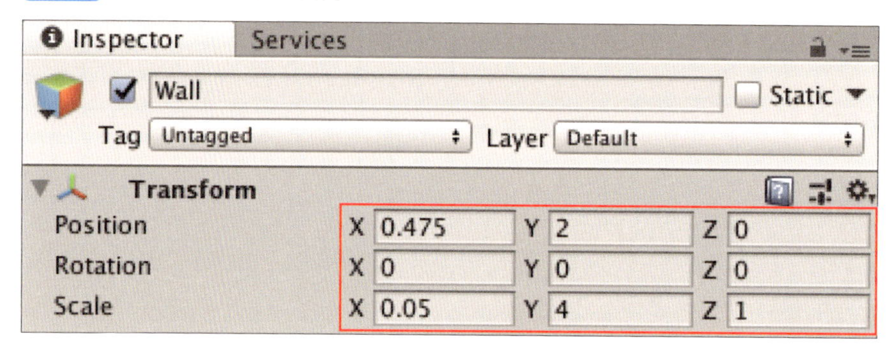

4 素材の反映

4-1-2手順4の要領で、Materialの設定をしてしまいましょう。
[Assets]→[Wooden floor]→[Wooden floor 02]のWooden floor 02.matを、HierarchyウィンドウまたはSceneビューのWallにドラッグ&ドロップします。

図4.10 ▶ Wooden floor 02.mat

5 枠の複製

他の外枠もつくっていきます。Hierarchyウインドウ上の [Wall] を右クリックし、Duplicateしてください。

図4.11 ▶ Wallの複製

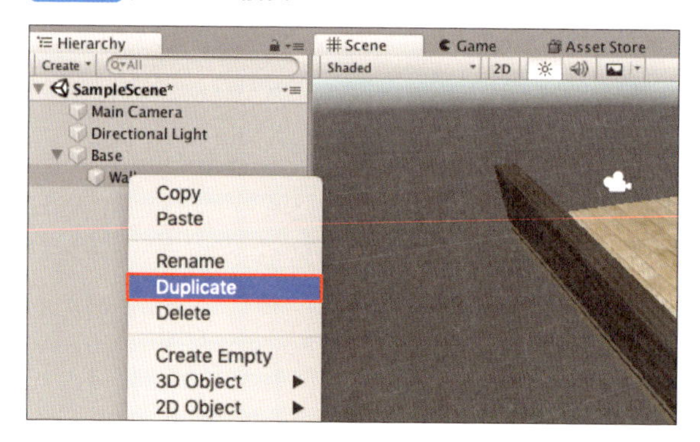

6 名前の変更とTransformの調整

「Wall(1)」というものができたと思います。名前を「Wall2」に変更し(❶)、Transformを以下のように変更します(❷)。

図4.12 ▶ Wall2

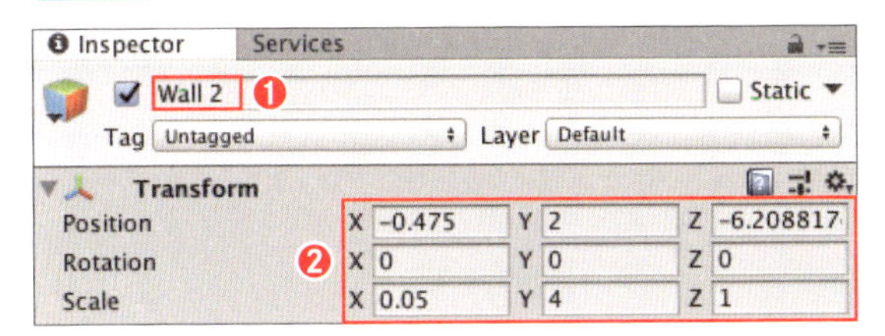

7 Wall3とWall4の作成

同じ要領でWall3、Wall4もつくります。Wall2を複製して、「Wall3」をつくり、Transformの値を以下のように変更してください。Wall3を複製し、「Wall4」をつくってください。

図4.13 ▶ Wall3とWall4

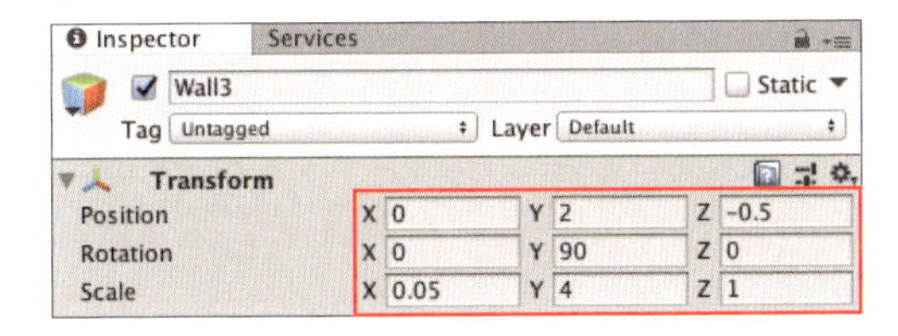

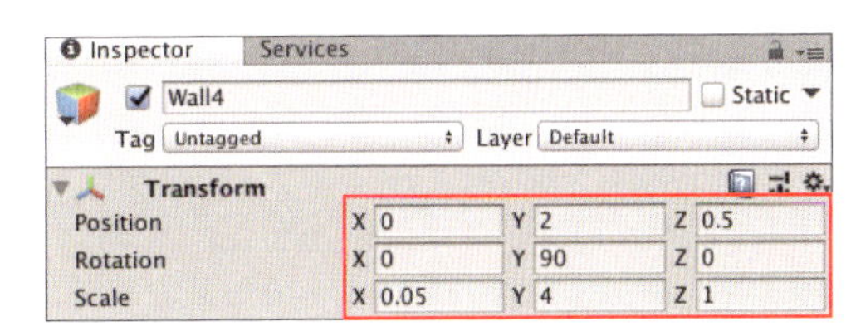

土台に外枠が追加されました。

図4.14 ▶ 外枠が追加された

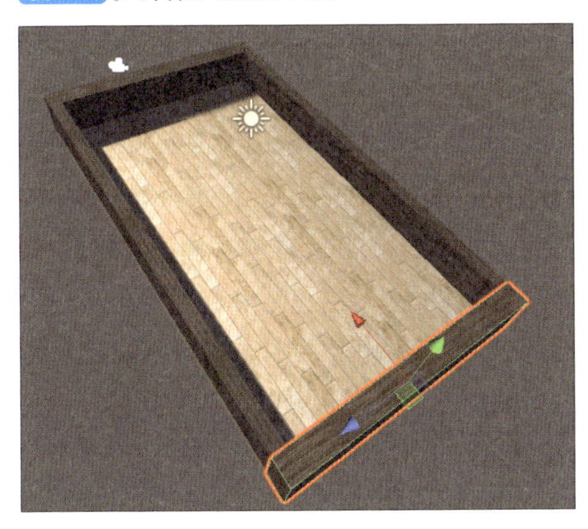

4-1-4 コースをつくる

発射されたボールが通るコースもつくってしまいましょう。4-1-3手順5～6を参考に「Wall5」と「Wall6」として、以下をつくってください。

図4.15 ▶ Wall5とWall6

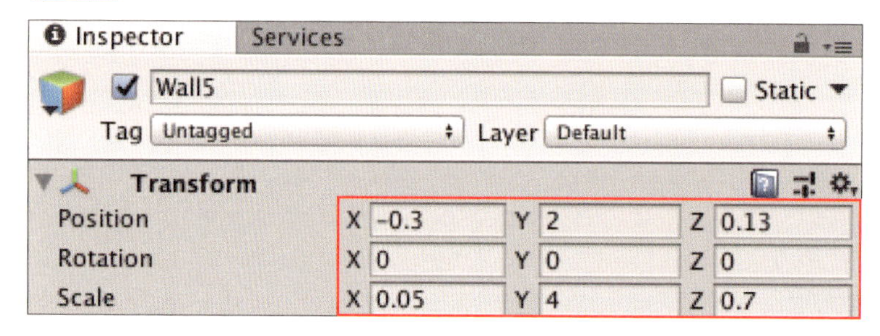

はやく遊びたいですね！

図4.16 ▶ 完成

4-2 ボールをつくろう

4-1 ではピンボールの土台と外枠を作成しました。今度は土台の上を転がすボールをつくっていきます。

4-2-1 ボールを作成する

ボールを作成し、Unityの特徴である物理演算コンポーネント（Rigidbody）を設定し、実際にピンボール台の上で転がるようにしていきます。

1 ボールの作成

Hierarchyウィンドウの[Create]→[3D Object]→[Sphere]を選択してください。

図4.17 ▶ Sphereの作成

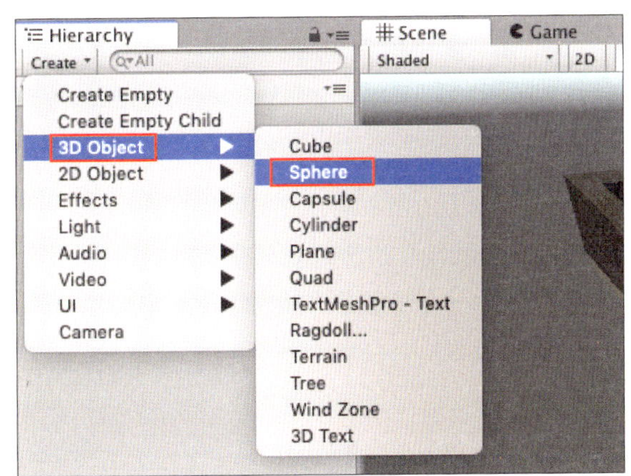

2 ボールの初期位置の設定

土台の位置にあわせて、ボールの初期位置を設定しておきます。InspectorウィンドウのTransformでPosition、Rotation、Scaleの値を図4.18のように変更します。

図4.18 ▶ ボールの初期位置

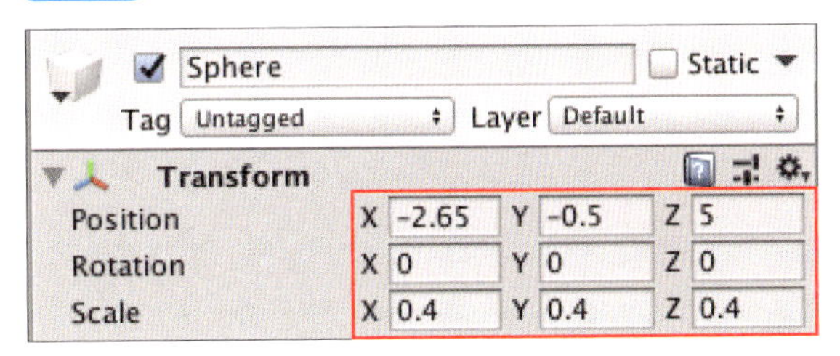

3 カメラの位置の設定

現在の状態ですとカメラの位置が悪く、ゲーム開始してからのGameビューでの写りがよくありません。Hierarchyウィンドウで[Main Camera]を選択し、SceneビューのCamera Previewを見ながら、Main CameraのTransformを図4.19のように調整します。

図4.19 ▶ カメラの位置

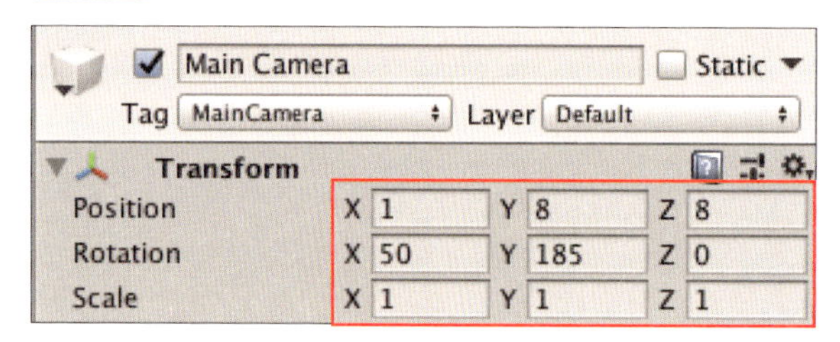

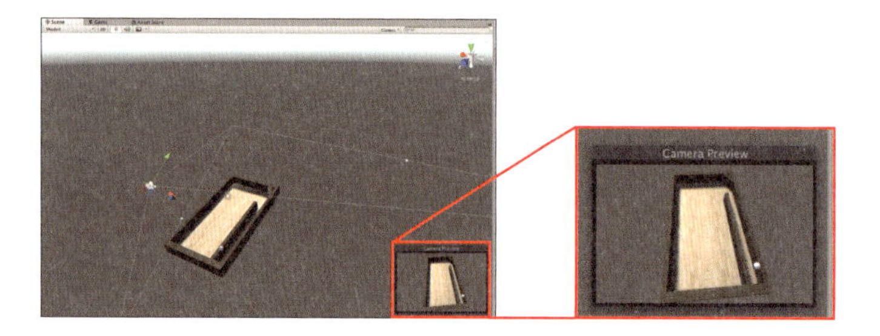

4 Rigidbodyの追加

SphereのInspectorウィンドウで[Add Component]をクリックして、[Physics]→[Rigidbody]を選択します。

図4.20 ▶ Rigidbodyの追加

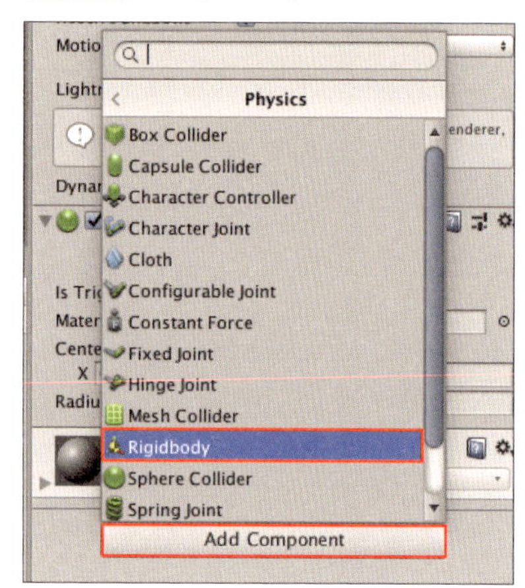

5 Rigidbodyの設定

追加されたRigidbodyコンポーネントのMass、Drag、Angular Dragの設定値が「1」、「0」、「0.05」になっていることを確認します。

図4.21 ▶ Rigidbodyの設定

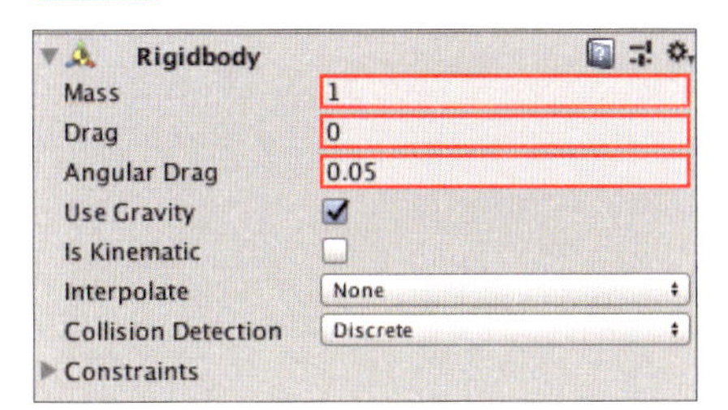

6 ゲームのプレイ

Playボタンを押し、Gameビューで一度確認してみましょう。図4.22のように土台の上をボールが転がればひとまず成功です。

図4.22 ▶ ボールが転がった

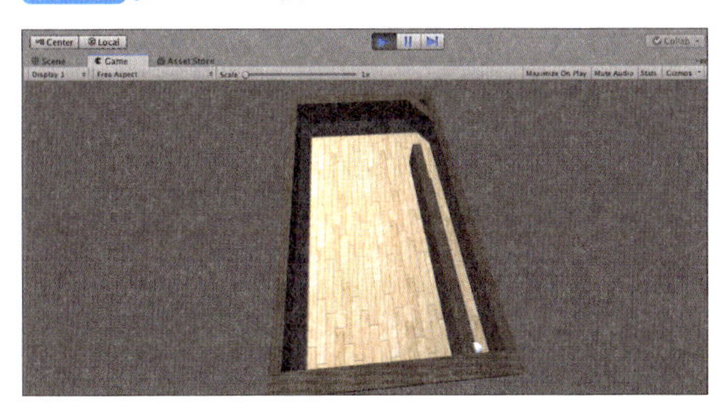

コラム うまくボールが表示されない場合

土台を突き抜けてしまうなどボールがうまく表示されない場合、衝突判定を行うColliderが正しく設定されていない可能性があります。Inspectorウィンドウの Sphere Colliderの値が図4.Aのようになっているか確認しましょう。

図4.A ▶ Sphere Colliderの設定値

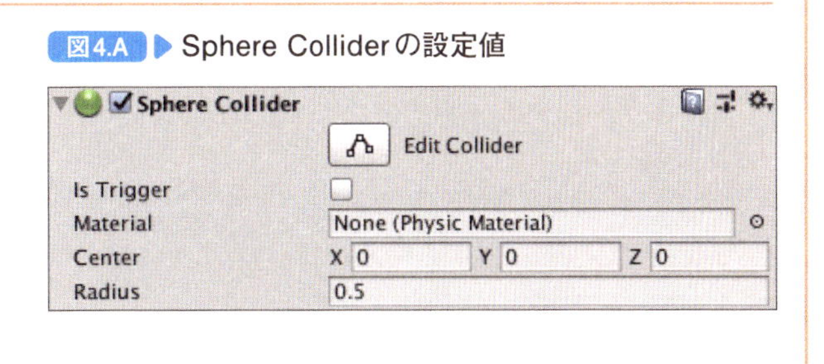

4-2-2 ボールにマテリアルを設定する

4-2-1で追加した「Sphere」の名前を4-1-1手順2の要領で「Ball」に変更し、次にマテリアルを設定しましょう。

1 マテリアルの追加

Project ウインドウの[Assets]上で右クリックして、[Create]→[Material]を選択し(❶)、名前を「Ball Material」にしておきましょう(❷)。

図4.23 ▶ Ball Materialの追加

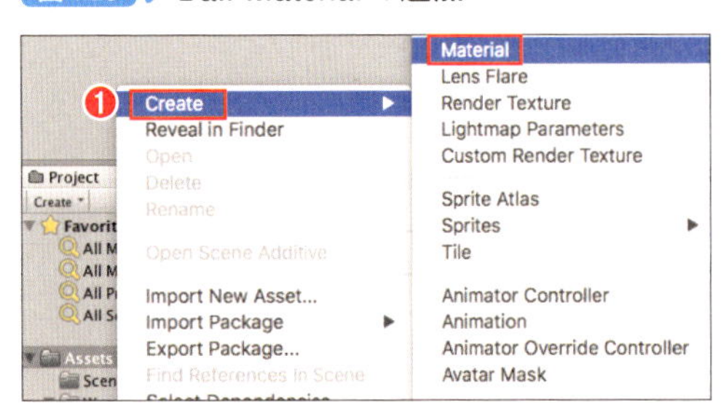

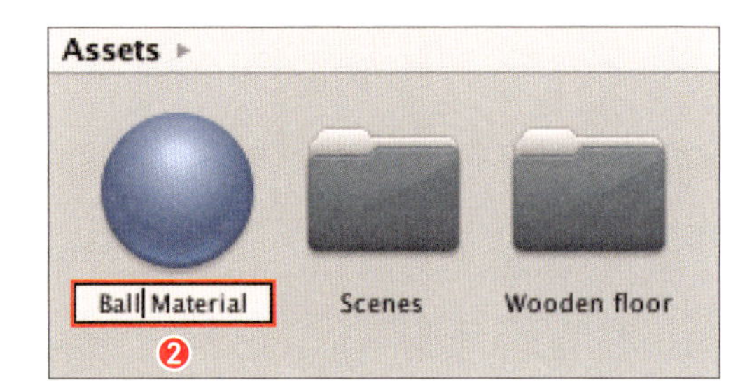

2 マテリアルの設定

Ball MaterialをHierarchyウィンドウまたはSceneビューのBallにドラッグ&ドロップします。BallのInspectorウィンドウでMesh RendererのMaterialsの▼をクリックし、Element 0が「Default-Material」から「Ball Material」に変更されているか確認してください(こちらからも変更することができます)。

図4.24 ▶ Element 0が変更された

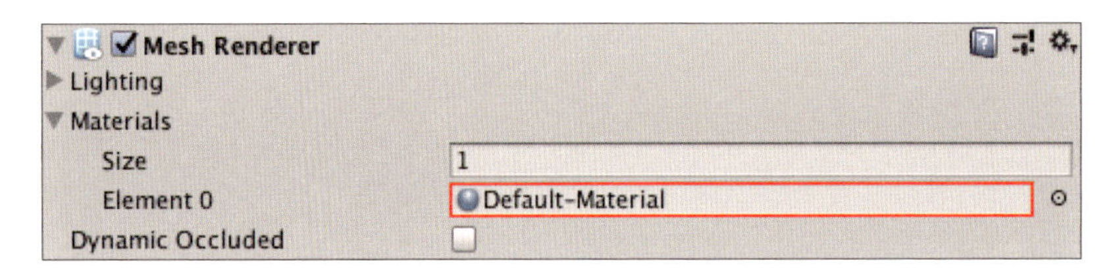

4-2-3 ボールの色を変更する

4-2-2でボールに設定したBall Materialをより鉄のボールのように変更します。Assetsフォルダの [BallMaterial] を選択し、Inspectorウィンドウで調整していきます。

1 色の調整する

Main Mapsのをクリックし(❶)、表示されるColorウィンドウのR、G、Bの値を「155」、「155」、「155」に変更します(❷)。

図4.25 ▶ 色の調整

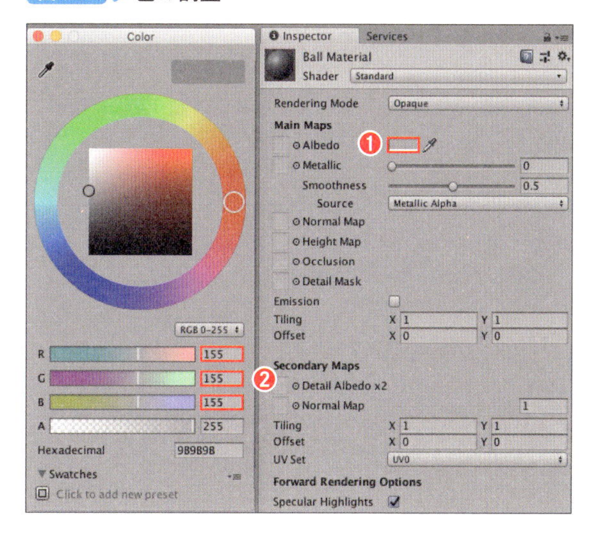

2 質感の調整

表面がどのくらい金属的または非金属的かを制御するMetallic、光源計算による表面の凹凸の効果を調整するSmoothnessの値を設定します(ここではMetallicの値を「0.8」にSmoothnessの値を「0.5」に設定)。

図4.26 ▶ 質感の調整

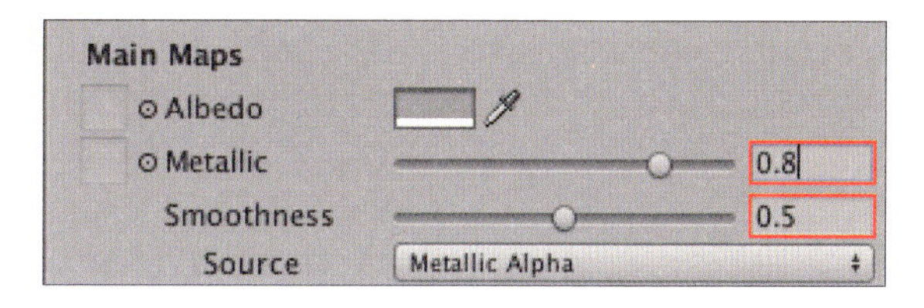

色と質感を調整したことによって、鉄のボールのような雰囲気になりました。

図4.27 ▶ 鉄のボールになった

ピンを設置しよう

ボールを跳ね返すためのピンを土台の上に追加します。

4-3-1 ピンをつくる

ピンボール台の土台の上にピンをつくっていきましょう。

1 ピンの作成

Hierarchyウィンドウの[Create]→[3DObject]→[Cylinder]を選択してください。名前を「Pin」に変更し、Transformを調整します。

図4.28 ▶ ピンの作成

Pin　Static
Tag Untagged　Layer Default
Missing

Transform

	X	Y	Z
Position	1.75	0.7	-3
Rotation	10	0	0
Scale	0.2	0.6	0.25

2 マテリアルの作成

Pin Material (4-2-2参照) を作成し、設定します。

図4.29 ▶ マテリアルの設定

Pin Material
Shader Standard
Rendering Mode Opaque
Main Maps
Albedo
Metallic 0.8
Smoothness 0.5
Source Metallic Alpha

4-3-2 Prefabを利用する

1本だけですと物足りないので、沢山Pinをつけます。また1から何本もつくるの大変ですよね。そんな時はDuplicate以外にもPrefab(プレハブ)を使う方法があります。Prefabはシーン内で繰り返し使う、今回のPinのようなオブジェクトをつくる際にとても有効です。

例えば、Dupulicateで同じPinを10本複製し、配置したとします。配置完了後にPinの太さや高さなどプロパティを変更したい際、とても困ったことになるかと思います。10本のPinが独立したオブジェクトになっているので、それぞれ同じ変更をしなくてはならないからです。

Prefabを使えば、Prefabの変更内容が配置済みの10本のPinのインスタンスにすぐに反映されます。さらに、その中の1本のPinのみに、変更を加えることもできます。

では、さっそくPinをPrefab化して使ってみましょう。

1 PinのPrefab化

先程作成したのPinを、HierarchyウィンドウからProjectウィンドウのAssetsフォルダへドラッグ＆ドロップします。

図4.30 ▶ PinのPrefab化

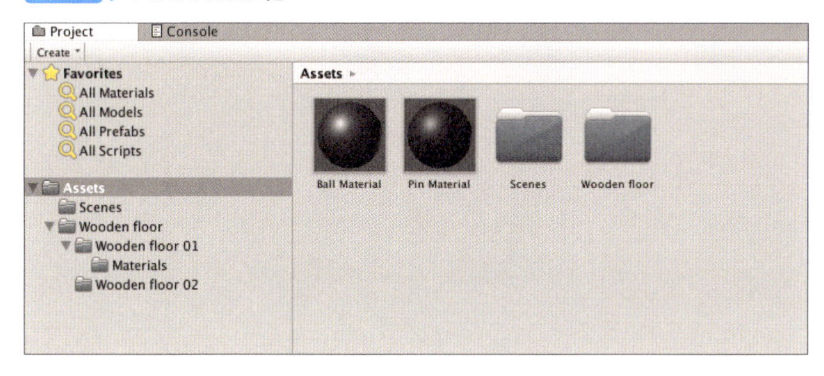

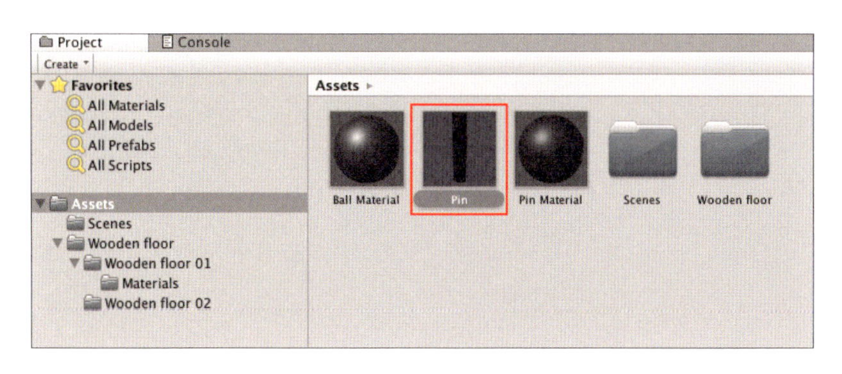

2 Prefab化したPinの配置

すると、AssetsフォルダにPin.prefabができました。あとはこれのPrefabをSceneビューにドラッグ&ドロップして配置していくだけです。なんて簡単なのでしょう。

図4.31 ▶ Pin.prefabの配置

3 Prefab化したPinの整理

Hierarchyウィンドウがごちゃごちゃしていますので、まとめておきます。[Create]→[Create Empty]でGameObjectができますので、名前を「Pins」に変更し、Pinをその下にドラッグ&ドロップしておきましょう。

図4.32 ▶ Pinsにまとめる

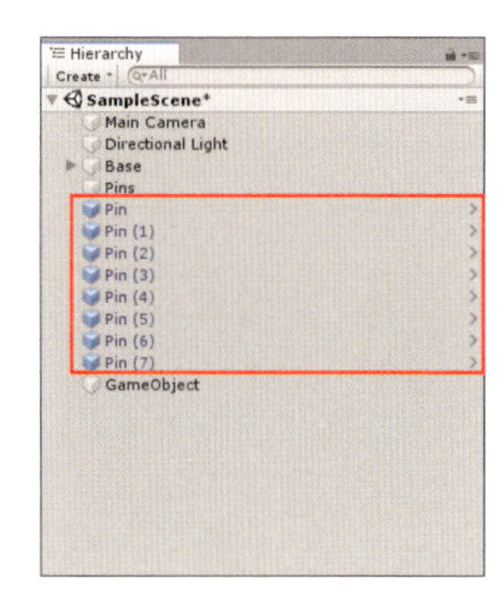

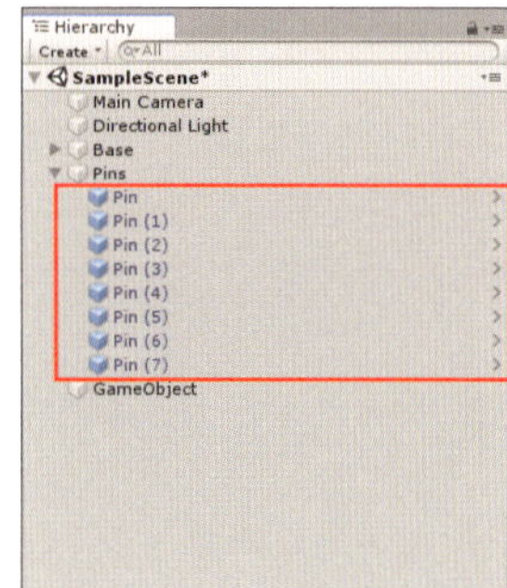

コラム シーンの変更を上書き保存

ちなみに、Pinを纏める前の一番上のSampleSceneの右に*マークが見えると思います。これはシーンの変更が未保存であるという意味です。[File]→[Save Scenes]より、こまめにSaveしておきましょう。なお、その際はショートカットキーがより便利です。command キー+S(Windowsの場合は Ctrl キー+S)で上書き保存ができます。

4-4 ボールを動かしてみよう

ここでは、4-2で作成したボールを実際に動かしてみます。ボールの動きはスクリプトで操作します。

4-4-1 スクリプトを作成する

Projectウィンドウより、[Create]→[C#Script]を選択します(❶)。名前は「BallScript」としておきます(❷)。

図4.33 ▶ C# Scriptの追加

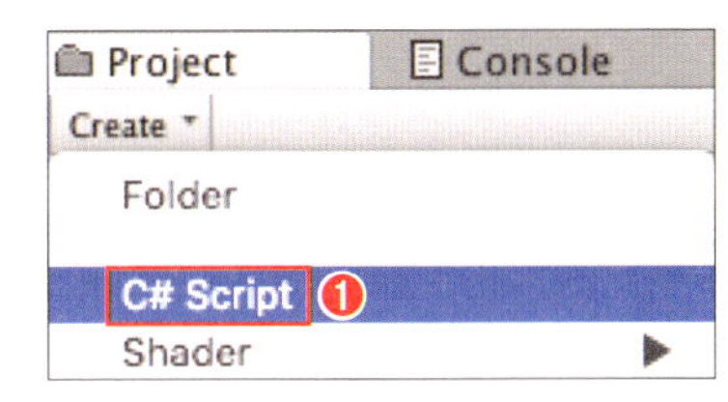

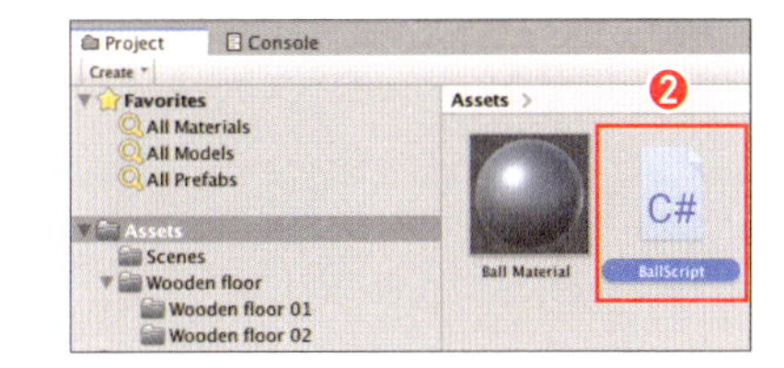

Assetsフォルダの[BallScript]をダブルクリックすると、Visual Studioが立ち上がります。もしclass名が変わっていない場合は、まずclass名を「BallScript」に変更しましょう。

```
1  using System.Collections;
2  using System.Collections.Generic;
3  using UnityEngine;
4
5  public class BallScript : MonoBehaviour
6       {
7       // Use this for initialization
8       void Start()
9       {
10
11      }
12
13      //Upadate is called once per frame
14      void Update()
15      {
```

```
16
17          }
18  }
```

4-4-2 スクリプトを使う準備をする

BallScript.csをこのゲームで使う準備をしましょう。

1 空のオブジェクトの作成

空のオブジェクトを作成し、そこにBallScript.csを追加します。Hierarchyウィンドウの[Create]→[Create Empty]でできたGame Objectに、BallScriptをドラッグ&ドロップで追加します。

図4.34 ▶ 空のオブジェクトの作成

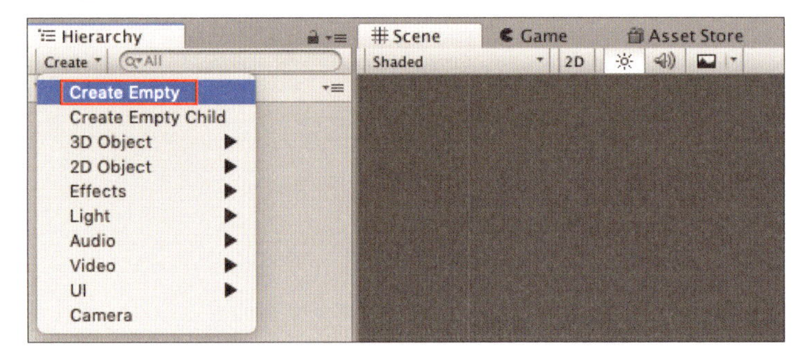

Game ObjectのInspectorウィンドウを確認することで、空のオブジェクトであったGameObjectにBallScript.csが追加されたことがわかります。

図4.35 ▶ Ball Scriptが追加された

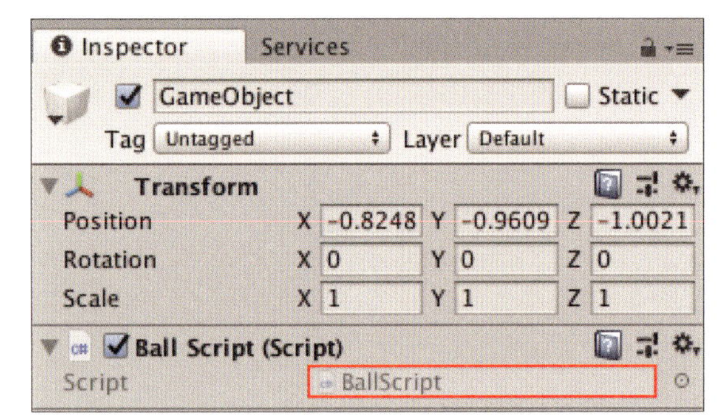

2 BallのPrefab化

次にBallをPrefab化します。HierarchyウィンドウのBallをProjectウィンドウのAssetsフォルダにドラッグ&ドロップしましょう。AssetsフォルダにBall.prefabが追加されたと思います。確認ができたらHierarchyウィンドウの[Ball]を右クリックして、[Delete]を選択し、削除してしまいましょう。

図4.36 ▶ BallのPrefab化

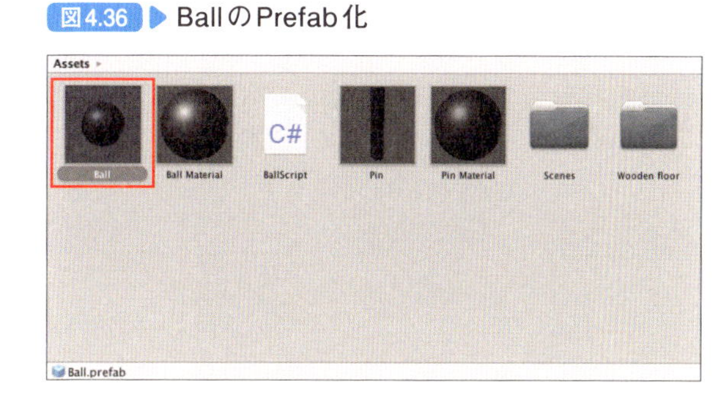

3 スクリプトの作成

BallScriptにBallScriptとBall.prefabを紐づけるプログラムを書きます。[Ball Script]をダブルクリックして、Visual Studioを起動し、以下のように

```
7        public GameObject BallPrefab;
```

と宣言することでGameObjectのInspectorウィンドウからBallPrefabを指定することができます。

4 Ball Prefabの確認

GameObjectのInspectorウィンドウのBall Scriptに「Ball Prefab」という項目が追加されています。これは先程プログラミングしたものが反映されているからです。

図4.37 ▶ Ball Prefabの設定

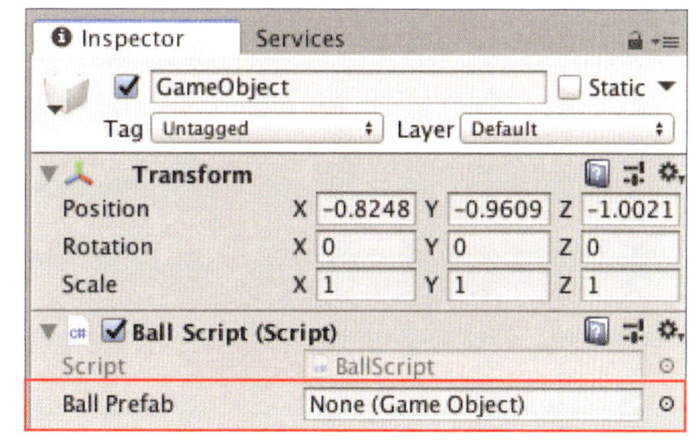

5 Ball.prefabの設定

このNoneとなっている箇所に、AssetsフォルダのBall.prefabをドラッグ＆ドロップして、設定しましょう。これでBall.prefabをスクリプトで制御することができるようになりました。

図4.38 ▶ Ball.prefabが設定された

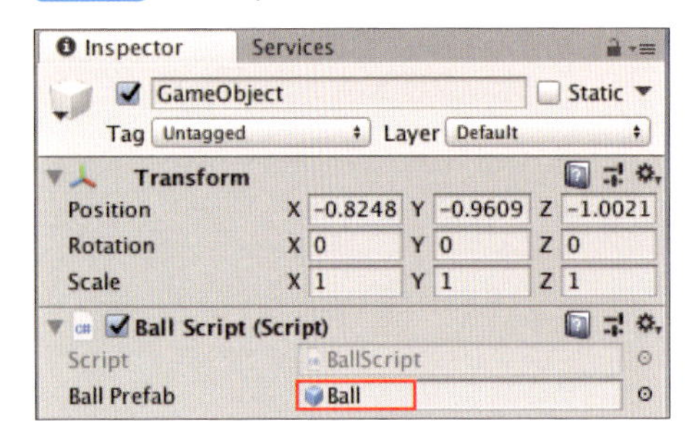

4-4-3 スクリプトでボールを生成する

では、クリックする度にBallのオブジェクトがどんどん作られるプログラムを書いていきます。Ball Script.csをダブルクリックして、Visual Studioを起動しましょう。

void Update() に、以下のプログラムを記述していきます。

```
15 void Update()
16 {
17     //クリックされたら
18     if(Input.GetMouseButtonDown(0))
19     {
20       if(BallPrefab != null){
21       {
22             GameObject ball = GameObject.Instantiate(BallPrefab);
23       }
24     }
25 }
```

まず、18行目の

```
18     if(Input.GetMouseButtonDown(0))
```

についてですが、こちらは今マウスが左クリックされているかの判定になります。左クリックされている時はtrueが、左クリックされていない時はfalseが返ってきます。このIf文は返り値がtrueの時のみ{}の中の処理が行われますので、「左クリックされたら{}の中の処理を行います」という意味になります。なお、GetMouseButtonDown(0)の()の数字が0の時は左クリックの値(左クリックされているか、左クリックされていないか)を、1の時は右クリックの値を取得します。

次の20行目

```
20            if(BallPrefab != null){
```

は取得したBallPrefabがnullでなければ、{}の中の処理を行うプログラムです。この制御を行うことで、スクリプトのBallPrefabとBall.prefabが紐づいていない場合のエラーを防ぎます。

最後に22行目の

```
22                GameObject ball = GameObject.Instantiate(BallPrefab);
```

でInstatntiate関数を使い、Ballのクローンを生成します。引数で位置や向きも指定できますが、今回は先程Ballの初期位置を設定していたので、クローンを生成したいオブジェクトであるBallPrefabだけで大丈夫です。そして、生成したクローンを左辺のGameObject型のballに代入しています。

書き終えたら実際にプレイしてみましょう。左クリックするたびにBallのオブジェクトが生成されるのがわかります。

図4.39 ▶ Ballが生成される

4-4-4 ボールの動きを設定する

次に、オブジェクトの生成時に速度を持たせるプログラミングをしていきます。

```
14  //Update is called once per frame
15  void Update(){
16
17          //クリックされたら
18          if(Input.GetMouseButtonDown(0))
19          {
20              if(BallPrefab != null)
21              {
22                      GameObject ball = GameObject.Instantiate(BallPrefab);
23
24                      ball.GetComponent<Rigidbody>().velocity = new
    Vector3(0,0,-25);
25              }
26          }
27  }
```

24行目に新しく1行追加されました。

velocityとは「速度」を意味する英単語です。ballの物理特性を制御するRigidbodyに対して、速度を与えています。右辺ではUnityEngineに含まれている座標や方向を表す為の構造体であるVector3に、xとyは「0」、zに「-25」を引数として渡し、new（生成）しています。

では、実際にプレイしてみましょう。Ballの動きがのろく、どこかイメージと違わないでしょうか。それには、摩擦や跳ね返りを制御するPhisyc Material(物理マテリアル)が関係しています。

早速BallにPhysic Materialを設定していきましょう。

1 Ball Physic Materialの作成

Assetsフォルダ上で右クリックし、[Create]→[Physic Material]を選択し（❶）、名前は「Ball Physic Material」に変更しておきましょう（❷）。

図4.40 ▶ Physic Materialの作成

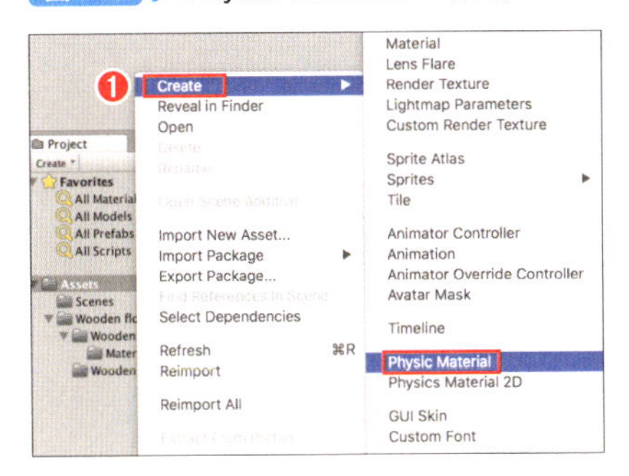

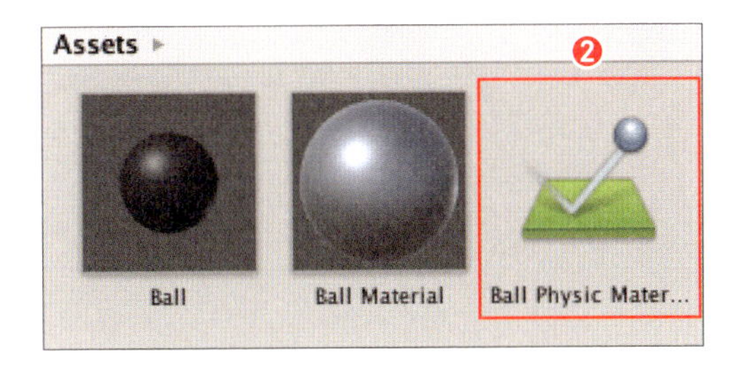

2 Ball Physic Materialの設定

Assetsフォルダの[Ball.prefab]を選択し、[Open Prefab]をクリックして、InspectorウィンドウのSphere ColliderのMaterialにBall Physic Materialをドラッグ&ドロップします。

図4.41 ▶ Ball Physic Materialの設定

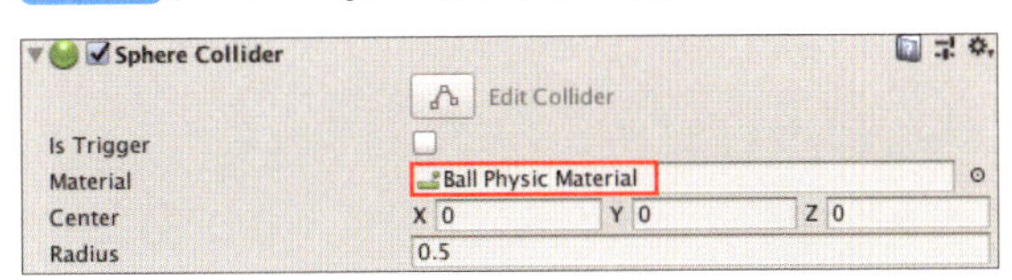

3 Ball Physic Materialの調整

Assetsフォルダより[Ball Physic Material]を選択し、図4.42のように値を設定します。

図4.42 ▶ Ball Physic Materialの調整

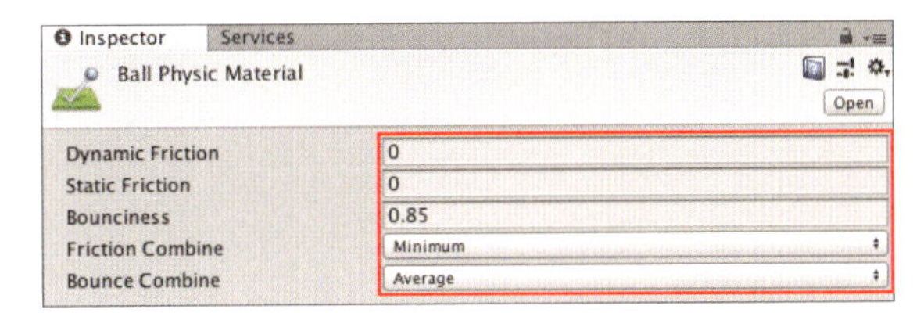

Ballの動き方が変わったと思います。上から説明していきます。

表4.1 ▶ Ball Physic Material

項目	説明
Dynamic Friction	オブジェクトが動き始めると作用しはじめる摩擦。0～1。0に近いほど摩擦がなく、氷の床のようになる
Static Friction	オブジェクトが静止している時に作用する摩擦。0～1。1に近いほどオブジェクトが動き始めるのを防ぐ
Bounciness	表面の弾性。0に近いほど弾性がない
Friction Combine	衝突するオブジェクト間の摩擦の処理について
Bounce Combine	衝突するオブジェクト感の跳ね返し度合いの処理について

実際に数値を調整しながらいろいろ試してみましょう。

フリッパーをつくろう

さて、ピンボールにはフリッパーは欠かせません。早速つくっていきましょう。

4-5-1 左右のフリッパーをつくる

Baseの上に、フリッパーを作成していきます。

1 オブジェクトをまとめる

Baseの中のWallなどは一つのオブジェクトにまとめておきましょう。[Base] を右クリックし、[Create Empty] を選択し、名前を「Case」としておきます。そしてCaseの中にWallなどをドラッグ&ドロップします。

図4.43 ▶ Caseにまとめる

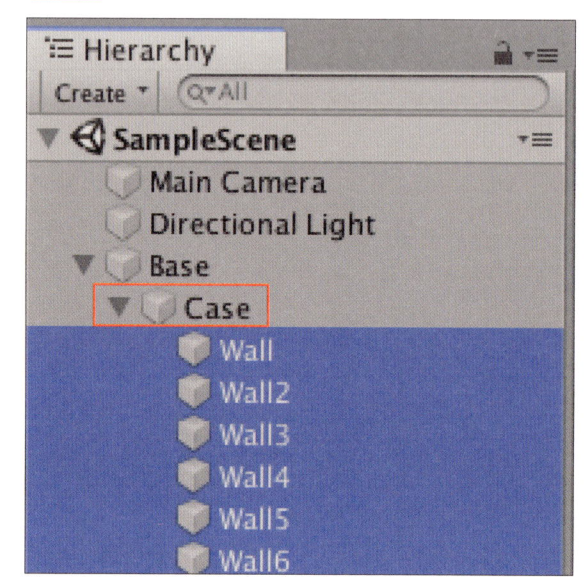

2 FlipperRの追加

[Base] を右クリックし、[3D Object]→[Cube]を選択します。名前を「FlipperR」に変更し(❶)、Transformを調整します(❷)。

図4.44 ▶ FlipperR

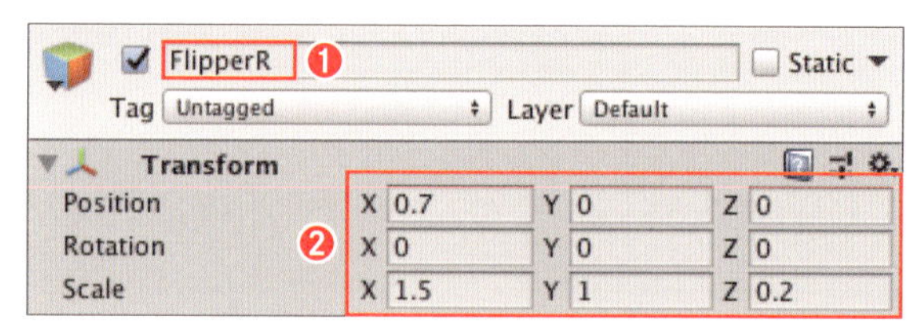

3 マテリアルの追加

マテリアルも追加します。Assetsフォルダを右クリックし、[Create]→[Material]を選択しましょう。名前は「Flipper Material」として、FlipperRのMesh RendererにあるElement 0に設定します。

図4.45 ▶ Flipper Materialの追加

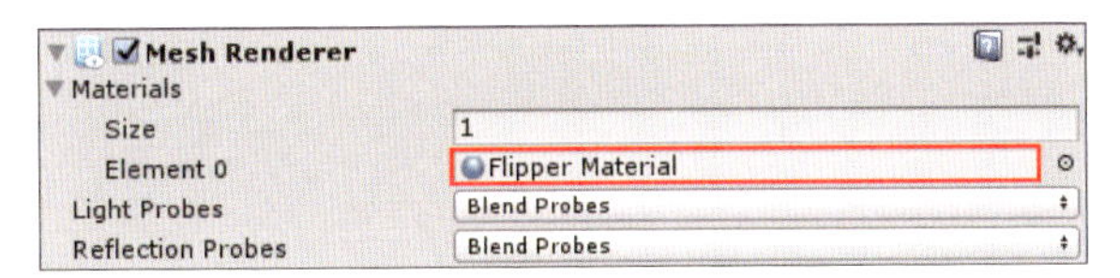

4 マテリアルの設定

[FlipperMaterial]を再度選択し、Inspectorウィンドウから好きな設定にしてみましょう。

図4.46 ▶ Flipper Materialの設定

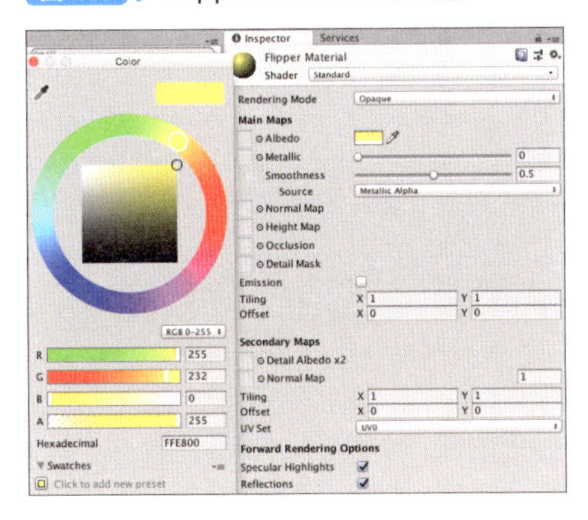

5 FlipperLの追加

次に「FlipperL」もつくります。FlipperRをPrefab化してつくっても良いのですが、今回は2つしかないのでDupulicateしてしまいましょう。

図4.47 ▶ FlipperRを複製する

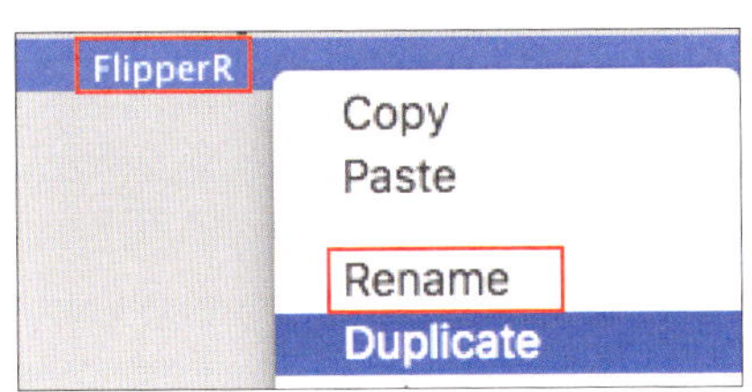

6 名前とTransformの変更

名前とTransformを変更します。

図4.48 ▶ FlipperL

7 Physic MaterialとRigidbodyの追加

4-4-4の手順1～2の要領で、「Flipper Physic Material」という名前のPhysic Materialを作成します。図4.49のように設定したあと（❶）、FlipperLとFlipperRのBox ColliderにあるMaterialにそれぞれ追加します。また、各フリッパーで[Add Component]→[Physics]→[Rigidbody]をクリックし、Rigidbodyも設定しましょう（❷）。

図4.49 ▶ Flipper Physic MaterialとRigidbody

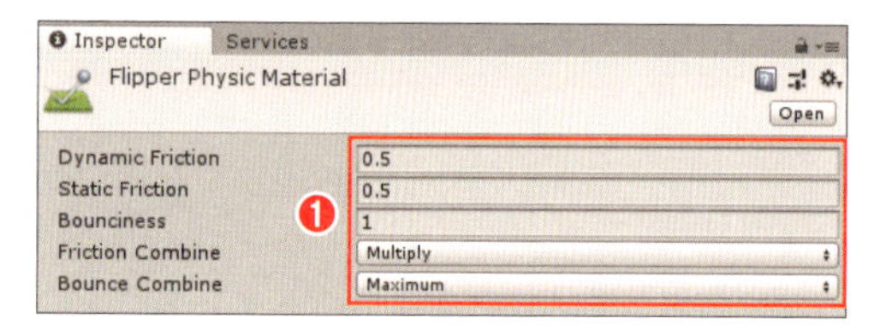

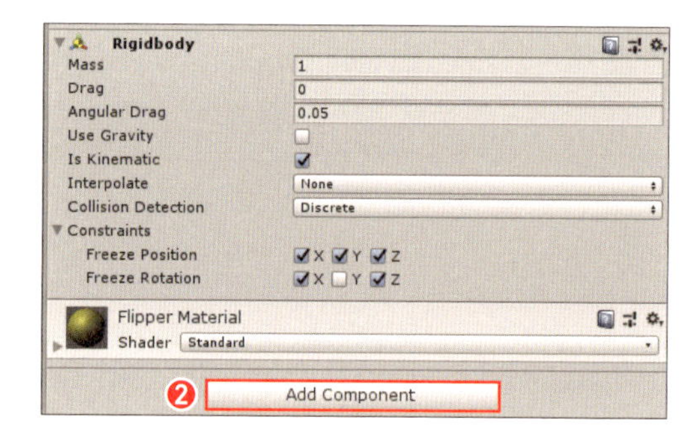

4-5-2 フリッパーを動かす

では、フリッパーを動かすプログラムを書いていきましょう。

1 FlipperRPivotの追加

フリッパーは、ドアと同様に回転軸が中央ではありません。各フリッパーの回転軸を設定する必要があります必要ですので、Base上で右クリックし、[Create Empty]を選択して空のオブジェクトをつくり、「FlipperRPivot」と名前を変更します。

図4.50 ▶ FlipperRPivotの追加

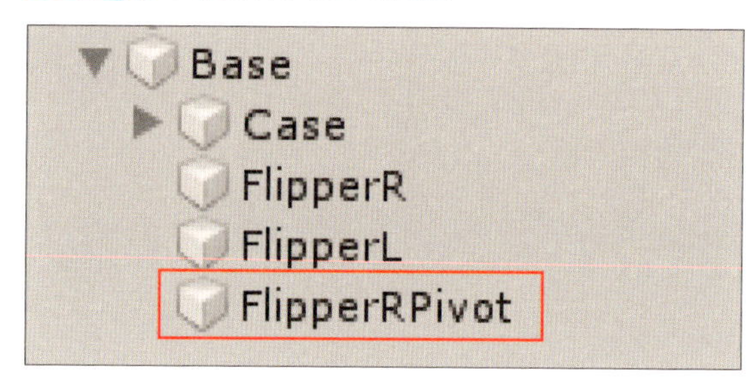

2 Transformの調整

Transformは、回転軸がFlipperRの右端に設定されるように調整します。

図4.51 ▶ FlipperRの回転軸

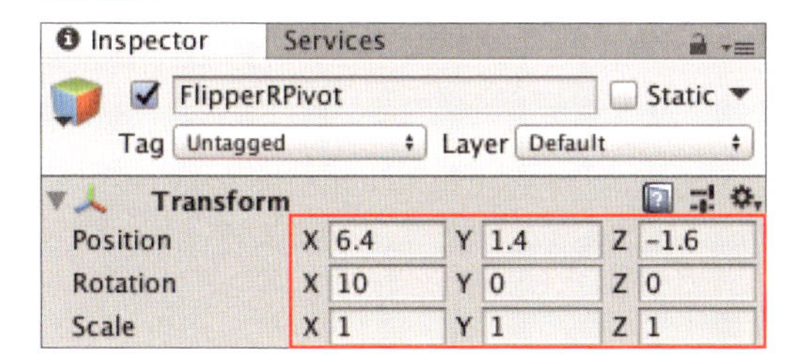

3 FlipperLPivotの追加

同じように「FlipperLPivot」も作成しましょう。

図4.52 ▶ FlipperLPivotの追加

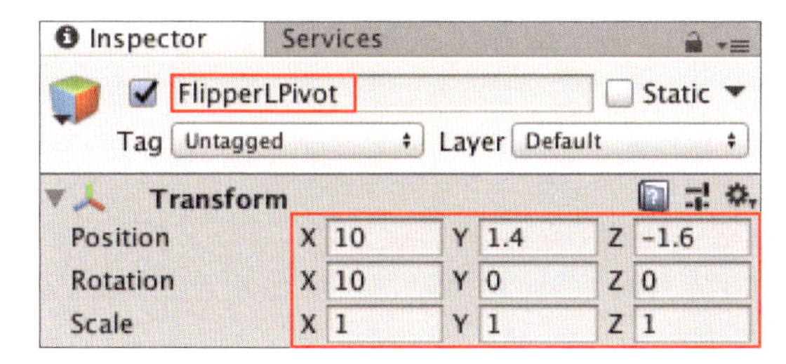

4 フリッパーの親子関係

次にHierarchyウィンドウにて、FlipperRとFlipperLをFlipperRPivotとFlipperLPivotの下にドラッグ＆ドロップし、親子関係をつくります。

図4.53 ▶ 親子関係

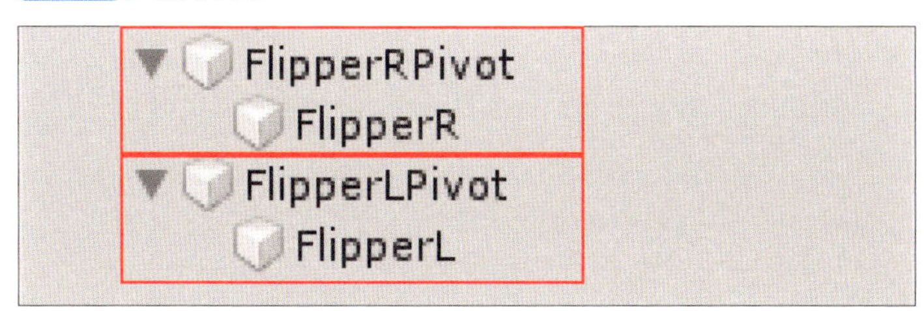

5 フリッパーを動かしてみる

親であるFlipperRPivotまたはFlipperLPivotのInspectorウィンドウにて、RotationのYの値を変えてみましょう。
FlipperRやFlipperLが、端を中心軸として回転するのがわかると思います。

図4.54 ▶ フリッパーが回転した

4-5-3 スクリプトを適用する

では、4-5-2の操作をスクリプトから行えるようにします。

Assets上で右クリックして[Create]→[C# Script]を選択し、名前は「FlipperScript」としておきます。

1 オブジェクトの宣言

左矢印キーと右矢印キーでフリッパーを操作します。まずはオブジェクトの宣言をしましょう。void Start()にオブジェクトを探し、宣言したFlipperRとFlipperLに代入するプログラムを書きます。スクリプトでは、FlipperR、FlipperLの親関係にあるFlipperRPivot、FlipperLPivotを「FlipperR」または「FlipperL」とします。

```
1  using System.Collections;
2  using System.Collections.Generic;
3  using UnityEngine;
4
5  public class NewBehaviourScript : MonoBehaviour
6  {
7      private GameObject FlipperR;
8      private GameObject FlipperL;
9
10     //Start is called before the first frame update
11     void Start()
12     {
13         FlipperR = GameObejct.Find("FlipperRPivot");
14         FlipperL = GameObject.Find("FlipperLPivot");
```

```
15        }
16
17        // Update is called once per frame
18        void Update()
19        {
20
21        }
22    }
```

2 FlipperScriptの追加

Hierarchyウィンドウの空のオブジェクトであるGameObjectに、BallScriptと同じようにFlipperScript.csをドラッグ&ドロップしましょう。GameobjectのInspectorウィンドウにFlipperScript.csが追加されました。

図4.55 ▶ Flipper Scriptの追加

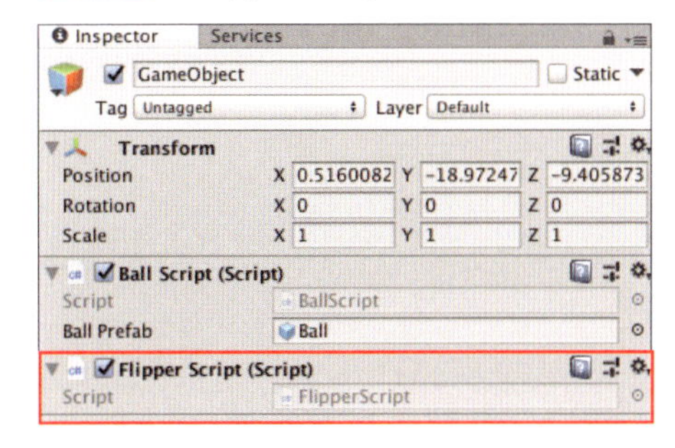

3 フリッパーのプログラミング

次にフリッパーのプログラミングをします。下記のような挙動にしていきましょう。

・右矢印キーが押されたら右フリッパーが上がる、離したら戻る
・左矢印キーが押されたら左フリッパーが上がり、離したら戻る

Update()で、左右の矢印キーが押されているかどうかの判定をします。

```
17    //Update is called once per frame
18    void Update()
19    {
20        if(Input.GetKey(KeyCode.LeftArrow))
21        {
22            Debug.Log("PUSH");
```

```
23        }
24    }
```

Input.GetKey()はそれぞれ引数となるキーの入力を返します。こちらは押されている間は常に値を返します。似ているメソッドで以下のようなものもあります。

表4.2 ▶ キー入力を返すメソッド

メソッド	返すタイミング
Input.GetKeyDown()	押されていない状態から押された時に一度
Input.GetKeyUp()	押されている状態から離された時に一度

押している間はフリッパーが上に上がっていて欲しいので、Input.GetKey()を使います。

これらメソッドの引数には矢印キーやスペースキー、アルファベットなど様々なキーを指定できます。今回のKeyCode.LeftArrowは左矢印キーを、KeyCode.RightArrowは右矢印キーを指定しています。

4 スクリプトのデバッグ

次にif文の中を見てみましょう。

```
22    Debug.Log("PUSH");
```

これはデバッグログを出力しています。今回のような入力や、衝突判定などのようなテストは勿論、変数の値を調べたい時等によく使いますので覚えておきましょう。

スクリプト内で書かれたデバッグログはConsoleウィンドウ上で確認することができます。押している間はログが流れてきます。

図4.56 ▶ デバッグログ

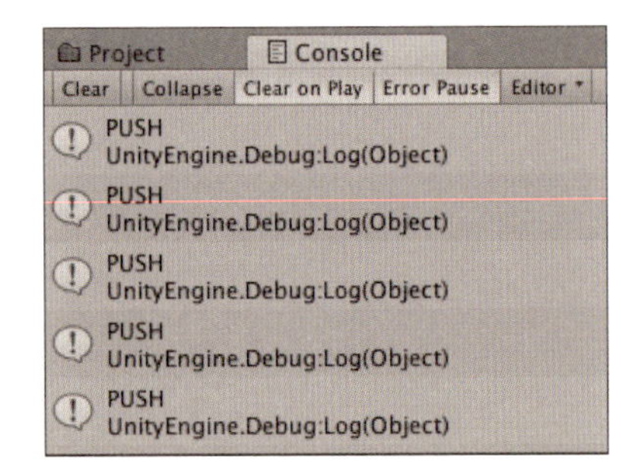

4-5-4 スクリプトで操作する

では、スクリプトから操作していきます。

1 初期位置の宣言

フリッパーの初期位置のY座標を宣言します。

```
9        //1
10       float stFlipperLRotationY = 20;
11       float stFlipperRRotationY = -20;
```

2 回る角度と速さの宣言

フリッパーの回る角度を宣言します。そして、フリッパーの速さを宣言します。

```
12       //2
13       float tmpFlipperLRotate = 0;
14       float tmpFlipperRRotate = 0;
15
16       float rotateSpeed = 500;
```

3 フリッパーの重心の指定

Rigidbodyを取得し、左右のフリッパーの重心を指定します。

```
23           //3
24           rigidbodyR = FlipperR.GetComponentInChildren<Rigidbody>();
25           rigidbodyR.centerOfMass = new Vector3(-0.7f, 0, 0);
             // Xの移動分戻して回転の中心を変えています
26           rigidbodyL = FlipperL.GetComponentInChildren<Rigidbody>();
27           rigidbodyL.centerOfMass = new Vector3(0.7f, 0, 0);
```

また、宣言文の9～10行目に以下の文を追加します。

```
7        private GameObject FlipperR;
8        private GameObject FlipperL;
9        private Rigidbody rigidbodyR;
10       private Rigidbody rigidbodyL;
```

4

4 if 文の追加

if文を使って条件分岐のプログラムを書きます。最初に宣言したtmpFlipperLRotateは、最初のフリッパーの角度の状態を0とし、そこから数値を加算し30までいったらこれ以上動かなくなるように制御するために使います。

```
37            //4
38            if (tmpFlipperLRotate < 30)
39            {
40
41            }
42            else
43            {
44
45            }
```

5 フリッパーの移動

Update()の中にフリッパーが移動するプログラムを書きます。
tmpFlipperLRotateが30未満の時、あらかじめ宣言したrotateSpeedにTime.deltaTimeを乗算しています。Time.deltaTimeについては下記のコラムで説明します。

```
40                //5
41                tmpFlipperLRotate += rotateSpeed * Time.deltaTime;
```

6 角度の固定

tmpFlipperLRotateが30を超えた場合、そこで角度を固定しています。

```
45                //6
46                tmpFlipperLRotate = 30;
```

7 左矢印キーを押さない場合

Input.GetKey(KeyCode.LeftArrow)がtrueでない場合、つまり左矢印キーを押していない時は、手順4～6と反対の処理を書きます。

```
51            //7
52            if (tmpFlipperLRotate > -30)
53            {
54                tmpFlipperLRotate -= rotateSpeed * Time.deltaTime;
55            }
56            else
57            {
58                tmpFlipperLRotate = -30;
59            }
```

8 右フリッパーの処理

右フリッパーに対しても、手順4〜7の処理をプログラムしましょう。

```
61        //8
62        if (Input.GetKey(KeyCode.RightArrow))
63        {
64
65            if (tmpFlipperRRotate < 30)
66            {
67                tmpFlipperRRotate += rotateSpeed * Time.deltaTime;
68            }
69            else
70            {
71                tmpFlipperRRotate = 30;
72            }
73        }
74        else
75        {
76            if (tmpFlipperRRotate > -30)
77            {
78                tmpFlipperRRotate -= rotateSpeed * Time.deltaTime;
79            }
80            else
81            {
82                tmpFlipperRRotate = -30;
83
84            }
85        }
```

9 フリッパーを動かす

そして最後の2行で、フリッパーに計算された角度通りに実際に動かしています。

```
86        rigidbodyL.MoveRotation(FlipperL.transform.rotation *
          Quaternion.Euler(0, -tmpFlipperLRotate, 0));
87        rigidbodyR.MoveRotation(FlipperR.transform.rotation *
          Quaternion.Euler(0, tmpFlipperRRotate, 0));
```

Playボタンを押して、フリッパーが動くか確認しましょう。

図4.57 ▶ フリッパーが動いた

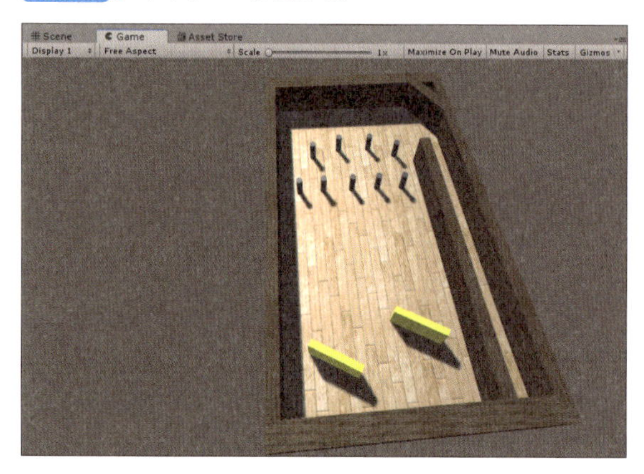

コラム Time.deltaTime

Update()は毎フレーム呼ばれるメソッドですが、一体1秒間に何回呼ばれるのでしょうか。これには、1秒間に呼ばれるフレーム数の単位であるフレームレートが関係します。フレームレートの単位はfps(frame per second)でコマ/秒を表します。ちなみに映画は24fpsです。

イメージが湧きにくい方はパラパラ漫画を想像してみてください。1秒間に4枚のパラパラ漫画(4fps)と、1秒間に10枚のパラパラ漫画(10fps)では、どちらが滑らかでしょうか？後者の方が滑らかですよね。UnityのUpdate()は、このパラパラ漫画の絵がめくられる度に呼ばれるメソッドと考えてください。では一体Unityではfpsはいくつなのでしょうか。

答えは「環境による」です。デフォルトの設定では実行環境によりフレームレートは自動で調整されるようになっております。

Time.deltaTimeには、60fpsの時は1/60が入り、30fpsの時には1/30が入ります。Time.deltaTimeにより異なる環境でも、1秒間に起きる挙動を同じにできるのです。

4-6 ゲームの調整をしよう

では、調整をしてピンボールゲームを動かしてみましょう。

4-6-1 レールをつくる

まず、フリッパーの左右の隙間をレールで埋めましょう。

1 レールの追加

Hierarchyウィンドウの[Case]を上で右クリックし、[3D Object]→[cube]を選択して、RailLとRailRを作成しましょう。

図4.58 ▶ RailLとRailR

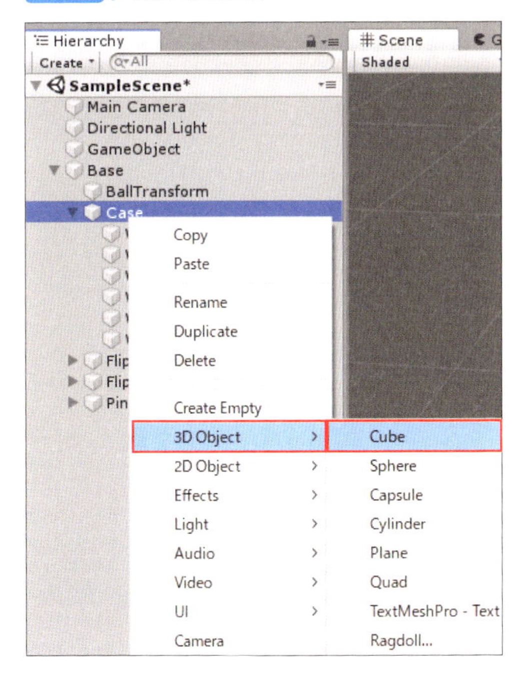

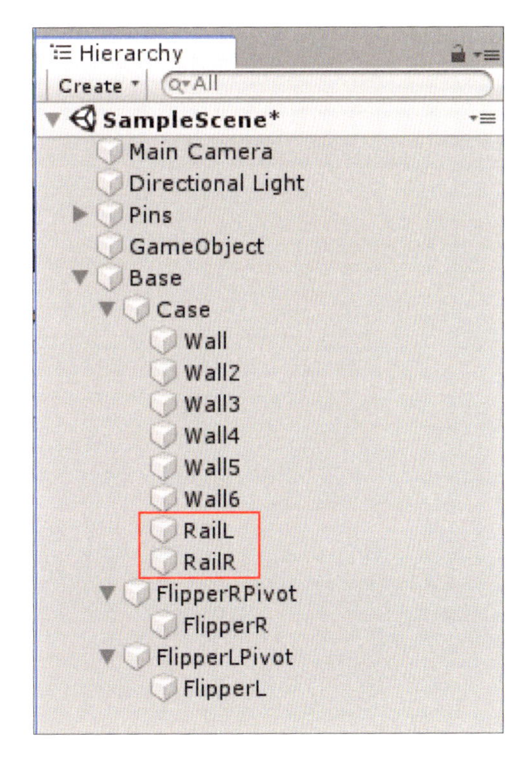

2 マテリアルの設定

Transformを調整したあと（❶）、鉄のような見た目にするために、Pin MaterialをMesh RendererのMaterialsのElement 0にドラッグ&ドロップします（❷）。勿論新しく自分好みのMaterialをつくるのもいいと思います。

図4.59 ▶ レールのマテリアル

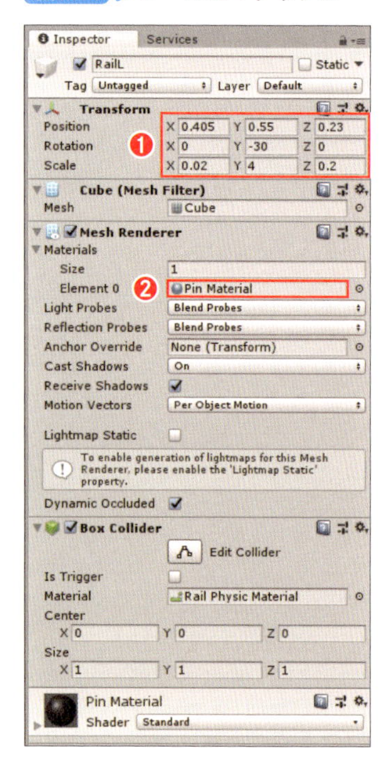

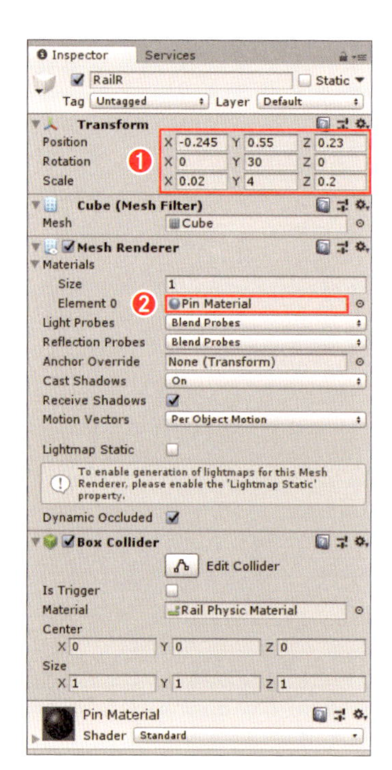

3 Rail Physic Materialの設定

そして、あまりバウンドさせたくなかったので、Rail Physic Materialを以下のように作成し、RailLとRailRにドラッグ&ドロップしました。

図4.60 ▶ Rail Physic Material

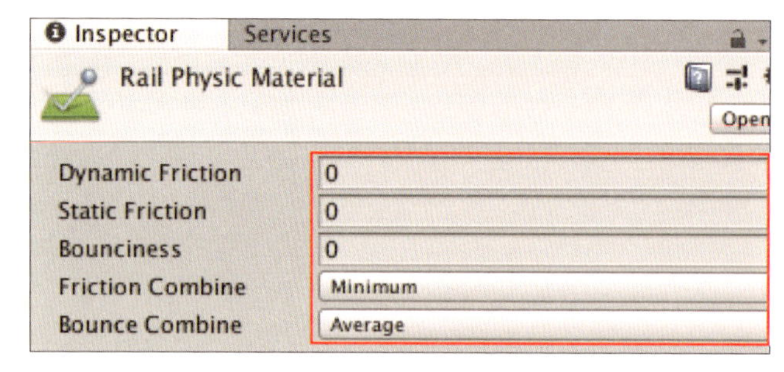

4-6-2 ボールの発射位置を固定する

今の状態では、ピンボール台の位置を移動してしまうと、ボールの発射位置がずれてしまいます。このことに対処するために、ボールの発射位置をピンボール台の上で固定しましょう。

1 BallTransformの追加

Hierarchyウィンドウで[Create Empty]をクリックし、名前を「BallTransform」に変更します。

図4.61 ▶ BallTransform

2 BallTransformの設定

TransformにはBall Prefabと同じ値をいれておきます。

図4.62 ▶ BallTransform

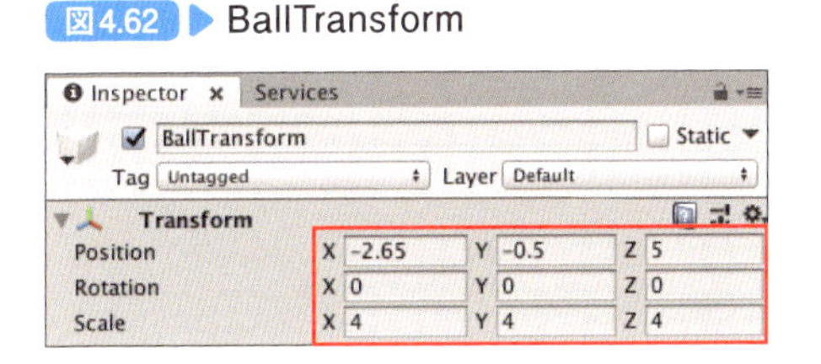

3 階層構造の変更

BallTransformをBaseの下にドラッグ&ドロップします。

図4.63 ▶ BallTransform

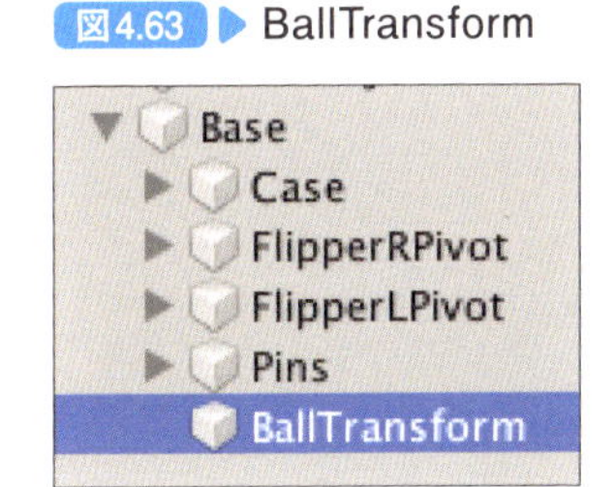

4 ballTransformの宣言

親であるBaseのTransformが変わった際にBallの発射位置も変わるようにscriptを追加していきます。BallScript.csを開いて、BallTransformと紐づけるballTransformを宣言します。

```
8      public Transform ballTransform;
```

5 BallTransformの位置の指定

クリックされた際に、Baseの子である空のオブジェクトBallTransformの位置を指定します。

```
23              ball.transform.position = ballTransform.position;
```

6 BallTransformの紐づけ

そしてHierarchyウィンドウのGameObjectを選択し、InspectorウィンドウのBallTransformに、HierarchyウィンドウのBallTransformをドラッグ＆ドロップして紐づけましょう。

図4.64 ▶ BallTransformの紐づけ

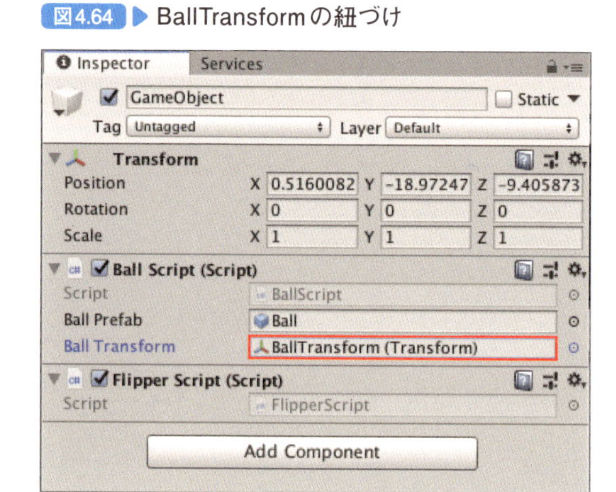

では、Hierarchyウィンドウにて［Base］を選択し、位置をずらしてみましょう。Ballの発射位置も一緒に変わるのがわかると思います。

4-6-3 完成！！

では、さっそくゲームを開始してみましょう。Playボタンを押し、左クリックを押すとボールが出てきます。クリックするたびにドンドンボールが発射されます。

図4.65 ▶ ピンボールゲーム

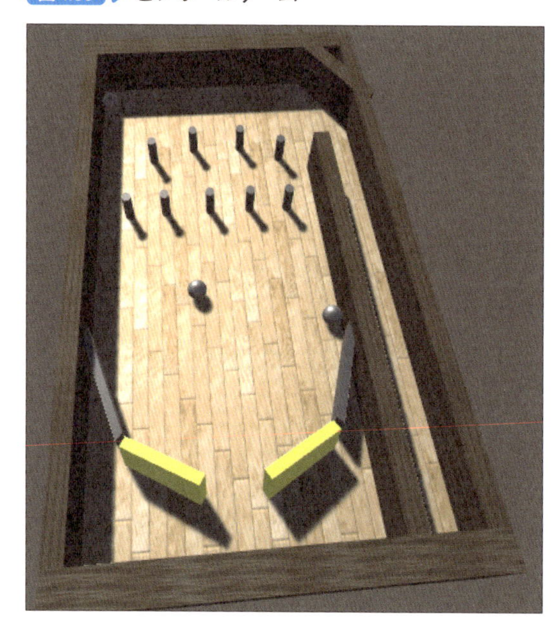

Chapter

5

キャラクターゲームをつくろう

Chapter5ではUnityの大きな特長である「Asset Store」を使い、広大なステージをキャラクターが冒険することができるキャラクターゲームをつくってみましょう。ステージのつくり方は勿論、追従式カメラや砂嵐を起こす方法もマスターしましょう！

5-1 ステージをつくろう

ここではキャラクターが自由にステージを駆け回ることができるゲームをつくります。まずは、地形からつくってみましょう。P.26～27を参考に、プロジェクト（ここでは「Character Game」）を新しくつくってください。なお、シーン名は「main」としてください。

5-1-1 地形の作成

最初にステージのもととなる地形をつくります。

1 Terrainの追加

[GameObject]→[3D Object]→[Terrain]を選択してください。

図5.1 ▶ Terrainを追加

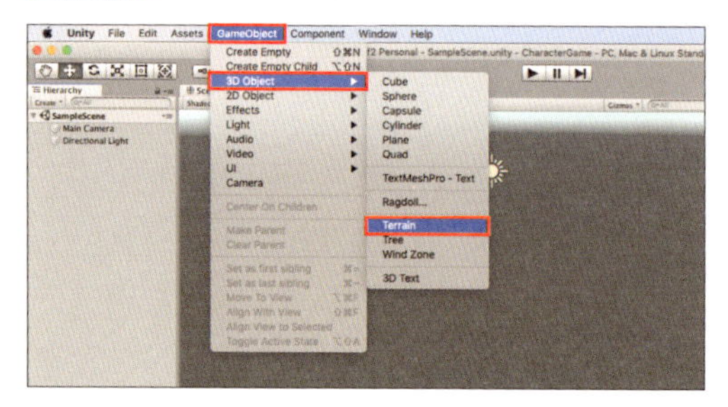

2 地形の出現

Hierarchyウィンドウ上またはSceneビュー上にTerrain(地形)が出現します。

図5.2 ▶ HierarchyウィンドウとSceneビュー

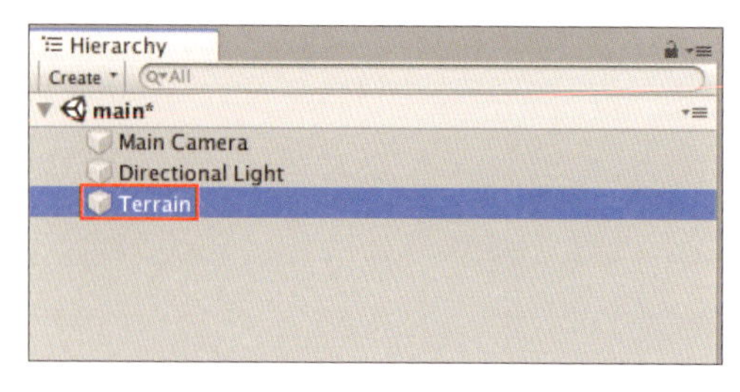

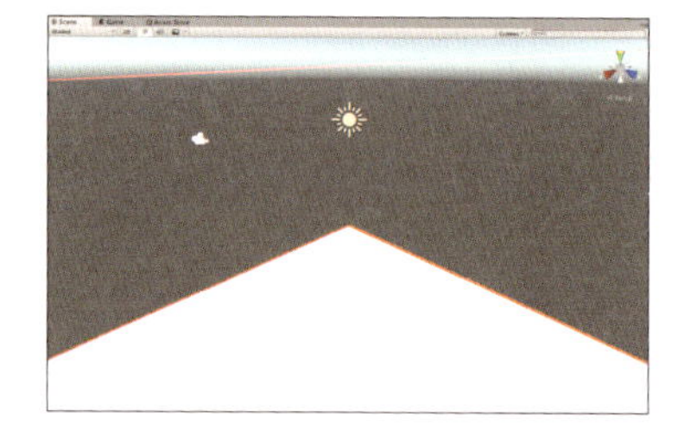

5-1-2 Standard Assetsのインポート

ステージのもととなる地形はこのままでは真っ白なので、地面をつくっていきます。まずは、ステージづくりに必要な素材である「Standard Assets」をインポートします。

1 検索とダウンロード

[Window]→[Asset Store]を選択し、表示された検索ボックスに「Standard Assets」と入力して、ダウンロードします。

図5.3 ▶ Asset Storeの利用

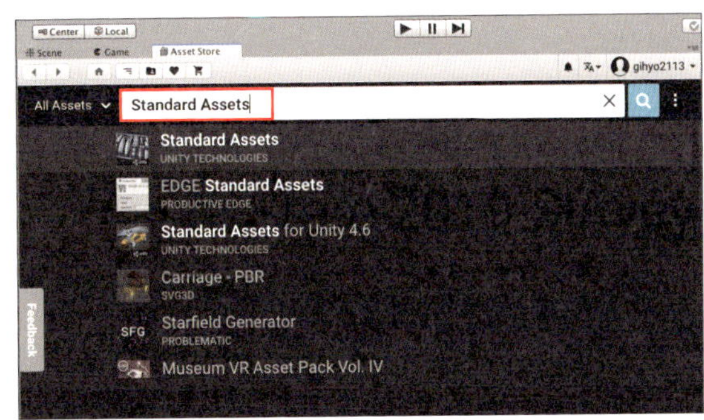

2 パッケージのインポート

ダウンロードが完了したら、[Import]をクリックしましょう(❶)。すると、Standard Assetsに収録されているパッケージが表示されます。必要なものを選択し(ここでは「All」)、[Import]をクリックします(❷)。

図5.4 ▶ Standard Assets

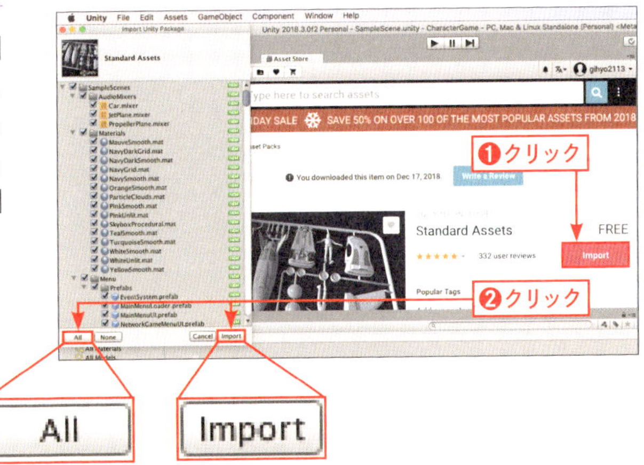

3 インポートの完了

インポートが完了すると、Projectウィンドウの Assetsフォルダに Standard Assetsが追加されます。

図5.5 ▶ Assetsフォルダに追加された

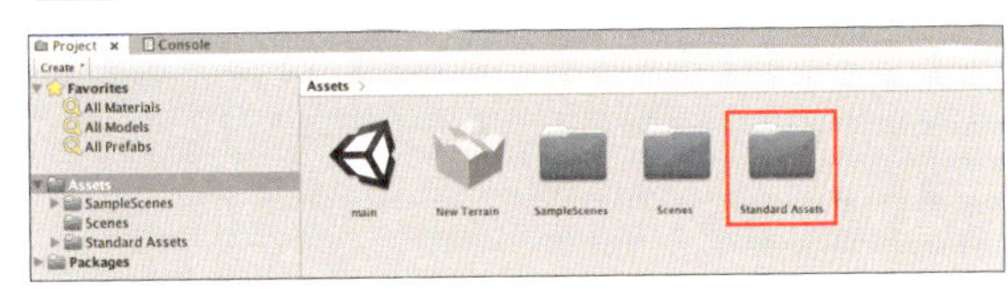

5-1-3 テクスチャーの設定

インポートしたStandard Assetsから、利用したいテクスチャーを設定していきます。

1 テクスチャーの確認

Projectウィンドウの[Assets]→[Standard Assets]→[Environment]→[TerrainAssets]→[SurfaceTextures]を選択してください。Standard Assetsフォルダ内に収録されている地面のテクスチャーが表示されます。なお、テクスチャーはカスタマイズして利用することもできます(今回はこのまま利用します)。

図5.6 ▶ SurfaceTexturesフォルダ

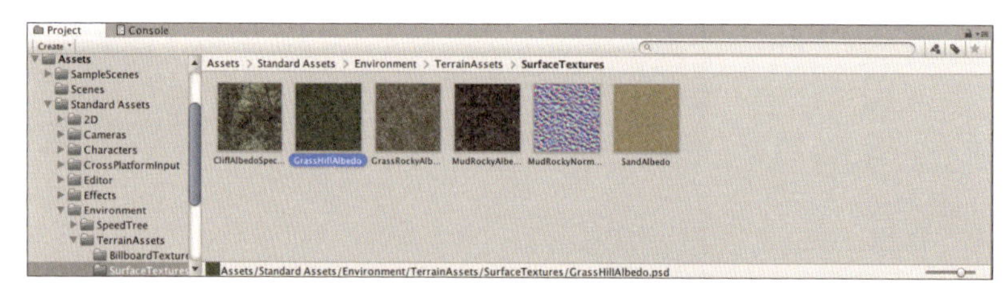

2 設定画面の表示

Hierarchyウィンドウで[Terrain]を選択し(❶)、Inspectorウィンドウの[Paint Terrain]をクリックし(❷)、すぐ下のリストから[Paint Texture]を選択します(❸)。

図5.7 ▶ 設定画面の表示

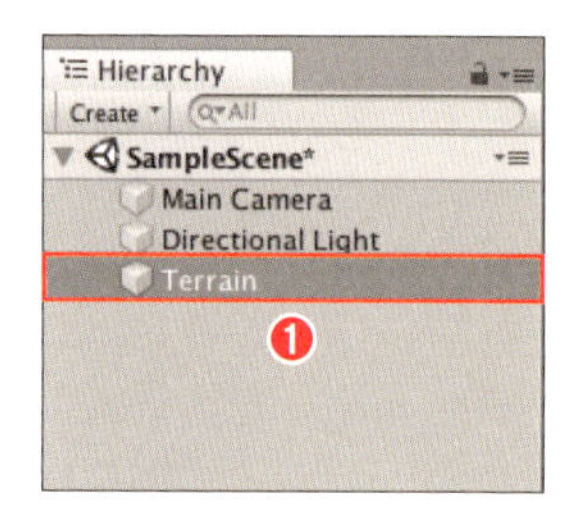

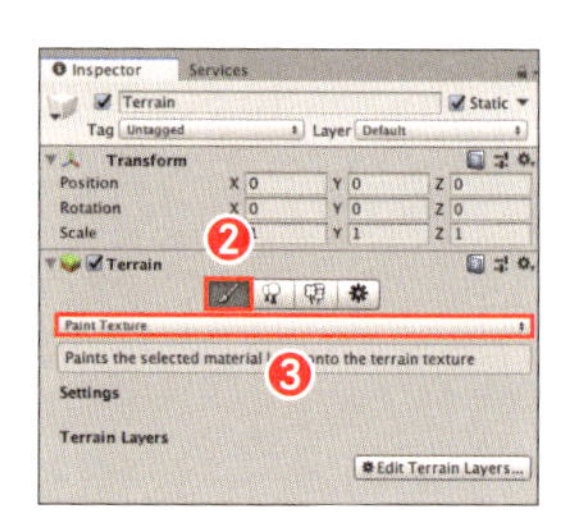

3 レイヤーの作成

「Terrain Layers」の[Edit Terrain Layers]をクリックし、[Create Layer]を選択してください。

図5.8 ▶ レイヤーの作成

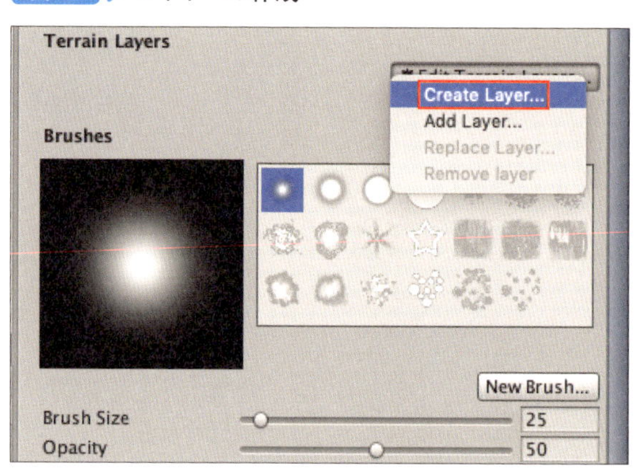

4 テクスチャーの選択

テクスチャーの選択画面から［GrassHillAlbedo］をダブルクリックして選択します。

図5.9 ▶ テクスチャーの選択

地面に「GrassHillAlbedo」が適用されたと思います（Sceneビューで表示されていない場合、Sceneタブに切り替えてください）。

図5.10 ▶ GrassHillAlbedoが適用

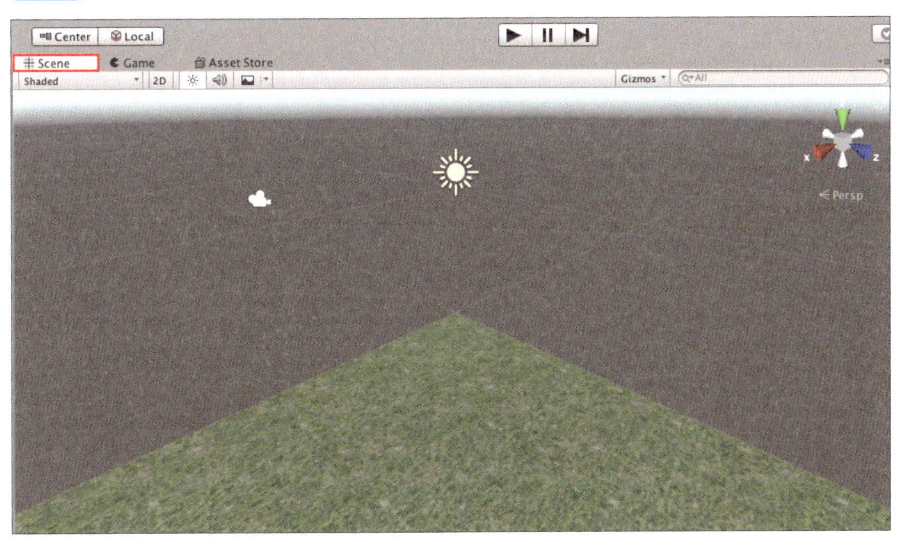

5-2 地面に色を塗ろう

先ほどテクスチャーを設定しましたが、少し遠くから見るとなんだか味気ないですね。ではブラシを使って地面に色を塗ってみましょう。

5-2-1 地面の改良

5-1の地面を改良していきましょう。

1 テクスチャーの追加

5-1-3の要領で、Hierarchyウィンドウで[Terrain]を選択し、Inspectorウィンドウの[Paint Texture]をクリックしたあと、[Edit Terrain Layers]→[Create Layers]を選択して、新しいレイヤーにテクスチャーを追加します(ここでは「MudRockyAlbedoSpecular」を追加しています)。

図5.11 ▶ レイヤーの作成

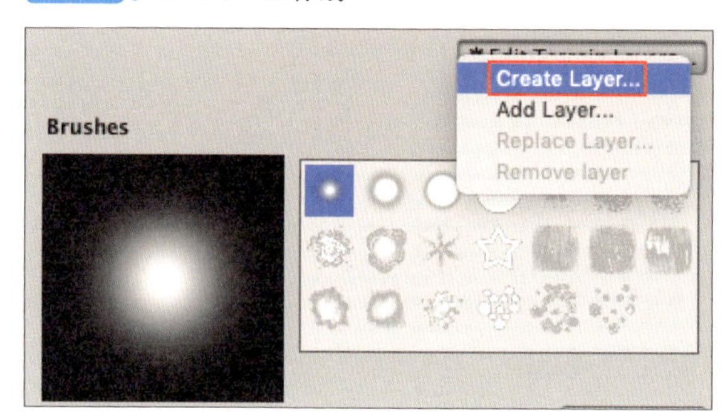

5-2-2 ブラシの利用

5-2-1で追加したテクスチャーを、ブラシを利用して地面に塗っていきます。

1 ブラシの選択

Terrain Layersに先ほど追加したテクスチャー(「MudRockyAlbedoSpecular」)をクリックし、Brushesからブラシの種類を選択します(今回は左から2番目のブラシを選択してみましょう)。

図5.12 ▶ ブラシの選択

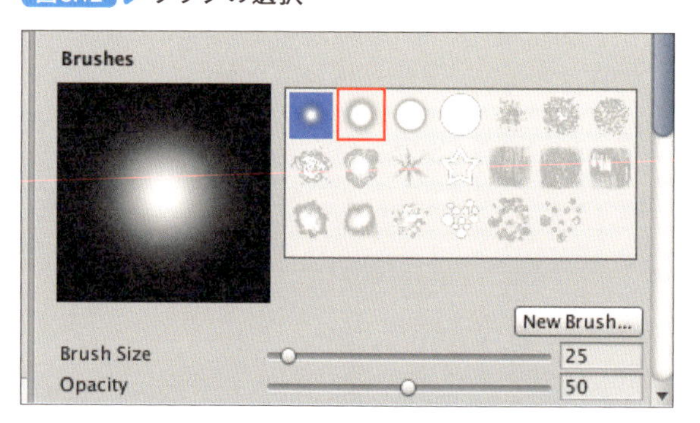

2 ブラシで塗る

全体が表示されるように画面を調整します（コラム参照）。さっそく外側を囲むように塗ってみましょう。SceneビューのTerrain上でクリックしながらマウスを動かすと、ブラシを利用することができます。Brush SizeとOpacityでブラシのサイズと不透明度を変更できます（ここではBrush Sizeを「80」、Opacityを「50」に設定しています）。

図5.13 ▶ 塗ったあとの地面

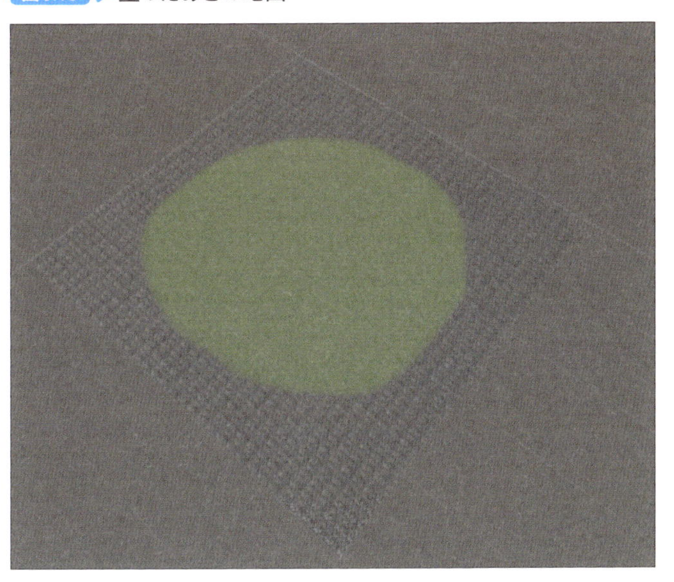

コラム Sceneビューでの画面の調整

手順2のブラシで色を塗る際、Sceneビュー上で操作がやりにくいことがあります。その際はHand Tool（図5.A）を利用すると便利です。

図5.AのようにHand Toolが選択されている状態で、マウスを操作するとカメラの移動が行えます。

また、Hand Toolを選択した状態でWindowsの場合は Alt キー（Macの場合は Ctrl キー）を押すとHand Toolが図5.Bのように虫眼鏡のアイコンに変化します。

この状態でマウスのホイールを上下すると、Sceneビュー内の拡大／縮小が行えます。

図5.A ▶ カメラの操作

図5.B ▶ Sceneビュー内の拡大／縮小

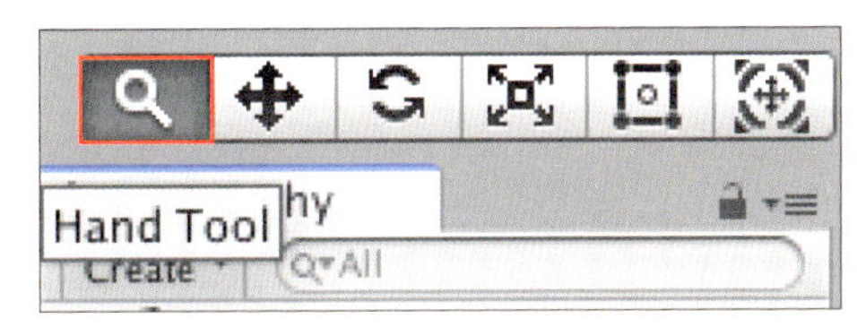

5-3 山をつくろう

Unity では山や谷の起伏を、ブラシを使って簡単につくる事ができます。トゲトゲの山や緩やかな坂など、自分でイメージしているようなステージを実際につくっていきましょう。

5-3-1 ブラシの種類

現状を角度を変えて確認してみると起伏がなく、ものたりません。そこで、ブラシの高さツールを使って高低差をつけていきましょう。

1 ブラシの選択

これまでと同じようにInspectorウィンドウのTerrainから[Paint Terrain]を選択します。
ブラシの種類やサイズについても5-2-2と同様に変更できます。

2 高さツールの選択

プルダウンメニューからTerrainに高低差をつけるための高さツールを選択します。高さツールは3種類用意されています。詳細は表5.1のとおりです。

図5.14 ▶ 高さツールの選択

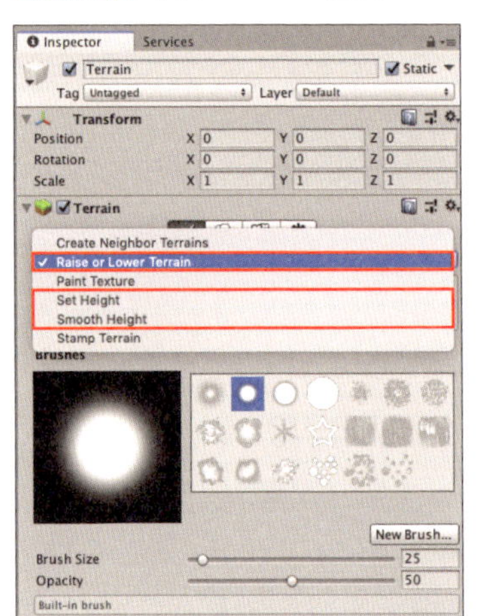

表5.1 ▶ 高さツールの種類

種類	説明
Raise or Lower Terrain	クリックした場所を高くします。また、Shift キーを押しながらクリックすると、低くすることができます
Set Height	Height で指定した数値内で起伏をつくれます。[Flatten] を押すと一律で指定した値に設定できます。[Flatten] ボタンで地面全体を高くしたあと、「Raise or Lower Terrain」ツールを活用することで谷底をつくることができます
Smooth Height	クリックした箇所を滑らかにすることができます。ギザギザしてしまった部分などに使います

5-3-2 ブラシの利用

では、早速Sceneビューの Terrainに山をつくってみましょう。上記の高さツールと用意されているブラシを使い、中心の部分が山、周りの部分が渓谷となるようにしてみます。

1 全体を高くする

谷をつくるためには高さが必要です。すぐに谷をつくりたい場合は、まず[Set Height]を選択し(❶)、Heightの値に数値を入力し、[Flatten]をクリックしましょう(❷)。

図5.15 ▶ Set Height

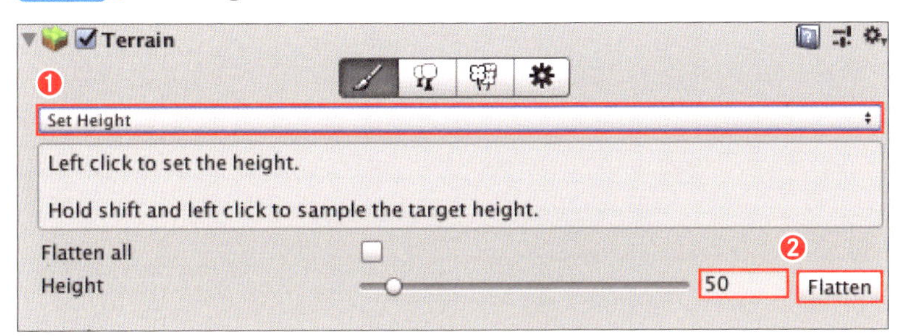

2 山と渓谷をつくる

「Raise or Lower Terrain」を使用してある程度好きにいじったあとに、メニューから[Smooth Height]を選択し、山の部分をクリックして、不自然な部分を調整します。[Smooth Height]はクリックすると、近くのエリアの高さを平均化できます。たったそれだけで、なんとなくゲームのステージの基盤となるようなものができあがったかと思います。

図5.16 ▶ 滑らかにする

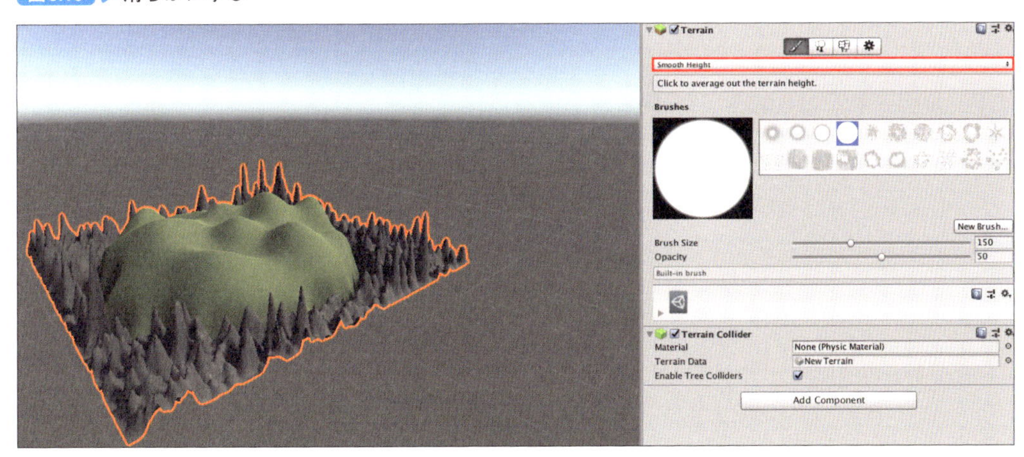

キャラクターを配置しよう

5-3まででステージは完成しました。ここでは完成したステージ上で操作する登場人物(キャラクター) を配置していきましょう。

5-4-1 キャラクターを配置する

今回は、5-1-2でインポートしたStandard Assetsフォルダ内の素材を利用して、ステージ上にキャラクターを配置していきます。

1 キャラクターの選択

Projectウィンドウより、[Assets]→[Standard Assets]→[Characters]→[ThirdPersonCharacter]→[Prefabs]と選択してください。

図5.17 ▶ キャラクターの選択

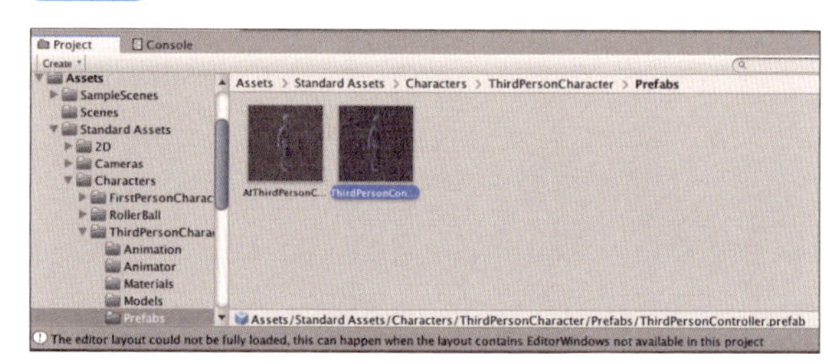

2 キャラクターの配置

Prefabsフォルダ内の[ThirdPersonController.prefab]を選択し、ドラッグ&ドロップでシーン内のステージに配置します。ステージに配置したキャラクターが小さすぎてよく見えない場合は、Hierarchyウィンドウで[ThirdPersonController]をダブルクリックすると、キャラクターの近くにSceneビューの視点を移動することもできます。

図5.18 ▶ キャラクターの配置

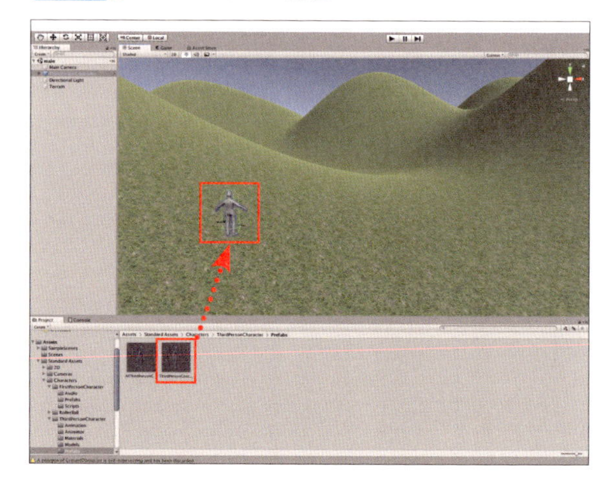

5-4-2 配置されたキャラクターを確認する

ゲームを作成し、ステージ上に配置されたキャラクターを確認してみましょう。

1 ゲームをプレイ

画面上のPlayボタンをクリックします。

図5.19 ▶ ゲームの再生

2 Sceneビューで確認

Gameビューに切り替わります。まだMainCameraの設定は行っておりませんので、Sceneタブに切り替えて確認してみましょう。

図5.20 ▶ Sceneビューで確認

ステージに配置したキャラクターがゆらゆら動いているのが確認できたと思います。次節以降でMain Cameraを設定して、ステージ上でキャラクターを動かしていきます。

追従式カメラを追加しよう

5-4ではステージ上にキャラクターを配置しました。ここでは、そのキャラクターを追従するカメラを追加しましょう。今回はスクリプトを書かない方法で行います。

5-5-1 カメラを追加する

カメラを追加して、キャラクターに追従させます。スクリプトで行う方法もありますが、今回はStandard Assetsフォルダ内の素材を利用し、スクリプトを書かない方法で解説します。

1 カメラの選択

Projectウィンドウより、[Assets]→[Standard Assets]→[Cameras]→[Prefabs]と選択してください。

図5.21 ▶ カメラの選択

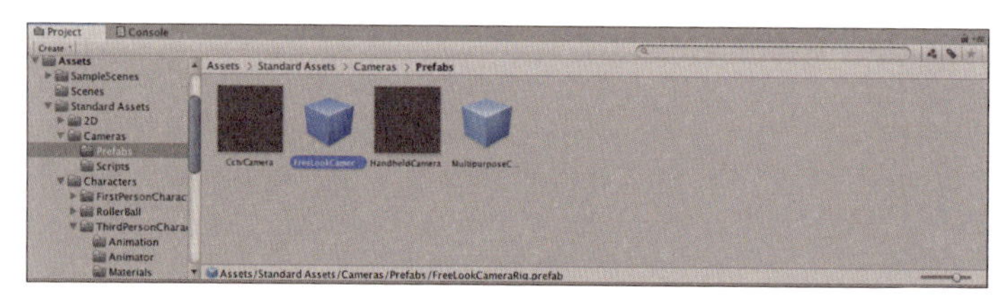

2 FreeLookCameraRigの配置

Prefabsフォルダ内の[FreeLookCameraRig]をクリックして選択後、ドラッグ＆ドロップでHierarchyウィンドウに追加します。

図5.22 ▶ カメラの配置

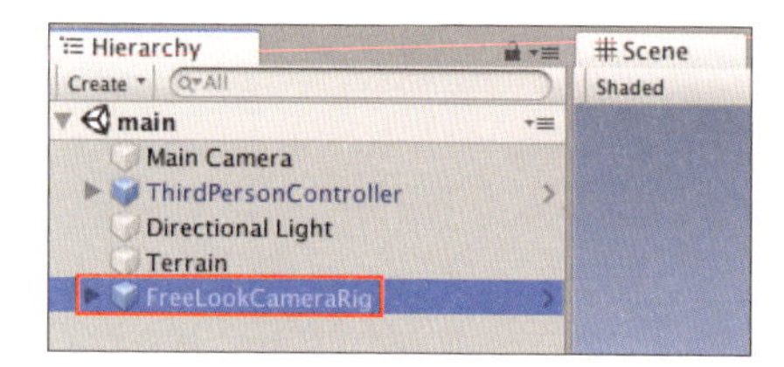

3 Main Cameraの削除

Hierarchyウィンドウ内の[Main Camera]を右クリックし、[Delete]で削除します。

図5.23 ▶ Main Cameraの削除

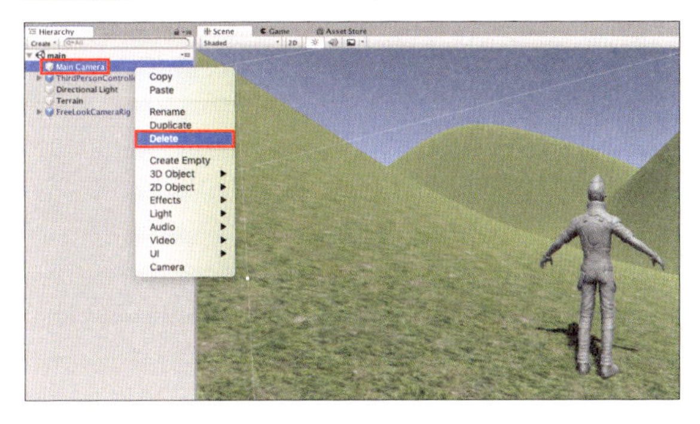

5-5-2 キャラクターに追従させる

カメラを追従させたいキャラクターを選択します。

1 カメラの追従設定

Hierarchyウィンドウより[FreeLookCameraRig]を選択してください。InspectorウィンドウのFree Look Cam(Script)のTargetに[ThirdPersonController]を指定しましょう。Targetの右端をクリックすると(❶)、Select Transformウィンドウが表示されるので、[ThirdPersonController]をクリックして選択します(❷)。

図5.24 ▶ カメラの追従設定

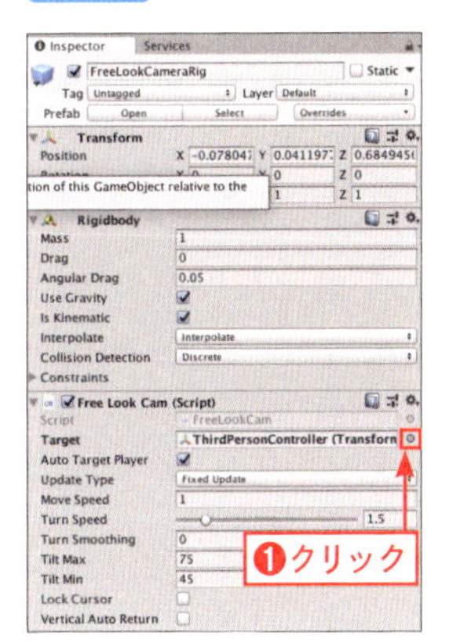

2 ゲームのプレイ

Playボタンをクリックしてプレイしてみましょう。キーボードの十字キーを入力すると、Gameビュー内でキャラクターを動かせます。動き回るプレイヤーにカメラが追従しているのが確認できたと思います。

建物を追加しよう

このままではステージが寂しいので、Asset Store からインポートした建物を追加していきたいと思います。今回は「Polylised - Medieval Desert City」を利用します。

5-6-1 建物をインポートする

5-1-2で説明したStandard Assetsのインポート方法と同様、AssetStoreから「Polylised - Medieval Desert City」をインポートします。

図5.25 ▶ Polylised - Medieval Desert City

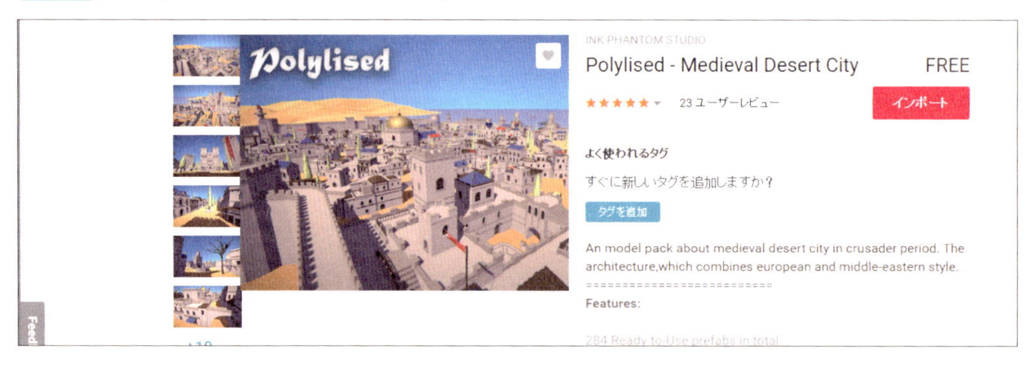

Projectウィンドウの Assetsフォルダ内に「Polylised - Medieval Desert City」が追加されたら、インポートは成功です。

図5.26 ▶ インポートに成功

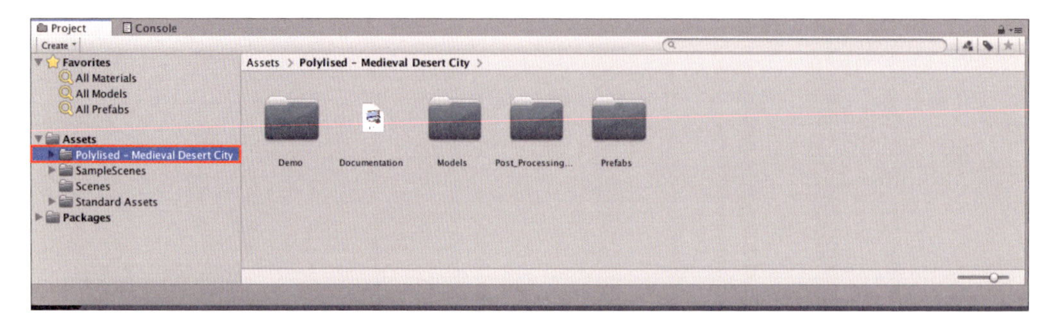

5-6-2 建物を配置する

では、早速配置していきます。[Assets]→[Polylised -Medieval Desert City]→[Prefabs]→[Prefab_unique_buildings]からドラッグ&ドロップをし、パーツを組み合わせて建物をつくっていくのもいいですが、今回はDemo_01から区画ごとコピーします。

1 シーンを切り替える

[Assets]→[Polylised -Medieval Desert City]→[Demo]の[Demo_01]をダブルクリックしてみてください。なお、シーンを切り替えようとした際、以下のようなアラートが出ますので、必要であれば忘れずにSaveするようにしてください。

図5.27 ▶ シーンの保存

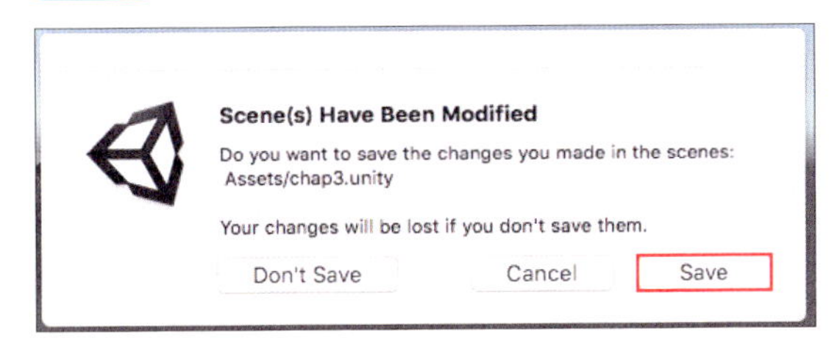

2 Demo_01が表示された

シーンが切り替わり、立派な街並みが表示されました。

図5.28 ▶ Demo_01の街並み

3 Block_01を選択

今回はこの中のBlock_01の部分をコピーします。まず、Hierarchyウィンドウの[THE WHOLE CITY]→[Block_01]をクリックしてください。すると該当部分が選択されます。

図5.29 ▶ Block_01の該当部分

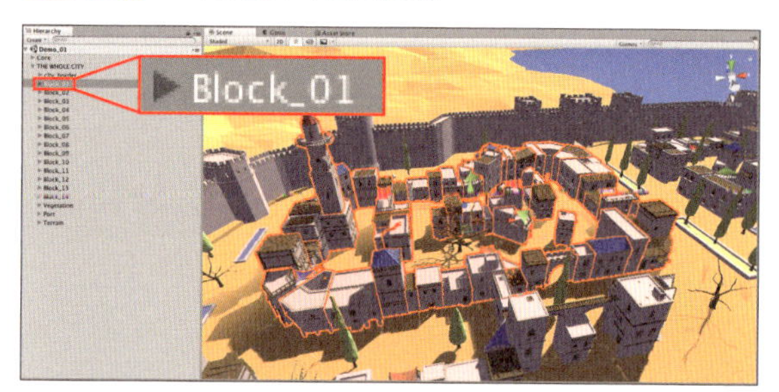

4 建物をコピー

この状態を確認したら、Hierarchyウィンドウの[Block_01]の上で右クリックし、[Copy]をクリックしてください。

図5.30 ▶ Block_01のコピー

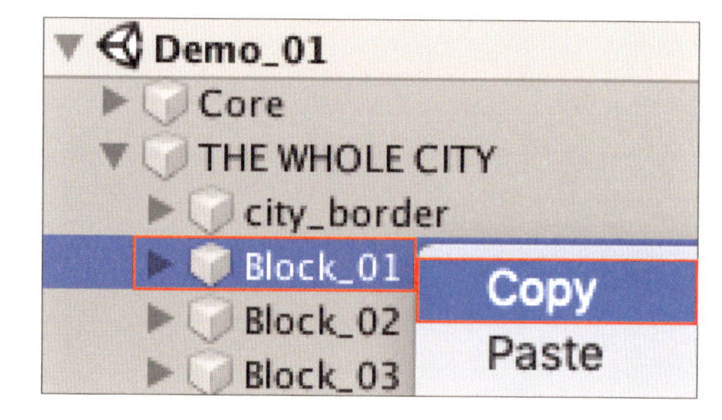

5 建物を追加

では、先ほどまで作成していたシーンに戻ります。[File]→[Open Scene]を選択し、該当するファイル名をダブルクリックしてください(ここでは[CharacterGame]→[Assets]→[Scenes]→[main.unity])。

作成中のシーンに戻ったら、Hierarchyウィンドウ上で右クリックし、[Paste]を選択してください。Block_01がまるごと出現するはずです。

図5.31 ▶ Block_01の追加

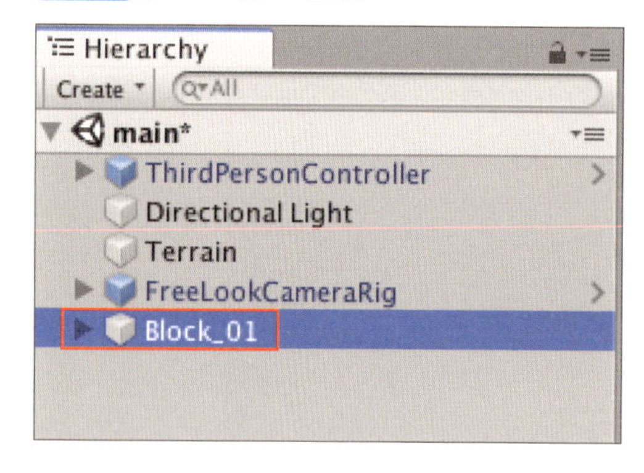

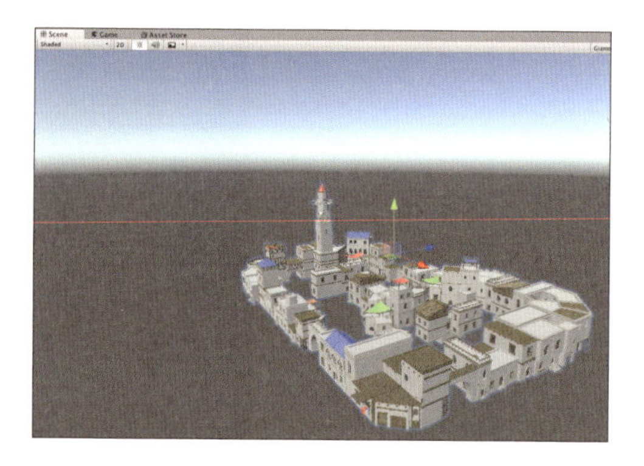

6 建物とTerrainの調整

座標があっていないので、Block_01のグループごと、InspectorウィンドウでTerrainに合わせてPositionの値を変更しましょう。また、向きを調整する場合はRotation、大きさを調整する場合はScaleの値を変更しましょう。
Terrainがでこぼこしている場合は5-3-2で説明したように、Terrainの高さツールを使い、調整しましょう。

図5.32 ▶ Block_01が配置された

雰囲気がでてきましたね。

5-7 砂嵐を追加しよう

さて、今度はこのステージに砂嵐を起こしたいと思います。

5-7-1 砂漠をつくる

建物の周りを砂漠にします。5-1-3の要領で、TerrianのInspectorウィンドウから[Paint Texture]→[Edit Terrain Layers]→[Create Layer]を選択し、[SandAlbedo]をダブルクリックして追加しましょう。

図5.33 ▶ SandAlbedoの追加

5-2の要領で、InspectorウィンドウのTerrain Layersから[SandAlbedo]をクリックしたあと、Brushesからブラシを選択し、建物のまわりのTerrainを装飾していきます。

図5.34 ▶ Terrainの装飾

5-7-2 砂嵐を追加する

では砂嵐を追加します。[Assets]→[Standard Assets]→[ParticleSystems]→[Prefabs]のDustStormをSceneビューにドラッグ＆ドロップしてください。

図5.35 ▶ DustStormの追加

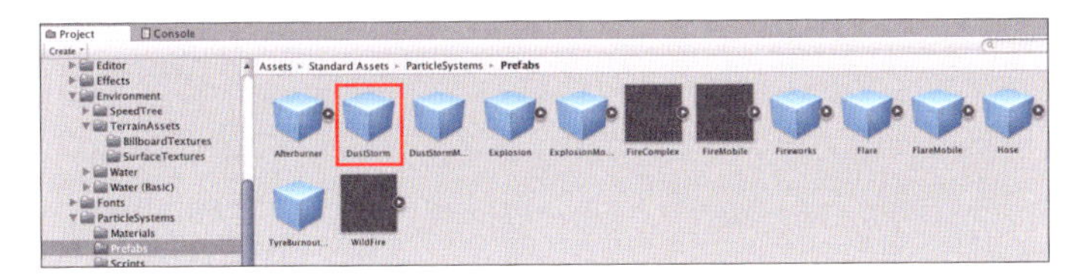

そして、Sceneビュー上またはInspectorウィンドウ上で位置の調整をしましょう。なお、Sceneビュー右下のParticle EffectでPlayやPauseなどの操作が可能です。

図5.36 ▶ 砂嵐の調整

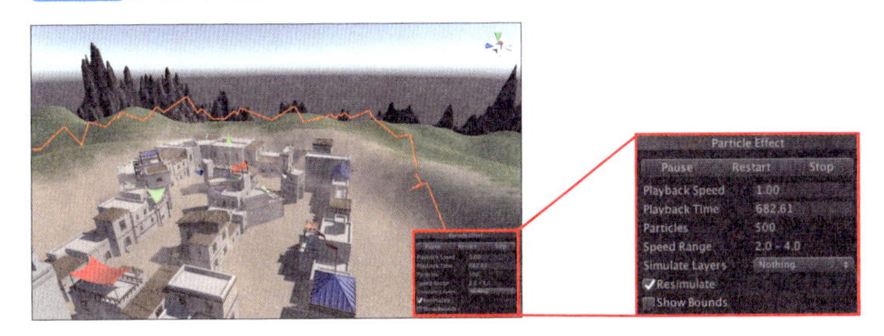

5-7-3 砂嵐の色を変更する

砂嵐の色を変更する。

1 設定画面の表示

Hierarchyウィンドウの[DustStorm]をクリックし、InspectorウィンドウのParticle Systemを見てみます。DustStormのStart Colorの下側にあるグレーの色をクリックしましょう。

図5.37 ▶ Particle System

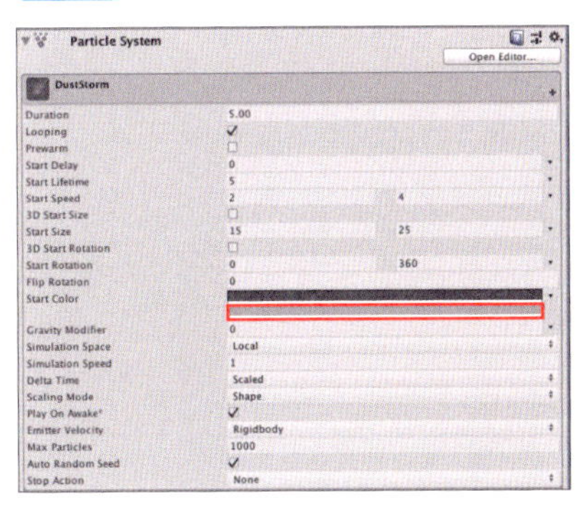

2 スポイトの利用

色の選択画面が表示されるので、左上にあるスポイトのアイコンをクリックして、Sceneビュー上の砂の上をクリックします。

図5.38 ▶ スポイトで指定

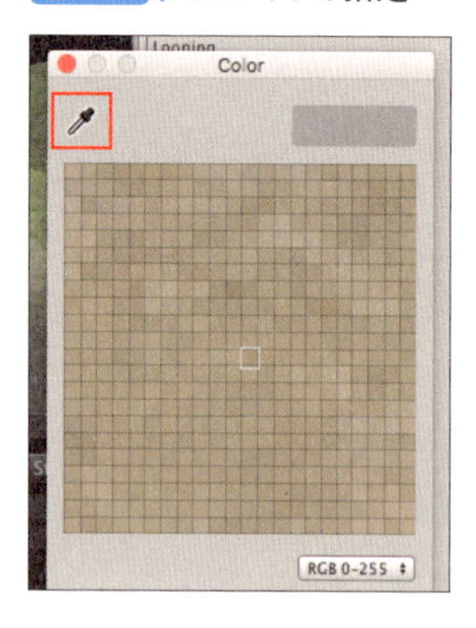

3 Start Colorの設定

Start Colorの右の矢印をクリックして(❶)、[Random Between Two Colors]を選択すると(❷)、この砂の色と上の色の間のランダムな色となります。

図5.39 ▶ Start Colorの設定

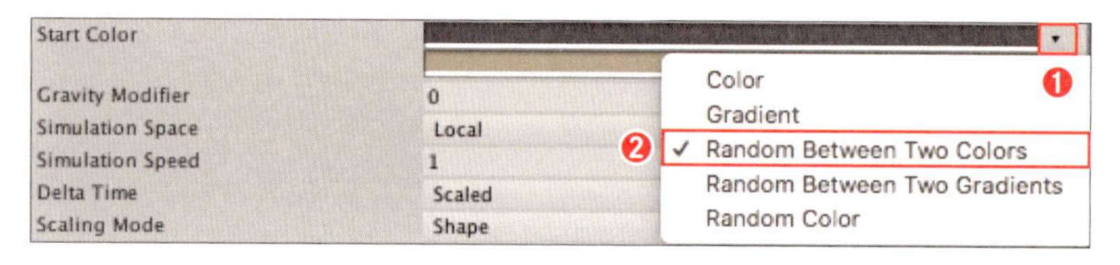

実際にプレイしてみると、砂嵐みたいになっているのがわかると思います。

図5.40 ▶ 砂嵐が発生した

5-8 ゲームの調整をしよう

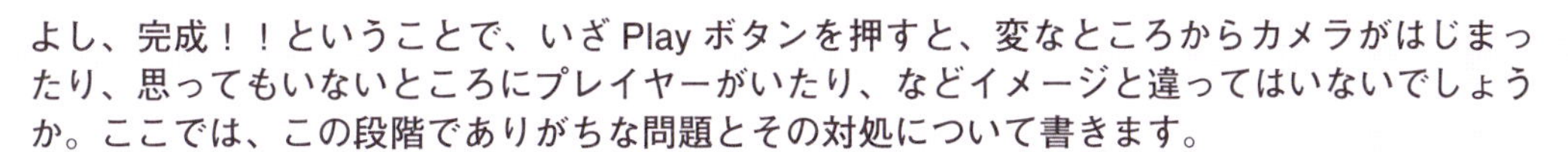

よし、完成！！ということで、いざPlayボタンを押すと、変なところからカメラがはじまったり、思ってもいないところにプレイヤーがいたり、などイメージと違ってはいないでしょうか。ここでは、この段階でありがちな問題とその対処について書きます。

5-8-1 プレイヤーが変なところにいる

ゲームスタートと同時にプレイヤーが変なところにいたら困りますよね。

図5.41 ▶ 宙に浮いている

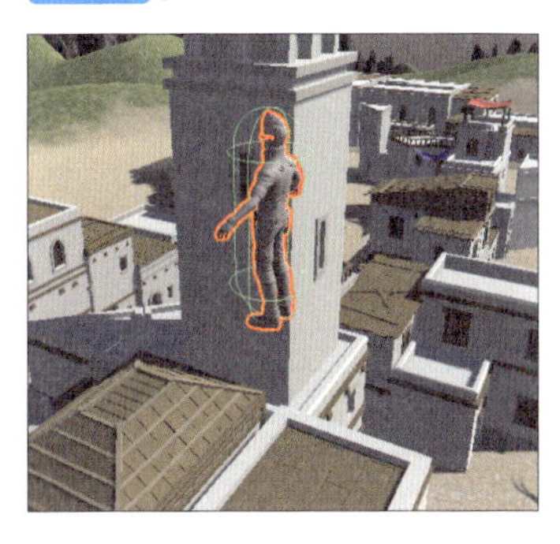

Hierarchyウィンドウで[ThidPersonController]を選択し、Inspectorウィンドウ上でPositionのYの値を変更します。5-3-2で利用した「Set Height」のHeightの値なども参考にして調整しましょう。

図5.42 ▶ 地面に足がついた

5-8-2 カメラが変なところからはじまる

ゲーム開始時のカメラの位置がイメージと違う・・・。そんな時はFreeLookCameraRigのInspectorウィンドウでPositionの値を調整しましょう。

図5.43 ▶ 開始位置が低過ぎる

ゲーム開始時のカメラの場所はプレイヤー上空などがいいですよね。FreeLookCameraRigのInspectorウィンドウでPositionのX、Zの値をThirdPersonControllerに揃え、PositionのYの値をThirdPersonControllerよりも大きな値に設定すれば、上空からプレイヤーを追従するようになります。

図5.44 ▶ 上空から開始している

5-8-3 カメラがプレイヤーについていくのが遅い、速い

プレイヤーを操作していると、カメラの追従速度や回転量などを調整したくなる事があります。こういうときはHierarchyウィンドウの[FreeLookCameraRig]を選択し、Inspectorウィンドウの FreeLookCam(Script)で調整します。

図5.45 ▶ Free Look Cam(Script)

Free Look Cam (Script)	
Script	FreeLookCam
Target	ThirdPersonController (Transform)
Auto Target Player	✓
Update Type	Fixed Update
Move Speed	1
Turn Speed	1.5

表5.2を参考に好みのカメラの動きにしてみましょう。

表5.2 ▶ カメラの調整方法

プロパティ説明	
Move Speed	プレイヤーに対するカメラの追従速度。値を上げると追従速度が上がり、下げると追従速度が下がる。0を指定するとカメラが追従しなくなる
Turn Speed	マウスを動かしたときのカメラの回転量。値を上げると回転量が大きくなり、下げると小さくなる。0を指定するとカメラが回転しなくなる

5-8-4 壁をすり抜ける

今プレイヤーを操作していても、建物をすり抜けてしまうのではないでしょうか。これは建物に衝突判定がないためです。

図5.46 ▶ 建物をすり抜ける

Unityでは衝突判定にColliderというものを使います。今回は門のオブジェクトにColliderを設定してみましょう。

1 オブジェクトの選択

Hierarchyウィンドウの[Block_01]の[civilian_house_24_a]をクリックしてみましょう。

図5.47 ▶ オブジェクトの選択

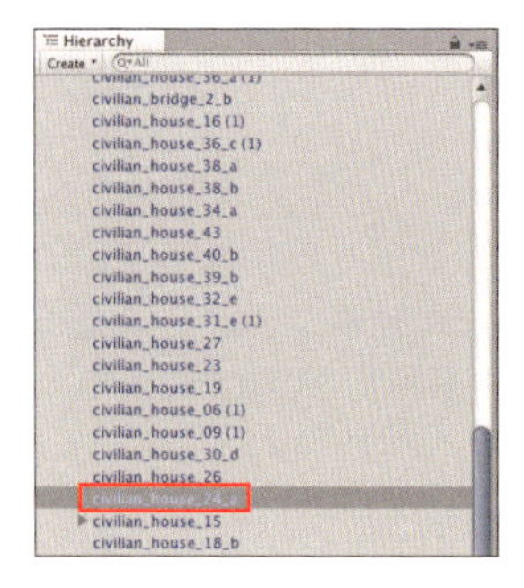

2 Mesh Colliderの追加

Inspectorウィンドウで[Add Component]をクリックし、[Physics]→[Mesh Collider]をクリックします。

図5.48 ▶ Mesh Colliderの追加

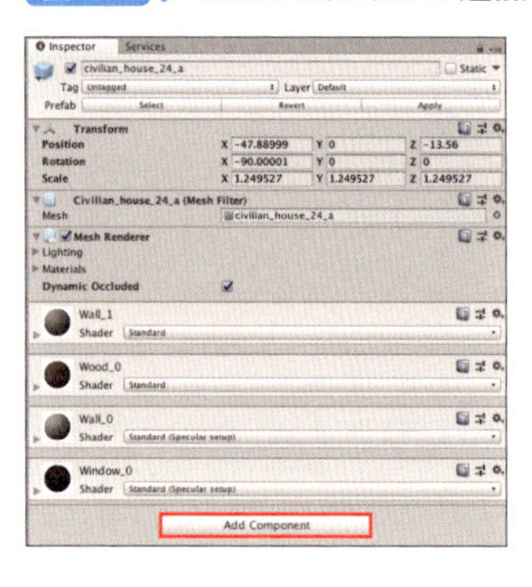

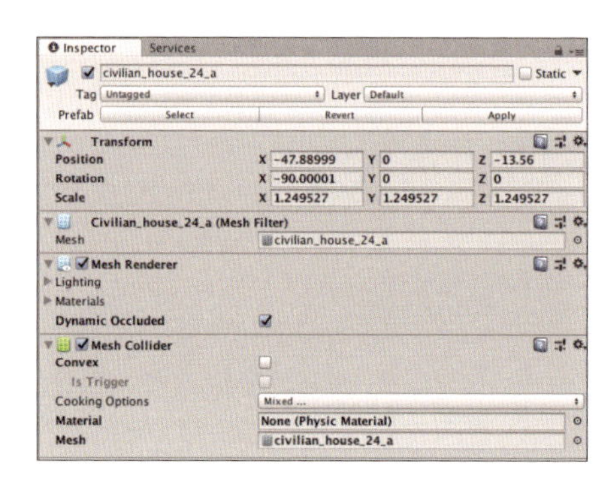

その状態でもう一度プレイしてみましょう。壁をすり抜けなくなったのがわかります。

図5.49 ▶ すり抜けなくなった

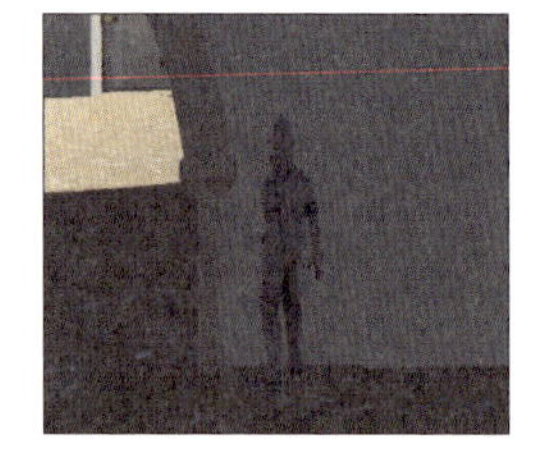

5-8-5 空を変えたい

空を変える時はMain Cameraのskyboxというコンポーネントを使います。

Asset Storeで「skybox」と検索してみましょう。無料でもたくさんヒットすると思います。今回は「Free Night Sky」というAssetをインポートして、利用します。

1 Lighting Settingの選択

[Window]→[Rendering]→[Lighting Setting]を選択しましょう。

図5.50 ▶ Lighting Settingの選択

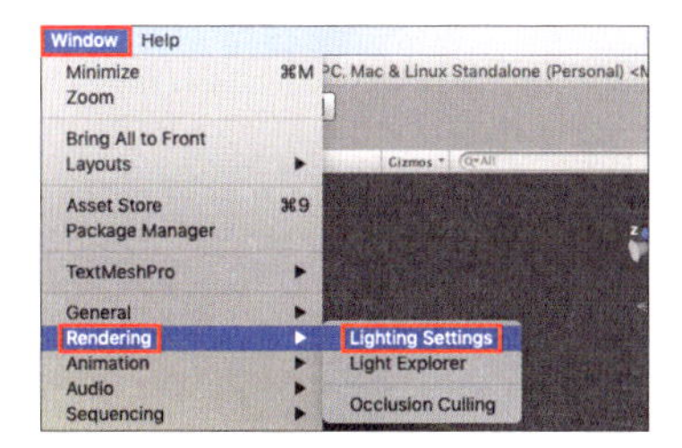

2 Skybox Materialの選択

次にEnvironmentのSkybox Materialの右のボタンをクリックし、[nightsky1]を選択してください。

図5.51 ▶ nightsky1の選択

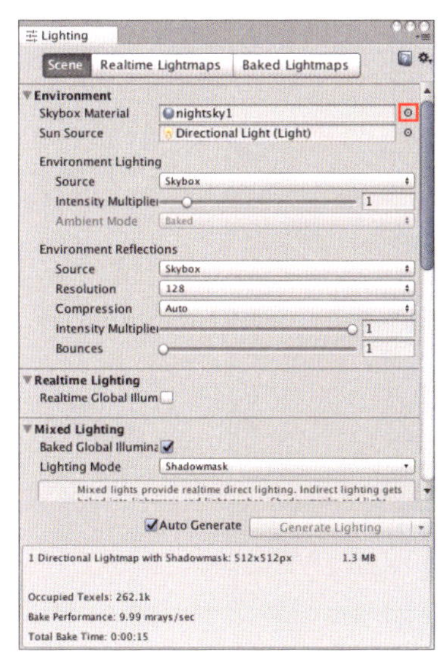

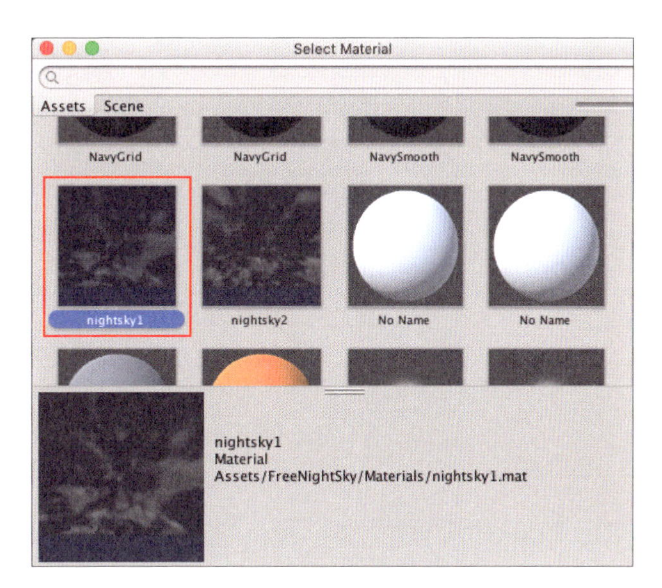

すると、空が変化したのがわかると思います。

図5.52 ▶ 空が変化した

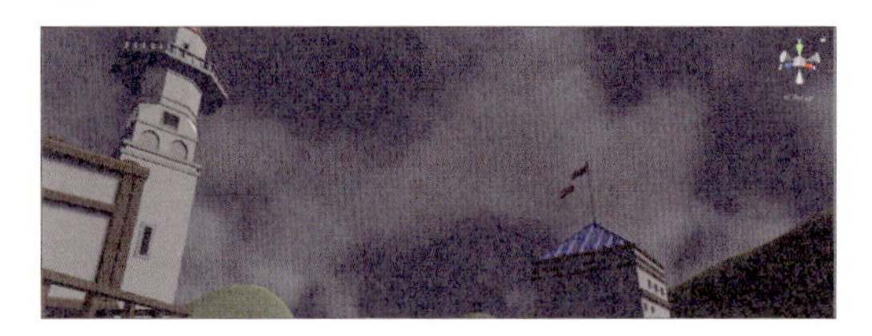

5-8-6 完成!!

一通りゲームが完成しました。十字キーとマウスを使い、冒険してみましょう！

図5.53 ▶ ゲームの完成例

シューティングゲームをつくろう

本章ではこれまでに学んできた様々なUnityの機能を活かしながら、シューティングゲームを開発していきます。残り時間やヒット数などのパラメーターを表示しつつ、奥行きのある3Dシューティングゲームを作っていきます。自動的に登場する敵や、衝突時に発生させるパーティクル等、Unityの可能性を感じることができると思います。

6-1 スタート画面をつくろう

「Shooting Game」というプロジェクト名でシューティングゲームをつくりましょう。まずはスタート画面を作成します。

6-1-1 Title Sceneの作成

スタート画面となるTitle Sceneをつくっていきます。

1 Title Sceneの追加

2-1-2手順1〜2の要領で、新しいシーンを作成し、名前を「Title Scene」としましょう。

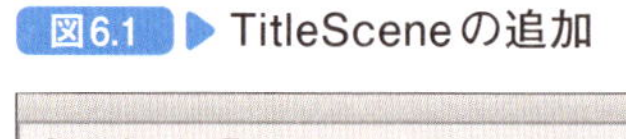

図6.1 ▶ TitleSceneの追加

2 Canvasの追加

Hierarchyウィンドウの[Create]→[UI]→[Canvas]を選択します。HierarchyウィンドウにCanvasとEventSystemが追加されたと思います。

図6.2 ▶ Canvasの追加

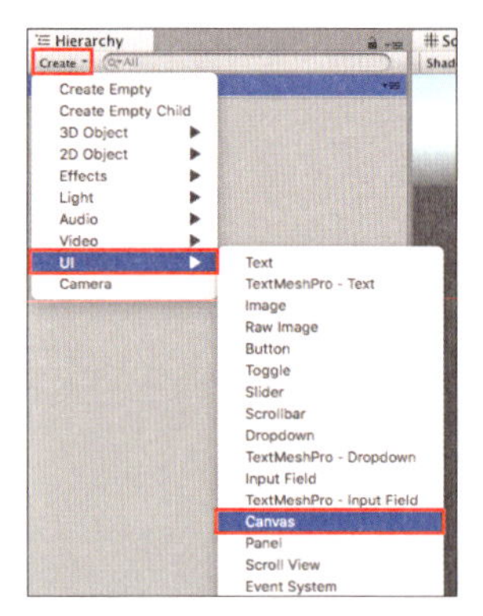

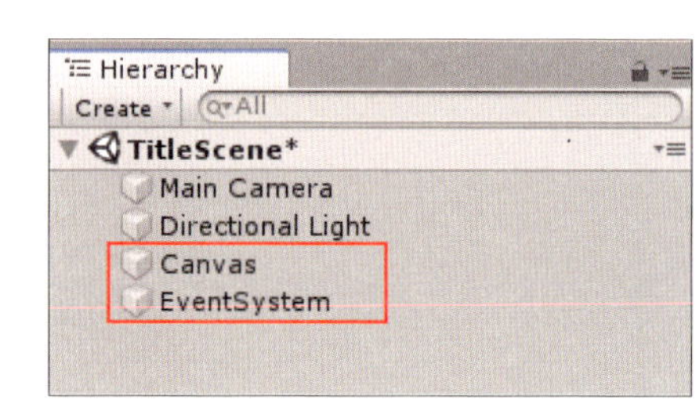

3 Panel,Text,Buttonの配置

手順2で作成したCanvasにPanel、Text、Buttonを配置していきます。[UI]→[Panel]と[UI]→[Text]、[UI]→[Button]を追加します。

図6.3 ▶ Panel,Text,Buttonの配置

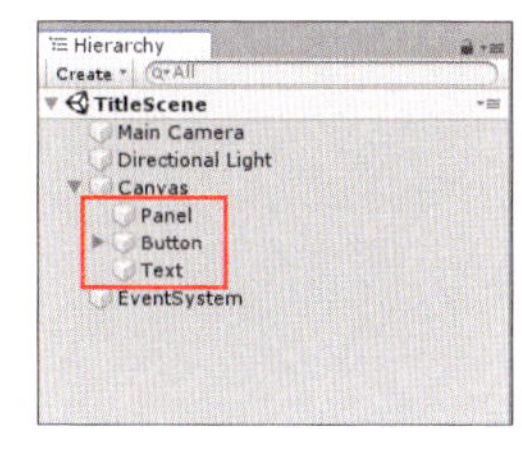

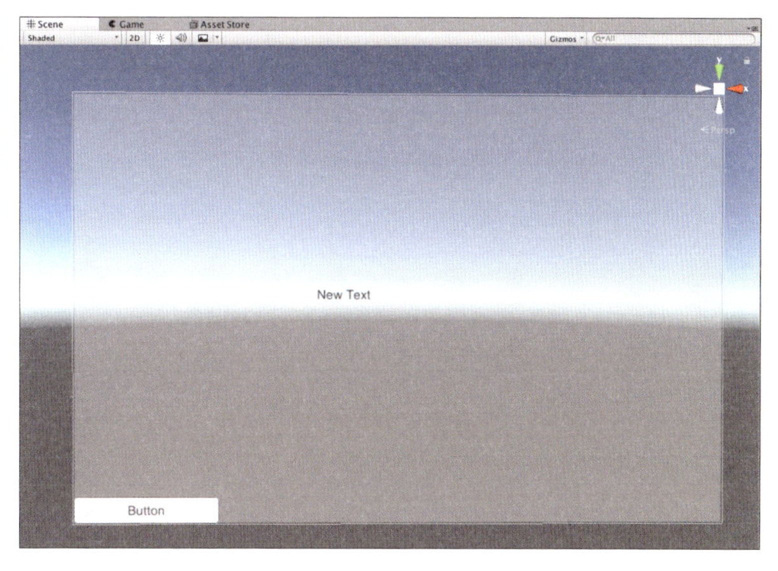

4 Panelの色の変更

PanelのInspectorウィンドウで色を変更してみましょう。ここでは、青にしてみます。

図6.4 ▶ Panelの色を設定

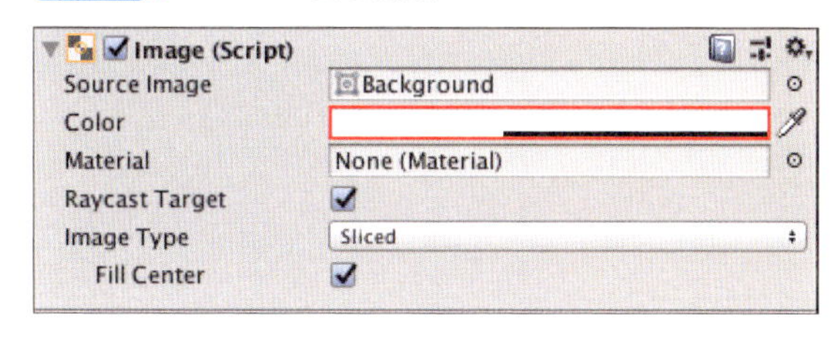

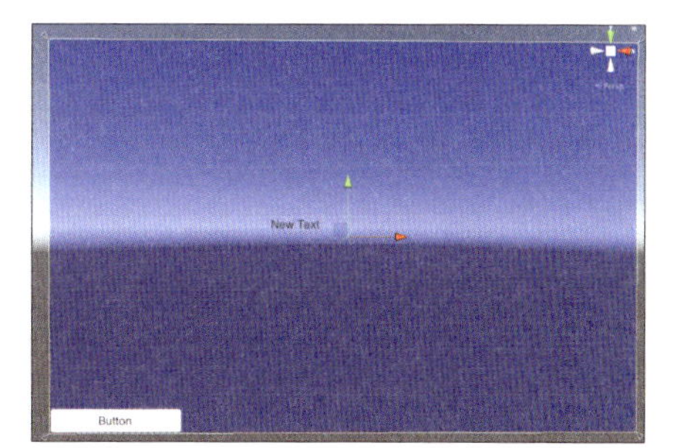

5 Textの設定

次にTextの設定を行います。Hierarchyウィンドウで[Text]を選択し、RectTransformを調整します(❶)。Textは「SHOOTING GAME」に変更し(❷)、Font Size(❸)とParagraphのAlignment(❹)、Color(❺)も変更します。

図6.5 ▶ TextのInspectorウィンドウ

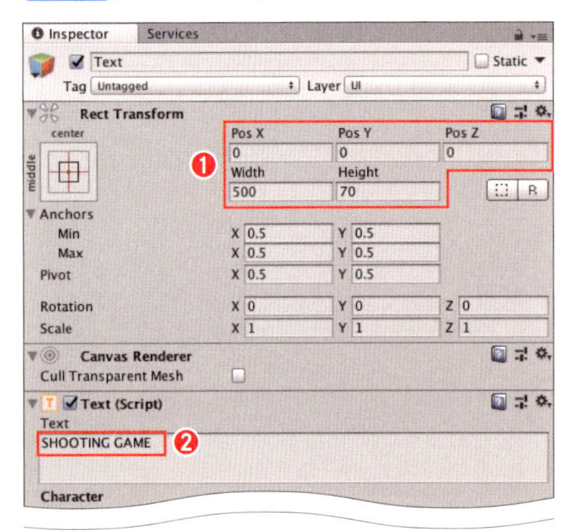

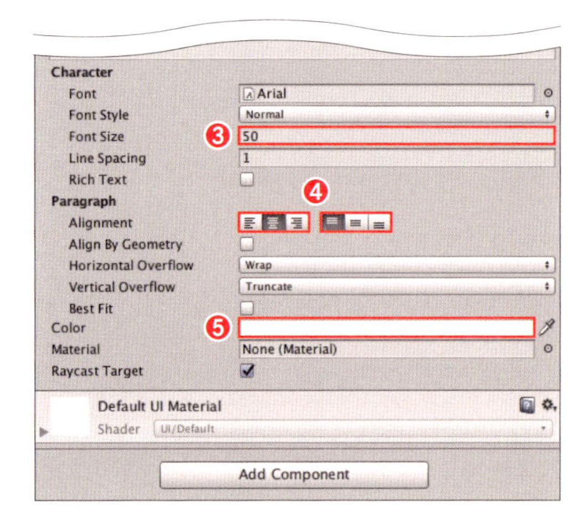

6 Buttonの設定

Buttonの設定もしてしまいましょう。Hierarchyウィンドウで[Button]を選択し、Inspectorウィンドウを変更していきます。RectTransformでボタンの位置を調整します。

図6.6 ▶ ButtonのInspectorウィンドウ

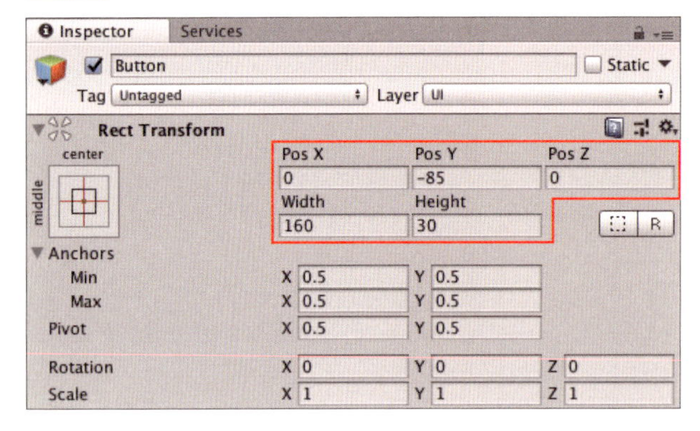

7 ButtonのTextの変更

HierarchyウィンドウのButtonの下の階層の[Text]を選択し、InspectorウィンドウのText(Script)を「GAME START」に変更します。

図6.7 ▶ ButtonのText

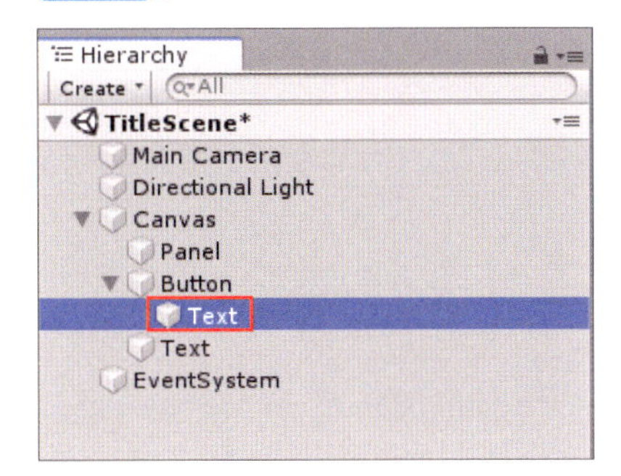

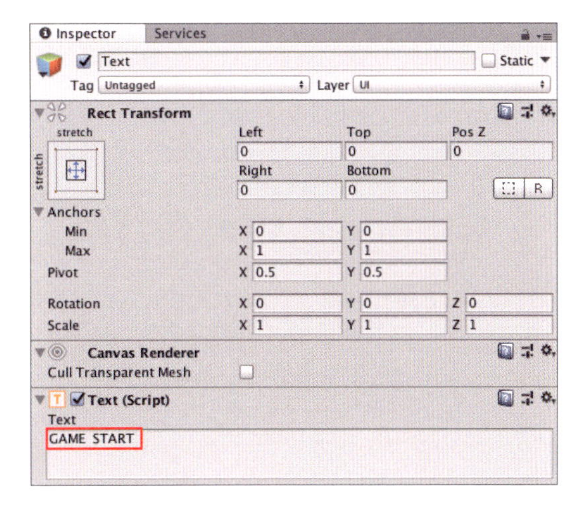

以下のような状態になると思います。

図6.8 ▶ スタート画面

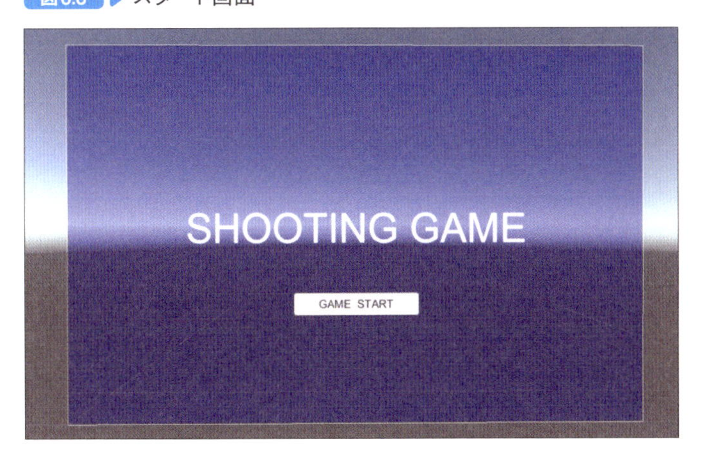

GAME　STARTボタンを押したあとの画面遷移はあとで付けていきます(6-12参照)。

ステージをつくろう

では、次は実際のゲームのステージを作成していきます。まず、新しく GameScene を作成していきます。

6-2-1 Game Sceneの作成

[File]→[New Scene]で新しいシーンをつくり、[File]→[Save As]で「Game Scene」と名前を付けて保存しましょう(❶)。保存場所はAssetsフォルダから、TitleSceneが入っているScenesフォルダに移動しておきます(❷)。

図6.9 ▶ 新しいSceneの作成

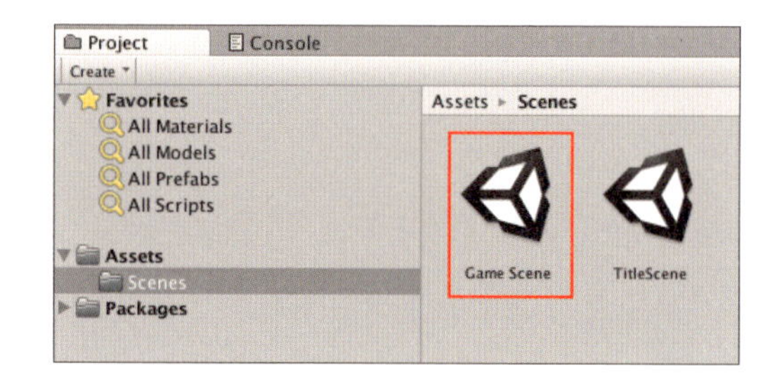

6-2-2 ステージの作成

では、早速ステージをつくっていきましょう。

1 Standard Assetsのインポート

ステージづくりに必要なStandard Assetsをインポートしていきます。[Window]→[Asset Store]を選択します。「Standard Assets」と検索します。ダウンロードし、インポートしましょう。AssetsフォルダにStandard Assetsが追加されたと思います。

図6.10 ▶ Standard Assets

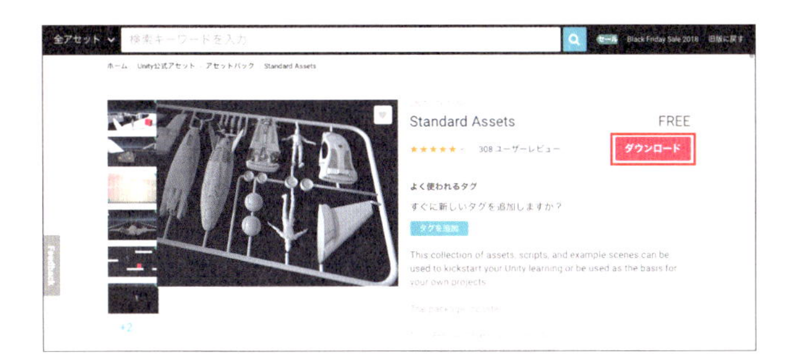

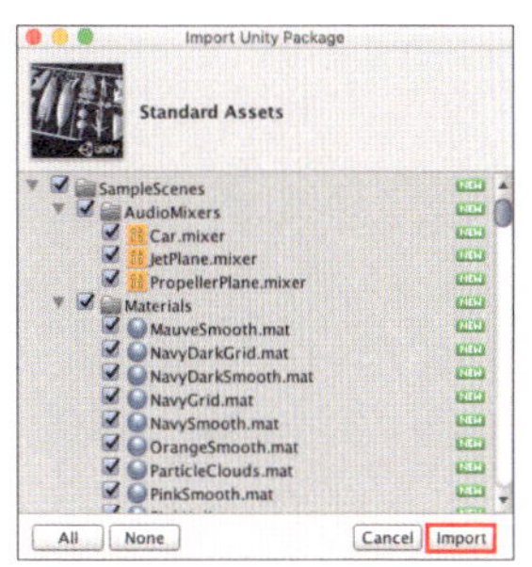

2 Terrainの追加

Hierarchyウィンドウより[Create]→[3D Object]→[Terrain]を選択して、Terrainを配置します。

図6.11 ▶ TerrainのInspectorウィンドウ

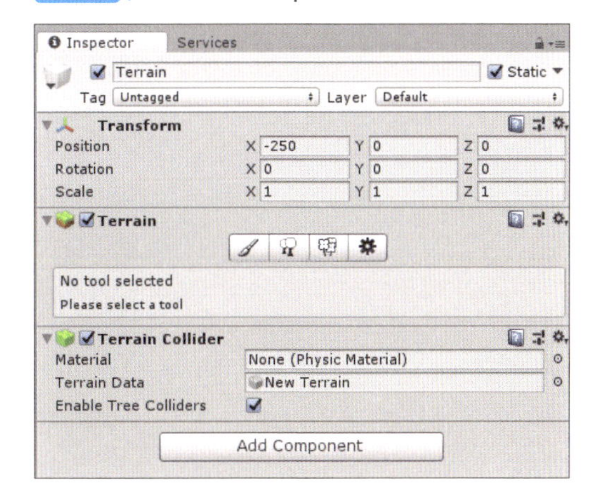

3 テクスチャーの設定

Inspectorウィンドウのterrainにて[Paint Terrain]→[Paint Texture]を選択し(❶)、[Edit Terrain Layers]から[Create Layer]を選択し、テクスチャーを選びましょう(❷)。今回は「GrassRockyAlbedo」、「MudRockyAlbedoSpecular」、「GrassHillAlbedo」を使いました。勿論、好きなものを選んでもらっても大丈夫です。

図6.12 ▶ テクスチャーの追加

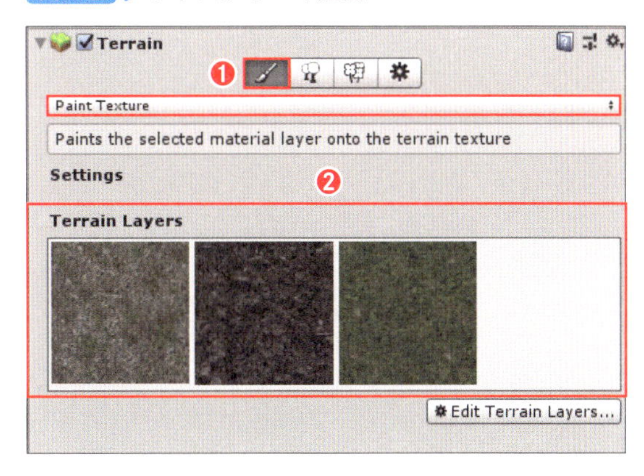

4 木の選択

TerrainのInspectorウィンドウからPaint Treesの機能を使い、木々を生やしてみましょう。[Paint Trees]を選択し(❶)、[Edit Trees]→[Add Tree]にてTree Prefabを選択します(❷)。「Broadleaf_Desktop」という木を選択しました。

図6.13 ▶ TreePrefabの追加

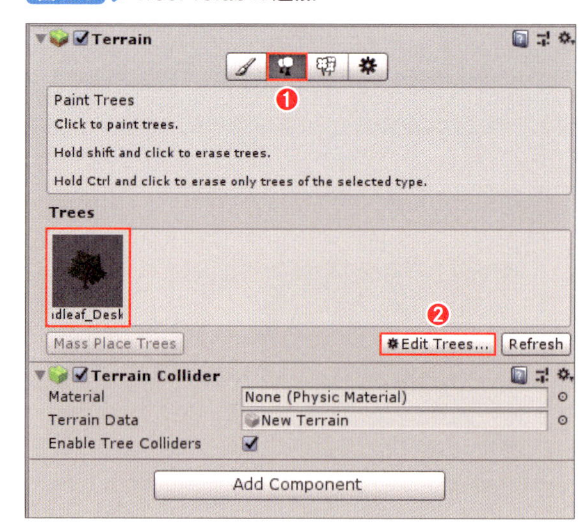

5 木を生やす

Sceneビューにて Terrainの上をなぞり、中央一帯に木々を生やしました。

図6.14 ▶ 木が生えたTerrain

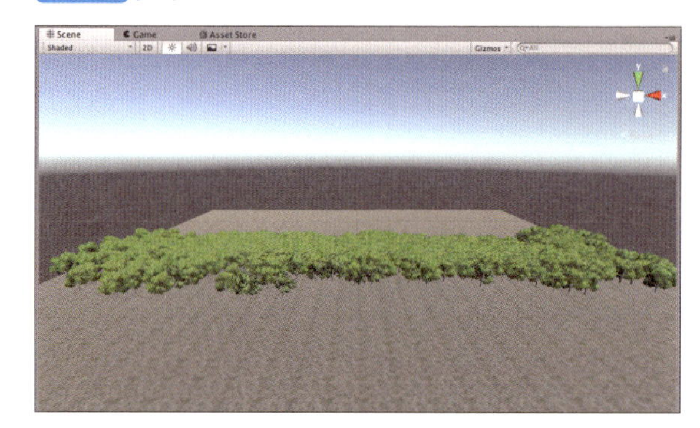

6 Terrainの調整

TerrainのTransformも調整してしまいましょう。

図6.15 ▶ TerrainのTransform

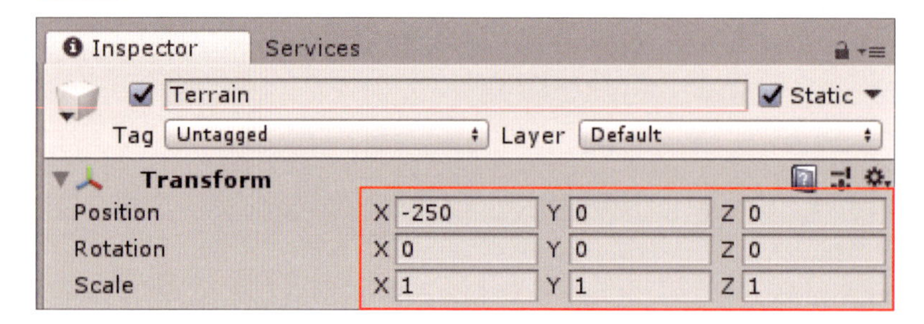

6-2-3 カメラ位置の設定

一旦Hierarchyウィンドウの[Main Camera]を選択し、Camera Previewにてゲーム画面を確認してみましょう。

図6.16 ▶ Camera Preview

Camera Previewを確認しながらMain CameraのTransformを調整していきます。

図6.17 ▶ Main CameraのInspectorウィンドウ

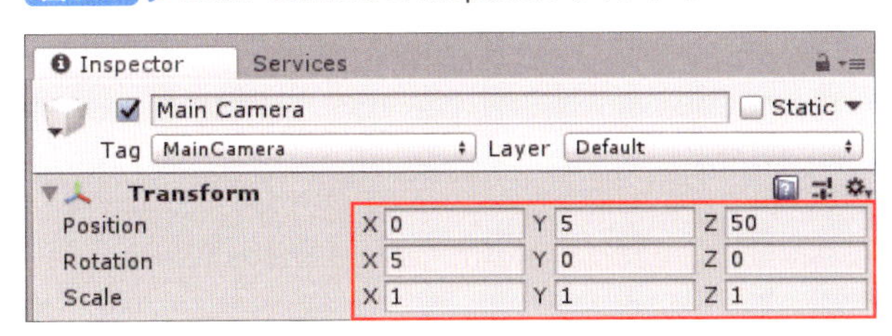

Gameシーンに切り替えて確認することもできます。

図6.18 ▶ Gameシーン

6-2-4 地形の編集

すこし殺風景なので、山を追加してみましょう。

1 山の作成

Terrainを選択し、Inspectorウィンドウにて[Paint Terrain]を選択し、[Raise or Lower Terrain]や[Smooth Height]を用いて奥の方に山をつくります。

図6.19 ▶ 山の作成

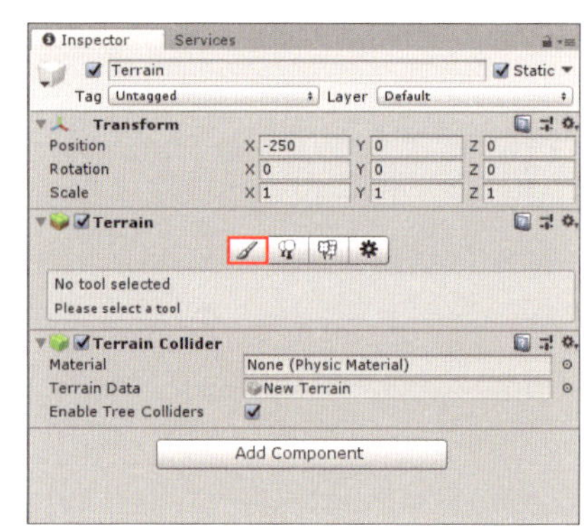

2 テクスチャーの追加

新しくテクスチャーを加え、全体の雰囲気を変えてみるのもおすすめです。

図6.20 ▶ 雰囲気が変わった

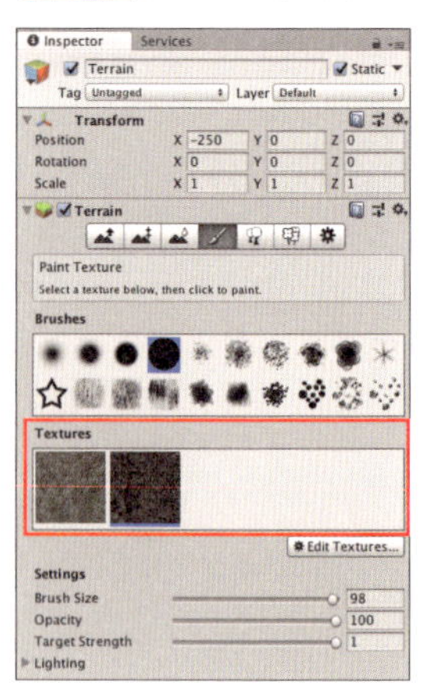

6-3 障害物をつくろう

ステージができたので、障害物をつくっていきましょう。今回は障害物として岩を配置します。

6-3-1 岩の配置

Asset Storeで無料の「Rock package」というアセットを使わせていただき、石の障害物を配置していこうと思います。

1 アセットのインポート

「Rock Package」を検索したあと、ダウンロードして、インポートしましょう。

図6.21 ▶ Rock package

2 岩の配置

[Assets]→[Rock Package]→[Prefabs]を選択し、Main CameraのCamera PreviewやGame Sceneを見ながら障害物となる岩を配置していきましょう。

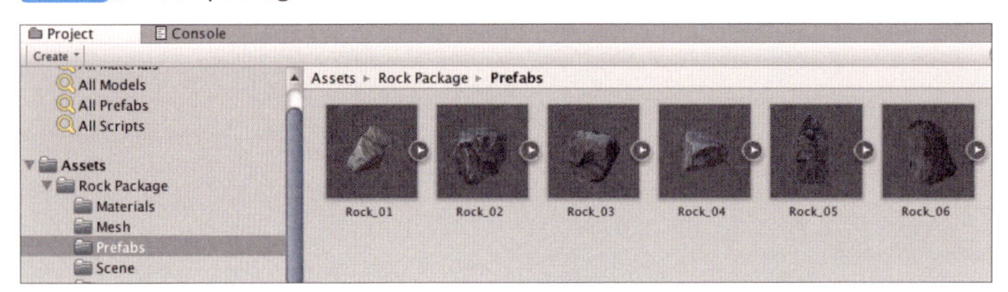

図6.22 ▶ Rock packageのPrefabs

3 岩の調整

それぞれのPrefabのTransformの値を調整し、大きさや角度を変更してきます。今回はこのように配置しました。

図6.23 ▶ 配置された岩

4 オブジェクトの整理

Heirarchyウィンドウに岩のオブジェクトがたくさんあるので、空のオブジェクトをつくり、その下にまとめておきましょう。[Create Empty]で作成し、その下に各岩のオブジェクトを移動します。名前は「Rocks」にしておきましょう。

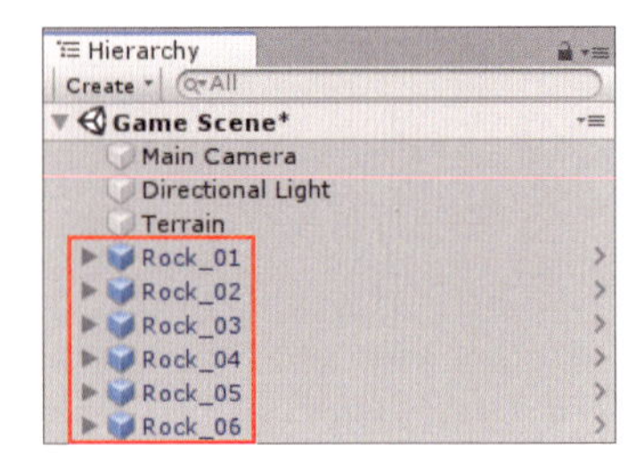

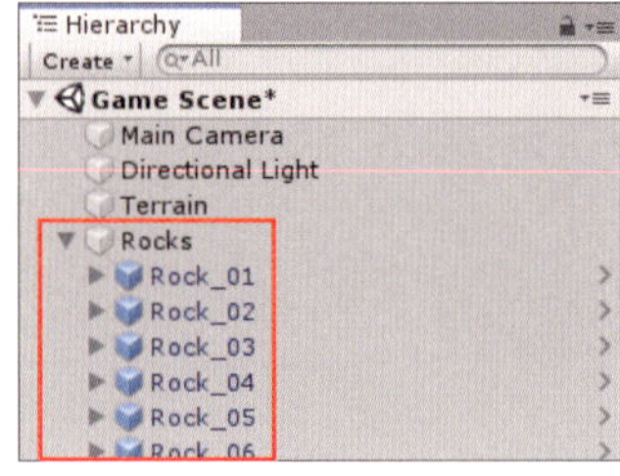

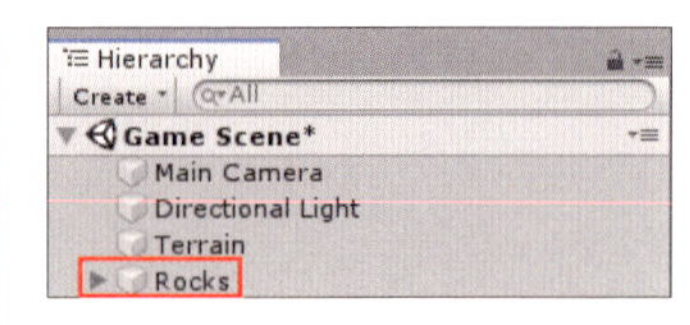

図6.24 ▶ Rocksで整理

ターゲットをつくろう

では、次にターゲットとしてスライムを配置します。

6-4-1 スライムの配置

Asset Storeで無料の「Level1 Monster Pack」というアセットを使わせていただきましょう。

1 アセットのインポート

「Level 1 Monster Pack」を検索して、ダウンロードし、インポートします。

図6.25 ▶ Level 1 Monster Pack

2 スライムの追加

Assetsフォルダに入っているスライムをSceneビューに追加します。今回は緑色のスライム(Slime_Green)を利用します。

図6.26 ▶ スライムのPrefabs

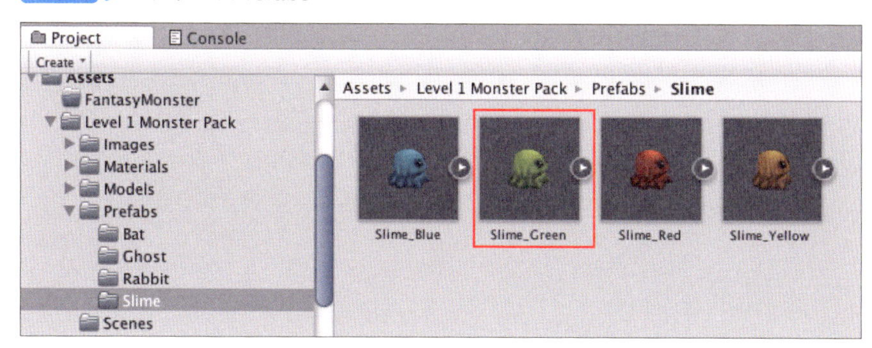

3 スライムの大きさの調整

そのままの大きさでは小さすぎるので、TransformのScaleを調整します。ちょうどいい大きさになっているか、Gameビューで確認しましょう。

図6.27 ▶ Slime_Greenの大きさ

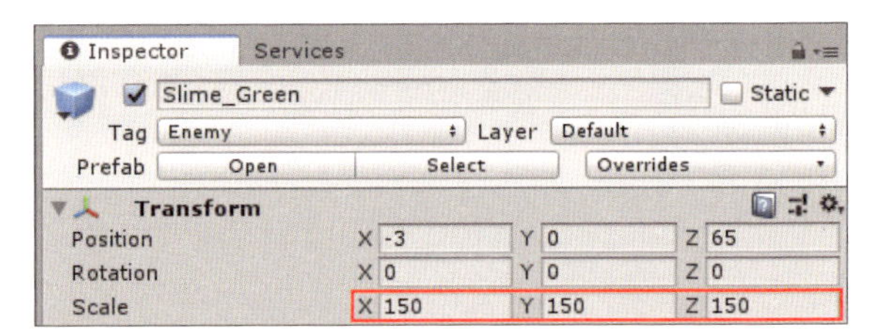

4 スライムの向きの調整

スライムが後ろを向いてしまっているので、RotationのYの値を「180」を変更します。

図6.28 ▶ Slime_Greenの向き

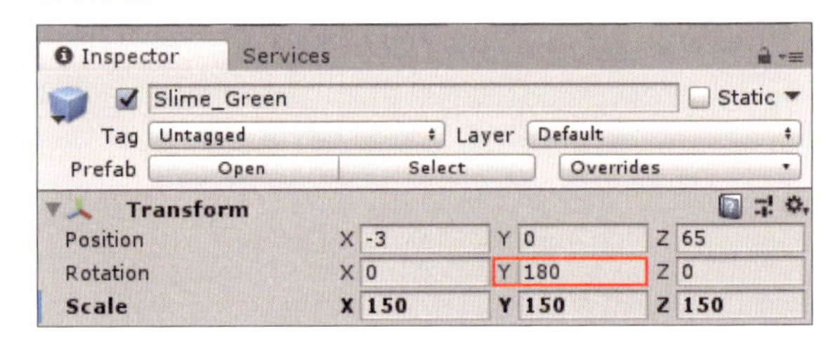

6-5 ターゲットを動かそう

次はスクリプトでターゲットの制御や動きをつけていきましょう。

6-5-1 スライムの動きの設定

先ほど配置したスライムを動かすスクリプトをつくっていこうと思います。Assetsフォルダにて右クリックし、[Create]→[C# Script]を選択し、名前は「MonsterAction」としましょう。では、ダブルクリックしてスクリプトを書いていきます。

1 スライムを移動させる

まず、開始位置のx座標をランダムでつくり、最初の位置を指定します(リスト6.1❶)。そして、Update()関数でカメラの方に向かって移動するようにプログラミングします(リスト6.1❷)。

リスト6.1 ▶ MonsterAction.cs

```
1   using System.Collections;
2   using System.Collections.Generic;
3   using UnityEngine;
4
5   public class MonsterAction : MonoBehaviour {
6
7       // Use this for initialization                          ❶
8       void Start () {
9           float x = Random.Range(-8, 8);//開始位置のX座標をランダムでつくる
10          this.gameObject.transform.position = new Vector3(x, 0, 140);//
    開始位置
11      }
12
13      // Update is called once per frame                      ❷
14      void Update () {
15          this.gameObject.transform.Translate(0, 0, 1);//カメラの方に向
    かって移動
16      }
17  }
```

2 スクリプトのアタッチ

次に、AssetsフォルダにできたこのMonsterAction.csを、HierarchyウィンドウのSlime_Greenにドラッグ&ドロップして、アタッチしましょう。

図6.29 ▶ MonsterActionをアタッチ

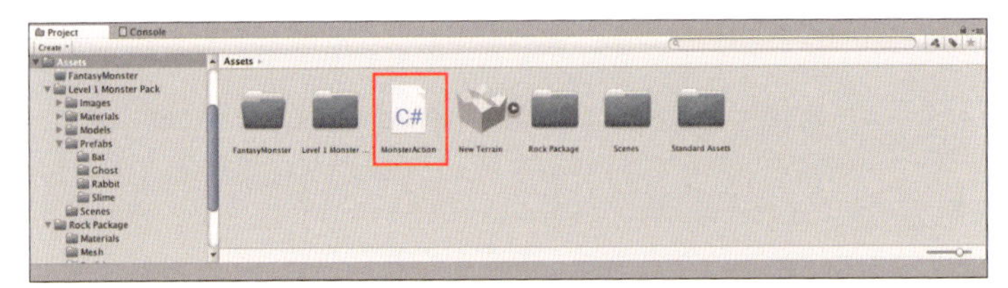

早速プレイしてみます。向こうからこちらに突進してきます。

図6.30 ▶ 突進してくるスライム

3 スライムに動きをつける

ただ動きがスライムらしくないので、先ほどのリスト6.1（MonsterAction.cs）にTransformのScaleを大きくしたり小さくしたりして、スライムのような動きをつけるプログラムを追加します。

リスト6.2 ▶ MonsterAction.csの改良版

```
1  using System.Collections;
2  using System.Collections.Generic;
3  using UnityEngine;
4
5  public class MonsterAction : MonoBehaviour {
6
```

```
7	private float scale;
8	private float minScale = 150;
9	private float maxScale = 170;
10	private string status;
11
12	// Use this for initialization
13	void Start () {
14		float x = Random.Range(-8, 8);//開始位置のX座標をランダムで作る
15		this.gameObject.transform.position = new Vector3(x, 0, 140);//
	開始位置
16		scale = minScale;
17		status = "up";
18	}
19
20	// Update is called once per frame
21	void Update () {
22		this.gameObject.transform.Translate(0, 0, 1);//カメラの方に向
	かって移動
23
24		if(status == "up"){
25			scale += 8;
26			if(scale >= maxScale){//最大になったら小さくする
27				scale = maxScale;
28				status = "down";
29			}
30		}else{
31			scale -= 8;
32			if(scale <= minScale){//最小になったら大きくする
33				scale = minScale;
34				status = "up";
35			}
36		}
37		this.gameObject.transform.localScale = new Vector3(scale,
	scale, scale);
38	}
39 }
```

まず今のスケールを格納する変数scaleを、最小のスケールと最大のスケールをそれぞれ宣言します（リスト6.2❶）。そしてstatusという変数に大きくなるか小さくなるかという状態を示すupとdownを格納し、現在の状態を判断します（リスト6.2❷）。

最初は150からはじまり、170まで大きくなったら再び150に戻していくということを繰り返します（リスト6.2❸）。

ゲームをプレイしてみましょう。スライムらしい動きになったかと思います。

図6.31 ▶ スライムらしい動き

6-5-2 スライムの自動生成

今度は、スライムを次々に生成していきましょう。

1 スライムのPrefab化

まずは先ほどのスライムをPrefab化しましょう。HierarchyウィンドウのSlime_GreenをProjectウィンドウのAssetsフォルダにドラッグ&ドロップします。この際、Hierarchyウィンドウのスライムは削除しておきましょう。

図6.32 ▶ スライムのプレハブ化

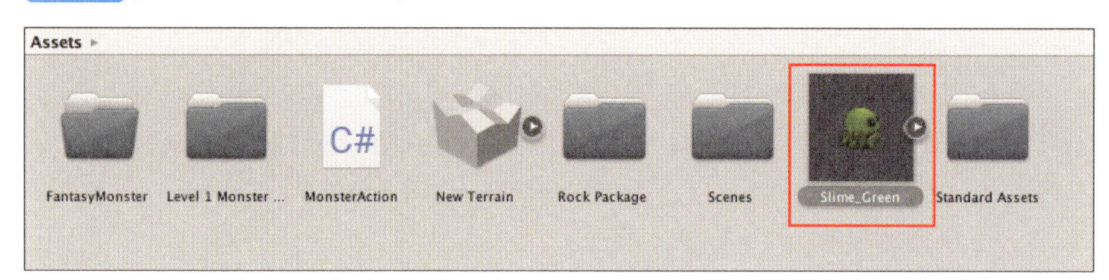

2 名前の変更

名前は「SlimeGreenPrefab」に変更しておきます。

図6.33 ▶ SlimeGreenPrefab

3 Monster Generatorの作成

再度Projectウィンドウにて右クリックし、[Create]→[C# Script]を選択します。名前は「MonsterGenerator」としておきます。では、スクリプトを書いていきましょう。

図6.34 ▶ Monster Generator

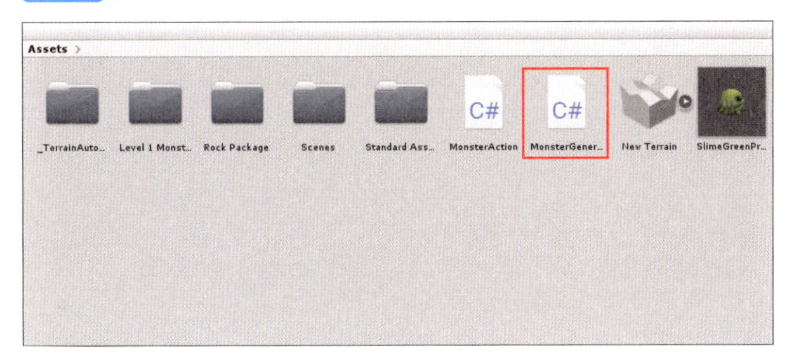

リスト6.3 ▶ MonsterGenerator.cs

```
1  using System.Collections;
2  using System.Collections.Generic;
3  using UnityEngine;
4
5  public class MonsterGenerator : MonoBehaviour {
6
7      public GameObject slimeGreenPrefab;
8      private float counter;//秒数経過カウント                    ❶
9      private float countLimit = 3;//3秒毎にモンスターを生成
10
11     // Use this for initialization
12     void Start () {                                            ❷
13         counter = 0;
14     }
15                                                                ❸
16     // Update is called once per frame
17     void Update () {
18         counter += Time.deltaTime;
19         //3秒たったらcounterを初期化し、モンスターを生成
20         if(counter >= countLimit){
21                 counter = 0;
22                 GameObject slimeGreen = Instantiate(slimeGreenPrefab)
   as GameObject;
23         }
24     }
25 }
```

4 slimeGreenPrefab, counter, countLimit

あとでスライムをアウトレット接続するために、まずアクセス修飾子publicでGameObject型のslimeGreenPrefabを宣言します。そして、3秒毎にスライムを生成したいので、秒数経過をカウントするためのcounterと、何秒毎に生成するかを決めるcountLimit変数を宣言し、3を格納しておきます（リスト6.3❶）。

```
7       public GameObject slimeGreenPrefab;
8       private float counter;//秒数経過カウント
9       private float countLimit = 3;//3秒毎にモンスターを生成
```

5 Start()関数

Start()関数でcounterに0を代入しておきます（リスト6.3❷）。

```
11      // Use this for initialization
12      void Start () {
13          counter = 0;
14      }
```

6 Update()関数

Update()関数ではcounterにTime.deltaTimeをインクリメントしていきます。Time.deltaTimeは前のフレームと今のフレームの秒の差分です。これを加算していくことで経過時間が計れます。そしてcounterがcounterLimit以上になったら、counterを0に戻し、モンスターを生成します。つまり3秒毎にcounterを0に初期化し、モンスターを生み出しているということです（リスト6.3❸）。

```
16      // Update is called once per frame
17      void Update () {
18          counter += Time.deltaTime;
19          //3秒たったらcounterを初期化し、モンスターを生成
20          if(counter >= countLimit){
21                  counter = 0;
22                  GameObject slimeGreen = Instantiate(slimeGreenPrefab)
    as GameObject;
23          }
```

7 GameObjectの追加

では、実際にこのMonsterGenerator.csを使用しましょう。まず、Hierarchyウィンドウで[Create]→[Create Empty]を選択し、空のGame Objectを追加します。

図6.35 ▶ Game Objectの追加

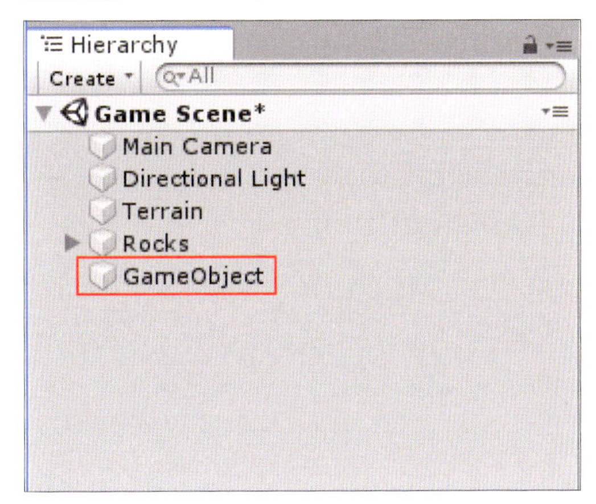

8 スクリプトのアタッチと名前の変更

HerarchyウィンドウのGameObjectに、ProjectウィンドウのMonsterGenerator.csをドラッグ&ドロップします。名前は「MonsterGenerator」に変更しておきましょう。

図6.36 ▶ Monster Generator

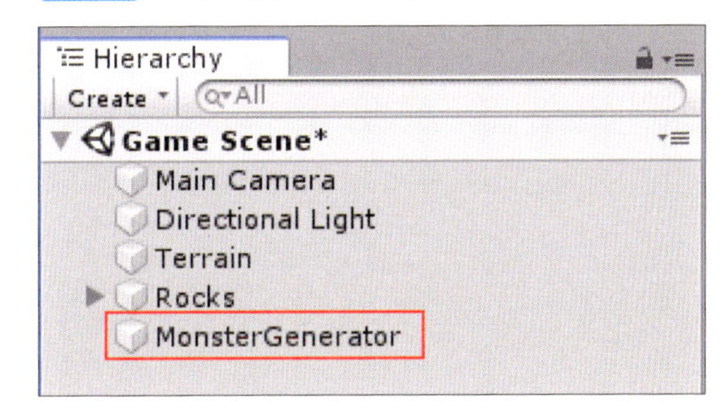

9 SlimeGreenPrefabのアウトレット接続

InspectorウィンドウでMonster Gernerator(Script)が追加されます。ここにさきほどpublicで宣言したslimeGreenPrefabがありますので、AssetsフォルダのSlimeGreenPrefabをドラッグ&ドロップしてアウトレット接続しましょう。

図6.37 ▶ SlimeGreenPrefabをアウトレット接続

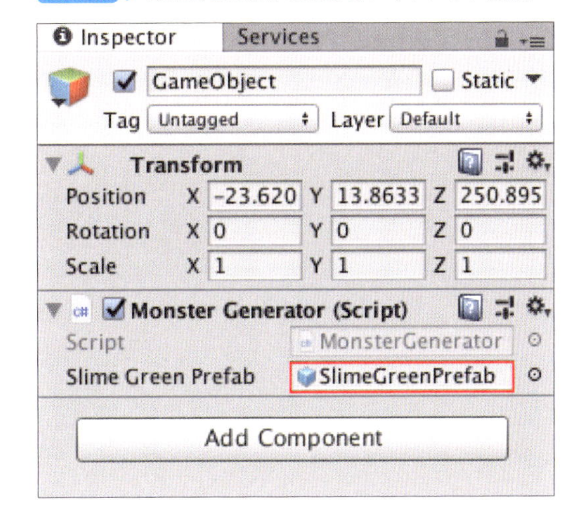

では、一度ゲームをプレイしてみましょう。3秒毎にスライムが登場してきたら成功です。

6-5-3 通り過ぎたスライムの削除

しかし、このままだとカメラを通り過ぎたスライムが大量に発生してしまいます。カメラを通り過ぎたスライムのオブジェクトは削除しましょう。

MonsterAction.csを開き、モンスターが手前にきたらオブジェクトを削除するプログラムをUpdate()に加えましょう。

```
20      // Update is called once per frame
21      void Update () {
22          this.gameObject.transform.Translate(0, 0, 1);//カメラの方に向
    かって移動
23
24          if(status == "up"){
25                  scale += 8;
26                  if(scale >= maxScale){//最大になったら小さくする
27                          scale = maxScale;
28                          status = "down";
29                  }
30          }else{
31                  scale -= 8;
32                  if(scale <= minScale){//最小になったら大きくする
33                          scale = minScale;
34                          status = "up";
35                  }
36          }
37          this.gameObject.transform.localScale = new Vector3(scale,
    scale, scale);
38
39          //z座標が50より小さくなったらオブジェクトを削除
40          if(this.gameObject.transform.position.z < 50){
41                  Destroy(this.gameObject);
42          }
43
44      }
```

モンスターがカメラの手前に来て、z座標が50未満になった時に、Destroy関数を使ってオブジェクトを削除します。さっそくプレイしてみましょう。

Game ビューだと Main Camera からの視点となりますので、Scene ビューで見てみるといいでしょう。スライムがある地点（z座標が50の地点）を超えた時点で突然姿を消します。

図6.38 ▶ スライムが削除された

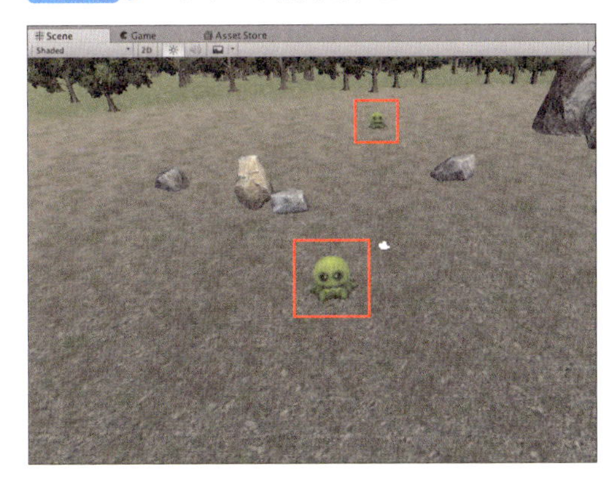

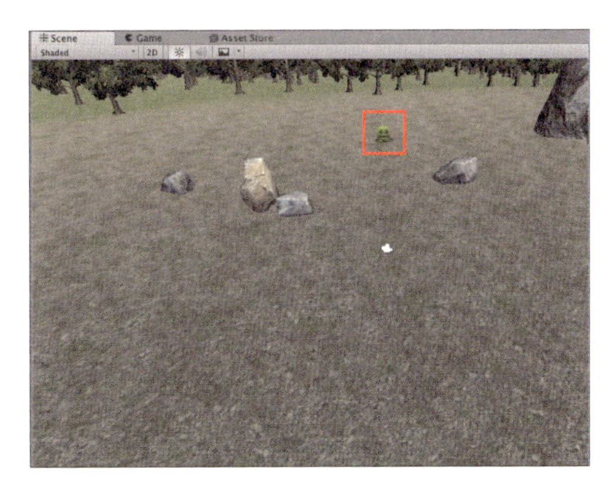

また、Hierarchy ウィンドウの SlimeGreenPrefab(Clone) が２つから１つになっている事でもわかると思います。

図6.39 ▶ 2つから1つになっている

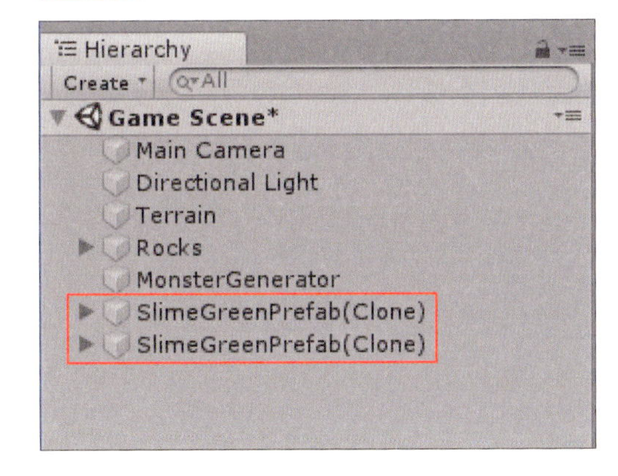

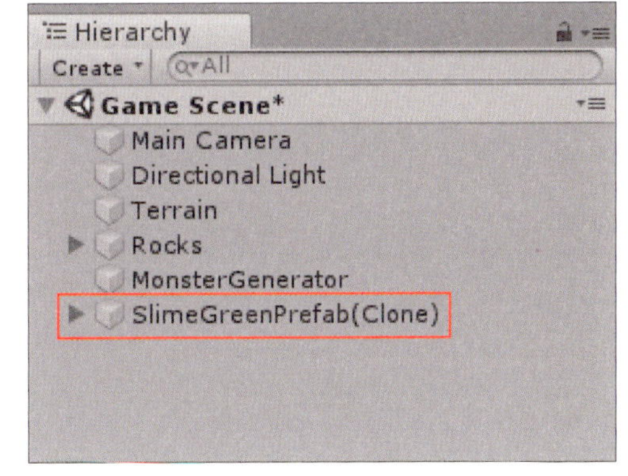

6-6 弾をつくろう

では次は、このスライム達を倒す弾をつくっていきましょう。

6-6-1 弾のプレハブをつくる

まずは弾のプレハブをつくっていきます。

1 Bulletの追加

Hierarchyウィンドウにて[Create]→[3DObject]→[Sphere]で球体をつくり、名前は「Bullet」とします。
Transformを調整し(❶)、[Add Component]をクリックして、Rigidbodyを追加しましょう(❷)。

図6.40 ▶ Rigidbodyの追加

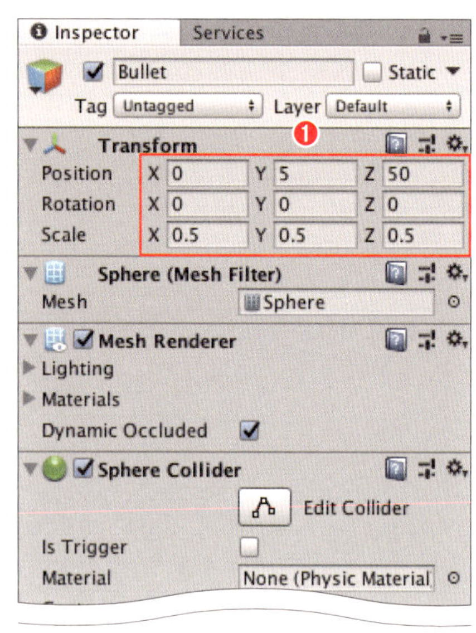

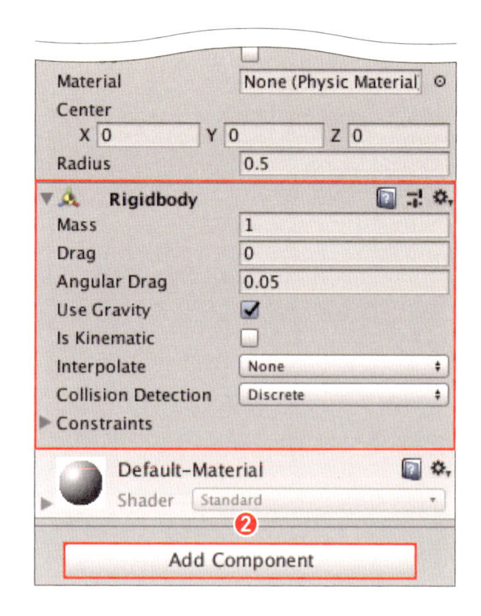

2 スクリプトの追加

Projectウィンドウにて[Create]→[C# Script]を選択し、名前は「BulletScript」とします。次にHierarchyウィンドウにて[Create]→[Create Empty]を選択し、名前を「BulletScript」に変更しておきます。ここに先ほどのBulletScriptをドラッグ＆ドロップしましょう。Inspectorウィンドウにてスクリプトが追加されていることを確認します。

図6.41 ▶ BulletScript

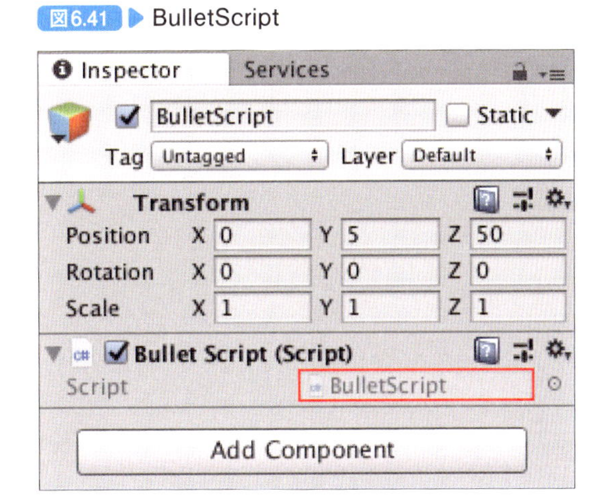

3 BulletのPrefab化

次にHierarchyウィンドウにあるBulletをPrefab化しましょう。ProjectウィンドウのAssetsフォルダにドラッグ＆ドロップします。名前を「BulletPrefab」に変更し、HierarchyウィンドウのBulletは忘れずに削除しておきます。

図6.42 ▶ BulletPrefab

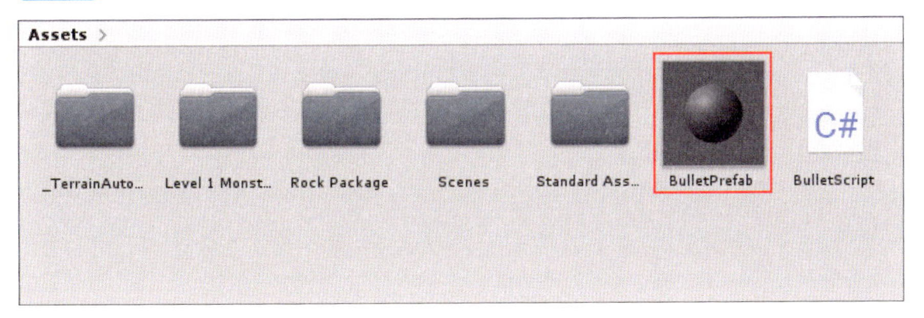

6-6-2 弾を飛ばす処理を書く

では、AssetsフォルダのBulletScript.csをダブルクリックしてください。Bulletに書くプログラムを書いていきます（リスト6.4）。

リスト6.4 ▶ BulletScript.cs

```
1   using System.Collections;
2   using System.Collections.Generic;
3   using UnityEngine;
4
5   public class BulletScript : MonoBehaviour {
6
7       public GameObject BulletPrefab; //アウトレット接続
8       private Ray ray; //Rayの宣言
9       private float power = 50f; //弾の飛ぶ強さ
10      private bool shoot; //発射フラグ
11      private float timeLimit = 3; //弾消滅時間
12      GameObject Bullet; //弾のオブジェクト
13
14      // Use this for initialization
15      void Start () {
16      }
17
18      // Update is called once per frame
19      void Update () {
20
21          if (Input.GetMouseButtonDown (0)) { //左クリックを押された時の処理
22                  // 弾のオブジェクトを作成
23                  Bullet = GameObject.Instantiate (BulletPrefab);
24                  //スクリーンの点を通してカメラからRayを通す
25                  ray = Camera.main.ScreenPointToRay (Input.mousePosition);
26                  //FixedUpdateで弾を発射するフラグをたてる
27                  shoot = true;
28          } else {
29                  //FixedUpdateで弾を発射するフラグをおろす
30                  shoot = false;
31          }
32          //弾消滅時間がきたらBulletオブジェクトを削除
33          Destroy(Bullet, timeLimit);
34      }
35
36      void FixedUpdate () {
37          if(shoot){
38                  if (Bullet != null) {
39                          //弾のRigidbodyに力を加える
40                          Bullet.GetComponent<Rigidbody> ().AddForce (ray.
direction * power, ForceMode.Impulse);
41                  }
42          }
43      }
44  }
```

❶ (7〜12行目)　❷ (40行目)

まずは以下を宣言していきます(リスト6.4❶)。

表6.1 ▶ 宣言

宣言するもの	目的・意味
BulletPrefab	Inspector ウィンドウでアウトレット接続する
ray	弾をクリックしたところに飛ばす
power	弾の飛ぶ強さ
shoot	FixedUpdate で弾を発射するかどうかを制御するフラグ
timeLimit	弾の消滅時間
Bullet	弾のオブジェクト

Update()では、左クリックが押された時に弾を生成し、クリックされた場所にRayを通し、弾の発射フラグをたてます。

FixedUpdate()では、弾を発射するフラグであるshootがtrueだった場合、Bulletに実際に力を加え発射します。

```
40  Bullet.GetComponent<Rigidbody> ().AddForce (ray.direction * power,
    ForceMode.Impulse);
```

としていますが、Rigidbody.AddForceはアクティブのRigidbodyに第一引数の力を加えます。第二引数は適用する力のタイプを記述します(リスト6.4❷)。

表6.2 ▶ ForceMode

変数	効果
Force	質量を使用し、継続的な力を加える
Accelaration	質量を無視し、継続的な加速を追加する
Impulse	質量を使用し、インスタントフォースインパルスを追加する
VelocityChange	質量を無視し、インスタント速度変化を追加する

さて、FixedUpdate()がでてきましたが、Update()との違いと使い方を見てみましょう。

表6.3 ▶ Update()とFixedUpdate()

Update	FixedUpdate
毎フレーム呼ばれる	一定時間毎に呼ばれる(デフォルトでは0.02秒毎)
移動やボタンやキーなどの入力処理	AddForceなどの物理計算処理

Hierarchyウィンドウの[BulletScript]を選択し、Inspectorウィンドウのnoneとなっている箇所にBulletPrefabをドラッグ&ドロップしたら、実際にプレイしてみましょう。クリックして弾を発射したあとに、自動で消えているのがわかると思います。

図6.43 ▶ BulletPrefabが消滅した

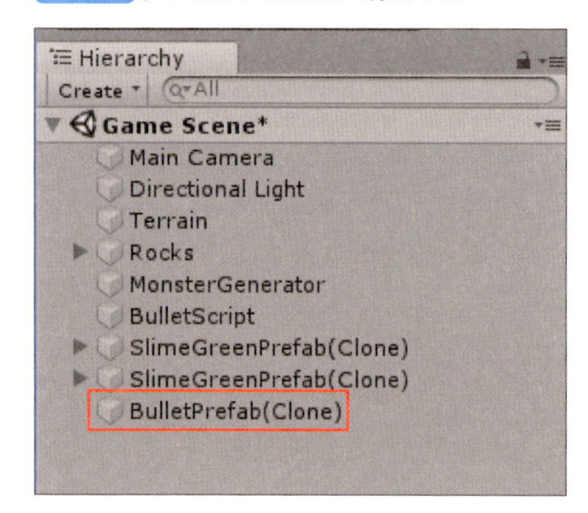

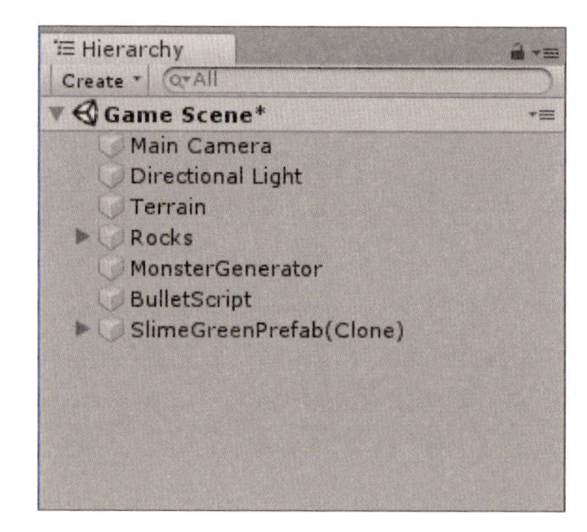

6-6-3 衝突時の消滅処理を書く

今度はBulletPrefabにつけるスクリプトを書いていきます。新しく「BulletAction」というスクリプトをつくります。そのままAssetsフォルダ内でBulletPrefabにドラッグ&ドロップしましょう。

図6.44 ▶ BulletAction

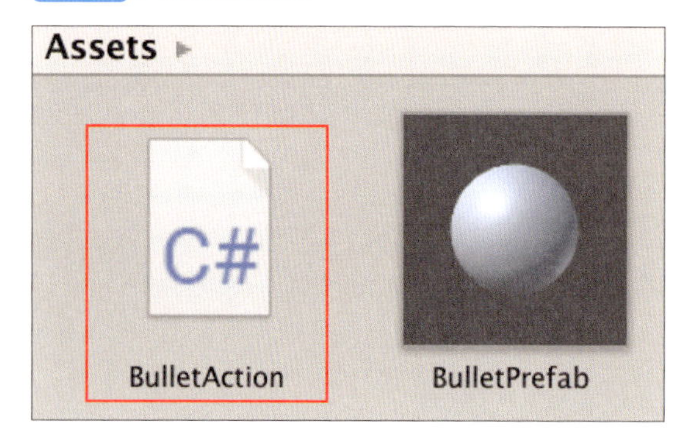

BulletPrefabのInspectorウィンドウを確認すると、BulletActtion(Script)が追加されているのがわかると思います。

次に衝突時に対象が敵であると判断するためにタグを使っていきます。まず、[SlimeGreen Prefab]を選択します。すると名前の下にTagというものがあります。

1 タグの追加

[Untagged] となっている部分を選択し、[Add Tag] を選んでください。

図6.45 ▶ SlimeGreenPrefab の Tag

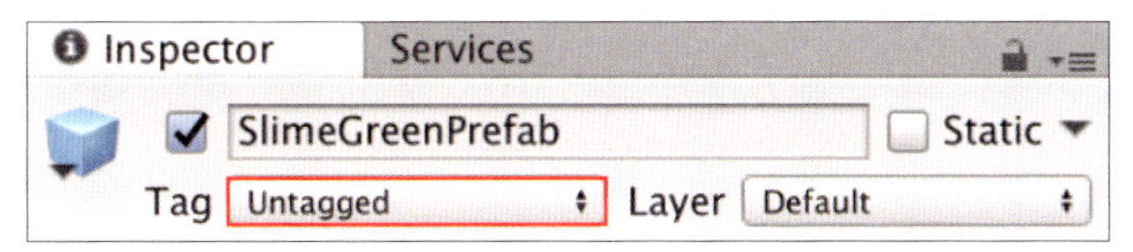

2 タグの保存

そこで [Tags] をクリックし、[+] を選択し、名前を「Enemy」とし Save します。

図6.46 ▶ Add Tag

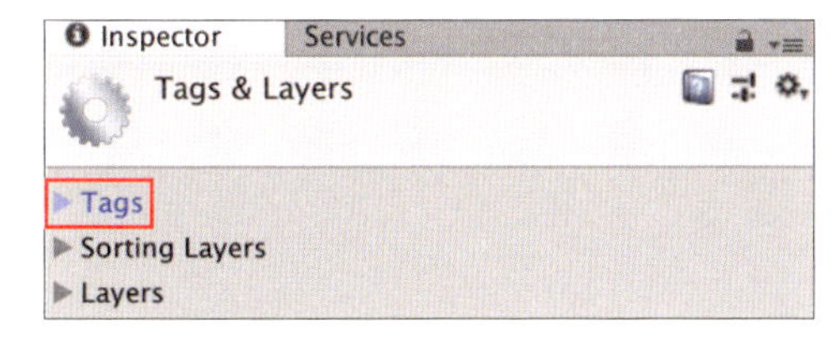

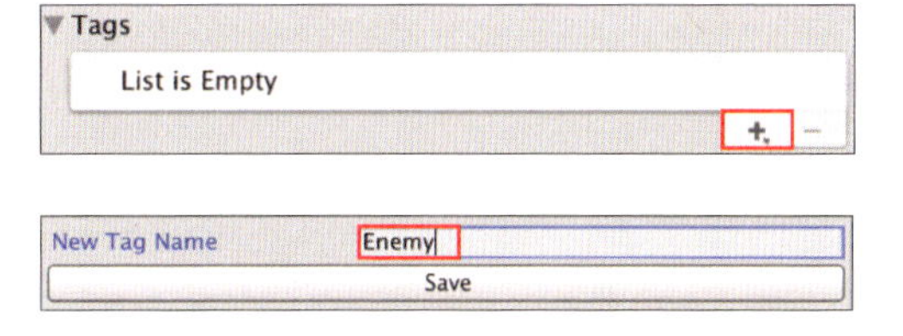

3 タグの設定

「Enemy」のタグが追加されていることを確認します。では [SlimeGreenPrefab] を再度選択し、名前の下の Tag の部分から [Enemy] を選択しましょう。

図6.47 ▶ タグの設定

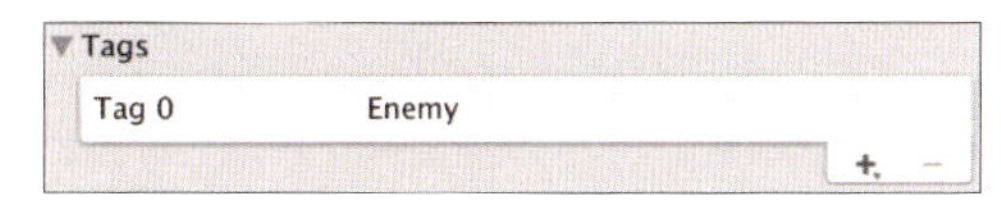

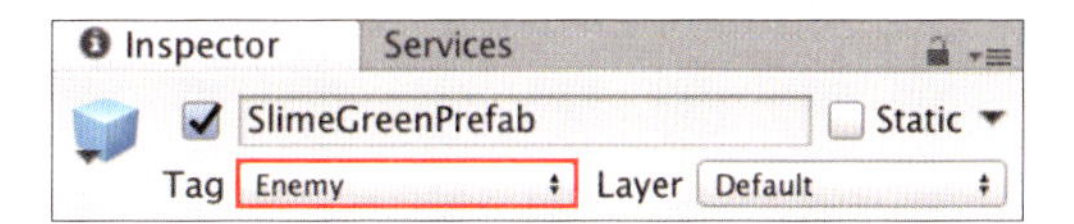

6

4 オブジェクトを削除するためのスクリプト

では、衝突時にタグがEnemyの時にオブジェクトを削除するスクリプトを書いていきます。BulletAction.csを開いてください。衝突を検知する関数、処理を追加します(リスト6-5)。

リスト6.5 ▶ BulletAction.cs

```
1  using System.Collections;
2  using System.Collections.Generic;
3  using UnityEngine;
4  
5  public class BulletAction : MonoBehaviour {
6  
7      // Use this for initialization
8      void Start () {
9  
10     }
11 
12     // Update is called once per frame
13     void Update () {
14 
15     }
16 
17     private void OnCollisionEnter(Collision collision)
18     {
19         if (collision.gameObject.tag == "Enemy")
20         //タグで指定
21         {
22                 Destroy(collision.gameObject);
23         }
24     }
25 }
```

衝突時に対象のオブジェクトがEnemyだった場合、消滅させます。

図6.48 ▶ オブジェクトの消滅

6-6-4 衝突時にパーティクルをつける

衝突時にパーティクルを放出しましょう。

1 Particle Systemの追加

[BulletPrefab] を選択し、Inspectorウィンドウにて [Add Component] をクリックし、[Effects] → [Particle System] を選択します。

図6.49 ▶ Particle Systemの追加

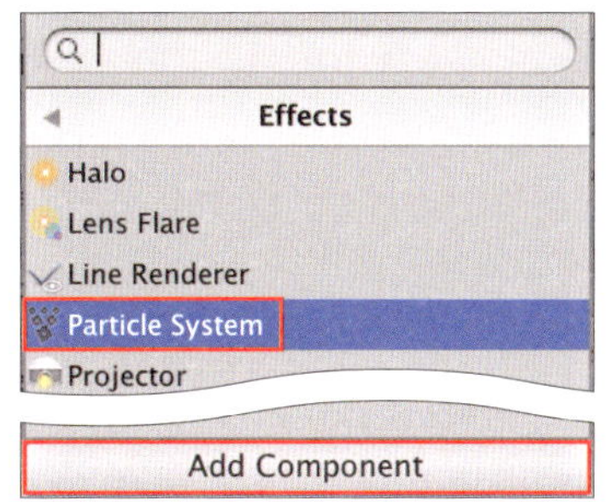

2 BulletPrefabの配置

Bullet Prefabを配置し、パーティクルを調整していきます。

図6.50 ▶ Bullet Prefabの配置

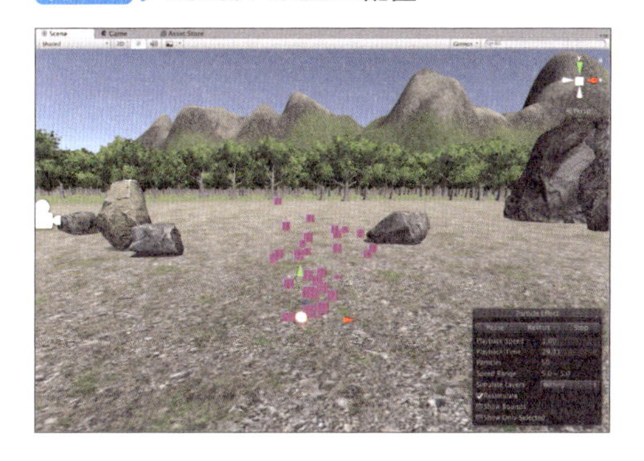

3 マテリアルの変更

まず最初に、InspectorウィンドウのRendererのMaterialをDefault-Particleに変更します。AssetsフォルダのBulletPrefabのInspectorウィンドウにも変更を加えるのを忘れないようにしましょう。

図6.51 ▶ Default-Particle

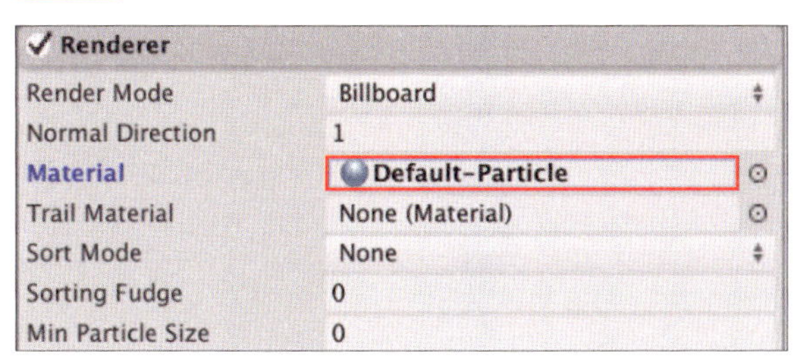

4 パーティクルの調整

次にDurationを「0.10」に変更し、Start Lifetimeを「1」に、Start Speedを「10」に変更します（❶）。LoopingとPlay On Awakeのチェックを外してください（❷）。これは、パーティクルを発生させる時間を0.1秒にし、パーティクル自体の寿命を1秒に、初速を10に変更しています。また、ループ再生と自動再生を停止しています。

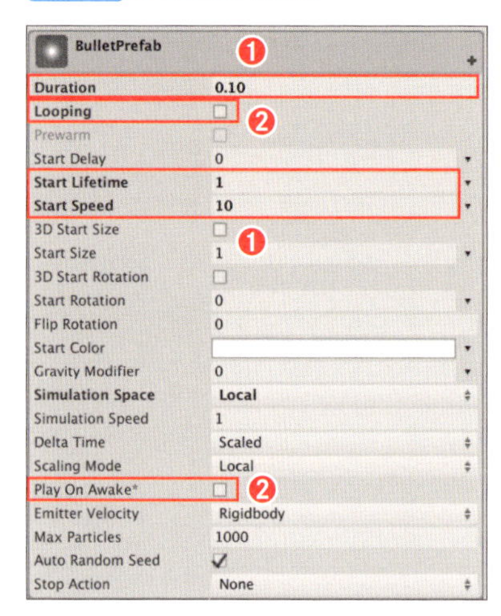

図6.52 ▶ BulletPrefab

5 Emissionの変更

次に一度にバッと発生させるようにします。Emissionを変更していきます。Burstsを追加します。

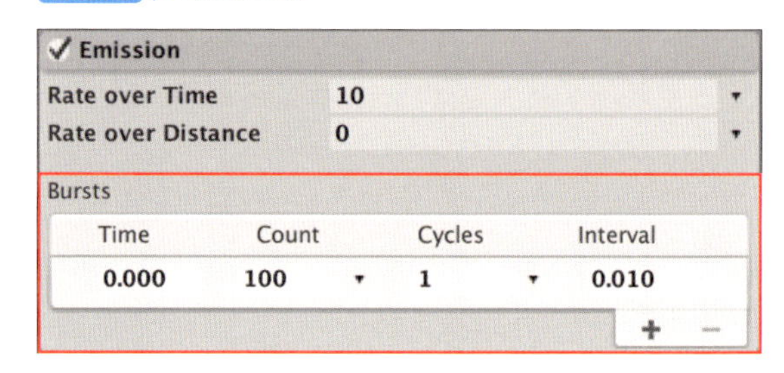

図6.53 ▶ Emission

6 放出方向の変更

Shapeを変更し、パーティクルの放出方向を変更します。ShapeをConeからSphereに変更しましょう。

図6.54 ▶ パーティクルの放出

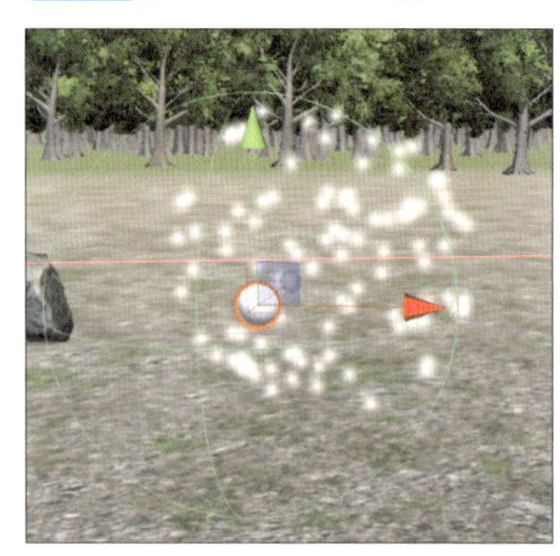

6-6-5 弾を透明にする

　パーティクル発生時に弾は消したいですよね。しかし、Destroyを使いオブジェクトを消滅させたり、SetActive(false)を使いオブジェクトを非表示にすると、せっかくつくったパーティクルも発生しなくなってしまいます。ですので、消滅させるまでの間はBulletを透明にします。

1 Fadeに設定

Projectウィンドウにて[Create]→[Material]を選択し、名前を「BulletMaterial」に変更します。そして今回は透明にさせるので、InspectorウィンドウにてRendering ModeをFadeにしましょう。Transparentも透明になりますが、ガラスのようにハイライトや反射は残りますので、今回のように完全に消したいときはFadeを使います。

図6.55 ▶ Fadeに設定

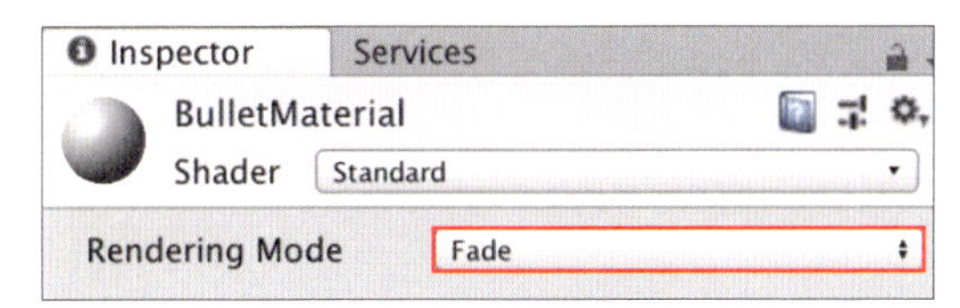

2 BulletMaterialの追加

そして、BulletMaterialをBulletPrefabにドラッグ＆ドロップし、BulletPrefabのInspectorのMesh RendererのMaterialに追加されていることを確認してください。

図6.56 ▶ BulletMaterialの追加

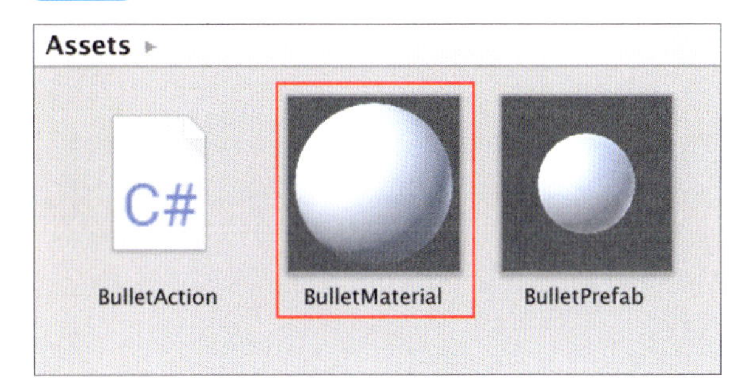

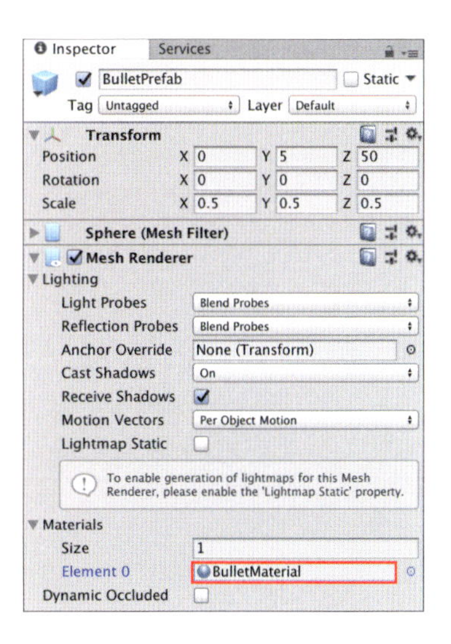

3 非表示にして消滅させるスクリプト

では、衝突時にパーティクルが再生され、Bulletを非表示にして1秒後に消滅させる処理を、リスト6.5で示したBulletAction.csに追加していきます。

```
17      private void OnCollisionEnter(Collision collision)
18      {
19          if (collision.gameObject.tag == "Enemy")
20          //タグで指定
21          {
22                  Destroy(collision.gameObject);
23                  //ぶつかった場所で固定
24                  this.GetComponent<Rigidbody>().isKinematic = true;
25                  //パーティクルの再生
26                  this.GetComponent<ParticleSystem>().Play();
27                  //透明にする
28                  this.GetComponent<Renderer>().material.color = new
    Color(0, 0, 0, 0);
29                  //1秒したら消滅させる
30                  Destroy(this.gameObject, 1);
31          }
32      }
33  }
```

早速プレイしてみましょう。発射したボールがスライムに当たった瞬間、透明になり、パーティクルが発生すれば成功です。また、衝突から1秒後にBulletPrefabがHierarchyウィンドウ上から消滅するかも確認しましょう。

図6.57 ▶ 弾が透明になってパーティクルが発生した

6-7 スコアを表示しよう

スライムを倒したらスコアを加算し、表示します。

6-7-1 スコアを表示する

スコアを表示する場所をまずは確保します。

1 Textの追加

Hierarchyウィンドウで [Create] → [UI] → [Text] を選択します。

図6.58 ▶ Textの追加

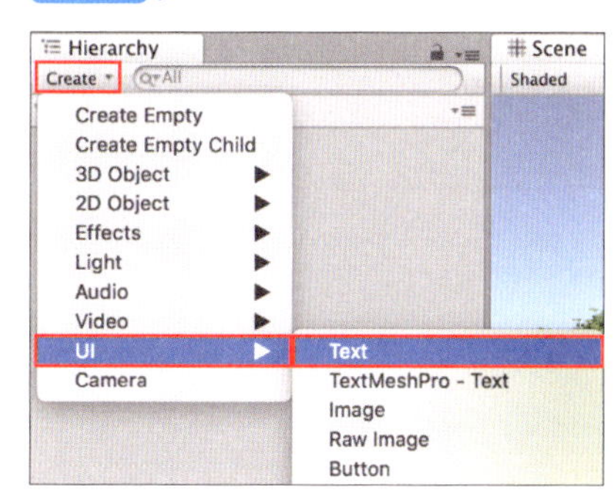

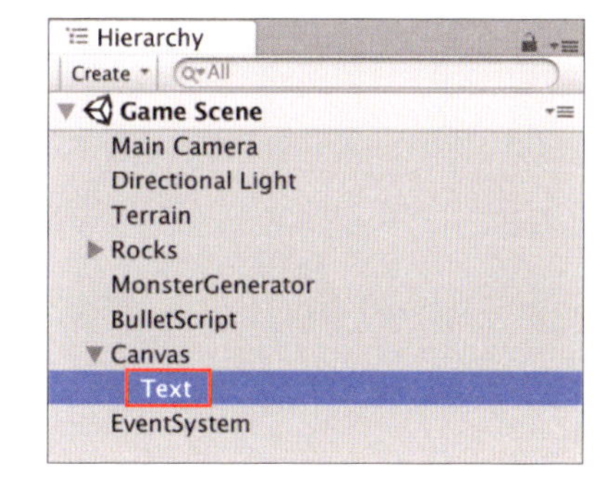

Gameビューを見ると、真ん中に配置したTextが確認できます。

図6.59 ▶ Textが表示された

2 表示位置の変更

Textの名前を「Score」に変更し、表示位置を左上に変更します。Rect Transformの左下の[Anchor Presets]をクリックして、Altを押しながら左上を選択します。すると、Scoreの表示位置が左上に変わったのがわかると思います。

図6.60 ▶ Scoreの表示位置

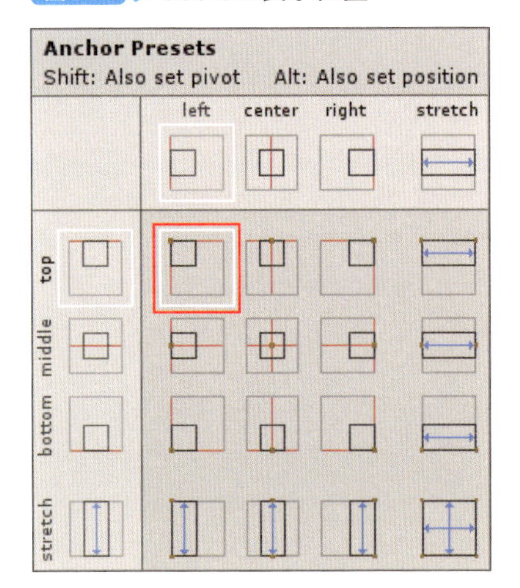

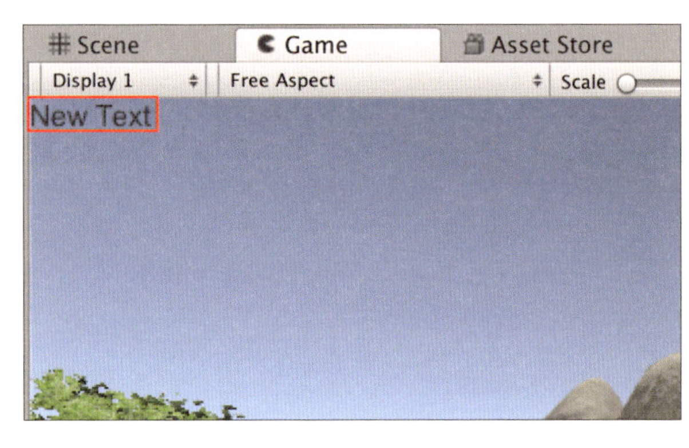

3 文字の調整

続いて、文字の位置の微調整をRect Transformにて行います。Text(Script)も「SCORE」に変えておきましょう(❶)。Font Sizeも30にして大きくし(❷)、同時にRect TransformのWidthとHeightも大きくして(❸)、表示枠を大きくします。Colorは好みで変えましょう(❹)。今回は白にしました。

図6.61 ▶ Scoreの設定

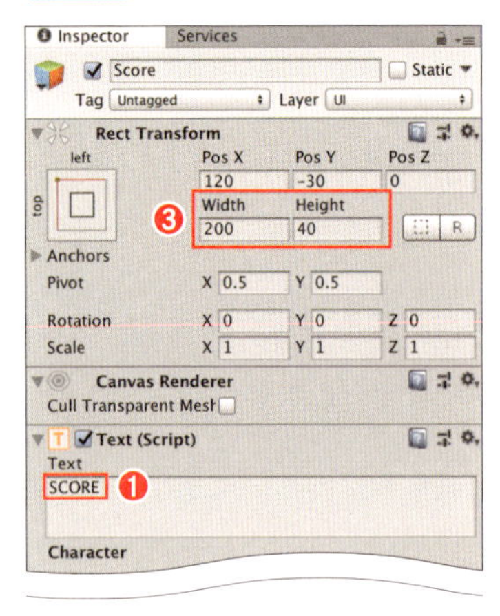

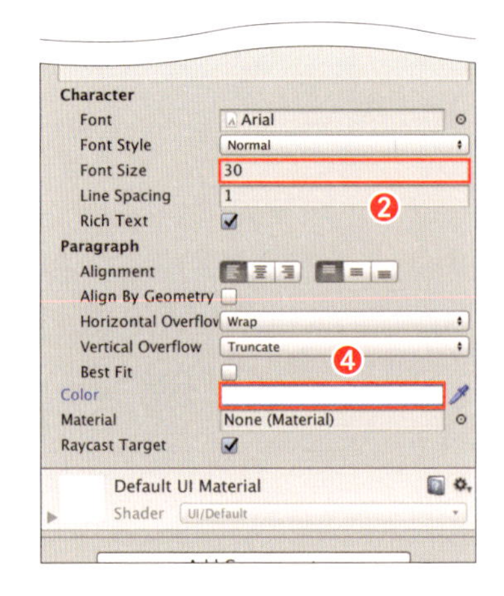

画面の左上に「SCORE」と表示されました。

図6.62 ▶「SCORE」と表示された

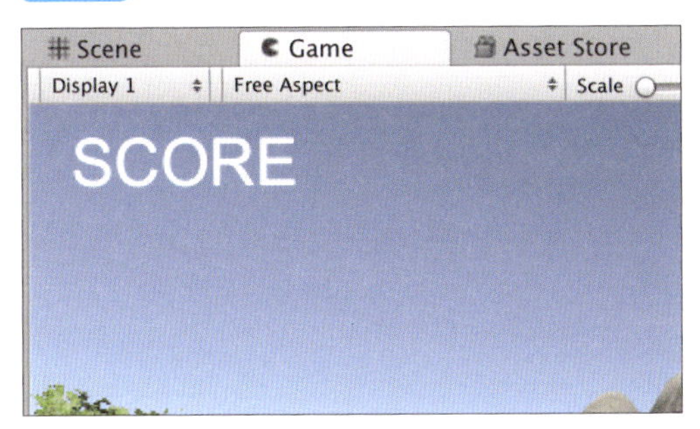

6-7-2 SCOREにプログラミングを加える

敵を倒したらSCOREのポイントが加算されるようにプログラミングしていきましょう。

1 変数の定義

まず、BulletScript.csに加算するスコア用の変数を定義しましょう。

```
13      public float score = 0; //敵にHITした数
14      public float totalScore = 0;//合計スコア
```

を追加します。

```
 7      public GameObject BulletPrefab; //アウトレット接続
 8      private Ray ray; //Rayの宣言
 9      private float power = 50f; //弾の飛ぶ強さ
10      private bool shoot; //発射フラグ
11      private float timeLimit = 3; //弾消滅時間
12      GameObject Bullet; //弾のオブジェクト
13      public float score = 0; //敵にHITした数
14      public float totalScore = 0;//合計スコア
```

2 スコアの加算

そしてBulletAction.csにスコアを加算する処理をスクリプトに追加します。

```
5   public class BulletAction : MonoBehaviour {
6   
7       GameObject scoreText;
8       Text score_text;
9       private float point = 1; //加算ポイント
10      GameObject BulletScript; //BulletScript
11      BulletScript bulletScript; //BulletScriptオブジェクトのbulletScript
12  
13  
14      // Use this for initialization
15      void Start () {
16          scoreText = GameObject.Find("Score");
17          score_text = scoreText.GetComponent<Text>();
18  
19          BulletScript = GameObject.Find("BulletScript");
20          bulletScript = BulletScript.GetComponent<BulletScript>();
21  
22      }
23  
24       // Update is called once per frame
25       void Update () {
26  
27      }
28  
29      private void OnCollisionEnter(Collision collision)
30      {
31          if (collision.gameObject.tag == "Enemy")
32          //タグで指定
33          {
34              Destroy(collision.gameObject);
35              //ぶつかった場所で固定
36              this.GetComponent<Rigidbody>().isKinematic = true;
37              //パーティクルの再生
38              this.GetComponent<ParticleSystem>().Play();
39              //透明にする
40              this.GetComponent<Renderer>().material.color = new
Color(0, 0, 0, 0);
41              //1秒したら消滅させる
42              Destroy(this.gameObject, 1);
43  
44              //score加算
45              bulletScript.score += point;
46  
```

```
47                bulletScript.totalScore = bulletScript.score;
48
49                score_text.text = "SCORE  " + bulletScript.totalScore.
ToString();
50            }
51        }
52  }
```

Enemyにぶつかった時に、BulletScript.csのスクリプトのbulletScriptの変数scoreを加算し、bulletScriptのtotalScoreに代入して、参照しています。

では実際にプレイしてみましょう。

図6.63 ▶ Scoreの加算

スライムを倒した時に「SCORE」の後の値が加算されるのがわかると思います。

6-8 弾数を表示しよう

弾を連射してしまえば、簡単に全てのスライムを倒せてしまいます。このままでは難易度が低過ぎるので、命中率も計算にいれて、ゲーム結果に反映しましょう。

6-8-1 Hitを表示する

これまでに撃った弾数と当たった弾数をScoreの下に表示していきます。

1 Hitの追加

[Create]→[UI]→[Text]をクリックし、名前は「Hit」とします。真ん中に「New Text」と黒い文字が表示されていると思います。

図6.64 ▶ Hitの表示

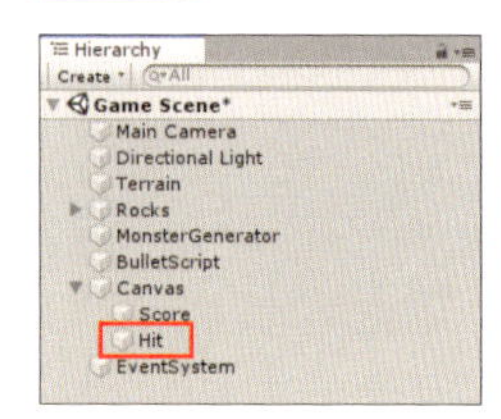

2 Hitの調整

Scoreと同じように、Inspectorウィンドウで調整を行います。Rect Transform、Text(Script)のtext、Font Size、Colorを変更しました。

図6.65 ▶ HitのInspectorウィンドウ

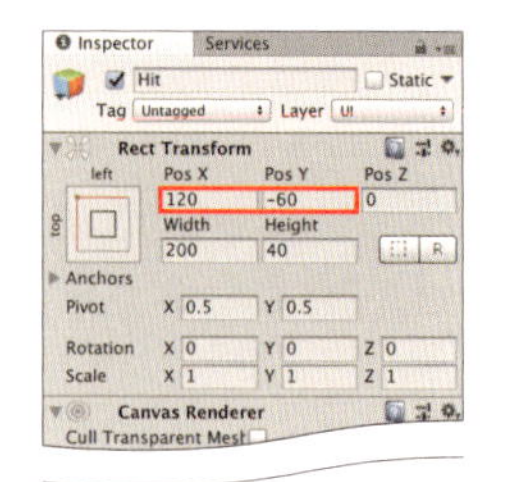

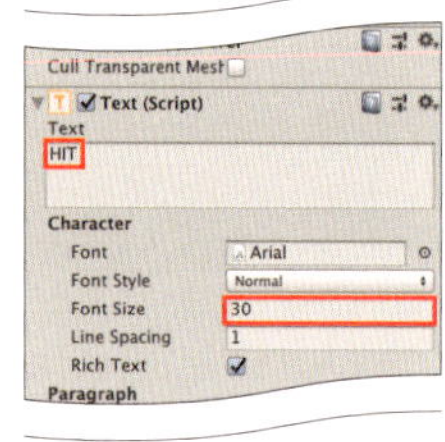

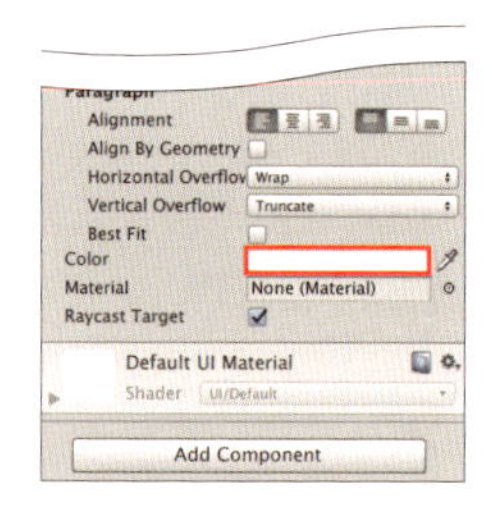

3 bulletCountの追加

先ほどBulletScript.csにスライムに当たった数をカウントする変数scoreを作りました。今度は合計何回弾を撃ったかわかるように、totalscoreの下に変数bulletCountを追加します。

```
7        public GameObject BulletPrefab; //アウトレット接続
8        private Ray ray; //Rayの宣言
9        private float power = 50f; //弾の飛ぶ強さ
10       private bool shoot; //発射フラグ
11       private float timeLimit = 3; //弾消滅時間
12       GameObject Bullet; //弾のオブジェクト
13       public float score = 0; //敵にHITした数
14       public float totalScore = 0;//合計スコア
15       public float bulletCount = 0; //撃った弾数
```

4 Hitの表示

次はscoreと同じように、BulletAction.csで表示のための処理を書いていきましょう。今回は、敵に当たったタイミングではなく、Update()でtextを変えています。

```
5   public class BulletAction : MonoBehaviour {
6
7        GameObject scoreText;
8        Text score_text;
9        GameObject hitText;
10       Text hit_text;
11       private int point = 1; //加算ポイント
12       GameObject BulletScript; //BulletScript
13       BulletScript bulletScript; //BulletScriptオブジェクトのbulletScript
14
15
16       // Use this for initialization
17       void Start () {
18          scoreText = GameObject.Find("Score");
19          score_text = scoreText.GetComponent<Text>();
20          hitText = GameObject.Find("Hit");
21          hit_text = hitText.GetComponent<Text>();
22
23          BulletScript = GameObject.Find("BulletScript");
24          bulletScript = BulletScript.GetComponent<BulletScript>();
25          hit_text.text = "HIT  " + bulletScript.score + "/" +
    bulletScript.bulletCount;
26
```

```
27        }
28
29        // Update is called once per frame
30        void Update () {
31            hit_text.text = "HIT  " + bulletScript.score + "/" +
bulletScript.bulletCount;
32        }
```

5 インクリメントの追加

では、弾を撃つたびにbulletScript.bulletCountを加算する処理を、今度はBulletScript.csに追加していきます。これはとても簡単です。

```
39        void FixedUpdate () {
40            if(shoot) {
41                if (Bullet != null) {
42                    //弾のRigidbodyに力を加える
43                    Bullet.GetComponent<Rigidbody> ().AddForce (ray.
direction * power, ForceMode.Impulse);
44
45                    bulletCount ++;
46                    shoot = false;
47                }
48            }
49        }
```

では、実際にプレイしてみましょう。弾を撃つたび、スライムに当たるたびにHitのTextが変わっていくのがわかると思います。

図6.66 ▶ HitのText

残り時間を表示しよう

ゲームの残り時間を設定し、表示します。

6-9-1 Timeを表示する

残り時間を「HIT」の下に表示するようにしましょう。

1 Timeの配置

これまでのScoreとHitと同じように、UIのTextを配置してください。名前は「Time」とし、Textは「TIME」とします。また、Font Size等も調整しておきましょう。

図6.67 ▶ Timeの配置

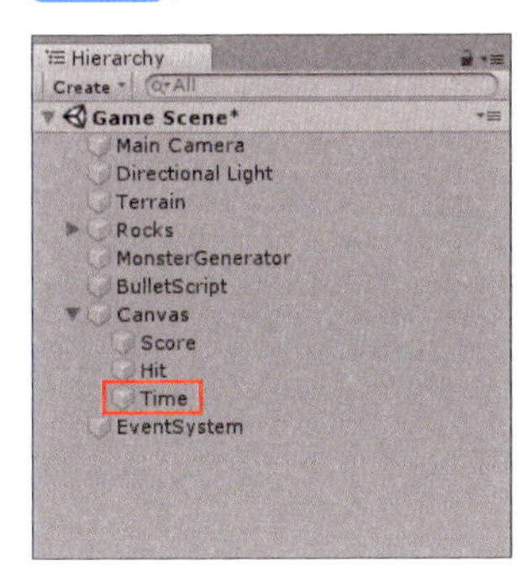

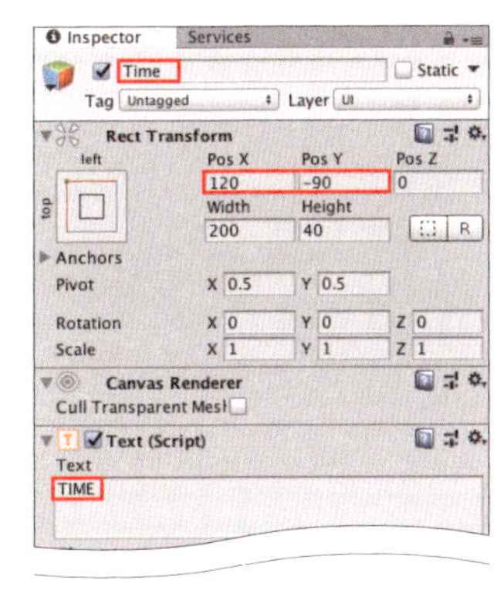

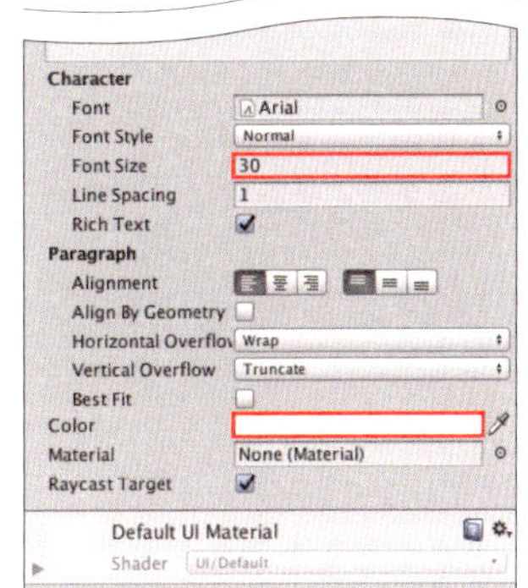

2 uGUIの操作

BulletScript.csに書いていきますので、uGUIをスクリプトから操作するために

```
4  using UnityEngine.UI;
```

を冒頭に書いてください。

3 宣言

時間を表示するためのテキストを宣言します。

```
6   public class BulletScript : MonoBehaviour {
7
8       public GameObject BulletPrefab; //アウトレット接続
9       private Ray ray; //Rayの宣言
10      private float power = 50f; //弾の飛ぶ強さ
11      private bool shoot; //発射フラグ
12      private float timeLimit = 3; //弾消滅時間
13      GameObject Bullet; //弾のオブジェクト
14      public float score = 0; //敵にHITした数
15      public float totalScore = 0;//合計スコア
16      public float bulletCount = 0; //撃った弾数
17      public float totalTime = 30; //制限時間
18      GameObject timeText;
19      Text time_text;
```

4 Start()関数

Start()関数でTimeのゲームオブジェクト、またそのtextを紐づけます。

```
22  void Start () {
23       timeText = GameObject.Find("Time");
24       time_text = timeText.GetComponent<Text>();
25  }
```

5 Update()関数

Update()関数では、0秒になるまで残り時間をカウントダウンする処理を追加します。

```
27      // Update is called once per frame
28      void Update () {
29
30          if (Input.GetMouseButtonDown(0)) {
31
32              Bullet = GameObject.Instantiate(BulletPrefab);
33
```

```
34            ray = Camera.main.ScreenPointToRay(Input.mousePosition);
35
36            shoot = true;
37        }
38        //弾消滅時間がきたらBulletオブジェクトを削除
39        Destroy(Bullet, timeLimit);
40
41        //totalTime減算
42        if (totalTime > 0)
43        {
44            totalTime -= Time.deltaTime;
45            time_text.text = "TIME  " + totalTime.ToString("f2");
46
47        } else {
48            totalTime = 0;
49            time_text.text = "TIME  0";
50
51        }
52    }
```

このスクリプトでは小数点以下を2桁表示するように書いています。プレイするとTIMEの値が0になるまで減っていくのがわかります。

図6.68 ▶ Time

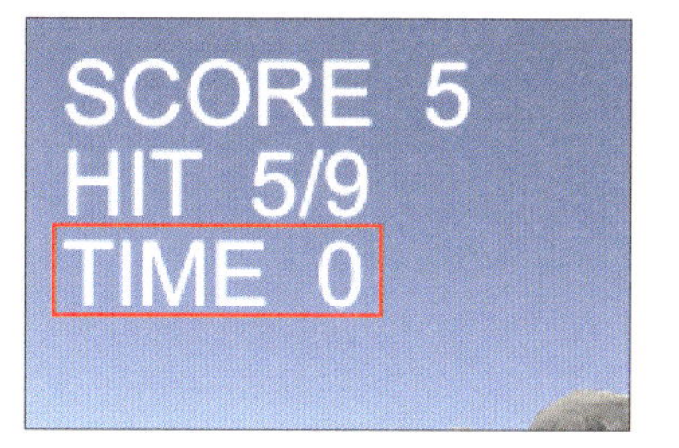

6-10 ゲーム終了処理をつくろう

現状ですとTIMEが0になっても、まだスライムが向かってきています。なのでTIMEが0になったらゲームを終了させる必要があります。

6-10-1 弾を発射できなくする

BulletScript.csにおいて、totalTimeが0になったら、弾を飛ばせなくしましょう。Update()関数の弾を発生させるif文を変更します。

```
30  if (Input.GetMouseButtonDown (0)) { //左クリックを押された時の処理
```

↓

```
30  if (Input.GetMouseButtonDown (0) && totalTime != 0) { //左クリックを押
    された時の処理
```

6-10-2 スライムを発生させない

スライムを発生させているスクリプト、MonsterGenerator.csに処理を追加していきます（リスト6-6）。BulletScript.csのtotalTimeを参照し、0秒以下ではスライムが生成されないように制御します。

リスト6.6 ▶ MonsterGenerator.cs

```
1  using System.Collections;
2  using System.Collections.Generic;
3  using UnityEngine;
4
5  public class MonsterGenerator : MonoBehaviour {
6
7      public GameObject slimeGreenPrefab;
8      private float counter;//秒数経過カウント
```

```
9       private float countLimit = 3;//3秒毎にモンスターを生成
10      GameObject BulletScript; //BulletScript
11      BulletScript bulletScript; //BulletScriptオブジェクトのbulletScript
12
13      // Use this for initialization
14      void Start () {
15          counter = 0;
16
17          BulletScript = GameObject.Find("BulletScript");
18          bulletScript = BulletScript.GetComponent<BulletScript>();
19      }
20
21      // Update is called once per frame
22      void Update () {
23          if (bulletScript.totalTime > 0) {
24                  counter += Time.deltaTime;
25                  //3秒たったらcounterを初期化し、モンスターを生成
26                  if (counter >= countLimit)
27                  {
28                          counter = 0;
29                          GameObject slimeGreen = Instantiate(slimeGreen
    Prefab) as GameObject;
30
31                  }
32          }
33      }
34  }
```

6-10-3 結果画面の表示を1度きりにする

現在はBulletScript.csのUpdate()メソッドにて、totaltime>0以外の時に、つまりゲームオーバー後も結果画面の表示の処理が毎フレーム行われています。ゲームオーバーの時の、結果画面の表示を一度きりにします。

1 gameOverFlgの宣言

BulletScript.csにてgameOverFlgを宣言します。

```
20  bool gameOverFlg;
```

2 Start()メソッドでの処理

Start()メソッドにてgameOverFlgをfalseにします。

```
23  // Use this for initialization
24  void Start () {
25      timeText = GameObject.Find("Time");
26      time_text = timeText.GetComponent<Text>();
27
28      gameOverFlg = false;
29  }
```

3 一度だけ結果画面を表示

ゲーム終了時にgameOverFlgをたてます。Update()メソッドにてgameOverFlgがfalseの時に一度だけ結果画面を表示する処理を書きます。

```
45  //totalTime減算
46  if (totalTime > 0)
47  {
48      totalTime -= Time.deltaTime;
49      time_text.text = "TIME  " + totalTime.ToString("f2");
50
51  } else if (gameOverFlg == false) {
52      gameOverFlg = true;
53
54      totalTime = 0;
55      time_text.text = "TIME  0";
56
57  }
```

ゲームをプレイしてみると、TIMEが0になった途端、スライムの生成がストップし、弾を撃てなくなっているのがわかります。

図6.69 ▶ ゲームの終了処理

リザルト画面をつくろう

ゲーム終了時に表示するリザルト画面をつくっていきます。

6-11-1 リザルト画面を作成する

リザルト画面には、パネル、「GAME OVER」の文字を表示するtext、結果を表示するtextが必要です。

1 パネルとテキストの追加

[Create]→[UI]をクリックし[Panel]、[Text]を二つ追加します。名前は「ResultPanel」、「GameOverText」、「ResultText」とします。

図6.70 ▶ パネルとテキストの追加

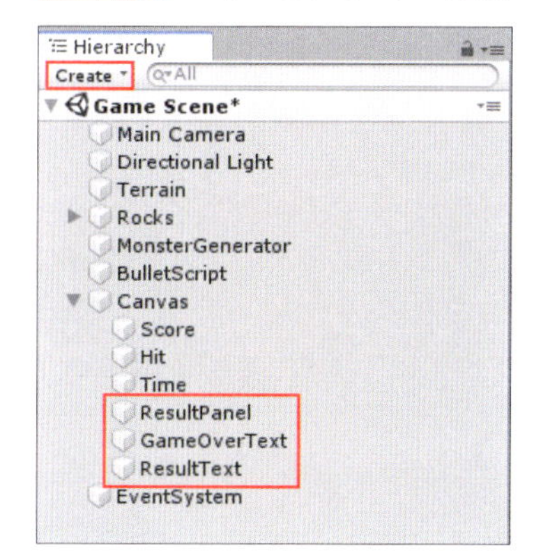

2 オブジェクトの親子関係

名前の変更が終わったら、HierarchyウィンドウにてGameOverText、ResultTextをドラッグ＆ドロップしてResultPanelの下に移動し、親子関係にします。

図6.71 ▶ オブジェクトの親子関係

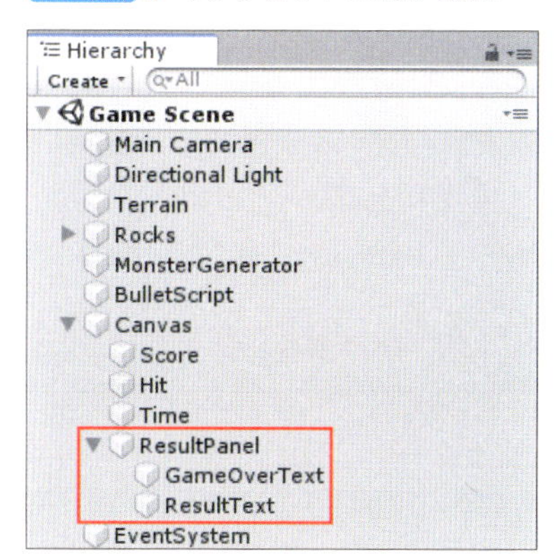

6

3 パネルの色と透明度

[ResultPanel] を選択し、Inspectorウィンドウにて色と透明度の調整をします。

図6.72 ▶ ResultPanelの色

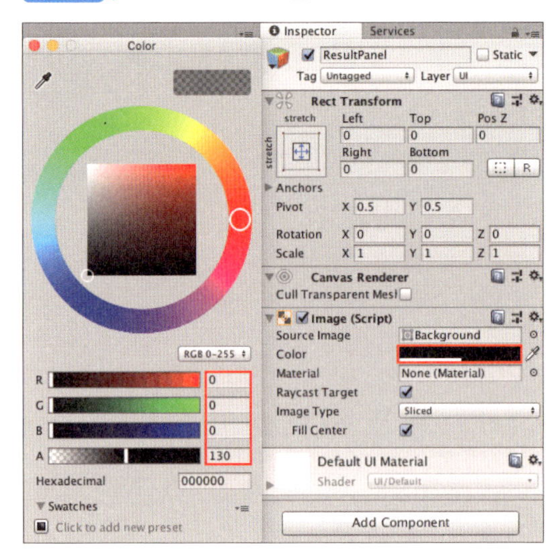

4 GameOverTextの調整

次はGameOverTextの調整をします。文字は中央揃えにしましょう。ParagraphのAlignmentで真ん中のボタンを選択します（❶）。色やフォントサイズや配置も調整しましょう（❷）。

図6.73 ▶ GameOver Textの設定

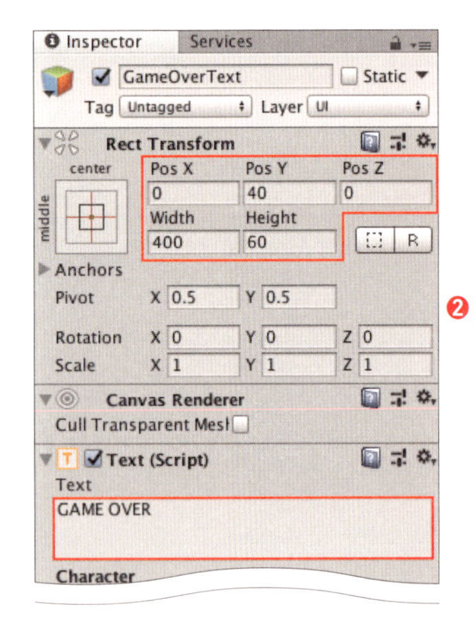

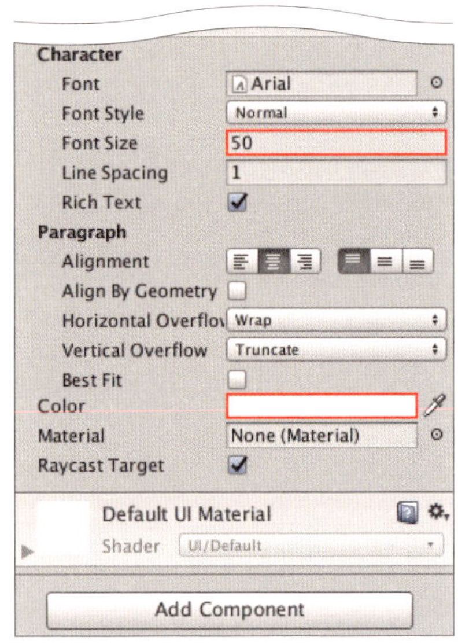

5 ResultTextの調整

ResultTextも同じように調整していきます。Textは「TOTAL SCORE　000000」としておきます。

図6.74 ▶ Result Textの設定

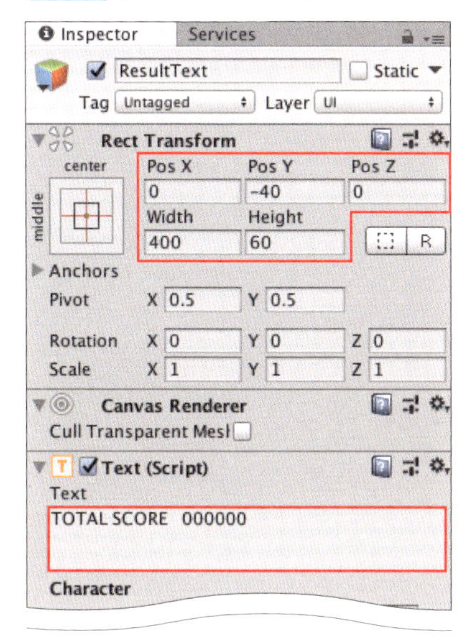

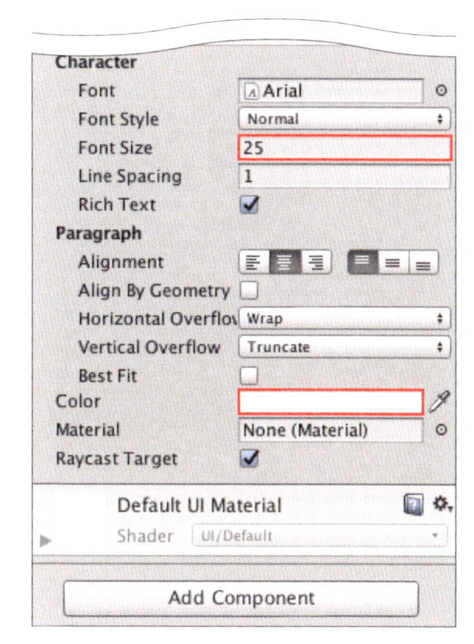

リザルト画面が完成しました。

図6.75 ▶ リザルト画面

6-11-2 ゲーム終了時のみ表示する

雰囲気がでてきました。しかし、このままではゲーム中邪魔ですので、ゲーム終了時のみ表示されるようにしましょう。

1 setActiveの追加

BulletScript.csにSetActiveの処理を追加します。Awake()メソッドはStart()メソッドの前に、またプレハブのインスタンス化直後に呼ばれます。なお、この際Inspectorウィンドウ上ではResultPanelのチェックはつけておいてください。

```
25  void Awake() {
26       ResultPanel = GameObject.Find("ResultPanel");
27       ResultPanel.SetActive(false);
28  }
```

2 result_textの宣言

無事に表示/非表示の確認ができたら、次に「TOTAL SCORE」の表示のためのプログラミングをしましょう。BulletScript.csにて先ほどResultPanelを宣言した直下で、Text型のresult_textと宣言しましょう。

```
22  Text result_text;
```

3 点数の表示

ゲーム終了時に、ResultPanelをSetActive(true)したあとに、点数を表示する処理を追加します。その前に、scoreは今1回当たったら1増えるだけで味気ないので、300に変更しておきましょう。BulletAction.csのscoreを加算している箇所を変更します。

```
50                //score加算
51                bulletScript.score += point;
52
53                bulletScript.totalScore = bulletScript.score * 300;
54
55                score_text.text = "SCORE  " + bulletScript.totalScore.
    ToString();
```

4 ボーナスの計算

倒した数×命中率×300の結果をボーナスとしましょう。例えば、4発中4体倒した場合、4 × 4/4 × 300 =1200がボーナスとなります。scoreの1200(300×4体)に上記1200を加えた2400がtotalScoreとなります。

例えば、6発のうち4体倒した場合、4 × 4/6 × 300 =800がボーナスとなります。

scoreの1200(300×4体)に上記800を加えた2000がtotalScoreとなります。

ここで気をつけないといけないのは、一回も弾を撃たなかった時です。0で割ることはできませんので、その時のことを考慮しないといけません。bulletCountが0より大きい時のみボーナスの計算を行いましょう。では、BulletScript.csのUpdate()メソッドに処理を書いていきます。

```
52          //totalTime減算
53          if (totalTime > 0)
54          {
55              totalTime -= Time.deltaTime;
56              time_text.text = "TIME  " + totalTime.ToString("f2");
57
58          } else if (gameOverFlg == false) {
59              gameOverFlg = true;
60
61              totalTime = 0;
62              time_text.text = "TIME  0";
63              ResultPanel.SetActive(true);
64              result_text = GameObject.Find("ResultText").
GetComponent<Text>();
65
66              if (bulletCount > 0)
67              {
68                  //スコア×命中率×300加算
69                  float bonus = score * (score / bulletCount) * 300;
70
71                  totalScore = (score * 300 + bonus);
72              }
73              result_text.text = "TOTAL SCORE   " + Mathf.
RoundToInt(totalScore).ToString("d6");
74
75          }
```

では、実際に計算どおりの結果となるかプレイしてみましょう。

図6.76 ▶ 4発のうち4体倒した場合

図6.77 ▶ 6発のうち4体倒した場合

先ほど計算したとおりになりました。

6-12 タイトル画面から画面遷移させよう

ゲームスタートした時に、TitleScene からはじまり、GAME START ボタンを押して Game Scene に遷移する部分を実装していきます。

6-12-1 ゲーム画面に遷移させる

まずシーンの遷移を行う場合は、[File] メニューの [BuildSettings] を選択すると表示される Scenes In Build からシーンを追加します。

図6.78 ▶ Scenes In Build

1 GameSceneの追加

Assetsフォルダの ScenesからGame Sceneをドラッグ&ドロップします。1番上のシーンが最初に再生されるシーンとなります。

図6.79 ▶ Game Sceneの追加

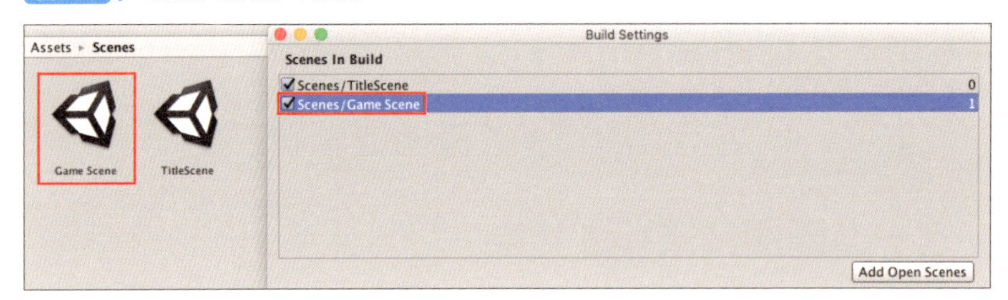

2 スクリプトの追加

Projectウィンドウにて [Create] → [C# Script] を選択し、「TitleScript」をAssetsフォルダ内につくっておきましょう。

図6.80 ▶ TitleScript

3 スクリプトを書く

TitleScriptをダブルクリックし、スクリプトを書いていきます。まずシーンに関する処理について書くので、以下追記します。

```
4  using UnityEngine.SceneManagement;
```

次にGameStart()メソッドをつくり、シーンをGame Sneceに遷移させるようにしましょう。

```
1  using System.Collections;
2  using System.Collections.Generic;
3  using UnityEngine;
4  using UnityEngine.SceneManagement;
5
6  public class TitleScript : MonoBehaviour {
7
8      public void GameStart() {
9          SceneManager.LoadScene("Game Scene");
10     }
11
12 }
```

4 TitleScriptのアタッチ

次にHierarchyウィンドウのButtonに、先ほどつくったTitleScriptをドラッグ&ドロップしてください。

図6.81 ▶ ButtonのInspectorウィンドウ

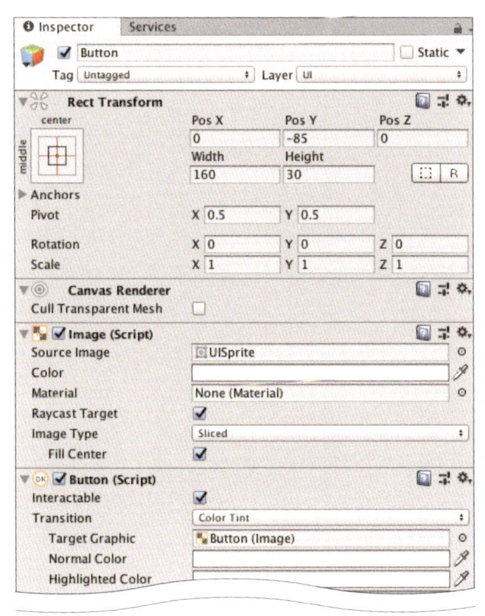

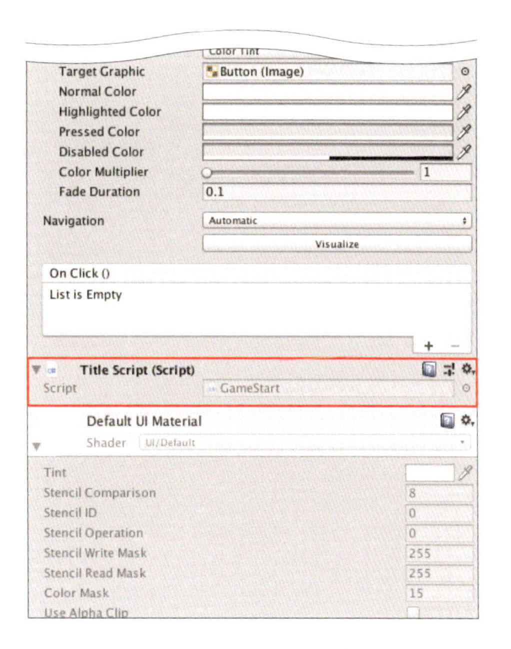

5 クリックの設定

ButtonのInspectorウィンドウのOn Click()にある+をクリックし、「None(Object)」と表示されている部分にHierarchyウィンドウのButtonをドラッグ&ドロップします。

図6.82 ▶ On Click()

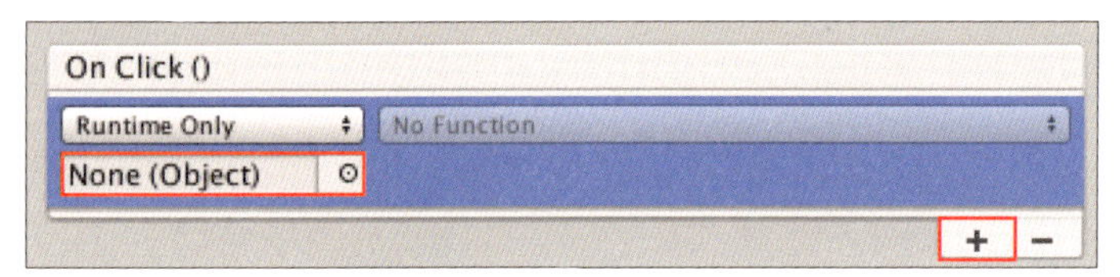

「No Function」と表示されているプルダウンから、[TitleScript] → [GameStart()] を選択します。

図6.83 ▶ GameStart()を選択

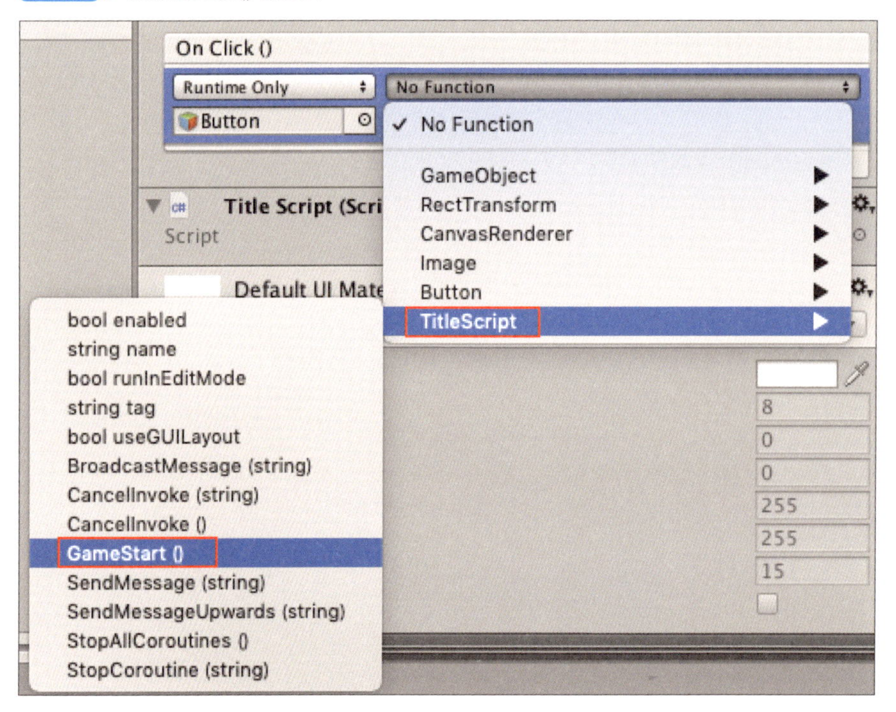

　ゲームをプレイし、タイトル画面でGAME STARTボタンを押してみましょう。GameSceneに遷移するのがわかると思います。

6-12-2 完成!!

ひととおりゲームが完成しました！

図6.84 ▶ 完成したゲーム

時間やSCOREを変えたり、様々なアレンジができると楽しいですね。

・モンスターの赤スライムを増やして高得点にする
・遠くにいる間に当てれば高得点にする
・動く障害物をいれる
・敵の出現タイミングをランダムにする

索引

さ行

た行

な-は行

ま-ら行

■鈴木道生（すずき みちお）
株式会社Knocknote代表取締役。大学卒業後、営業を経験した後、システムエンジニアとしてソーシャルゲームの開発、スマホアプリやPepperアプリの企画及び開発、高校生を対象にしたプログラミング講師などの業務に携わる。2017年1月に創業。経営理念は「夢で満ち溢れた明るい未来を」。現在はプログラミング教育事業、ITソリューション事業を展開している。

装丁 ● 植竹裕（UeDESIGN）
本文デザイン／レイアウト ● リンクアップ
編集 ● 早田治
サポートページ ● https://book.gihyo.jp/116/

本書の内容に関するご質問は、下記の宛先までFAXまたは書面にてお送りください。お電話によるご質問、および本書に記載されている内容以外のご質問には、一切お答えできません。あらかじめご了承ください。

宛 先：
〒162-0846
東京都新宿区市谷左内町21-13
技術評論社 書籍編集部
『作って学べる Unity 超入門』質問係
FAX：03-3513-6167

なお、ご質問の際に記載いただいた個人情報は質問の返答以外の目的には使用いたしません。また、質問の返答後は速やかに破棄させていただきます。

作（つく）って学（まな）べる Unity（ユニティ） 超入門（ちょうにゅうもん）

2019年4月30日 初版 第1刷発行

著　者　鈴木（すずき） 道生（みちお）
発行者　片岡 巌
発行所　株式会社技術評論社
東京都新宿区市谷左内町21-13
電　話　03-3513-6150（販売促進部）
03-3513-6160（書籍編集部）
印刷／製本　図書印刷株式会社

定価はカバーに表示してあります。

ISBN978-4-297-10378-1 C3055
PRINTED IN JAPAN